W0255198

Gerhard Preuß

Allgemeine Topologie

2., korrigierte Auflage

Springer-Verlag
Berlin Heidelberg New York 1975

Professor Dr. Gerhard Preuß
Freie Universität Berlin, 1. Mathematisches Institut

AMS Subject Classifications: 18 A xx, 54 A xx, 54 B xx, 54 C xx, 54 D xx, 54 E xx

ISBN-13: 978-3-540-07427-4 e-ISBN-13: 978-3-642-66211-9
DOI: 10.1007/978-3-642-66211-9

Library of Congress Cataloging in Publication Data
Preuss, Gerhard. Allgemeine Topologie. (Hochschultext) Bibliography: p. Includes index.
1. Topology. I. Title. QA611.P7 1975 514 75-23257

Gesamtherstellung: Offsetdruckerei J. Beltz, Hemsbach.

Vorwort

Das vorliegende Buch ist entstanden aus Aufzeichnungen, die ich für die Hörer meiner an der Freien Universität Berlin (seit dem Sommersemester 1970 in regelmäßigem Turnus) abgehaltenen zweisemestrigen Vorlesung über Allgemeine Topologie angefertigt habe. Diese dienten den Kommilitonen dazu, sich bereits vor der Vorlesung in kleinen Übungsgruppen unter Anleitung eines Tutors mit dem Stoff vertraut zu machen, um dann mit größerem Nutzen der Vorlesung folgen zu können. Auf Ausführlichkeit in der Beweisführung und motivierende Hinweise (diese sind besonders in dem unter Bemerkungen aufgeführten Text zu finden) habe ich daher besonderen Wert gelegt. Auch kann man ohne allzu große Vorkenntnisse das Buch studieren (erwünscht wäre etwa eine gewisse Übung im Umgang mit Mengen und Abbildungen sowie zur Motivation Kenntnisse der Anfangsgründe einer Analysis-Vorlesung).

Für eine erste Orientierung genügt das Studium der Kapitel 0 bis 5 und 7 (evtl. ohne 7.4). Danach sollte unbedingt das Kapitel 9 studiert werden. In Kapitel 8 werden Begriffe und Methoden der Kategorientheorie, die bisher nur eingestreut waren, systematisch verwandt. Wegen seiner Allgemeinheit sollte dieses Kapitel nicht allein von topologisch interessierten Lesern studiert werden (man beachte auch 9.6.25. und 9.7.5. als Anwendungen von Kapitel 8). Kapitel 6 stellt ein Bindeglied zwischen klassischen und modernen (kategoriellen) Betrachtungen dar (beachte in diesem Zusammenhang auch 8.2.24.(2) und (3)). Kapitel 10 ist für den Spezialisten hinzugefügt worden und behandelt im wesentlichen die Isomorphie zwischen der Kategorie der total beschränkten uniformen Räume (und gleichmäßig stetigen Abbildungen) und der Kategorie der Proximitätsräume (und p-stetigen Abbildungen).

Bei der Stoffauswahl habe ich mich davon leiten lassen, die Mittlerrolle der Allgemeinen Topologie zwischen Analysis und Kategorientheorie zu verdeutlichen.

Besonders danken möchte ich Herrn Professor Dr. Horst HERRLICH (Universität Bremen) dafür, daß er das gesamte Manuskript einer kritischen Durchsicht unterzogen und mich mit wertvollen Hinweisen unterstützt hat. Weiter danke ich an dieser Stelle Frau Ursula STOLZE für die große Sorgfalt bei der Anfertigung der Maschinenschrift meines Manuskriptes, den Herren Diplom-Mathematikern Reiner WELK, Dieter WENDT und Jürgen ZIMMERT für das Eintragen der Formeln und das Zeichnen der Figuren und allen Herren, die mich beim Korrekturlesen unterstützt haben. Nicht zuletzt gilt mein Dank dem Springer-Verlag für die Aufnahme des Buches in die Reihe der Hochschultexte.

Berlin, den 12.Juni 1972

Gerhard Preuß

Inhaltsverzeichnis

Kapitel 4: Trennungsaxiome

Kapitel 5: Zusammenhangsbegriffe

Kapitel 6: Beziehungen zwischen Trennung und Zusammenhang

Kapitel 7: Kompaktheitsbegriffe

Bezeichnungen

Spezielle Mengen:

$\mathbb{R}$ reelle Zahlen

$\mathbb{Q}$ rationale Zahlen

$\mathbb{Z}$ ganze Zahlen

$\mathbb{N}$ natürliche Zahlen

$\mathbb{R}^+ := \{x \mid x \in \mathbb{R} \text{ und } x \geqq 0\}$

$\mathbb{Q}^+ := \{x \mid x \in \mathbb{Q} \text{ und } x \geqq 0\}$

$[a,b] := \{x \mid x \in \mathbb{R} \text{ und } a \leqq x \leqq b\}$

$(a,b) := \{x \mid x \in \mathbb{R} \text{ und } a < x < b\}$

$[a,b) := \{x \mid x \in \mathbb{R} \text{ und } a \leqq x < b\}$

$(a,b] := \{x \mid x \in \mathbb{R} \text{ und } a < x \leqq b\}$

Spezielle Kategorien:

$\underline{M}$ Mengen (und Abbildungen)

$\underline{T}$ topologische Räume (und stetige Abbildungen)

$\underline{H}$ Hausdorff-Räume (und stetige Abbildungen)

$\underline{V}$ vollständig reguläre Räume (und stetige Abbildungen)

$\underline{K}$ kompakte Räume (und stetige Abbildungen)

$\underline{U}$ uniforme Räume (und gleichmäßig stetige Abbildungen)

$\underline{U}_{sep}$ separierte uniforme Räume (und gleichmäßig stetige Abbildungen)

$\underline{V}_{sep}$ vollständige separierte uniforme Räume (und gleichmäßig stetige Abbildungen)

$\underline{U}_{tb}$ total beschränkte uniforme Räume (und gleichmäßig stetige Abbildungen)

$\underline{P}$ Proximitätsräume (und p-stetige Abbildungen)

Morphismenmengen für $\underline{C} = \underline{T}$:

$C(X,Y) := [X,Y]_{\underline{T}}$ 48

Speziell gebildete Unterkategorien:

$C_{\underline{C}}\underline{A}$ (monocoreflektive Hülle) 293

$Q_{\underline{C}}\underline{A}$ 307

$R_{\underline{C}}\underline{A}$ (epireflektive Hülle) 293

Spezielle Klassen topologischer Räume:

$\underline{Z}_w$ (wegzusammenhängende Räume) 172

$U\underline{E}$ (total $\underline{E}$-unzusammenhängende Räume) 161,191

$T\underline{E}$ 195

$Z\underline{E}$ 195

$Q\underline{E}$ (total $\underline{E}$-zusammenhangslosen R.) 196,197

$\underline{R}\,\underline{E}$ 200

$\underline{R}_1\underline{E}$ 203

$\underline{N}\,\underline{E}$ 207

$\underline{N}_1\underline{E}$ 209

$R\underline{E}$ ($\underline{E}$-reguläre Räume) 299

$K\underline{E}$ ($\underline{E}$-kompakte Räume) 300

Kapitel 0: Vorbereitungen

0.1. Einleitung

Die allgemeine Topologie, gelegentlich auch analytische oder mengentheoretische Topologie genannt, ist entstanden aus dem Bestreben, die aus der Analysis bekannten Begriffe wie Stetigkeit und Konvergenz auf eine allgemeine Grundlage zu stellen. Es soll hier nicht versucht werden, die historische Entwicklung aufzuzeigen, sondern vielmehr soll das Ergebnis jahrzehntelanger Forschungsarbeit in Form einer axiomatisch aufgebauten Theorie präsentiert werden. Dabei werden auch neueste Forschungsergebnisse berücksichtigt. Längst hat sich die allgemeine Topologie losgelöst von der Analysis und zu einer selbständigen Disziplin entwickelt. Nichtsdestoweniger ist die Analysis eines ihrer wichtigsten Anwendungsgebiete und kein Analytiker kann heute ohne ihre Methoden auskommen. Schließlich bildet die allgemeine Topologie selbst ein wichtiges Anwendungsbeispiel für die immer größere Bedeutung erlangende Kategorientheorie. Dennoch sind erst in jüngster Zeit in der allgemeinen Topologie kategorientheoretische Methoden zur Anwendung gekommen. Auf diesem Sektor liegt heute ein Schlüssel für weitere Forschungsarbeit. Es wäre viel gewonnen, wenn das vorliegende Buch auch in dieser Richtung anregen würde. Der Begriff der gleichmäßigen Stetigkeit kann erst in einem späteren Kapitel des Buches im Rahmen der Theorie der uniformen Räume (und der Proximitätsräume) behandelt werden. Dort wird dann auch auf ein wichtiges Anwendungsbeispiel für uniforme Räume, nämlich auf die topologischen Gruppen, kurz eingegangen.

0.2. Mengentheoretische Grundbegriffe

0.2.1. Bemerkung: In der auf Cantor zurückgehenden naiven Mengenlehre wurde zunächst jede Zusammenfassung von Objekten eine Menge genannt. Das führt jedoch zu logischen Widersprüchen, etwa der Russell'schen Antinomie der Menge R aller Mengen, die sich nicht selbst als Element enthalten.[1)]Der Widerspruch löst sich, indem man zwei Arten von Zusammenfassungen einführt: Klassen und Mengen. Danach versteht man unter einer Klasse eine Zusammenfassung von Objekten, die durch eine bestimmte Eigenschaft spezifiziert sind, während unter einer Menge eine Klasse zu verstehen ist, die Element irgendeiner Klasse ist. R ist dann keine Menge, sondern eine (echte) Klasse und auch der Begriff Klasse aller Mengen hat einen Sinn. Um weitere Vermeidung logischer Widersprüche hat sich die axiomatische Mengenlehre bemüht. So wird in der heute vielfach verwendeten Axiomatik, die auf Gödel, Bernays und von Neumann zurückgeht, festgelegt, wie der Begriff „Klasse" zu handhaben ist, ohne diesen jedoch explizit zu definieren. Da es für das Verständnis dieses Buches nicht erforderlich ist, das ganze Axiomensystem parat zu haben, sondern lediglich immer wiederkehrende Begriffsbildungen und Defini-

---

1) Wäre R eine Menge, so gälte: $R \in R \iff R \notin R$.

tionen zu kennen, sollen diese kurz zusammengestellt werden (Der an der genannten Axiomatik interessierte Leser sei auf den Anhang von KELLEY: General Topology verwiesen oder auf J.Schmidt: Mengenlehre).

0.2.2. Mengen

① Mit „ $\{x \mid P(x)\}$ " soll bezeichnet werden die Menge (oder Klasse) aller x derart, daß P(x) gilt; z.B. $\{x \mid x$ reelle Zahl und $0 \leq x < 1\}$. Abkürzend werden Mengen i.a. mit großen lateinischen Buchstaben bezeichnet: M, N,...; $x \in M$ soll bedeuten: x ist Element der Menge M (Negation: $x \notin M$).

② „$:\Longleftrightarrow$" soll bedeuten „ist definitionsgemäß äquivalent mit".

a) $M \subset N :\Longleftrightarrow \forall x\ (x \in M \Rightarrow x \in N)$.[2)]

(M ist Teilmenge von N)

b) $M = N :\Longleftrightarrow M \subset N$ und $N \subset M$

③ $\emptyset = \{x \mid x \neq x\}$ (Definition der „leeren" Menge)

④ $\underline{P}(M) = \{U \mid U \subset M\}$ (Definition der Potenzmenge)

⑤ Teilmengen von $\underline{P}(M)$ heißen Mengensysteme und werden mit großen unterstrichenen Buchstaben bezeichnet.

1) $\underline{N} \subset \underline{P}(M)$:

a) $\bigcap\limits_{N \in \underline{N}} N = \{x \mid x \in N$ für alle $N \in \underline{N}\}$

(Definition des Durchschnittes)

b) $\bigcup\limits_{N \in \underline{N}} N = \{x \mid x \in N$ für mindestens ein $N \in \underline{N}\}$

(Definition der Vereinigung)

2) Falls $\underline{N} = \{P, Q\} \subset \underline{P}(M)$ schreibt man statt $\bigcap\limits_{N \in \underline{N}} N$ auch $P \cap Q$ und statt $\bigcup\limits_{N \in \underline{N}} N$ auch $P \cup Q$

---

2) $\forall$: für alle; $\Rightarrow$: Zeichen für die (logische) Implikation, in Worten: daraus folgt.

⑥ I) Für A, B, $C \in \underline{P}(M)$ gelten:

1) Assoziativgesetze:

a) $A \cup (B \cup C) = (A \cup B) \cup C$

b) $A \cap (B \cap C) = (A \cap B) \cap C$

2) Distributivgesetze:

a) $A \cup (B \cap C) = (A \cup B) \cap (A \cup C)$

b) $A \cap (B \cup C) = (A \cap B) \cup (A \cap C)$

II) Es gelten 1) und 2) auch für bel. Durchschnitte und Vereinigungen anstelle von $B \cup C$ und $B \cap C$.

⑦ Sind A, $B \in \underline{P}(M)$ und $A \cap B = \emptyset$, so heißen A und B <u>disjunkt</u> (oder elementefremd).

⑧ $A \in \underline{P}(M)$: $C_M A = \{x \mid x \in M \text{ und } x \notin A\}$ [3)]

(Definition des <u>Komplementes</u> von A bez. M)

<u>Verabredung</u>: Statt $C_M A$ wird CA geschrieben, wenn kein Zweifel besteht bez. welcher Menge M das Komplement zu bilden ist.

a) $CCA = A$, b) $CM = \emptyset$, c) $C\emptyset = M$

⑨ I) A, $B \in \underline{P}(M)$

a) $C(A \cup B) = CA \cap CB$

b) $C(A \cap B) = CA \cup CB$

c) $A \subset B \Leftrightarrow CA \supset CB$

II) a) und b) gelten auch für beliebige Durchschnitte und Vereinigungen.

(Auf diesen Formeln basiert das <u>Dualitätsprinzip</u> der Mengenlehre: Aus einem Satz über Teilmengen von M, in dem außer Teilmengen nur Durchschnitt, Vereinigung und die Inklusionen „$\subset$" vorkommen, erhält man wieder einen Satz,

---

[3)] Statt $C_M A$ schreibt man auch $M \setminus A$.

wenn man jede Teilmenge durch ihr Komplement, Durchschnitte durch Vereinigungen und Vereinigungen durch Durchschnitte ersetzt und die Inklusionszeichen umkehrt.)

⑩ a) $(x,y) = \{\{x\}, \{x,y\}\}$ (Definition des geordneten Paares).

b) $(x,y) = (x',y') \Longleftrightarrow x = x'$ und $y = y'$.

c) $X \times Y = \{(x,y) \mid x \in X$ und $y \in Y\}$

(Definition des kartesischen Produktes der Mengen X und Y).

0.2.3. Relationen und Abbildungen

① a) $R \subset X \times Y$ heißt Relation zwischen X und Y (zweistellige Relation).

b) Statt $(x,y) \in R$ wird auch geschrieben $x R y$.

② $R, S \subset X \times Y$: R heißt feiner als S, wenn $R \subset S$ gilt. Zwei Elemente x,y, die unter R in Relation stehen ($(x,y) \in R$), stehen dann erst recht unter S in Relation ($(x,y) \in S$).

③ a) $f \subset M \times W$ heißt Abbildung aus M in W, wenn aus $(x,y) \in f$ und $(x,y') \in f$ stets folgt $y = y'$ (zu jedem $x \in M$ gehört höchstens ein $y \in W$ mit $(x,y) \in f$).

b) $f \subset M \times W$ heißt Abbildung von M in W, wenn gilt: Zu jedem $x \in M$ gibt es genau ein $y \in W$ mit $(x,y) \in f$. In Zeichen: $f : M \to W$. M heißt Definitionsbereich und W Wertevorrat von f. Statt $(x,y) \in f$ schreibt man auch $y = f(x)$ und nennt y das Bild von x unter f.

Bemerkung: Streng genommen versteht man unter einer Abbildung f von einer Menge M in eine Menge W (in Zeichen: $f : M \to W$) das Tripel[4] (M, W, F), wobei $F \subset M \times W$ derart, daß zu jedem $x \in M$ genau ein $y \in W$ existiert mit $(x,y) \in F$ und nennt F Graph der Abbildung f.

④ $f : M \to W$ und $N \subset M$ sowie $S \subset W$:

a) $f[N] = \{f(x) \mid x \in N\}$ (Definition des Bildes)

b) $f^{-1}[S] = \{x \mid x \in M \text{ und } f(x) \in S\}$

(Definition des Urbildes)

⑤ a) $f : M \to W$ heißt surjektiv,[6] wenn $f[M] = W$ gilt.[5]

b) $f : M \to W$ heißt injektiv, wenn aus $f(x_1) = f(x_2)$ mit $x_1, x_2 \in M$ stets folgt $x_1 = x_2$.

c) $f : M \to W$ heißt bijektiv, wenn f injektiv und surjektiv ist.

d) Ist f bijektiv, so wird durch $g(w) = m \in M$ für alle $w = f(m) \in W$ eine Abbildung $g : W \to M$ definiert. Sie heißt Umkehrabbildung und wird mit f^{-1} bezeichnet.

⑥ a) $f : M \to W$, $A \subset M$

$f|A = f \cap (A \times W) \subset A \times W$

(Definition der Einschränkung von f auf A)

$f|A : A \to W$ ist Abbildung von A in W.

(Es ist $f|A(x) = f(x)$ für alle $x \in A$).

b) Es sei $g : A \to W$ eine Abbildung und $A \subset M$. Existiert dann eine Abbildung $f : M \to W$ mit $f|A = g$, so heißt f Fortsetzung von g.

---

4) $(x,y,z) := ((x,y),z)$

5) Ist f surjektiv, so sagt man auch: f ist Abbildung von M auf W.

6) beachte Bemerkung zu ③ .

⑦ I) $f : M \to W$; $A, B \in \underline{P}(M)$; $U, V \in \underline{P}(W)$:

a) $f[A \cap B] \subset f[A] \cap f[B]$

b) $f[A \cup B] = f[A] \cup f[B]$

c) $f^{-1}[U \cap V] = f^{-1}[U] \cap f^{-1}[V]$

d) $f^{-1}[U \cup V] = f^{-1}[U] \cup f^{-1}[V]$

II) a) - d) gelten auch für beliebig viele Faktoren anstelle von $A \cap B$, $A \cup B$, $U \cap V$ und $U \cup V$.

⑧ $f : M \to W$, $A \subset M$. $U \subset W$:

a) $f^{-1}[CU] = C f^{-1}[U]$

b) α) $f^{-1}[f[A]] \supset A$

β) $f^{-1}[f[A]] = A$, wenn f injektiv ist.

c) α) $f[f^{-1}[U]] \subset U$

β) $f[f^{-1}[U]] = U$, wenn f surjektiv ist.

⑨ Sind $f : M \to W$ und $g : W \to H$ Abbildungen, so wird durch $(g \circ f)(x) = g(f(x))$ für alle $x \in M$ eine Abbildung

$$g \circ f : M \to H$$

definiert. Sie heißt das <u>Kompositum</u> von f und g.

⑩ Treten bei einer Untersuchung mehrere Abbildungen auf, so veranschaulicht man sich den Sachverhalt häufig in Form eines <u>Diagramms</u>, z.B.:

$$\text{(I)}\quad A \overset{f}{\underset{g}{\rightrightarrows}} B, \qquad \text{(II)}\quad \begin{array}{ccc} A & \xrightarrow{f} & B \\ & {\scriptstyle g}\searrow \quad \nearrow{\scriptstyle h} & \\ & C & \end{array}, \qquad \text{(III)}\quad \begin{array}{ccc} A & \xrightarrow{f} & B \\ \downarrow{\scriptstyle h} & & \downarrow{\scriptstyle k} \\ C & \xrightarrow[g]{} & D \end{array}$$

Das Diagramm (I) heißt <u>kommutativ</u>, wenn $f = g$ ist.

" " (II) " " " $h \circ g = f$ ist.

Das Diagramm (III) heißt kommutativ, wenn $k \circ f = g \circ h$ ist. Ein Diagramm, das aus den Grundtypen (I), (II), (III) aufgebaut ist, heißt kommutativ, wenn alle Grundtypen kommutativ sind.

0.2.4. Begriffe, die mit Abbildungen zusammenhängen.

① X,Y seien Mengen:

a) X und Y heißen gleichmächtig, wenn es eine bijektive Abbildung von X auf Y gibt (in Zeichen: $X \sim Y$).

b) Ist X gleichmächtig mit einem Abschnitt der Menge $\mathbb{N}$ der natürlichen Zahlen, also etwa mit $\{n \mid n \in \mathbb{N}$ und $n \leqq m\}$ ($m \in \mathbb{N}$ fest!), so heißt X endlich. Zu den endlichen Mengen soll auch die leere Menge gehören.

c) X heißt unendlich, wenn X nicht endlich ist

d) X heißt abzählbar unendlich, wenn X und $\mathbb{N}$ gleichmächtig sind.

e) X heißt abzählbar, wenn X endlich oder abzählbar unendlich ist.

② Es sei X eine Menge. Eine Familie von Elementen von X ist ein Tripel (I, f, f[I]) [4], wobei I eine Menge, $f : I \rightarrow X$ eine Abbildung und $f[I] \subset X$ das Bild von I unter f ist. I heißt Indexmenge der Familie, f die indizierende Abbildung. Statt f(i) mit $i \in I$ schreibt man x_i und nennt x_i das Glied der Familie zum Index i. Statt (I, f, f[I]) schreibt man $(x_i)_{i \in I}$ oder auch nur (x_i), falls über die betrachtete Indexmenge kein Zweifel besteht.

Achtung: 1) Ist $I = \mathbb{N}$, so spricht man von einer Folge anstatt von einer Familie.

2) Ist $X = \underline{P}(Y)$, so nennt man eine Familie von Elementen von X eine Familie von Teilmengen von Y oder indiziertes Mengensystem.

Bemerkung: Jedes Mengensystem $\underline{M}$ läßt sich in natürlicher Weise als indiziertes Mengensystem auffassen, indem $I = \underline{M}$ und $f = 1_I$ gewählt wird ($1_I : I \longrightarrow I$ ist definiert durch $1_I(i) = i$ für alle $i \in I$ und heißt identische Abbildung).

③ Es sei $(M_i)_{i \in I}$ ein indiziertes Mengensystem.

$\prod_{i \in I} M_i = \{x \mid x : I \rightarrow \bigcup_{i \in I} M_i$[7] mit $x(i) \in M_i$ für alle $i \in I\}$

(Definition des kartesischen Produktes der Mengen M_i).

Statt $x(i)$ schreibt man x_i und statt $x \in \prod_{i \in I} M_i$ auch $(x_i)_{i \in I}$ oder kurz (x_i). Durch $p_j(x) = x_j$ für alle $x \in \prod_{i \in I} M_i$ und ein festes $j \in I$ wird eine Abbildung

$$p_j : \prod_{i \in I} M_i \rightarrow M_j$$

definiert. Sie heißt die j-te Projektion und ist surjektiv, falls $M_i \neq \emptyset$ für jedes $i \in I$.

Spezialfälle: 1) $M_i = M$ für alle $i \in I$:

Statt $\prod_{i \in I} M_i$ schreibt man dann M^I (d.i. die Menge aller Abbildungen von I in M).

---

7) $\bigcup_{i \in I} M_i$ ist nur eine andere Schreibweise für $\bigcup_{M_i \in f[I]} M_i$

2) Für $I = \{1,2,\ldots n\}$ schreibt man statt M^I kurz M^n.

0.2.5. Äquivalenzrelationen (Faserungen)

① $\pi \subset M \times M$ heißt Äquivalenzrelation auf M oder Faserung von M, wenn gilt:

Ärel$_1$) $x \pi x$ für alle $x \in M$ (Reflexivität)

Ärel$_2$) $x \pi y \Rightarrow y \pi x$ (Symmetrie)

Ärel$_3$) $x \pi y$ und $y \pi z \Rightarrow x \pi z$ (Transitivität).

② a) $x \in M$:

$[x]_\pi = \{ y \mid y \in M \text{ und } x \pi y \}$

(Definition der Äquivalenzklasse von x oder der Faser über x). Jedes $y \in [x]_\pi$ heißt ein Repräsentant dieser Klasse.

b) $x, y \in M \Rightarrow [x]_\pi = [y]_\pi$ oder $[x]_\pi \cap [y]_\pi = \emptyset$.

c) $M/\pi = \{ [x]_\pi \mid x \in M \}$ (Definition der durch π gefaserten Menge oder der Quotientenmenge von M nach π).

③ Durch $\omega(x) = [x]_\pi$ für alle $x \in M$ wird eine Abbildung $\omega : M \to M/\pi$ definiert. Sie heißt die natürliche Abbildung und ist surjektiv.

④ Es sei X eine beliebige Menge. $\underline{M} \subset \underline{P}(X)$ heißt Zerlegung von X, wenn gilt:

1) $M, N \in \underline{M} \Rightarrow M = N$ oder $M \cap N = \emptyset$

2) $\bigcup_{M \in \underline{M}} M = X$

<u>Bemerkungen</u>: 1) M/π (s. ② c)) ist eine Zerlegung von M.

2) Jede Zerlegung $\underline{M}$ einer Menge M definiert in naheliegender Weise eine Äquivalenzrelation π :
$x \pi y :\Longleftrightarrow \{x,y\} \subset M$ für irgendein $M \in \underline{M}$.

⑤ Es sei $f : M \to W$. Auf M wird eine Äquivalenzrelation π_f definiert auf folgende Weise:

$$x \, \pi_f \, y :\Longleftrightarrow f(x) = f(y)$$

$s : M/\pi_f \to W$ wird dadurch definiert, daß das folgende Diagramm

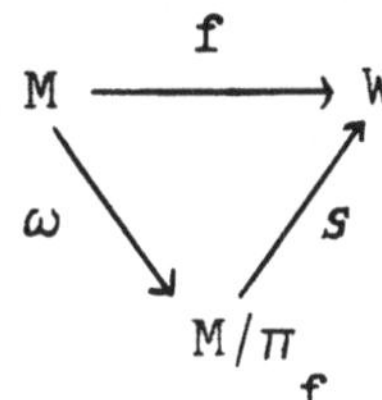

kommutativ ist (d.h. $s(\omega(x)) = f(x)$ für alle $x \in M$).
Dann ist s injektiv. Ist f surjektiv, so ist s bijektiv (<u>Mengentheoretisches Analogon des Homomorphiesatzes der Gruppentheorie</u>).

(Beweis: 1) s ist wohldefiniert: Gilt $\omega(x) = \omega(x')$ für $x,x' \in M$, so ist $f(x) = f(x')$, also $s(\omega(x)) = s(\omega(x'))$.

2) s ist injektiv: Sind $\omega(x), \omega(x') \in M/\pi_f$ mit $s(\omega(x)) = s(\omega(x'))$, d.h. $f(x) = f(x')$, so ist $(x,x') \in \pi_f$, also $\omega(x) = \omega(x')$.

3) Es sei f surjektiv. Ist $w \in W$, so existiert ein $m \in M$ mit $f(m) = w$. Dann ist $\omega(m) \in M/\pi_f$ mit $s(\omega(m)) = w$. s ist also surjektiv.)

⑥ $f : M \longrightarrow W$ sei eine Abbildung, π_M eine Äquivalenzrelation auf M, π_W eine Äquivalenzrelation auf W. $\omega_M : M \longrightarrow M/\pi_M$ und $\omega_W : W \longrightarrow W/\pi_W$ seien die natürlichen Abbildungen. Gilt dann für jedes $x \in M$:

$$f[\omega_M(x)] \subset \omega_W(f(x))$$

(d.h. bildet f Fasern in Fasern ab)

so existiert eine Abbildung f*, die sog. <u>von f induzierte Abbildung</u>, die dadurch definiert ist, daß sie das folgende Diagramm

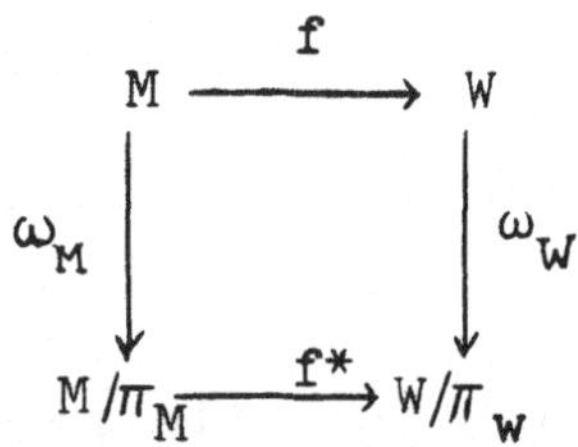

kommutativ macht.

(Beweis: Setzt man für jedes $\omega_M(x) \in M/\pi_M$ (mit $x \in M$)

$f^*(\omega_M(x)) = \omega_W(f(x))$, so ist $f^* : M/\pi_M \longrightarrow W/\pi_W$

wohldefiniert; denn sind $x, x' \in M$ mit $\omega_M(x) = \omega_M(x')$, so ist $f(x') \in \omega_W(f(x))$ nach Voraussetzung, d.h. $\omega_W(f(x)) = f^*(\omega_M(x)) = \omega_W(f(x')) = f^*(\omega_M(x'))$.).

⑦ Genauso wie eine Äquivalenzrelation auf einer Menge definiert wird, läßt sich eine Äquivalenzrelation auf einer beliebigen Klasse definieren. Dazu ein Beispiel: Es sei $|\underline{M}|$ die Klasse aller Mengen.

$\sim \subset |\underline{M}| \times |\underline{M}|$ (s.Definition unter 0.2.4.① a)) ist dann eine Äquivalenzrelation. Ist $M \in |\underline{M}|$, so heißt die Äquivalenzklasse von M bez. der Relation $\sim$ Kardinalzahl von M und wird mit $|M|$ bezeichnet.

0.2.6. Ordnungsrelationen.

① Es sei M eine Menge, $\prec \subset M \times M$ eine Relation. $\prec$ heißt Ordnungsrelation auf M, wenn gilt:

O_1) $x \prec x$ für alle $x \in M$ (Reflexivität)

O_2) $x \prec y$ und $y \prec x \Rightarrow x = y$ (Antisymmetrie)

O_3) $x \prec y$ und $y \prec z \Rightarrow x \prec z$ (Transitivität)

Das Paar $(M, \prec)$ heißt geordnete Menge.

Gilt für $x, y \in M$ stets $x \prec y$ oder $y \prec x$, so heißt $(M, \prec)$ eine total geordnete Menge.[8]

② Beispiele: 1) $(\mathbb{R}, \leqq)$ ist total geordnet.

2) $(\underline{P}(M), \subset)$ ist geordnet.

3) $\underline{G}$ Gruppe, $\underline{U}(\underline{G}) = \{U \mid U$ Untergruppe von $\underline{G}\}$: $(\underline{U}(\underline{G}), \subset)$ ist geordnet.

③ Sind $(M, \prec)$ und $(M', \prec')$ geordnete Mengen, so heißt eine Abbildung $f : M \to M'$ isoton, wenn aus $x \prec y$ stets $f(x) \prec' f(y)$ folgt.

④ $(M, \prec)$ sei eine geordnete Menge, $N \subset M$. $a \in M$ heißt obere Schranke von N, wenn für alle $x \in N$ gilt: $x \prec a$ (...untere Schranke ... $x \succ a$)

$s \in M$ heißt Supremum von $N (s = \sup N)$, wenn s die kleinste obere Schranke ist:

---

8) In der Literatur findet man auch die Bezeichnung vollständig geordnete Menge.

1) $x \prec s$ für alle $x \in N$

2) Wenn a obere Schranke von N ist, so folgt $s \prec a$.

($i \in M$ heißt <u>Infimum</u> von N ($i = \inf N$), wenn i die größte untere Schranke ist).

⑤ $(M, \prec)$ sei eine geordnete Menge. $m \in M$ heißt <u>maximal</u> (<u>minimal</u>), wenn aus $x \in M$ und $x \succ m$ ($x \prec m$) stets $x = m$ folgt. In einer total geordneten Menge gibt es höchstens ein maximales und höchstens ein minimales Element. Das minimale Element heißt dann <u>erstes Element</u>, das maximale heißt <u>letztes Element</u>.

⑥ Eine total geordnete Menge heißt <u>wohlgeordnet</u>, wenn jede nicht leere Teilmenge derselben ein erstes Element besitzt.

Ist $(M, \prec)$ eine wohlgeordnete Menge und E eine Eigenschaft, die für die Elemente von M definiert ist, dann gilt das <u>Prinzip der transfiniten Induktion</u>:

E treffe auf das erste Element von M zu und für jedes $m \in M$ folge aus dem Zutreffen von E auf alle $m' \in M$ mit $m' \underset{\neq}{\prec} m$, daß E auch auf m zutrifft. Unter diesen Voraussetzungen trifft dann E auf alle Elemente von M zu.

⑦ Folgende Aussagen sind äquivalent:

1) Jede Menge kann wohlgeordnet werden. (<u>Wohlordnungssatz</u>)

2) Zu jedem nicht leeren System $\underline{M}$ von nicht leeren Mengen gibt es eine Abbildung $f : \underline{M} \to \bigcup_{M \in \underline{M}} M$ mit $f(M) \in M$

für alle $M \in \underline{M}$.

(Auswahlaxiom)

3) Wenn in einer nicht leeren geordneten Menge $(M, \prec)$ jede total geordnete Teilmenge eine obere (untere) Schranke besitzt [9], so besitzt M maximale (minimale) Elemente. Zu jedem $a \in M$ gibt es sogar ein maximales (minimales) Element $m \in M$ mit $a \prec m$ ($a \succ m$).

(Zorn'sches Lemma)

Bemerkung: Der Äquivalenzbeweis kann in dem Buch von Hermes über Verbandstheorie nachgelesen werden.

0.2.7. Einige Modifizierungen

① Um auch Klassen (bzw.Mengen) von Kardinalzahlen betrachten zu können, ist es zweckmäßig, die in 0.2.5. ⑦ eingeführten Äquivalenzklassen nicht Kardinalzahlen, sondern Mächtigkeitsklassen zu nennen. Unter der Kardinalzahl einer Menge X versteht man dann einen geeigneten Repräsentanten der Mächtigkeitsklasse von X (dieser kann mit Hilfe der Theorie der Ordinalzahlen, auf die hier nicht eingegangen wird, bestimmt werden)[10]. Auf der Klasse aller Kardinalzahlen wird wie folgt eine

---

9) Eine nicht leere geordnete Menge $(M, \prec)$, in der jede total geordnete Teilmenge eine obere Schranke besitzt, heißt induktiv geordnet.

10) Es führt zu keinen Mißverständnissen, wenn der Leser hier an einen beliebigen Repräsentanten denkt.

Ordnungsrelation erklärt (der Begriff „Ordnungsrelation" kann völlig analog auch für Klassen definiert werden): $|X| \leq |Y| \; :\Longleftrightarrow$ X ist gleichmächtig zu einer Teilmenge von Y. ($|X|$ bedeutet Kardinalzahl von X). $|X| < |Y|$ heißt: $|X| \leq |Y|$ und $|X| \neq |Y|$. $|\mathbb{N}|$ wird im allgemeinen mit $\aleph_0$ (aleph-null) bezeichnet. $|X| > \aleph_0$ bedeutet also: X ist nicht abzählbar.

② Der Abbildungsbegriff kann völlig analog auch für beliebige Klassen definiert werden; Bez.: $f : \underline{M} \to \underline{W}$ ($\underline{M}, \underline{W}$: Klassen).[11)]

③ Der Begriff Familie von Elementen einer Menge kann ausgedehnt werden zum Begriff der Familie von Elementen einer Klasse. Dabei kann auch der Begriff Indexmenge durch Indexklasse ersetzt werden.[11)]

Vereinbarung: Sofern nicht anders betont, wird stets mit einer Menge indiziert!

④ Ist $(A_i)_{i \in I}$ eine Familie von Mengen, so kann

$\bigcup_{i \in I} A_i$ („Vereinigungsklasse") auch erklärt werden,

wenn die A_i nicht Teilmengen einer festen Menge sind. Daß für jede Indexmenge I $\bigcup_{i \in I} A_i$ eine Menge ist, ist ein Axiom. Damit kann dann aber auch für jede Familie von Mengen, die mit einer Menge indiziert ist, das kartesische Produkt erklärt werden. Dieses kann im Einklang mit der eingangs genannten axiomatischen Mengenlehre als Menge aufgefaßt werden ($\prod_{i \in I} A_i \in \underline{P}(\underline{P}(I \times \bigcup_{i \in I} A_i))$).

---

11) Die Tripel-Darstellung macht bei Zugrundelegung der Axiomatik von Gödel, Bernays und von Neumann Schwierigkeiten. Verschiedene Vorschläge sind gemacht worden, um diese zu beheben. Darauf kann hier nicht eingegangen werden.

Bemerkung: Das **Auswahlaxiom** ist äquivalent mit:
Ist $(A_i)_{i \in I}$ (I nicht leere Menge) eine Familie von nicht leeren Mengen, so gilt $\prod_{i \in I} A_i \neq \emptyset$.

0.3. Metrische Räume

0.3.1. **Bemerkung**: Für je zwei reelle Zahlen α und β nennt man $|\alpha - \beta|$ (d.i. der absolute Betrag ihrer Differenz) Abstand von α und β. In der reellen Analysis spielt bei der Definition von Stetigkeit und Konvergenz dieser Abstandsbegriff eine wesentliche Rolle. Es liegt daher nahe, wenn man sich mit der Frage nach der Verallgemeinerung der Begriffe Stetigkeit und Konvergenz beschäftigen will, auf beliebigen Mengen einen Abstandsbegriff einzuführen. Das soll in der folgenden Definition geschehen.

0.3.2. **Definition**: Es sei X eine Menge.
Eine Abbildung $d : X \times X \to \mathbb{R}$ genüge folgenden Axiomen:

M_1) $d(x,y) = 0 \iff x = y$

M_2) $d(x,y) = d(y,x)$

M_3) $d(x,y) + d(y,z) \geq d(x,z)$ (Dreiecksungleichung)

$(x,y,z \in X)$.

Dann heißt d Metrik auf X und (X,d) heißt metrischer Raum. Für je zwei Elemente $x,y \in X$ heißt $d(x,y)$ der Abstand von x und y.

0.3.3. Bemerkung: Ersetzt man in M_3) z durch x, so folgt aus M_1) und M_2) $d(x,y) \geqq 0$. Der Abstand ist also nie negativ.

0.3.4. Beispiele (für metrische Räume):

① X beliebige Menge.

$d : X \times X \to \mathbb{R}$ sei definiert durch $d(x,y) = 1$ für $x \neq y$ und $d(x,x) = 0$.

② $X = \mathbb{R}^n = \{x = (x_1,\ldots,x_n) \mid x_i \in \mathbb{R}\}$.

$d : X \times X \to \mathbb{R}$ sei definiert durch

$$d(x,y) = \sqrt{\sum_{i=1}^{n} (x_i - y_i)^2} \qquad \text{(Euklidische Metrik)}$$

$(\mathbb{R}^n, d)$ heißt Euklidischer Raum (der Dimension n)

③ $X = \mathbb{R}^n$.

$d : X \times X \to \mathbb{R}$ sei definiert durch

$$d(x,y) = \max\{\, |x_i - y_i| \mid i = 1,2,\ldots n\}$$

④ $X = \mathbb{R}^n$.

$d : X \times X \to \mathbb{R}$ sei definiert durch

$$d(x,y) = \sum_{i=1}^{n} |x_i - y_i|$$

⑤ $X = \{x = (x_i) \mid (x_i)$ Folge reeller Zahlen mit $\sum_{i=1}^{\infty} x_i^2$ ist konvergent$\}$.

$d : X \times X \to \mathbb{R}$ sei definiert durch

$$d(x,y) = \sqrt{\sum_{i=1}^{\infty} (x_i - y_i)^2}\,.$$

(X,d) heißt Hilbert-Raum.

⑥ $X = \{f \mid f : [0,1] \to \mathbb{R}$ stetig$\}$.

$d : X \times X \to \mathbb{R}$ sei definiert durch

$$d(f,g) = \max\{\, |f(x) - g(x)| \mid x \in [0,1]\}$$

⑦ $X = \{ f \mid f : [0,1] \to \mathbb{R} \text{ stetig} \}$.

$d : X \times X \to \mathbb{R}$ sei definiert durch

$$d(f,g) = \left[\int_0^1 (f(t) - g(t))^2 dt \right]^{\frac{1}{2}}$$

0.3.5. Definitionen: Es sei (X,d) ein metrischer Raum.

1) Ist $x \in X$ und $\varepsilon > 0$ eine reelle Zahl, so heißt $U(x,\varepsilon) = \{ y \mid d(x,y) < \varepsilon \}$ Kugelumgebung von x mit dem Radius ε oder kurz: ε-Umgebung von x.

2) $O \subset X$ heißt offen, wenn gilt: Zu jedem $x \in O$ existiert ein $\varepsilon > 0$, so daß

$$U(x,\varepsilon) \subset O$$

ist.

0.3.6. Satz: Es sei (X,d) ein metrischer Raum, $x \in X$. Jede ε-Umgebung von x ist offen.

Beweis: Es sei $U(x,\varepsilon)$ eine ε-Umgebung von x und $y \in U(x,\varepsilon)$, also $d(x,y) < \varepsilon$. Dann ist $\delta = \varepsilon - d(x,y) > 0$ und es gilt $U(y,\delta) \subset U(x,\varepsilon)$ (denn aus $z \in U(y,\delta)$, d.h. $d(y,z) < \delta$, folgt nach M_3) $d(x,z) \leq d(x,y) + d(y,z) =$ $= (\varepsilon - \delta) + d(y,z) < (\varepsilon - \delta) + \delta = \varepsilon$, d.h. $z \in U(x,\varepsilon)$). Also ist $U(x,\varepsilon)$ offen.

0.3.7. Satz: Es sei (X,d) ein metrischer Raum. $\underline{X} = \{ O \mid O \subset X \text{ und } O \text{ offen} \}$ genügt folgenden Bedingungen:

1) $\emptyset \in \underline{X}$, $X \in \underline{X}$

2) $O_1, O_2 \in \underline{X} \Rightarrow O_1 \cap O_2 \in \underline{X}$

3) $\underline{U} \subset \underline{X} \Rightarrow \bigcup_{U \in \underline{U}} U \in \underline{X}$.

<u>Beweis:</u> 1) trivial.

2) $O_1 \cap O_2 \neq \emptyset$ ($O_1 \cap O_2 = \emptyset$ trivial):

Es sei $x \in O_1 \cap O_2$. Dann gilt $x \in O_1$ und $x \in O_2$.
Da $O_1, O_2 \in \underline{X}$ gilt, existieren reelle Zahlen $\varepsilon_i > 0$, so daß $U(x,\varepsilon_i) \subset O_i$ für $i = 1,2$. Es sei $\varepsilon = \min(\varepsilon_1,\varepsilon_2)$. Dann ist $U(x,\varepsilon) \subset O_1 \cap O_2$, also $O_1 \cap O_2 \in \underline{X}$

3) $\bigcup_{U \in \underline{U}} U \neq \emptyset$ ($\bigcup_{U \in \underline{U}} U = \emptyset$ trivial):

Ist $x \in \bigcup_{U \in \underline{U}} U$, so gilt $x \in U$ für irgendein $U \in \underline{U}$.

Da U offen ist, enthält U eine ε-Umgebung von x, die dann auch in $\bigcup_{U \in \underline{U}} U$ enthalten ist; also $\bigcup_{U \in \underline{U}} U \in \underline{X}$.

<u>0.3.8.</u> <u>Bemerkungen:</u> ① In einem metrischen Raum braucht der Durchschnitt beliebig vieler offener Mengen nicht offen zu sein. Man betrachte im 1-dimensionalen Euklidischen Raum die Intervalle $(-\frac{1}{n}, \frac{1}{n})$ für alle $n \in \mathbb{N}$ d.h. die $\frac{1}{n}$ - Umgebungen von $0 \in \mathbb{R}$. $\bigcap_{n \in \mathbb{N}\setminus\{0\}} (-\frac{1}{n}, \frac{1}{n}) = \{0\}$ ist nicht offen.

② Es hat sich herausgestellt, daß der Begriff des metrischen Raumes zu speziell ist für eine allgemeine Behandlung der Stetigkeit und der Konvergenz. Es genügt bereits, den Begriff der offenen Menge axiomatisch zu fassen. Das soll im folgenden geschehen. Dabei lassen wir uns von den in 0.3.7. angegebenen Eigenschaften offener Mengen in metrischen Räumen leiten.

Kapitel 1: Topologische Räume und stetige Abbildungen

1.1. Äquivalente Axiomensysteme für topologische Räume

1.1.1. Definition: Es sei X eine Menge. Ein Mengensystem $\underline{X} \subset \underline{P}(X)$ heißt eine Topologie auf X, wenn es den folgenden Axiomen genügt:

$Top_1)$ $\emptyset \in \underline{X}$, $X \in \underline{X}$

$Top_2)$ $O_1, O_2 \in \underline{X} \Rightarrow O_1 \cap O_2 \in \underline{X}$

$Top_3)$ $\underline{S} \subset \underline{X} \Rightarrow \bigcup_{S \in \underline{S}} S \in \underline{X}$

Das Paar $(X,\underline{X})$ heißt topologischer Raum. Die Elemente von $\underline{X}$ heißen offene Mengen, die Elemente von X Punkte des topologischen Raumes.
Statt $(X,\underline{X})$ wird gelegentlich auch nur X geschrieben, falls keine Unklarheiten über die betrachtete Topologie bestehen.

1.1.2. Beispiele: (1) Es sei (X,d) ein metrischer Raum.
$\underline{X} = \{ O \mid O \subset X$ und zu jedem $x \in O$ existiert ein $\varepsilon > 0$, so daß $U(x,\varepsilon) \subset O \}$
$(X,\underline{X})$ ist ein topologischer Raum. $\underline{X}$ heißt die von der Metrik d induzierte Topologie. Die von der Euklidischen Metrik induzierte Topologie der reellen Zahlen heißt natürliche Topologie. Sie ist die in der reellen Analysis allein betrachtete Topologie.

(2) Es sei X eine Menge und $\underline{D} = \underline{P}(X)$.
$(X,\underline{D})$ ist dann ein topologischer Raum. $\underline{D}$ heißt die diskrete Topologie. Sie läßt sich auch dadurch chatakterisieren, daß jede einpunktige Teilmenge offen ist.

③ Es sei X eine Menge und $\underline{I} = \{\emptyset, X\}$. $(X,\underline{I})$ ist ein topologischer Raum. $\underline{I}$ heißt die <u>indiskrete Topologie</u>.

④ Es sei $(X,\leq)$ eine geordnete Menge. Für $x \in X$ sei $[x,\rightarrow) = \{ y \mid y \in X \text{ und } y \geq x \}$
und $(\leftarrow,x] = \{ y \mid y \in X \text{ und } y \leq x \}$

$\underline{X}_R = \{ O_R \mid O_R$ ist beliebige Vereinigung von Mengen der Form $[x,\rightarrow) \}$

ist eine Topologie, die sog. <u>Rechtstopologie</u>.

$\underline{X}_L = \{ O_L \mid O_L$ ist beliebige Vereinigung von Mengen der Form $(\leftarrow,x] \}$

ist eine Topologie, die sog. <u>Linkstopologie</u>.

⑤ a) Es sei X eine Menge mit $|X| \geq \aleph_0$:

$\underline{X}_e = \{ U \mid U \subset X \text{ und } X \setminus U \text{ endlich} \} \cup \{\emptyset\}$

(<u>Topologie der endlichen Komplemente</u>)

b) Es sei X eine Menge mit $|X| > \aleph_0$:

$\underline{X}_a = \{ U \mid U \subset X \text{ und } X \setminus U \text{ abzählbar} \} \cup \{\emptyset\}$

(<u>Topologie der abzählbaren Komplemente</u>)

<u>1.1.3</u>. <u>Definition</u>: Es sei $(X,\underline{X})$ ein topologischer Raum. $A \subset X$ heißt <u>abgeschlossen</u>, wenn $C_X A$ offen ist.

<u>1.1.4</u>. <u>Lemma</u>: Es sei $(X,\underline{X})$ ein topologischer Raum und $\underline{A} = \{ A \mid A \subset X \text{ abgeschlossen} \}$. Dann gilt:

$\underline{A}_1$) $\emptyset \in \underline{A}$, $X \in \underline{A}$

$\underline{A}_2$) $A_1, A_2 \in \underline{A} \Rightarrow A_1 \cup A_2 \in \underline{A}$

$\underline{A}_3$) $\underline{B} \subset \underline{A} \Rightarrow \bigcap_{B \in \underline{B}} B \in \underline{A}$

Beweis: Unmittelbar evident aufgrund der Rechenregeln für die Komplementbildung und der Axiome Top_1), Top_2) und Top_3).

1.1.5. Satz: Es sei X eine Menge und $\underline{A} \subset \underline{P}(X)$ genüge den Bedingungen $\underline{A}_1$), $\underline{A}_2$), $\underline{A}_3$) aus 1.1.4. Dann gibt es genau eine Topologie $\underline{X}$ auf X, für die das System der abgeschlossenen Mengen mit $\underline{A}$ identisch ist.

Beweis: 1) $\underline{X} = \{O \mid O \subset X \text{ und } X \setminus O \in \underline{A}\}$ ist eine Topologie, die die genannte Bedingung erfüllt.

2) Ist $\underline{X}'$ eine Topologie auf X, für die das System der abgeschlossenen Mengen $\underline{A}$ ist, so ist $\underline{X} = \underline{X}'$ (denn: $O \in \underline{X} \iff X \setminus O \in \underline{A} \iff O \in \underline{X}'$).

1.1.6. Definition: Es sei $(X,\underline{X})$ ein topologischer Raum, $x \in X$. Jedes $O \in \underline{X}$ mit $x \in O$ heißt offene Umgebung von x. $U \subset X$ heißt Umgebung von x, wenn in U eine offene Umgebung von x enthalten ist. $\underline{U}(x) = \{U \mid U \text{ Umgebung von } x\}$ heißt Umgebungssystem von x.

1.1.7. Satz: Es sei $(X,\underline{X})$ ein topologischer Raum. Eine Teilmenge M von X ist offen genau dann, wenn sie Umgebung eines jeden ihrer Punkte ist.

Beweis: 1) M sei offen. Dann ist M Umgebung seiner Punkte. (Das gilt auch für die leere Menge, die keine Punkte enthält).

2) Ist M Umgebung eines jeden Punktes $x \in M$, so gibt es zu jedem x eine offene Menge O_x mit $x \in O_x \subset M$. $M = \bigcup_{x \in M} O_x$ ist dann offen nach Top_3).

1.1.8. Lemma: Es sei $(X,\underline{X})$ ein topologischer Raum. Für jedes $x \in X$ sei $\underline{U}(x)$ das Umgebungssystem von x. Dann gilt:

U_1) Für jedes $x \in X$ gilt $\underline{U}(x) \neq \emptyset$ und $x \in U_x$ für jedes $U_x \in \underline{U}(x)$.

U_2) $U \in \underline{U}(x)$ und $V \supset U \Rightarrow V \in \underline{U}(x)$
(d.h. $\underline{U}(x)$ ist abgeschlossen gegenüber Bildung von Obermengen)

U_3) $U, V \in \underline{U}(x) \Rightarrow U \cap V \in \underline{U}(x)$
(d.h. $\underline{U}(x)$ ist abgeschlossen gegenüber Bildung endlicher Durchschnitte)

U_4) $U \in \underline{U}(x) \Rightarrow \exists\ V \in \underline{U}(x)$ mit $U \in \underline{U}(y)$ für jedes $y \in V$.[12)]

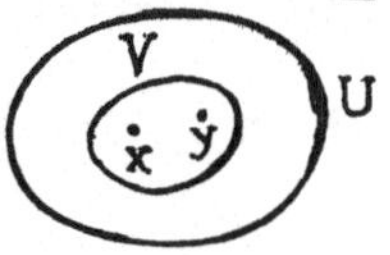

V
x y
U

Beweis: U_1), U_2): klar nach Definition.
U_3): $U, V \in \underline{U}(x)$ impliziert die Existenz zweier offener Umgebungen $O_x \subset U$ und $O'_x \subset V$ von x. Also gilt $x \in O_x \cap O'_x \subset U \cap V$. Da nach Top_2) $O_x \cap O'_x$ offen ist, folgt $U \cap V \in \underline{U}(x)$.
U_4): $U \in \underline{U}(x)$ impliziert die Existenz einer offenen Umgebung $O_x \subset U$ von x. Wähle $O_x = V$. Nach 1.1.7. ist V Umgebung eines jeden seiner Punkte und damit auch die Obermenge U.

1.1.9. Satz: Es sei X eine Menge und $\underline{U}: X \longrightarrow \underline{P}(\underline{P}(X))$ eine Abbildung, die den Bedingungen U_1), U_2), U_3) und U_4) aus 1.1.8. genügt. Dann gibt es genau eine Topologie $\underline{X}$ auf X, welche für jedes $x \in X$ den Funktionswert $\underline{U}(x)$ als Umgebungssystem von x besitzt.($\underline{U}$ heißt dann

---

12) $\exists$: es existiert.

<u>vollständiges Umgebungssystem auf</u> X und $\underline{X}$ die davon induzierte Topologie.)

<u>Beweis</u>: 1) Definition einer Topologie $\underline{X}$:

$\underline{X} = \{ O \mid O \subset X$ und zu jedem $x \in O$ existiert ein $U_x \in \underline{U}(x)$ mit $U_x \subset O \}$

$Top_1)$ $\emptyset \in \underline{X}$, $X \in \underline{X}$: trivial

$Top_2)$ $O_1, O_2 \in \underline{X}$ und $O_1 \cap O_2 \neq \emptyset$ ($O_1 \cap O_2 = \emptyset$ trivial):

Ist $x \in O_1 \cap O_2$, so existieren U_x^1 und U_x^2 aus $\underline{U}(x)$ mit $U_x^i \subset O_i$ $(i=1,2)$. Aus $U_3)$ folgt dann $U_x^1 \cap U_x^2 = U_x^3 \in \underline{U}(x)$. Wegen $U_x^3 \subset O_1 \cap O_2$ ist $O_1 \cap O_2 \in \underline{X}$.

$Top_3)$: $\underline{S} \subset \underline{X}$ und $\bigcup_{S \in \underline{S}} S \neq \emptyset$ ($\bigcup_{S \in \underline{S}} S = \emptyset$ trivial):

Ist $x \in \bigcup_{S \in \underline{S}} S$, so existiert ein $S \in \underline{S}$ mit $x \in S$.

Zu diesem $x \in S$ existiert ein $U_x \in \underline{U}(x)$ mit $U_x \subset S \subset \bigcup_{S \in \underline{S}} S$. Also: $\bigcup_{S \in \underline{S}} S \in \underline{X}$.

2) Für jedes $x \in X$ sei $\underline{U}'(x)$ das Umgebungssystem von x bez. der Topologie $\underline{X}$. Zu zeigen: $\underline{U}'(x) = \underline{U}(x)$ für alle $x \in X$.

a) $\underline{U}'(x) \subset \underline{U}(x)$: Ist $U'_x \in \underline{U}'(x)$, so existiert $O_x \in \underline{X}$ mit $x \in O_x \subset U'_x$. Nach Definition von $\underline{X}$ existiert $U_x \in \underline{U}(x)$ mit $x \in U_x \subset O_x \subset U'_x$. Wegen $U_2)$ folgt daraus $U'_x \in \underline{U}(x)$.

b) $\underline{U}(x) \subset \underline{U}'(x)$: Es sei $U_x \in \underline{U}(x)$. Man definiere $M_x = \{ y \mid y \in U_x$ und $U_x \in \underline{U}(y) \}$. Da $x \in M_x \subset U_x$ gilt, ist der Beweis beendet, wenn $M_x \in \underline{X}$ gezeigt werden kann: Sei nun $y \in M_x$. Zu zeigen: Es existiert $U_y \in \underline{U}(y)$ mit $U_y \subset M_x$!

Da $U_x \epsilon \underline{U}(y)$ ist[13], folgt nach U_4) die Existenz eines $U_y \epsilon \underline{U}(y)$ mit der Eigenschaft, daß für alle $z \epsilon U_y$ gilt $U_x \epsilon \underline{U}(z)$, woraus $z \epsilon M_x$ folgt. Also: $U_y \subset M_x$.

3) Eindeutigkeit der Topologie:

Es sei $\underline{X}'$ irgendeine Topologie auf X mit der Eigenschaft, daß für jedes $x \in X$ das Umgebungssystem $\underline{U}'(x)$ bzgl. $\underline{X}'$ mit $\underline{U}(x)$ übereinstimmt. Aufgrund der in 1.1.7. gegebenen Charakterisierung offener Mengen mit Hilfe des Umgebungsbegriffes stimmen dann notwendig auch die Topologien $\underline{X}$ und $\underline{X}'$ überein.

1.1.10. Bemerkung: Die vorangegangenen Sätze haben gezeigt, daß es gleichgültig ist, welcher der Begriffe „offen", „abgeschlossen" oder „Umgebung" axiomatisiert wird. Zwei weitere Axiomensysteme werden im folgenden Abschnitt angegeben (jedoch ohne Äquivalenzbeweis). Am meisten gebräuchlich ist das Axiomensystem für offene Mengen. Wir haben es deshalb vorangestellt.

1.2. Kern- und Hüllenbildung

1.2.1. Definition: Es sei $(X,\underline{X})$ ein topologischer Raum, $A \subset X$ eine Teilmenge von X. Dann heißt

a) die größte in A ent-   b) die kleinste A umfassende

---

13) s. Definition von M_x.

haltene offene Menge[14)]

$$A^o = \bigcup_{\substack{O \subset A \\ O \in \underline{X}}} O$$

der offene Kern von A oder das Innere von A. Die Elemente von A^o heißen innere Punkte von A.

abgeschlossene Menge[15)]

$$\bar{A} = \bigcap_{\substack{X \supset B \supset A \\ X \setminus B \in \underline{X}}} B$$

die abgeschlossene Hülle von A. Die Elemente von $\bar{A}$ heißen Berührungspunkte von A.

1.2.2. Bemerkungen: ① Es kann $A^o = \emptyset$ sein, auch dann wenn $A \neq \emptyset$ ist, weil es keine in A enthaltene nicht leere offene Menge zu geben braucht, z.B. $(\{0,1\}, \{\emptyset, \{0,1\}\})$ und $A = \{1\}$. $\{1\}$ besitzt also keine inneren Punkte.

② $\bar{A} = \emptyset$ gilt genau dann, wenn $A = \emptyset$ ist. Mit Ausnahme der leeren Menge besitzt also jede Teilmenge eines topologischen Raumes Berührungspunkte.

1.2.3. Folgerung: Es sei $(X,\underline{X})$ ein topologischer Raum. $A \subset X$ ist

a) offen genau dann, wenn $A = A^o$ gilt.

b) abgeschlossen genau dann, wenn $A = \bar{A}$ gilt.

1.2.4. Satz: Es sei $(X,\underline{X})$ ein topologischer Raum, $A \subset X$. Dann gilt:

a) $C(A^o) = \overline{CA}$, b) $C(\bar{A}) = (CA)^o$

---

14) d.h. das zu $\underline{N} = \{O \mid O \in \underline{X} \text{ und } O \subset A\} \subset \underline{P}(A)$ gehörige Supremum von $\underline{N}$ in der durch „$\subset$" geordneten Menge $\underline{P}(A)$.

15) d.h. das zu $\underline{N} = \{B \mid X \setminus B \in \underline{X} \text{ und } B \supset A\} \subset \underline{P}(A)$ gehörige Infimum von $\underline{N}$ in der durch „$\subset$" geordneten Menge $\underline{P}(A)$.

<u>Beweis</u>: a) $C\,(A^{o}) = C\,(\bigcup O) = \bigcap (CO=B) =$

$$O\subset A \Leftrightarrow B=CO\supset CA$$
$$O\in\underline{X} \Leftrightarrow CB\in\underline{X}$$

$= \overline{CA}.$

b) analog.

<u>1.2.5</u>. <u>Bemerkung</u>: Aufgrund der Formeln a) und b) in 1.2.4. läßt sich das Dualitätsprinzip für Mengen[16] erweitern zu einem <u>Dualitätsprinzip für topologische Räume</u>, indem man als weitere Operationen die Kernbildung und die Hüllenbildung hinzunimmt und die Formeln a) und b) beachtet. Als Anwendung des Dualitätsprinzips für topologische Räume betrachte man den folgenden Satz.

<u>1.2.6</u>. <u>Satz</u>: Es sei $(X,\underline{X})$ ein topologischer Raum; $A,B\subset X$. Dann gelten

$K_1)$ $X^{o} = X$	$H_1)$ $\overline{\emptyset} = \emptyset$
$K_2)$ $A^{o} \subset A$	$H_2)$ $A \subset \overline{A}$
$K_3)$ $A^{oo} = A^{o}$	$H_3)$ $\overline{\overline{A}} = \overline{A}$
$K_4)$ $(A\cap B)^{o} = A^{o}\cap B^{o}$	$H_4)$ $\overline{A\cup B} = \overline{A}\cup\overline{B}$

<u>Korollare</u>:

1) $A\subset B \Rightarrow A^{o}\subset B^{o}$	1') $A\subset B \Rightarrow \overline{A}\subset\overline{B}$
2) $A^{o}\cup B^{o}\subset (A\cup B)^{o}$	2') $\overline{A\cap B}\subset\overline{A}\cap\overline{B}$

<u>Beweis</u>: I) $K_1)$ trivial

$K_2)$ trivial

$K_3)$ folgt aus 1.2.3. a), weil A^{o} nach Definition offen ist.

---

16) s. 0.2.2. ⑨.

$$K_4)\ A^o \cap B^o = (\bigcup_{\substack{O' \subset A \\ O' \in \underline{X}}} O') \cap (\bigcup_{\substack{O'' \subset B \\ O'' \in \underline{X}}} O'') = \bigcup_{\substack{O^* \subset A \cap B \\ O^* \in \underline{X}}} (O' \cap O'' = O^*)$$

$$= (A \cap B)^o .$$

Korollare: 1) $A \subset B \Rightarrow A \cap B = A \underset{K_4)}{\Rightarrow} A^o \cap B^o = A^o$
$\Rightarrow A^o \subset B^o$

2) $A \subset A \cup B$ und $B \subset A \cup B$ impliziert nach 1) $A^o \subset (A \cup B)^o$ und $B^o \subset (A \cup B)^o$, also $A^o \cup B^o \subset (A \cup B)^o$.

II) Die Aussagen $H_1) - H_4)$ und das dazugehörige Korollar sind dual zu $K_1) - K_4)$ und dem entsprechenden Korollar. Aufgrund des Dualitätsprinzips für topologische Räume erfordern sie keinen neuen Beweis.

<u>1.2.7</u>. <u>Bemerkungen</u>: ① Es sei X eine Menge. Eine Abbildung $h : \underline{P}(X) \rightarrow \underline{P}(X)$ wird <u>Hüllenoperator</u> genannt, wenn sie den folgenden <u>Kuratowski'schen</u> <u>Hüllenaxiomen</u> genügt:

1) $h(\emptyset) = \emptyset$
2) $A \subset h(A)$ für alle $A \in \underline{P}(X)$
3) $h(h(A)) \subset h(A)$ für alle $A \in \underline{P}(X)$
4) $h(A \cup B) = h(A) \cup h(B)$ für alle $A, B \in \underline{P}(X)$.

<u>Beispiel</u>: $(X, \underline{X})$ sei ein topologischer Raum.
$h : \underline{P}(X) \rightarrow \underline{P}(X)$ definiert durch $h(A) = \bar{A}$ für alle $A \in \underline{P}(X)$ ist dann nach 1.2.6. ein Hüllenoperator.
Die Einführung eines Hüllenoperators stellt eine weitere Möglichkeit dar, einen topologischen Raum zu definieren. Man kann zeigen, daß es zu jedem Hüllenoperator h, der

zu einer Menge X gehört, genau eine Topologie $\underline{X}$ auf X gibt, so daß $h(A) = \overline{A}$ für alle $A \in \underline{P}(X)$ gilt. (Man definiert diese Topologie dadurch, indem man als abgeschlossene Teilmengen diejenigen $A \in \underline{P}(X)$ wählt, für die $h(A) = A$ gilt).

② Analog zu ① kann man einen Kernoperator einführen als Abbildung $k : \underline{P}(X) \to \underline{P}(X)$, die Axiomen genügt, die analog zu $K_1) - K_4)$ aus 1.2.6. gebildet sind. Man kann zeigen, daß zu jedem Kernoperator genau eine Topologie existiert, für die $k(A) = A^{o}$ für alle $A \in \underline{P}(X)$ gilt. (Man definiert diese Topologie dadurch, indem man als offene Teilmengen diejenigen $A \in \underline{P}(X)$ wählt, für die $k(A) = A$ gilt).

③ Für Kern- und Hüllenoperatoren bleiben die Korollare zu 1.2.6. gültig, da sie jeweils aus dem letzten Axiom folgen.

1.2.8. Satz: Es sei $(X,\underline{X})$ ein topologischer Raum, $A \subset X$. $x \in X$ ist

a) innerer Punkt von A genau dann, wenn es eine Umgebung von x gibt, die in A enthalten ist.

b) Berührungspunkt von A genau dann, wenn jede Umgebung von x mit A einen nicht leeren Durchschnitt besitzt.

Beweis: (direkter Beweis)

a) α) „$\Rightarrow$": Ist $x \in A^{o} = \bigcup_{\substack{O \subset A \\ O \in \underline{X}}} O$ so gilt $x \in O \subset A$ für ir-

(indirekter Beweis)

b) α) Ist $U_x \in \underline{U}(x)$ mit $U_x \cap A = \emptyset$, so gibt es ein $O_x \in \underline{X}$ mit $x \in O_x \subset U_x$ und es gilt

gendeines der $O \in \underline{X}$, aus denen A^o gebildet ist. Dieses O ist dann eine in A enthaltene Umgebung von x.

β) „$\Leftarrow$": Existiert $U_x \in \underline{U}(x)$ mit $U_x \subset A$, so gibt es ein $O_x \in \underline{X}$ mit $x \in O_x \subset U_x$, also gilt $x \in \bigcup_{\substack{O \subset A \\ O \in \underline{X}}} O = A^o$.

$A \subset X \setminus O_x$. Also gilt auch $\bar{A} = \bigcap_{\substack{X \supset B \supset A \\ X \setminus B \in \underline{X}}} B \subset X \setminus O_x$, d.h. $x \notin \bar{A}$.

β) Ist $x \notin \bar{A}$, so existiert eine abgeschlossene Menge $B \supset A$ mit $x \notin B$. $U = X \setminus B$ ist dann eine (offene) Umgebung von x mit $U \cap A = \emptyset$.

<u>1.2.9. Definition</u>: Ein Punkt x eines topologischen Raumes $(X,\underline{X})$ heißt <u>Häufungspunkt</u> von $A \subset X$, wenn für jedes $U_x \in \underline{U}(x)$ gilt $A \cap (U_x \setminus \{x\}) \neq \emptyset$.
Die Menge der Häufungspunkte von A wird mit A' bezeichnet und heißt die <u>derivierte Menge</u> von A. Ein Punkt $x \in X$ heißt <u>isolierter Punkt der Menge</u> A, wenn $x \in A$ gilt, aber x nicht Häufungspunkt von A ist.

<u>1.2.10</u>. <u>Bemerkung</u>: Definitionsgemäß ist jeder Häufungspunkt und jeder isolierte Punkt einer Teilmenge A eines topologischen Raumes $(X,\underline{X})$ Berührungspunkt von A. Es gilt aber auch die Umkehrung:

<u>1.2.11</u>. <u>Satz</u>: Jeder Berührungspunkt einer Teilmenge A eines topologischen Raumes X ist entweder Häufungspunkt oder isolierter Punkt von A.
<u>Korollar</u>: $\bar{A} = A \cup A'$.

<u>Beweis</u>: Ist $x \in \overline{A}$, so liegen nach 1.2.8. b) in jeder Umgebung von x Punkte von A. Ist unter diesen Umgebungen wenigstens eine, die außer x keinen Punkt von A enthält, so ist x isolierter Punkt. Andernfalls liegen in jeder Umgebung von x außer x noch Punkte von A. x ist dann Häufungspunkt von A. (Da jeder isolierte Punkt von A zu A gehört, ist damit auch das Korollar bewiesen).

<u>1.2.12</u>. <u>Definition</u>: Es sei $(X,\underline{X})$ ein topologischer Raum, $A \subset X$. Dann heißt

$$\partial A = \overline{A} \cap \overline{CA}$$

der <u>Rand</u> von A. Die Elemente von ∂A heißen <u>Randpunkte</u> von A.

<u>1.2.13</u>. <u>Bemerkungen</u>: ① Der Rand einer Menge ist abgeschlossen (als Durchschnitt zweier abgeschlossener Mengen).

② $\partial A = \overline{A} \cap \overline{CA} = \overline{A} \cap C(A^{o}) = \overline{A} \setminus A^{o}$.

③ $\partial A = \overline{A} \cap \overline{CA} = \overline{CCA} \cap \overline{CA}$
$= \overline{CA} \cap \overline{C(CA)} = \partial(CA)$

d.h. der Rand einer Menge ist gleich dem Rand ihres Komplements.

<u>1.2.14</u>. Ein Punkt x eines topologischen Raumes X ist <u>Randpunkt</u> einer Teilmenge A von X genau dann, wenn in jeder Umgebung von x Punkte von A und von CA liegen. (Man beachte 1.2.8. b) und die Definition des Randes).

<u>1.2.15</u>. <u>Beispiele</u> <u>für</u> <u>Ränder</u>:

① Im zweidimensionalen Euklidischen Raum E^2 sei

$A = \{ (x,y) \mid (x,y) \in E^2 \text{ und } x^2+y^2 < 1 \}$.

$A^o = \{ (x,y) \mid (x,y) \in E^2 \text{ und } x^2+y^2 < 1 \} = A$

$\overline{A} = \{ (x,y) \mid (x,y) \in E^2 \text{ und } x^2+y^2 \leq 1 \}$

$\partial A = \overline{A} \setminus A^o = \{ (x,y) \mid (x,y) \in E^2 \text{ und } x^2+y^2 = 1 \}$

② Im topologischen Raum ($\mathbb{R}$, nat. Top.) sei $\mathbb{Q}$ die Menge der rationalen Zahlen.

$\mathbb{Q}^o = \emptyset$, weil in jeder Umgebung einer rationalen Zahl auch irrationale Zahlen liegen.

$\overline{\mathbb{Q}} = \mathbb{R}$

$\partial \mathbb{Q} = \mathbb{R} \setminus \emptyset = \mathbb{R}$, d.h. eine Menge kann in ihrem Rand enthalten sein.

③ Die Menge $\mathbb{Q}$ sei durch die von den reellen Zahlen induzierte Metrik topologisiert $(d(\alpha,\beta)=|\alpha-\beta|$ für $\alpha, \beta \in \mathbb{Q})$; $A = \{ x \mid x \in \mathbb{Q} \text{ und } x < \sqrt{2} \}$. Dann gilt: $A^o = A$ und $\overline{A} = A$. Also $\partial A = \overline{A} \setminus A^o = \emptyset$, d.h. A besitzt keine Randpunkte.

<u>1.2.16</u>. <u>Definition</u>: Es sei $(X,\underline{X})$ ein topologischer Raum, $A \subset X$. Dann heißt $(\complement A)^o$ das Äußere von A; die Elemente von $(\complement A)^o$ heißen <u>äußere</u> <u>Punkte</u> <u>bez</u>. A.

<u>1.2.17</u>. <u>Bemerkungen</u>: ① Da die äußeren Punkte bez. A gerade als die inneren Punkte des Komplements von A definiert sind, bedürfen sie keiner weiteren Charakterisierung.

② Es sei $(X,\underline{X})$ ein topologischer Raum, $A \subset X$: $\underline{M} = \{ A^o, \partial A, (\complement A)^o \}$, d.h. das aus dem Inneren, dem Rand und dem Äußeren von A gebildete Mengensystem, ist eine Zerlegung von X (s. 0.2.5.④).

1.2.18 Definition: Es sei $(X,\underline{X})$ ein topologischer Raum, $A \subset X$. Dann heißt A *dicht* in X, wenn $\overline{A} = X$ gilt.

1.2.19. Lemma: In einem topologischen Raum $(X,\underline{X})$ ist eine Teilmenge A von X dicht in X genau dann, wenn jede offene nicht leere Teilmenge von X mit A einen nicht leeren Durchschnitt besitzt.
Beweis: Beide Bedingungen beinhalten, daß jede offene Umgebung eines Punktes von X Punkte von A enthält.

1.2.20. Bemerkung: Es kann sowohl eine Teilmenge eines topologischen Raumes als auch ihr Komplement dicht sein. Beispiel: In ($\mathbb{R}$, nat.Top.) gilt $\overline{\mathbb{Q}} = \overline{C\mathbb{Q}} = \mathbb{R}$, d.h. sowohl die Menge der rationalen Zahlen als auch die der irrationalen Zahlen ist dicht in der Menge der reellen Zahlen.

1.3. Umgebungsbasen, Basen und Subbasen.

1.3.1. Definition: Es sei $(X,\underline{X})$ ein topologischer Raum, $x \in X$. $\underline{V}(x) \subset \underline{U}(x)$ heißt *Umgebungsbasis von* x, wenn zu jedem $U \in \underline{U}(x)$ ein $V \in \underline{V}(x)$ existiert mit $V \subset U$.

1.3.2. Bemerkung: Bei allen im vorangegangenen Abschnitt eingeführten Begriffen, bei denen mit Umgebungen gearbeitet wird, kann man sich auf Elemente von Umgebungsbasen beschränken. Z.B.: Es gilt $x \in \overline{A}$ genau dann, wenn für alle $V \in \underline{V}(x)$ ($\underline{V}(x)$ Umgebungsbasis von x)

$V \cap A \neq \emptyset$ ist.

1.3.3. Beispiele für Umgebungsbasen:

① $(X,\underline{X})$ topologischer Raum, $x \in X$:

$\underline{\mathring{U}}(x) = \{ O \mid O$ offene Umgebung von $x \}$ ist Umgebungsbasis von x.

② (X,d) metrischer Raum, $x \in X$:

a) $\underline{V}(x) = \{ U(x,\varepsilon) \mid \varepsilon \in \mathbb{R}^+ \setminus \{0\} \}$ ist Umgebungsbasis von x.

b) $\underline{\tilde{V}}(x) = \{ U(x,\frac{1}{n}) \mid n \in \mathbb{N} \setminus \{0\} \}$ ist Umgebungsbasis von x. $\underline{\tilde{V}}(x)$ ist abzählbar!

1.3.4. Definition: Ein topologischer Raum $(X,\underline{X})$ erfüllt das 1. Abzählbarkeitsaxiom, wenn jeder Punkt $x \in X$ eine abzählbare Umgebungsbasis besitzt.

1.3.5. Bemerkungen: ① Jeder metrische Raum erfüllt das 1. Abzählbarkeitsaxiom (s. 1.3.3. ② b)).

② Jede Menge von Kardinalzahlen ist bez. der in 0.2.7. ① erklärten Ordnungsrelation $\leqq$ wohlgeordnet (vgl. Kamke: Mengenlehre, § 44, Satz 3), besitzt also ein erstes Element. Ist nun $(X,\underline{X})$ ein topologischer Raum und $x \in X$, so heißt das erste Element der Menge $\{ |\underline{B}(x)| \mid \underline{B}(x)$ Umgebungsbasis von $x \}$ das Gewicht des Raumes $(X,\underline{X})$ im Punkte $x \in X$. Ein topologischer Raum erfüllt das 1. Abzählbarkeitsaxiom genau dann, wenn sein Gewicht in jedem Punkte $\leqq \aleph_0$ ist.

1.3.6. Definition: Ist $(X,\underline{X})$ ein topologischer Raum, so heißt $\underline{B} \subset \underline{X}$ Basis von $\underline{X}$, wenn jede offene Teilmenge von X Vereinigungsmenge[17]) von Elementen aus $\underline{B}$ ist.

1.3.7. Beispiele für Basen:

① (X,d) metrischer Raum:

a) $\underline{B} = \{U(x,\varepsilon) \mid (x,\varepsilon) \in X \times (\mathbb{R}^+ \setminus \{0\})\}$

ist Basis der von d induzierten Topologie.

b) $\underline{B} = \{U(x,\varepsilon) \mid (x,\varepsilon) \in X \times \{\frac{1}{n} \mid n \in \mathbb{N} \setminus \{0\}\}\}$

ist Basis der von d induzierten Topologie.

② $(\mathbb{R}^n,d)$ sei der n-dimensionale Euklidische Raum.

$\underline{B} = \{U(x,\varepsilon) \mid (x,\varepsilon) \in \mathbb{Q}^n \times (\mathbb{Q}^+ \setminus \{0\})$

$(\mathbb{Q}^+ = \{\alpha \mid \alpha \in \mathbb{Q}$ und $\alpha \geqq 0\})$.

ist Basis der von d induzierten Topologie.

$\underline{B}$ ist abzählbar!

③ Es sei $(X,\leqq)$ eine geordnete Menge:

$\underline{B} = \{[x,\rightarrow) \mid x \in X\}$ ist Basis der Rechtstopologie (s.1.1.2. ④). Entsprechendes gilt für die Linkstopologie.

1.3.8. Satz: Es sei $(X,\underline{X})$ ein topologischer Raum. $\underline{B} \subset \underline{X}$ ist Basis von $\underline{X}$ genau dann, wenn für jedes $x \in X$ das Mengensystem $\underline{B}(x) = \{B \mid B \in \underline{B}$ und $x \in B\}$ Umgebungsbasis von x ist.

Beweis: 1) $\underline{B}$ sei Basis von $\underline{X}$, $x \in X$ und $U \in \underline{U}(x)$. Dann existiert ein $O \in \underline{X}$ mit $x \in O \subset U$. Da sich O als Vereinigung von Elementen aus $\underline{B}$ darstellen läßt, gibt es ein $B \in \underline{B}$ mit $x \in B \subset O$, d.h. $B \in \underline{B}(x)$ und $B \subset U$. $\underline{B}(x)$ ist also Umgebungsbasis von x.

2) Für jedes $x \in X$ sei $\underline{B}(x)$ Umgebungsbasis von x. Ist $O \in \underline{X}$, so ist für jedes $x \in O$ die Menge O (offene) Um-

---

17) Dazu gehört auch die leere Menge.

gebung von x. Also existiert ein $B_x \in \underline{B}(x) \subset \underline{B}$ mit $x \in B_x \subset O$. Dann ist $O = \bigcup_{x \in O} B_x$. Folglich ist $\underline{B}$ Basis von $\underline{X}$.

1.3.9. Bemerkung: Nicht jedes Mengensystem $\underline{M} \subset \underline{P}(X)$ ist Basis einer Topologie $\underline{X}$ auf X. Beispiel: $X = \{0,1,2\}$ und $\underline{M} = \{X, \{0,1\}, \{1,2\}, \emptyset\}$. $\underline{M}$ kann nicht Basis einer Topologie $\underline{X}$ sein, denn sonst müßte $\underline{M} = \underline{X}$ sein, weil $\underline{M}$ abgeschlossen ist gegenüber Bildung von Vereinigungen. Das ist aber nicht möglich, weil $\{0,1\} \cap \{1,2\} = \{1\} \notin \underline{M}$ ist. Es müssen also zusätzliche Voraussetzungen gelten:

1.3.10. Satz: Es sei X eine Menge, $\underline{B} \subset \underline{P}(X)$ mit $\bigcup_{B \in \underline{B}} B = X$. $\underline{B}$ ist Basis einer Topologie $\underline{X}$ auf X genau dann, wenn zu je zwei Mengen $B_1, B_2 \in \underline{B}$ und zu jedem $x \in B_1 \cap B_2$ ein $B_3 \in \underline{B}$ existiert mit $x \in B_3 \subset B_1 \cap B_2$.

Beweis: 1) Ist $\underline{B}$ Basis einer Topologie $\underline{X}$ und sind $B_1, B_2 \in \underline{B}$ sowie $x \in B_1 \cap B_2$, so ist $B_1 \cap B_2$ eine (offene) Umgebung von x. Nach 1.3.8. existiert dann ein $B_3 \in \underline{B}(x)$ mit $x \in B_3 \subset B_1 \cap B_2$.

2) $\underline{B} \subset \underline{P}(X)$ erfülle die in 1.3.10 genannte Eigenschaft. Zu zeigen: $\underline{X} = \{O \mid O \subset X$ und O beliebige Vereinigung von Elementen aus $\underline{B}\}$ ist eine Topologie auf X.

Top_1): $\emptyset \in \underline{X}$ (als leere Vereinigung) und $X \in \underline{X}$ (s.Vor.) sind trivialerweise erfüllt.

Top_2): $O_1, O_2 \in \underline{X}$ und $O_1 \cap O_2 \neq \emptyset$ ($O_1 \cap O_2 = \emptyset$ trivial): Ist $x \in O_1 \cap O_2$, so existieren $B_1, B_2 \in \underline{B}$ mit $x \in B_i \subset O_i$ $(i = 1,2)$.

Nach Voraussetzung über $\underline{B}$ existiert dann ein $B_x \in \underline{B}$ mit $x \in B_x \subset B_1 \cap B_2 \subset O_1 \cap O_2$. Also gilt

$$O_1 \cap O_2 = \bigcup_{x \in O_1 \cap O_2} B_x \in \underline{X}.$$

Top_3) ist nach Definition von $\underline{X}$ von selbst erfüllt.

1.3.11. Definition: Ein topologischer Raum $(X,\underline{X})$ erfüllt das 2. Abzählbarkeitsaxiom, wenn er eine abzählbare Basis besitzt.

1.3.12. Bemerkungen: ① Jeder topologische Raum, der das 2. Abzählbarkeitsaxiom erfüllt, erfüllt auch das erste. (Ist $\underline{B}$ eine abzählbare Basis einer Topologie $\underline{X}$ auf einer Menge X, so ist $\underline{B}(x)$ für jedes $x \in X$ eine abzählbare Umgebungsbasis von x.)

② Ein topologischer Raum, der das erste Abzählbarkeitsaxiom erfüllt, braucht nicht das zweite zu erfüllen. Beispiel: $(\mathbb{R}, \underline{P}(\mathbb{R}))$ erfüllt das erste Abzählbarkeitsaxiom, weil $\{\{x\}\}$ Umgebungsbasis von $x \in \mathbb{R}$ ist. Das zweite hingegen ist nicht erfüllt, weil jede Basis von $(\mathbb{R}, \underline{P}(\mathbb{R}))$ alle Mengen der Form $\{x\}$ mit $x \in \mathbb{R}$ enthält.

③ Der n-dimensionale Euklidische Raum erfüllt nach 1.3.7. ② das zweite Abzählbarkeitsaxiom.

④ Es sei $(X,\underline{X})$ ein topologischer Raum. $\{|\underline{B}| \mid \underline{B} \text{ Basis von } \underline{X}\}$ ist durch $\leq$ (s. o.2.6. ⑧) wohlgeordnet. Das eindeutig bestimmte minimale Element dieser Menge heißt das Gewicht des topologischen Raumes $(X,\underline{X})$. Ein topologischer Raum erfüllt demnach genau dann das zweite Abzählbarkeitsaxiom, wenn sein Gewicht $\leq \aleph_0$ ist.

1.3.13. Definition: Ein topologischer Raum $(X,\underline{X})$ heißt separabel, wenn es eine abzählbare dichte Teilmenge von X gibt.

1.3.14. Satz: Ein topologischer Raum $(X,\underline{X})$, der das zweite Abzählbarkeitsaxiom erfüllt, ist separabel.
Beweis: Es sei $\underline{B}$ eine abzählbare Basis von $\underline{X}$. Wählt man aus jedem $B \in \underline{B}$ ein $x_B \in B$ (Auswahlaxiom !), so ist $A = \{ x_B \mid B \in \underline{B}\}$ abzählbar und jede offene nicht leere Menge hat mit A einen nicht leeren Durchschnitt, weil sie wegen der Basiseigenschaft von $\underline{B}$ wenigstens ein $B \in \underline{B}$ umfaßt. Nach 1.2.19. ist also A dicht in X.

1.3.15. Bemerkung: Die Umkehrung des Satzes 1.3.14. gilt i.a. nicht. Beispiel: Es sei X eine nicht abzählbare Menge und $\underline{X}$ die Topologie der endlichen Komplemente (s. 1.1.2. ⑤ a)). Ist $A \subset X$ nicht endlich, so hat jede nicht leere offene Menge O mit A einen nicht leeren Durchschnitt (weil $\complement O$ endlich), d.h. A ist dicht in X. $(X,\underline{X})$ ist also separabel. Angenommen es sei eine abzählbare Basis $\underline{B}$ von $\underline{X}$ vorhanden. $x \in X$ sei fest. Es ist $\bigcap_{\substack{O \in \underline{X} \\ x \in O}} O = \{x\}$, weil das Komplement $X \setminus \{y\}$ jedes von x verschiedenen Punktes $y \in X$ offen ist. Bei dieser Durchschnittsbildung kann man sich auf alle x enthaltenden $B \in \underline{B}$ beschränken, d.h. $\{x\} = \bigcap_{\substack{B \in \underline{B} \\ x \in B}} B$.

$X \setminus \{x\} = \bigcup_{\substack{B \in \underline{B} \\ x \in B}} X \setminus B$ ist als abzählbare Vereinigung endlicher Mengen abzählbar im Widerspruch zur Voraussetzung über X.

<u>1.3.16</u>. <u>Definitionen</u>: 1) a) Eine Familie $(A_i)_{i \in I}$ von Teilmengen einer Menge X heißt <u>Überdeckung</u> von X, wenn $X = \bigcup_{i \in I} A_i$ gilt.

b) Ist I endlich (abzählbar), so heißt die Überdeckung $(A_i)_{i \in I}$ <u>endlich</u> (<u>abzählbar</u>).

c) Ist $(X,\underline{X})$ ein topologischer Raum, $(A_i)_{i \in I}$ eine Überdeckung von X und sind alle A_i offen (abgeschlossen), so heißt die Überdeckung <u>offen</u> (<u>abgeschlossen</u>).

d) Ist $(A_i)_{i \in I}$ Überdeckung einer Menge X, $J \subset I$ und $(A_j)_{j \in J}$ ebenfalls Überdeckung von X, so heißt $(A_j)_{j \in J}$ <u>Teilüberdeckung von</u> $(A_i)_{i \in I}$.

2) Ein topologischer Raum $(X,\underline{X})$ heißt <u>Lindelöf-Raum</u>, wenn jede offene Überdeckung von X eine abzählbare Teilüberdeckung besitzt.

<u>1.3.17</u>. <u>Satz</u>: Jeder topologische Raum $(X,\underline{X})$, der das zweite Abzählbarkeitsaxiom erfüllt, ist ein Lindelöf-Raum.

<u>Beweis</u>: Es seien $(O_i)_{i \in I}$ eine offene Überdeckung von X und $\underline{B}$ eine abzählbare Basis von $\underline{X}$. Jedes O_i läßt sich dann darstellen als Vereinigung von Elementen aus $\underline{B}$. Besteht $\underline{B}^*$ aus allen zur Darstellung der O_i benötigten $B \in \underline{B}$, so ist $\underline{B}^* \subset \underline{B}$ und folglich abzählbar. Wählt man

zu jedem $B^* \in \underline{B}^*$ genau ein $i_{B^*} \in I$ so aus, daß $B^* \subset O_{i_{B^*}}$ gilt, so ist $(O_j)_{j \in J}$ mit $J = \{ i_{B^*} | B^* \in \underline{B}^* \} \subset I$ eine abzählbare Teilüberdeckung von $(O_i)_{i \in I}$.

1.3.18. Definition: Es sei $(X,\underline{X})$ ein topologischer Raum. $\underline{S} \subset \underline{P}(X)$ heißt Subbasis von $\underline{X}$, wenn das aus allen endlichen Durchschnitten[18)] von Elementen aus $\underline{S}$ gebildete Mengensystem eine Basis von $\underline{X}$ ist.

1.3.19. Lemma: Es sei X eine Menge und $\underline{S} \subset \underline{P}(X)$ nicht leer. Dann ist $\underline{S}$ Subbasis einer Topologie $\underline{X}$ auf X. ($\underline{X}$ heißt die von $\underline{S}$ erzeugte Topologie; sie wird auch mit $(\underline{S})$ bezeichnet. Sie ist durch $\underline{S}$ eindeutig bestimmt.)

Beweis: Das aus allen endlichen Durchschnitten von Elementen aus $\underline{S}$ gebildete Mengensystem $\underline{B}$ ist nach 1.3.10. Basis einer Topologie $\underline{X}$ auf X, also ist $\underline{S}$ Subbasis von $\underline{X}$. (Ist $\underline{X}'$ eine Topologie auf X mit $\underline{S}$ als Subbasis, so gilt trivialerweise $\underline{X} = \underline{X}'$ nach Konstruktion von $\underline{X}$.)

1.3.20. Bemerkung: Ist $(X,\underline{X})$ ein topologischer Raum, so ist jede Basis von $\underline{X}$ auch Subbasis von $\underline{X}$.

1.4. Stetige Abbildungen

1.4.1. Definition: Es seien $(X,\underline{X})$, $(Y,\underline{Y})$ topologische Räume und $f : X \to Y$ eine Abbildung. f heißt stetig, wenn für alle $O \in \underline{Y}$ gilt $f^{-1}[O] \in \underline{X}$.

1.4.2. Bemerkung: Sind $(X,\underline{X})$, $(Y,\underline{Y})$ topologische Räume und $\underline{S}$ eine Subbasis von $\underline{Y}$, so genügt es für die

---

18) Dazu gehört auch X.

Stetigkeit einer Abbildung $f : X \to Y$ zu fordern:
Für alle $S \in \underline{S}$ gilt $f^{-1}[S] \in \underline{X}$. Da f^{-1} mit „Durchschnitt" und „Vereinigung" vertauschbar ist, ist diese Aussage mit der in 1.4.1. gegebenen äquivalent.

1.4.3. Satz: Es seien $(X,\underline{X})$, $(Y,\underline{Y})$ topologische Räume und $f : X \to Y$ eine Abbildung. Dann sind folgende Aussagen äquivalent:

(1) f ist stetig.

(2) Für jede abgeschlossene Teilmenge A von Y gilt: $f^{-1}[A]$ ist abgeschlossen in $(X,\underline{X})$.

(3) Für jede Teilmenge A von Y gilt: $f^{-1}[A^o] \subset (f^{-1}[A])^o$.

(4) Für jede Teilmenge A von X gilt: $f[\bar{A}] \subset \overline{f[A]}$.

Beweis: (1) $\Leftrightarrow$ (2): Wegen $C\, f^{-1}[M] = f^{-1}[CM]$ für jedes $M \subset Y$ und der Tatsache, daß eine Teilmenge eines topologischen Raumes genau dann abgeschlossen ist, wenn ihr Komplement offen ist, ist die Aussage trivial.

(1) $\Rightarrow$ (3): Wegen $A^o \subset A$ gilt $f^{-1}[A^o] \subset f^{-1}[A]$. Da $f^{-1}[A^o]$ nach Voraussetzung offen ist und in $f^{-1}[A]$ enthalten ist, gilt $f^{-1}[A^o] \subset (f^{-1}[A])^o$.

(3) $\Rightarrow$ (1): Ist $O \in \underline{Y}$, so gilt $f^{-1}[O] \subset (f^{-1}[O])^o$ nach (3), also $f^{-1}[O] = (f^{-1}[O])^o$, d.h. $f^{-1}[O] \in \underline{X}$.

(2) $\Rightarrow$ (4): $\overline{f[A]}$ ist abgeschlossen, also auch $f^{-1}[\overline{f[A]}] = B$. Wegen $B \supset f^{-1}[f[A]] \supset A$ gilt $\bar{A} \subset B$, also $f\,[\bar{A}] \subset \overline{f[A]}$.

(4) $\Rightarrow$ (2): $A \subset Y$ sei abgeschlossen. Zu zeigen: $f^{-1}[A]$ ist abgeschlossen in $(X,\underline{X})$. Wegen (4) ist $f(\overline{f^{-1}[A]}) \subset \overline{f[f^{-1}[A]]} \subset \bar{A} = A$, also gilt $\overline{f^{-1}[A]} \subset f^{-1}[A]$, woraus $f^{-1}[A] = \overline{f^{-1}[A]}$ folgt.

1.4.4. Bemerkung: Die durch 1.4.3. gegebenen Möglichkeiten eine stetige Abbildung zu definieren, entsprechen den Möglichkeiten, einen topologischen Raum zu definieren durch Axiomatisierung der Begriffe „offen", „abgeschlossen", „Kern" oder „Hülle". Im folgenden soll die Charakterisierung einer stetigen Abbildung mit Hilfe des Umgebungsbegriffes gegeben werden. Diese entspricht dann der Möglichkeit, einen topologischen Raum mit Hilfe eines vollständigen Umgebungssystems zu definieren.

1.4.5. Definition: Es seien $(X,\underline{X})$, $(Y,\underline{Y})$ topologische Räume, $f : X \rightarrow Y$ eine Abbildung und $x_0 \in X$. f heißt stetig im Punkte x_0, wenn zu jeder Umgebung V von $f(x_0)$ eine Umgebung U von x_0 existiert mit $f[U] \subset V$.

1.4.6. Satz: Es seien $(X,\underline{X})$, $(Y,\underline{Y})$ topologische Räume, $f : X \rightarrow Y$ eine Abbildung, $x_0 \in X$, $\underline{B}(x_0)$ Umgebungsbasis von x_0, $\underline{B}'(f(x_0))$ Umgebungsbasis von $f(x_0)$ sowie $\underline{U}(x_0)$ und $\underline{U}'(f(x_0))$ die entsprechenden Umgebungssysteme. Dann sind folgende Aussagen äquivalent:

(1) f ist stetig im Punkte x_0.

(2) Zu jedem $V \in \underline{B}'(f(x_0))$ existiert ein $U \in \underline{B}(x_0)$ mit $f(U) \subset V$.

(3) Für jedes $V \in \underline{U}'(f(x_0))$ ist $f^{-1}[V] \in \underline{U}(x_0)$.

(4) Für jedes $V \in \underline{B}'(f(x_0))$ ist $f^{-1}[V] \in \underline{U}(x_0)$.

<u>Beweis</u>: (1) $\Rightarrow$ (3): Zu $V \in \underline{U}'(f(x_o))$ existiert ein $U \in \underline{U}(x_o)$ mit $f[U] \subset V$, also $U \subset f^{-1}[V]$. Da $\underline{U}(x_o)$ abgeschlossen ist gegenüber Bildung von Obermengen, gilt $f^{-1}[V] \in \underline{U}(x_o)$.

(3) $\Rightarrow$ (4): Für $V \in \underline{B}'(f(x_o)) \subset \underline{U}'(f(x_o))$ ist $f^{-1}[V] \in \underline{U}(x_o)$.

(4) $\Rightarrow$ (2): Ist $V \in \underline{B}'(f(x_o))$, so ist $f^{-1}[V] \in \underline{U}(x_o)$. Da $\underline{B}(x_o)$ Umgebungsbasis von x_o ist, existiert $U \in \underline{B}(x_o)$ mit $U \subset f^{-1}[V]$, also $f[U] \subset V$.

(2) $\Rightarrow$ (1): Ist $V \in \underline{U}'(f(x_o))$, so existiert $V' \in \underline{B}'(f(x_o))$ mit $V' \subset V$. Zu V' existiert $U \in \underline{B}(x_o) \subset \underline{U}(x_o)$ mit $f[U] \subset V' \subset V$. f ist also stetig in x_o.

<u>1.4.7</u>. <u>Bemerkung:</u> Es seien (X,d), (X',d') metrische Räume. $f : X \longrightarrow Y$ ist stetig im Punkte $x_o \in X$ genau dann, wenn gilt: Zu jedem $\varepsilon > 0$ existiert ein $\delta > 0$, so daß $d'(f(x), f(x_o)) < \varepsilon$ gilt für alle $x \in X$ mit $d(x,x_o) < \delta$. Begründung:

$\underline{B}(x_o) = \{ U_\delta = \{ x \in X \mid d(x,x_o) < \delta \} \mid \delta > 0 \text{ reell} \}$

ist Umgebungsbasis von x_o und

$\underline{B}'(f(x_o)) = \{ V_\varepsilon = \{ y \in X' \mid d(y,f(x_o)) < \varepsilon \} \mid \varepsilon > 0 \text{ reell} \}$

ist Umgebungsbasis von $f(x_o)$. Anwendung von 1.4.6.(2) liefert die Behauptung (zu jedem $V_\varepsilon = \{y \in X' \mid d'(y,f(x_o)) < \varepsilon\}$, d.h. <u>zu jedem $\varepsilon > 0$</u>, <u>gibt es</u> ein $U_\delta = \{ x \in X \mid d(x,x_o) < \delta \}$ d.h. <u>ein $\delta > 0$</u>, <u>so daß</u> $f[U_\delta] \subset V_\varepsilon$, d.h. <u>für</u> alle $x \in U_\delta$, also <u>alle $x \in X$ mit $d(x,x_o) < \delta$</u> ist $f(x) \in V_\varepsilon$, also <u>$d'(f(x), f(x_o)) < \varepsilon$</u>).

<u>Speziell</u>: $X = X' = \mathbb{R}$; $d = d' :=$ Euklidische Metrik

(also $d(x,y) = |x-y|$ für $x,y \in \mathbb{R}$) : $f: \mathbb{R} \to \mathbb{R}$ ist stetig in $x_0 \in \mathbb{R}$ genau dann, wenn zu jedem $\varepsilon > 0$ ein $\delta > 0$ so existiert, daß für alle $x \in \mathbb{R}$ mit $|x - x_0| < \delta$ gilt $|f(x) - f(x_0)| < \varepsilon$.
Damit ist gezeigt: Die Definition der Stetigkeit in einem Punkte, wie sie für allgemeine topologische Räume angegeben worden ist, ist die unmittelbare Verallgemeinerung des in der reellen Analysis benutzten Begriffes der Stetigkeit in einem Punkte. Es soll nun noch gezeigt werden, daß eine Abbildung stetig ist, wenn sie in jedem Punkte stetig ist. Damit stimmt dann aber der hier eingeführte Stetigkeitsbegriff nicht nur lokal (d.h. in einem Punkte), sondern auch global (d.h. auf dem ganzen Raum) im konkreten Fall der metrischen Räume oder der reellen Zahlen mit dem in der Analysis verwendeten überein.

<u>1.4.8.</u> <u>Satz</u>: Es seien $(X,\underline{X})$, $(Y,\underline{Y})$ topologische Räume. $f : X \longrightarrow Y$ ist stetig genau dann, wenn f in <u>jedem</u> Punkte $x_0 \in X$ stetig ist.
<u>Beweis</u>: 1) „$\Rightarrow$": Ist $V \in \mathring{\underline{U}}(f(x_0))$, so ist $f^{-1}[V] \in \underline{X}$ nach Voraussetzung; und weil $x_0 \in f^{-1}[V]$ (wegen $f(x_0) \in V$) ist, gilt $f^{-1}[V] \in \mathring{\underline{U}}(x_0) \subset \underline{U}(x_0)$. f ist also nach 1.4.6.(4) stetig in $x_0 \in X$.

2) „$\Leftarrow$": Es sei $O \in \underline{Y}$ und $f^{-1}[O] \neq \emptyset$ ($f^{-1}[O] = \emptyset$ trivial). Für jedes $x_0 \in f^{-1}[O]$ ist $f(x_0) \in O$, d.h. $O \in \mathring{\underline{U}}(f(x_0))$. Nach Voraussetzung ist dann $f^{-1}[O]$ Umgebung von jedem $x_0 \in f^{-1}[O]$, also offen (vgl.1.1.7.).

<u>1.4.9</u>. <u>Beispiele für stetige Abbildungen</u>:

(1) Alle aus der reellen Analysis als stetig bekannten Abbildungen.

(2) Es seien $(X,\underline{X})$, $(Y,\underline{Y})$ topologische Räume, $y_0 \in Y$ und $f : X \to Y$ sei durch $f(x) = y_0$ für alle $x \in X$ definiert. Dann ist f stetig.

(3) Ist $(X,\underline{D})$ ein diskreter Raum und $(Y,\underline{Y})$ ein beliebiger topologischer Raum, so ist jede Abbildung $f : X \to Y$ stetig.

(4) Ist $(X,\underline{X})$ ein beliebiger topologischer Raum und $(Y,\underline{I})$ ein indiskreter Raum, so ist jede Abbildung $f : X \to Y$ stetig.

(5) Ist $(X,\underline{X})$ ein topologischer Raum, so ist die identische Abbildung $1_X : X \to X$, die jedes Element auf sich abbildet, stetig.

<u>1.4.10</u>. <u>Vereinbarung</u>: Um Mißverständnisse zu vermeiden, hinsichtlich welcher Topologie sowohl des Bildraumes als auch des Urbildraumes einer Abbildung von Stetigkeit gesprochen wird, soll eindrucksvoller $f : (X,\underline{X}) \to (Y,\underline{Y})$ geschrieben werden, wenn $f : X \to Y$ eine Abbildung ist, die bez. der Topologie $\underline{X}$ auf X und $\underline{Y}$ auf Y auf Stetigkeit zu untersuchen ist.

<u>1.4.11</u>. <u>Definition</u>: Es seien $\underline{X}$ und $\underline{X}'$ Topologien auf einer Menge X. Dann heißt $\underline{X}$ <u>feiner</u> als $\underline{X}'$ (und $\underline{X}'$ <u>gröber</u> als $\underline{X}$), wenn die Abbildung $1_X : (X,\underline{X}) \to (X,\underline{X}')$ stetig ist.

<u>1.4.12</u>. <u>Lemma</u>: Es seien $\underline{X}$ und $\underline{X}'$ Topologien auf einer Menge X. $\underline{X}$ ist feiner als $\underline{X}'$ genau dann, wenn $\underline{X}' \subset \underline{X}$ gilt.

<u>Beweis</u>: trivial.

<u>1.4.13.</u> <u>Bemerkungen</u>: ① Die Menge der Topologien auf einer festen Menge X ist durch „$\subset$" geordnet. Sie besitzt ein größtes[19] Element, eine feinste Topologie, nämlich die diskrete Topologie, und ein kleinstes[20] Element, eine gröbste Topologie, nämlich die indiskrete Topologie.

② Es sei $f:(X,\underline{X}) \to (Y,\underline{Y})$ eine stetige Abbildung. f bleibt stetig, wenn $\underline{X}$ durch eine feinere Topologie $\underline{X}'$ ersetzt wird und $\underline{Y}$ durch eine gröbere Topologie $\underline{Y}'$.

<u>1.4.14.</u> <u>Satz</u>: Es seien $(X,\underline{X})$, $(Y,\underline{Y})$, $(Z,\underline{Z})$ topologische Räume, $f: X \to Y$ eine Abbildung, die in $x_0 \in X$ stetig ist und $g: Y \to Z$ eine Abbildung, die in $f(x_0)$ stetig ist. Dann ist $g \circ f : X \to Z$ eine Abbildung, die in x_0 stetig ist.

<u>Korollar</u>: Sind $f:(X,\underline{X}) \to (Y,\underline{Y})$ und $g:(Y,\underline{Y}) \to (Z,\underline{Z})$ stetige Abbildungen, so ist auch $g \circ f:(X,\underline{X}) \to (Z,\underline{Z})$ eine stetige Abbildung.

<u>Beweis</u>: Es sei $U \in \underline{U}(g(f(x_0)))$. Da g in $f(x_0)$ stetig ist, gilt $g^{-1}[U] \in \underline{U}(f(x_0))$. Da f in $x_0 \in X$ stetig ist, gilt $f^{-1}[g^{-1}[U]] = (g \circ f)^{-1}[U] \in \underline{U}(x_0)$. Also ist $g \circ f$ stetig in $x_0 \in X$. Nach 1.4.8. ist damit auch das Korollar bewiesen.

---

19) größtes Element bedeutet ein zur Menge gehöriges Supremum,

20) kleinstes Element bedeutet ein zur Menge gehöriges Infimum.

1.5. Die Begriffe „Kategorie" und „Funktor".

1.5.1. Definition: Eine Kategorie $\underline{C}$ besteht aus

(1) einer Klasse $|\underline{C}|$ von Objekten, die mit A, B, C, ... bezeichnet werden;

(2) einer Klasse paarweise disjunkter Mengen $[A,B]_{\underline{C}}$ zu jedem $(A,B) \in |\underline{C}| \times |\underline{C}|$ (die Elemente von $[A,B]_{\underline{C}}$ heißen Morphismen von A nach B) und

(3) einer Komposition von Morphismen, d.h. zu jedem Tripel (A,B,C) von Objekten gibt es eine Abbildung

$$\begin{array}{ccc} [A,B]_{\underline{C}} \times [B,C]_{\underline{C}} & \longrightarrow & [A,C]_{\underline{C}} \\ (f,g) & \longmapsto & g \circ f \end{array} .$$

Dabei müssen folgende Axiome erfüllt sein:

Kat_1) Assoziativität: Sind $f \in [A,B]_{\underline{C}}$, $g \in [B,C]_{\underline{C}}$ und $h \in [C,D]_{\underline{C}}$, so gilt $h \circ (g \circ f) = (h \circ g) \circ f$.

Kat_2) Identitäten: Für jedes $A \in |\underline{C}|$ gibt es einen identischen Morphismus $1_A \in [A,A]_{\underline{C}}$, so daß für alle $B,C \in |\underline{C}|$ und alle $f \in [A,B]_{\underline{C}}$ und $g \in [C,A]_{\underline{C}}$ gilt $f \circ 1_A = f$ und $1_A \circ g = g$

1.5.2. Bemerkungen: ① Statt $f \in [A,B]_{\underline{C}}$ schreibt man $f : A \longrightarrow B$ oder $A \xrightarrow{f} B$. A heißt die Quelle und B das Ziel von f.

② Die Klasse aller Morphismen von $\underline{C}$ wird mit

$$\operatorname{Mor} \underline{C} := \bigcup_{(A,B) \in |\underline{C}| \times |\underline{C}|} [A,B]_{\underline{C}}$$

bezeichnet; ihre Elemente heißen $\underline{C}$-Morphismen.

③ Die Forderung nach der Disjunktheit der Morphismenmengen stellt keine Einschränkung dar; man kann sie stets dadurch erreichen, daß man $[A,B]_{\underline{C}}$ ersetzt durch $[A,B]'_{\underline{C}} = \{(A,B,\alpha) \mid \alpha \in [A,B]_{\underline{C}}\}$.

1.5.3. Beispiele für Kategorien:

① Kategorie $\underline{M}$ der Mengen und Abbildungen:

$|\underline{M}| :=$ Klasse aller Mengen (d.h. die Objekte sind Mengen); $[A,B]_{\underline{M}} :=$ Menge aller Abbildungen von A in B für alle $A,B \in |\underline{M}|$ (d.h. die Morphismen sind Abbildungen). Als Komposition wird die Komposition von Abbildungen gewählt.

Bemerkung: Um die Disjunktheit der Morphismenmengen zu gewährleisten, ist es zweckmäßig unter einer Abbildung $f : A \to B$ das Tripel (A,B,F) zu verstehen, wobei $F \subset A \times B$ mit der Eigenschaft: Zu jedem $x \in A$ existiert genau ein $y \in B$ mit $(x,y) \in F$. Oder: Man beachtet die Bemerkung unter 1.5.2. ③, was jedoch auf dasselbe hinausläuft.

② Kategorie $\underline{T}$ der topologischen Räume und stetigen Abbildungen:

$|\underline{T}| :=$ Klasse aller topologischen Räume, d.h. die Objekte sind topologische Räume; $[A,B]_{\underline{T}} :=$ Menge aller stetigen Abbildungen von A in B für alle $A,B \in |\underline{T}|$ (d.h. Morphismen sind die stetigen Abbildungen); Komposition ist die Komposition der Abbildungen. Nach 1.4.14. Korollar ist das Kompositum stetiger Abbildungen stetig, also ein Morphismus, d.h. die Definition der Komposition ist sinnvoll. Das Assoziativgesetz gilt, weil es generell für Abbildungen gilt, d.h. $Kat_1)$ ist erfüllt.

Da nach 1.4.9. ⑤ 1_X: $(X,\underline{X}) \longrightarrow (X,\underline{X})$ stetig ist, ist auch die Forderung Kat_2) nach Identitäten erfüllt.

③ Kategorie $\underline{G}$ der Gruppen und Gruppenhomomorphismen:

$|\underline{G}|$: = Klasse aller Gruppen

Mor $\underline{G}$: = Klasse aller Gruppenhomomorphismen (zwischen je zwei Gruppen).

Komposition: = Komposition von Abbildungen.

④ Kategorie $\underline{A}$ der Abelschen Gruppen und Gruppenhomomorphismen

$|\underline{A}|$: = Klasse aller Abelschen Gruppen

Mor $\underline{A}$: = Klasse aller Gruppenhomomorphismen zwischen Abelschen Gruppen

Komposition: = Komposition von Abbildungen.

⑤ Kategorie $\underline{O}$ der geordneten Mengen und isotonen Abbildungen:

Objekte: geordnete Mengen; Morphismen: isotone Abbildungen; Komposition: Komposition von Abbildungen.

⑥ Eine Kategorie $\underline{C}$ heißt <u>diskret</u>, wenn für je zwei Objekte $A \neq B$ von $\underline{C}$ gilt $[A,B]_{\underline{C}} = \emptyset$ und für jedes $A \in |\underline{C}|$ gilt $[A,A]_{\underline{C}} = \{1_A\}$. Jede Klasse definiert eine diskrete Kategorie.

⑦ Es sei $\underline{C}$ eine Kategorie. Die zu $\underline{C}$ <u>duale Kategorie</u> $\underline{C}^*$ ist dann definiert durch:

(1) $|\underline{C}^*| := |\underline{C}|$

(2) $[A,B]_{\underline{C}^*} := [B,A]_{\underline{C}}$ für alle $(A,B) \in |\underline{C}^*| \times |\underline{C}^*|$

(3) Die Komposition $\beta \circ \alpha$ in $\underline{C}^*$ ist definiert als Komposition $\alpha \circ \beta$ in $\underline{C}$.

<u>Bemerkung</u>: 1) $(\underline{C}^*)^* = \underline{C}$

2) Jeder Aussage in einer Kategorie $\underline{C}$ entspricht eine (duale) Aussage in der dualen Kategorie $\underline{C}^*$ (durch Umkehrung der Morphismenrichtung, d.h. der Pfeilrichtung, durch die ein Morphismus symbolisiert wird).

<u>1.5.4</u>. <u>Bemerkung</u>: Für jede mathematische Theorie definiert man sich zunächst Objekte und dann zur Beschreibung dieser Objekte i.a. zulässige Abbildungen, die man Morphismen nennt. Dieses Vorgehen wird durch den Begriff der Kategorie exakt erfaßt (Obwohl die Objekte einer Kategorie als Elemente einer Klasse als Mengen anzusehen sind, brauchen die Morphismen keine Abbildungen zu sein, wie das Beispiel $\underline{T}^*$ zeigt). Die Kategorientheorie, d.h. die Theorie, die sich mit Aussagen über allgemeine Kategorien beschäftigt, ist daher als eine übergeordnete Disziplin anzusehen. Da sich nicht immer über alle oder wenigstens über viele wichtige Kategorien gleichzeitig allgemeine Aussagen machen lassen, ist es erforderlich, einzelne Kategorien gesondert zu untersuchen. Das geschieht hier im Rahmen dieses Buches für die Kategorie $\underline{T}$. Trotzdem sollen wenigstens teilweise allgemeine Gesichtspunkte berücksichtigt werden. Im folgenden soll nun definiert werden, wann zwei Objekte als isomorph, d.h. als im

wesentlichen nicht verschieden, anzusehen sind (jeweils in der entsprechenden Kategorie).

1.5.5. Definition: Es sei $\underline{C}$ eine Kategorie, $f \in [A,B]_{\underline{C}}$ für $(A,B) \in |\underline{C}| \times |\underline{C}|$. Dann heißt f Isomorphismus, wenn es ein $g \in [B,A]_{\underline{C}}$ so gibt, daß $g \circ f = 1_A$ und $f \circ g = 1_B$ gilt. Ist f ein Isomorphismus, so heißen A und B isomorph (in Zeichen: $A \cong B$).

1.5.6. Bemerkungen: ① In 1.5.5. ist g durch f eindeutig bestimmt (ist $g' \in [B,A]_{\underline{C}}$ mit $g' \circ f = 1_A$ und $f \circ g' = 1_B$, so ist $g = g \circ 1_B = g \circ (f \circ g') = (g \circ f) \circ g' = 1_A \circ g' = g'$) und wird mit f^{-1} bezeichnet.

② Ist $\underline{C} = \underline{M}$, so ist f ein Isomorphismus genau dann, wenn f eine bijektive Abbildung ist. (a) Ist f bijektiv, so gilt für die Umkehrabbildung f^{-1} (s. 0.2.3. ⑤ d)) : $f \circ f^{-1} = 1_B$ und $f^{-1} \circ f = 1_A$ falls $f : A \longrightarrow B$.

b) α) Gilt $g \circ f = 1_A$, so ist f injektiv: Seien $x,y \in A$ und $f(x) = f(y)$. Dann gilt $g(f(x)) = 1_A(x) = x = g(f(y)) = 1_A(y) = y$.

β) Gilt $f \circ g = 1_B$, so ist f surjektiv: Ist $b \in B$, so ist $g(b) = a \in A$ und $f(a) = f(g(b)) = 1_B(b) = b$.) Zwei Mengen sind also genau dann isomorph, wenn sie gleichmächtig sind. Der Isomorphiebegriff ist also sinnvoll.

1.5.6. Satz: Es seien $(X,\underline{X})$, $(Y,\underline{Y})$ topologische Räume, $f : X \longrightarrow Y$ eine Abbildung. f ist ein Isomorphismus in $\underline{T}$ genau dann, wenn gilt:

1) f ist bijektiv

2) f und f^{-1} sind stetig.

(Die Isomorphismen in $\underline{T}$ heißen Homöomorphismen oder topologische Abbildungen.)

Beweis: a) Ist f ein Isomorphismus, so ist f nach 1.5.6. ② b) bijektiv. f und $f^{-1} = g$ sind stetig als Morphismen in $\underline{T}$.

b) Gelten 1) und 2), so ist die Behauptung bewiesen, wenn man $g = f^{-1}$ setzt.

1.5.7. Bemerkungen: ① Sind zwei topologische Räume $(X,\underline{X})$ und $(Y,\underline{Y})$ isomorph, so entspricht jedem $O \in \underline{X}$ genau ein $O' \in \underline{Y}$ und umgekehrt. Die Räume sind also hinsichtlich ihrer Topologie nicht zu unterscheiden (und natürlich auch nicht hinsichtlich ihrer zugrundeliegenden Mengen; denn X und Y sind gleichmächtig).

② $1_X : X \to X$ ist ein $\underline{C}$-Isomorphismus. Ist $f : X \to Y$ ein $\underline{C}$-Isomorphismus, so ist auch $f^{-1} : Y \to X$ ein $\underline{C}$-Isomorphismus. Ebenso ist das Kompositum von $\underline{C}$-Isomorphismen wieder ein $\underline{C}$-Isomorphismus. $\cong \subset |\underline{C}| \times |\underline{C}|$ ist also eine Äquivalenzrelation auf $|\underline{C}|$; die zugehörigen Äquivalenzklassen heißen Isomorphieklassen (oder speziell für $\underline{C} = \underline{T}$: Homöomorphieklassen). Eine Eigenschaft E für die Objekte von $\underline{C}$ heißt $\underline{C}$-Invariante, wenn gilt: Trifft E auf ein $A \in |\underline{C}|$ zu, so trifft E stets auch auf alle zu A isomorphen Objekte zu (d.h. auf alle zur Isomorphieklasse von A gehörenden Objekte). Speziell nennt man eine $\underline{T}$-Invariante eine <u>topologische Invariante</u>. <u>Aufgabe der Topologie ist das Aufsuchen topologischer Invarianten</u> (einschließlich Studium derselben!). Alle bisher eingeführten Eigenschaften topologischer Räume, wie das 1. und 2. Abzählbarkeitsaxiom, separabel und Lindelöf-Raum, sind topologische Invarianten (vgl. Übungsaufgabe 11)).

<u>1.5.8</u>. <u>Beispiele</u>: (1) Es sei X eine zweielementige Menge, etwa $X = \{0,1\}$. $\underline{X} = \{\emptyset, \{0\}, X\}$, $\underline{X}' = \{\emptyset, \{1\}, X\}$. Dann gilt: $(X,\underline{X}) \cong (X,\underline{X}')$. $f: (X,\underline{X}) \longrightarrow (X,\underline{X}')$, definiert durch $f(0) = 1$ und $f(1) = 0$ ist offensichtlich topologisch. (Der Raum $(\{0,1\}, \{\emptyset, \{0\}, \{0,1\}\})$ heißt <u>Sierpinski-Raum</u>.)

(2) $f : \mathbb{R} \longrightarrow (-1,+1)$, definiert durch $f(x) = \frac{x}{1+|x|}$ für alle $x \in \mathbb{R}$, ist topologisch, falls beide Mengen die von der üblichen Betragsmetrik induzierte Topologie tragen (d.h. die natürliche Topologie).

Der weiteren Charakterisierung von Isomorphismen dient die folgende Definition:

<u>1.5.9</u>. <u>Definition</u>: Es sei $\underline{C}$ eine Kategorie. Ein $\underline{C}$-Morphismus $f : A \longrightarrow B$ heißt

a) <u>Monomorphismus</u>, wenn für alle Paare (α,β) von $\underline{C}$-Morphismen mit A als Ziel aus $f\circ\alpha = f\circ\beta$ stets folgt $\alpha=\beta$.

b) <u>Epimorphismus</u>, wenn f Monomorphismus in der dualen Kategorie $\underline{C}^*$ ist (d.h. wenn für alle Paare (α, β) von $\underline{C}$-Morphismen mit B als Quelle aus $\alpha \circ f = \beta \circ f$ stets folgt $\alpha = \beta$).

c) <u>extremer Monomorphismus</u>, wenn gilt:

(1) f ist Monomorphismus

(2) Aus $f = h \circ g$ und g Epimorphismus folgt stets g Isomorphismus.

d) <u>extremer Epimorphismus</u>, wenn f extremer Monomorphismus in der dualen Kategorie $\underline{C}^*$ ist (d.h. wenn gilt

(1) f ist Epimorphismus

(2) Aus $f = g \circ h$ und g Monomorphismus folgt stets g Isomorphismus).

<u>1.5.10</u>. <u>Satz</u>: Es sei $\underline{C}$ eine Kategorie, $f : A \longrightarrow B$ ein $\underline{C}$-Morphismus. Dann sind folgende Aussagen äquivalent:

(1) f ist Isomorphismus.

(2) f ist Epimorphismus und extremer Monomorphismus.

(3) f ist Monomorphismus und extremer Epimorphismus.

<u>Beweis</u>: (1) $\Rightarrow$ (2): a) Aus $\alpha \circ f = \beta \circ f$ folgt $\alpha \circ f \circ f^{-1} = \beta \circ f \circ f^{-1}$, also $\alpha \circ 1_B = \alpha = \beta \circ 1_B = \beta$, d.h. f ist Epimorphismus.

b) (1) Da f Isomorphismus ist, ist f auch Monomorphismus (analog a))

(2) Es sei $f = h \circ g$ und

g Epimorphismus.

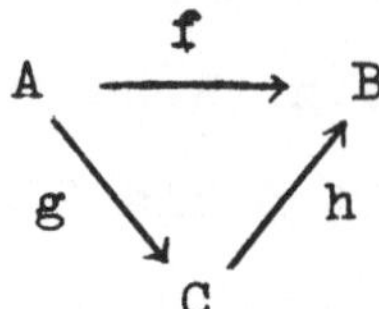

Dann gilt

$1_A = f^{-1} \circ f = f^{-1} \circ (h \circ g) = (f^{-1} \circ h) \circ g$

$(g \circ (f^{-1} \circ h)) \circ g = g \circ ((f^{-1} \circ h) \circ g) = g \circ 1_A = g$

$= 1_C \circ g$, also $g \circ (f^{-1} \circ h) = 1_C$, weil g Epimorphismus ist. Damit ist gezeigt: g ist Isomorphismus.

(2) $\Rightarrow$ (1): Aus $f = 1_B \circ f$ und f Epimorphismus und extremer Monomorphismus folgt automatisch: f ist Isomorphismus.

Damit ist bereits alles gezeigt, weil die Aussagen (2) und (3) dual sind und (1) selbstdual ist [genauer gilt: f* Iso[21] $\Leftrightarrow$ f Iso $\Leftrightarrow$ f Epi und extremer Mono $\Leftrightarrow$ f* Mono und extremer Epi]

<u>1.5.11</u>. <u>Lemma</u>: Es seien $(X,\underline{X})$, $(Y,\underline{Y})$ topologische Räume.

a) $f : X \to Y$ ist ein Monomorphismus in $\underline{T}$ genau dann, wenn f eine injektive stetige Abbildung ist.

b) $f : X \to Y$ ist ein Epimorphismus in $\underline{T}$ genau dann, wenn f eine surjektive stetige Abbildung ist.

<u>Beweis</u>: a) α) Es seien $x,y \in X$ und $f(x) = f(y)$.

$\overline{x} : X \to X$, definiert durch $\overline{x}(z) = x$ für alle $z \in X$ und $\overline{y} : X \to X$, definiert durch $\overline{y}(z) = y$ für alle $z \in X$

---

21) Wird ein $\underline{C}$-Morphismus f als $\underline{C}^*$-Morphismus aufgefaßt, so schreibt man statt f auch f*.

sind stetige Abbildungen und es gilt $f \circ \bar{x} = f \circ \bar{y}$.
Da f ein Monomorphismus ist, folgt $\bar{x} = \bar{y}$, d.h. $x = y$.

β) Es seien $\gamma, \delta : X' \to X$ $\underline{T}$-Morphismen mit $f \circ \gamma = f \circ \delta$. Für alle $x' \in X'$ gilt $f(\gamma(x')) = f(\delta(x')$, woraus $\gamma(x') = \delta(x')$ folgt, weil f injektiv ist. Also gilt $\gamma = \delta$.

b) α) (indirekt): Ist f nicht surjektiv, so gibt es ein $y' \in Y$ mit $y' \notin f[X]$.
$\gamma, \delta : (Y,\underline{Y}) \to (\{0,1\}, \underline{I})$ definiert durch $\gamma(y) = 0$ für alle $y \in Y$ und $\delta(y) = \begin{cases} 0 & \text{für alle } y \in f[X] \\ 1 & \text{sonst} \end{cases}$

sind stetige Abbildungen (jede Abbildung in einen indiskreten Raum ist stetig!) und es gilt $\gamma \circ f = \delta \circ f$, aber $\gamma \neq \delta$. f ist also kein Epimorphismus.

β) Es sei f surjektiv und stetig. Zu jedem $y \in Y$ gibt es ein $x \in X$ mit $f(x) = y$. Aus $\alpha \circ f = \beta \circ f$ folgt dann $\alpha(y) = \alpha(f(x)) = \beta(f(x)) = \beta(y)$ für jedes $y \in Y$, d.h. $\alpha = \beta$. f ist also ein Epimorphismus.

<u>1.5.12.</u> Der Charakterisierung der extremen Monomorphismen in $\underline{T}$ schicken wir folgende Überlegung voran:
<u>Satz</u>: Es seien $(X,\underline{X})$ ein topologischer Raum, $U \subset X$ eine Teilmenge von X, $i : U \to X$ die Inklusionsabbildung (d.h. $i(x) = x$ für alle $x \in U$). Dann ist $\underline{X}_U = \{U \cap O \mid O \in \underline{X}\} = \{i^{-1}[O] \mid O \in \underline{X}\}$ eine Topologie auf U, genauer die gröbste Topologie auf U, für die i stetig ist.
<u>Zusatz</u>: $f : (Y,\underline{Y}) \to (U,\underline{X}_U)$ ist genau dann stetig, wenn $i \circ f$ stetig ist.

<u>Beweis</u>: $i^{-1}[O] = U \cap O$ gilt für alle $O \in \underline{X}$. Da i^{-1} mit Durchschnitt und Vereinigung vertauschbar ist und $\underline{X}$ eine Topologie ist, muß auch $\underline{X}_U$ eine Topologie sein. Da jede Topologie auf U, bez. der i stetig sein soll, alle Mengen der Form $i^{-1}[O]$ mit $O \in \underline{X}$ enthalten muß, ist $\underline{X}_U$ die gröbste dieser Art. Ist f stetig, so auch $i \circ f$ als Kompositum stetiger Abbildungen. Ist $i \circ f$ stetig, so ist $f^{-1}[i^{-1}[O]] = (i \circ f)^{-1}[O] \in \underline{Y}$ für alle $O \in \underline{X}$, also ist f stetig.

<u>1.5.13. Definition</u>: Die in 1.5.12. eingeführte Topologie $\underline{X}_U$ heißt die <u>Spurtopologie</u> oder <u>Relativtopologie</u> von U bez. $(X,\underline{X})$. $(U,\underline{X}_U)$ heißt <u>Unterraum</u> von $(X,\underline{X})$.

<u>1.5.14</u>. <u>Satz</u>: Eine Abbildung $f:(X,\underline{X}) \rightarrow (Y,\underline{Y})$ ist genau dann ein extremer Monomorphismus in $\underline{T}$, wenn $f':(X,\underline{X}) \rightarrow (f[X],\underline{Y}_{f[X]})$, definiert durch $f'(x)=f(x)$ für alle $x \in X$, eine topologische Abbildung ist.[22)]

<u>Beweis</u>: a) Es sei $f:(X,\underline{X}) \rightarrow (Y,\underline{Y})$ ein extremer Monomorphismus. Das Diagramm

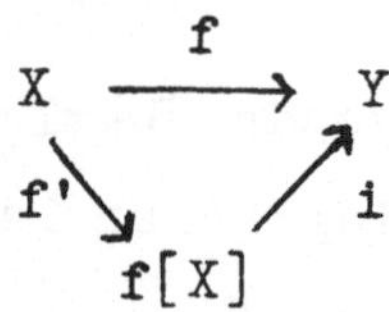

ist kommutativ, d.h. $f = i \circ f'$, und f' ist surjektiv und stetig (aufgrund von 1.5.12. Zusatz), also nach

---

22) X ist dann zu einem Unterraum von Y isomorph. Ein extremer Monomorphismus in $\underline{T}$ heißt deshalb auch <u>Einbettung</u>.

1.5.11.b) ein Epimorphismus. Folglich ist f' ein Isomorphismus (nach Definition des extremen Monomorphismus).

b) Es sei f' ein Isomorphismus. Dann ist $f = i \circ f'$ ein Monomorphismus (als Kompositum zweier Monomorphismen). Ist $f = h \circ g$ mit g Epimorphismus, so ist das Diagramm

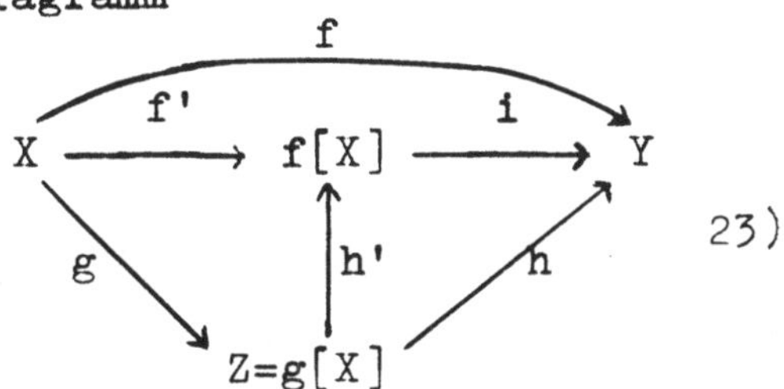

23)

kommutativ. Speziell gilt $f' = h' \circ g$, woraus folgt, daß g ein Isomorphismus ist, weil f' ein extremer Monomorphismus (sogar ein Isomorphismus) ist. Also ist f ein extremer Monomorphismus.

<u>1.5.15</u>. Der Charakterisierung der extremen Epimorphismen in $\underline{T}$ schicken wir folgende Überlegung voran:

<u>Satz</u>: Es seien $(X,\underline{X})$ ein topologischer Raum, Y eine Menge und $f : X \to Y$ eine Abbildung. Dann ist

$$\underline{Y}_f = \{ O \mid O \subset Y \text{ und } f^{-1}[O] \in \underline{X} \}$$

eine Topologie auf Y, genauer die feinste Topologie auf Y, bez. der f stetig ist.

---

23) h' ist durch $i \circ h' = h$ definiert. Diese Definition ist sinnvoll, weil $h[Z] = f[X]$ gilt. Die Stetigkeit von h' ergibt sich aus 1.5.12., Zusatz.

Zusatz: Ist $(Z,\underline{Z})$ irgendein topologischer Raum, so ist eine Abbildung $g : (Y,\underline{Y}_f) \to (Z,\underline{Z})$ stetig genau dann, wenn $g \circ f$ stetig ist.

Beweis: Da f^{-1} mit Durchschnitt und Vereinigung vertauschbar ist und $\underline{X}$ eine Topologie ist, muß auch $\underline{Y}_f$ eine Topologie sein. Jede Topologie $\underline{Y}'$, bez. der f stetig ist, ist in $\underline{Y}_f$ enthalten (weil für jedes $O \in \underline{Y}'$ gilt $O \subset Y$ und $f^{-1}[O] \in \underline{X}$ aufgrund der Stetigkeit von f, also $O \in \underline{Y}_f$), d.h. $\underline{Y}_f$ ist die feinste Topologie bez. der f stetig ist. Ist g stetig, so ist auch $g \circ f$ stetig als Kompositum stetiger Abbildungen. Für $O' \in \underline{Z}$ gilt $f^{-1}[g^{-1}[O']] = (g \circ f)^{-1}[O'] \in \underline{X}$, wenn $g \circ f$ stetig ist. Das bedeutet aber gerade, $g^{-1}[O']$ ist offen in $(Y,\underline{Y}_f)$ aufgrund der Definition von $\underline{Y}_f$. g ist also stetig.

1.5.16. Definition: Die in 1.5.15. eingeführte Topologie $\underline{Y}_f$ heißt die Quotiententopologie von Y bez. f. Ist f surjektiv und trägt Y die Quotiententopologie bez. f, so heißt f Quotientenabbildung. Ist $(X,\underline{X})$ ein topologischer Raum, R eine Äquivalenzrelation auf X, $\omega : X \to X/R$ die natürliche Abbildung, so heißt die mit der Quotiententopologie von X/R bez. ω versehene Menge X/R Quotientenraum von $(X,\underline{X})$ bez. R.

1.5.17. Bemerkung: Ist $(X,\underline{X})$ ein topologischer Raum, R eine Äquivalenzrelation auf X, so ist eine Teilmenge von X/R, d.h. eine Menge $\underline{S}$ von Äquivalenzklassen bez. R, offen im Quotientenraum genau dann, wenn $\bigcup_{S \in \underline{S}} S$ offen in $(X,\underline{X})$ ist.

1.5.18. Satz: Eine Abbildung $f : (X,\underline{X}) \to (Y,\underline{Y})$ ist genau dann ein extremer Epimorphismus in $\underline{T}$, wenn f eine Quotientenabbildung ist (d.h. wenn f surjektiv ist und $\underline{Y}$ die Quotiententopologie von Y bez. f ist).

Beweis: a) Es sei $f : X \to Y$ ein extremer Epimorphismus. Dann ist f surjektiv und stetig. Das Diagramm

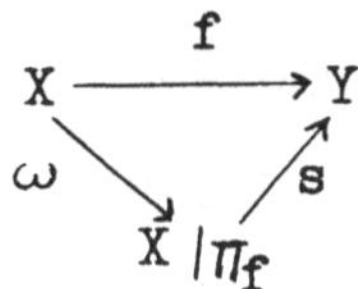

(X/π_f trage Quotiententopologie bez. ω !)

ist kommutativ (vgl. 0.2.5. (5)) und, weil f surjektiv ist, ist s bijektiv. Nach 1.5.15. Zusatz ist s stetig, weil $s \circ \omega = f$ stetig ist und X/π_f die Quotiententopologie bez. ω trägt. Also ist s ein Monomorphismus. Da f ein extremer Epimorphismus ist, folgt daraus bereits, daß s ein Isomorphismus ist. Mit X/π_f trägt dann auch Y Quotiententopologie (X/π_f und Y sowie ω und f können identifiziert werden).

b) Es sei $f : X \to Y$ Quotientenabbildung. Weiter sei $f = g \circ h$ mit g Monomorphismus (d.h. injektiv und stetig), also

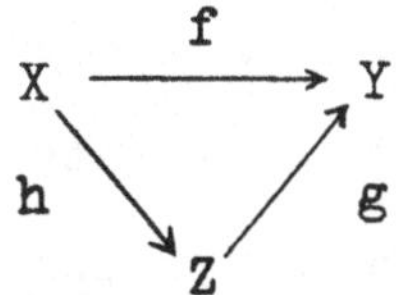

ist kommutativ. Da f ein Epimorphismus ist, ist auch g ein Epimorphismus ($\alpha \circ g = \beta \circ g \Longrightarrow \alpha \circ g \circ h = \beta \circ g \circ h \Longrightarrow \alpha \circ f = \beta \circ f \Longrightarrow \alpha = \beta$), d.h. eine surjektive stetige Abbildung. g ist also bijektiv und stetig. $g^{-1} \circ f = g^{-1} \circ g \circ h = 1_Z \circ h = h$ ist stetig (als Morphismus in $\underline{T}$). Da Y Quotiententopologie bez. f trägt, folgt daraus: g^{-1} ist stetig (s. 1.5.15. Zusatz). Nach 1.5.6. ist g ein Isomorphismus in $\underline{T}$, also f ein extremer Epimorphismus.

<u>1.5.19</u>. <u>Bemerkungen</u>: ① Unter einem <u>Bimorphismus</u> in einer Kategorie $\underline{C}$ versteht man einen $\underline{C}$-Morphismus, der gleichzeitig Epimorphismus und Monomorphismus ist. Kategorien, in denen jeder Bimorphismus bereits ein Isomorphismus ist, nennt man <u>balanciert</u>. Z.B. sind die Kategorien $\underline{M}$, $\underline{A}$, $\underline{G}$ balanciert (die Bimorphismen sind dort diejenigen Morphismen, die als Abbildungen bijektiv sind). Die Kategorie $\underline{T}$ ist nicht balanciert, wie das folgende Beispiel zeigt: Es seien X eine mindestens zweielementige Menge (etwa $X = \{0,1\}$), $\underline{D}$ die diskrete und $\underline{I}$ die indiskrete Topologie auf X.

$$1_X : (X,\underline{D}) \rightarrow (X,\underline{I})$$

ist bijektiv und stetig, d.h. ein Bimorphismus. Die Umkehrabbildung ist jedoch nicht stetig, d.h. 1_X ist kein Isomorphismus.

② Die Aussage, die in Teil a) des Beweises von 1.5.18. gemacht wird, stellt das <u>topologische Analogon des Homomorphiesatzes der</u>

Gruppentheorie dar. Die Tatsache, daß in dem Diagramm

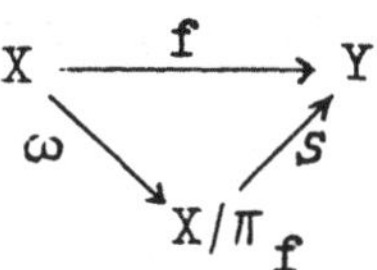

f ein extremer Epimorphismus sein muß, damit s topologisch ist (d.h. ein Isomorphismus in T) während in der Kategorie G f nur ein Epimorphismus[24] zu sein braucht, hängt damit zusammen, daß die Kategorie G balanciert ist. In balancierten Kategorien stimmen offenbar die Epimorphismen mit den extremen Epimorphismen überein (und auch die Monomorphismen mit den extremen Monomorphismen); denn aus f Epimorphismus und $f = g \circ h$ mit g Monomorphismus folgt g ist Bimorphismus ($\alpha \circ g = \beta \circ g \Rightarrow \alpha \circ g \circ h = \beta \circ g \circ h \Rightarrow \alpha \circ f = \beta \circ f \Rightarrow$ $\Rightarrow \alpha = \beta$) und in einer balancierten Kategorie dann auch ein Isomorphismus (entsprechend für Monomorphismen).

③ Die folgende Definition dient dazu eine einfache Bedingung anzugeben, die hinreichend dafür ist, daß eine stetige Abbildung ein extremer Epimorphismus in T ist:

1.5.20. Definition: Eine Abbildung $f:(X,\underline{X}) \rightarrow (Y,\underline{Y})$ heißt offen (abgeschlossen), wenn f jede offene (abgeschlossene) Menge von $(X,\underline{X})$ auf eine offene (abgeschlossene) Menge von $(Y,\underline{Y})$ abbildet.

---

24) Die Epimorphismen in G sind gerade die surjektiven Homomorphismen.

1.5.21. Satz: Jede stetige surjektive Abbildung $f : (X,\underline{X}) \to (Y,\underline{Y})$, die offen oder abgeschlossen ist, ist ein extremer Epimorphismus in $\underline{T}$.

Beweis: Nach 1.5.18 braucht nur nachgewiesen zu werden, daß $\underline{Y}$ die Quotiententopologie bez. f ist, d.h. $\underline{Y} = \underline{Y}_f$: 1) Es sei f offen:

a) Für jedes $O \in \underline{Y}_f$ gilt $f^{-1}[O] \in \underline{X}$. Da f surjektiv und offen ist, muß $f[f^{-1}[O]] = O \in \underline{Y}$ gelten, d.h. $\underline{Y}_f \subset \underline{Y}$.

b) Da $\underline{Y}$ eine Topologie von Y ist, bez. der f stetig ist, muß $\underline{Y} \subset \underline{Y}_f$ gelten, weil $\underline{Y}_f$ die feinste Topologie von Y ist, bez. der f stetig ist.

2) Es sei f abgeschlossen:

a) Für jedes $O \in \underline{Y}_f$ gilt $f^{-1}[O] \in \underline{X}$, also ist $Cf^{-1}[O]$ abgeschlossen in $(X,\underline{X})$. Da f surjektiv und abgeschlossen ist, muß $f[Cf^{-1}[O]] = f[f^{-1}[CO]] = CO$ abgeschlossen in $(Y,\underline{Y})$ sein, d.h. $O \in \underline{Y}$. Also gilt $\underline{Y}_f \subset \underline{Y}$.

b) analog zu 1) b).

1.5.22. Bemerkungen: ① Eine bijektive Abbildung $f : (X,\underline{X}) \to (Y,\underline{Y})$ ist genau dann topologisch, wenn sie stetig und offen [stetig und abgeschlossen] ist (vgl. 1.5.6. und beachte, daß eine bijektive Abbildung $f: X \to Y$ genau dann offen [abgeschlossen] ist, wenn f^{-1} stetig ist).

② Eine stetige Abbildung braucht i.a. weder offen noch abgeschlossen zu sein, z.B. ist die Inklusionsabbildung

$$i : (-1, +1] \longrightarrow \mathbb{R}$$

stetig, wenn $\mathbb{R}$ die natürliche Topologie und (-1, +1] die Spurtopologie dazu trägt, aber i ist weder offen noch abgeschlossen, weil i[(-1, +1]] = (-1, +1] weder offen noch abgeschlossen in $\mathbb{R}$ ist.

(3) Die Begriffe „extremer Monomorphismus" und „extremer Epimorphismus" sind dazu geeignet, in beliebigen Kategorien Unterobjekte und Quotientenobjekte zu definieren: Ist $\underline{C}$ eine Kategorie, so heißt $X \in |\underline{C}|$ Unterobjekt (Quotientenobjekt) von $Y \in |\underline{C}|$, wenn $[X,Y]_{\underline{C}}$ ($[Y,X]_{\underline{C}}$) einen extremen Monomorphismus (extremen Epimorphismus) enthält.[25)] Für $\underline{C} = \underline{T}$ bedeutet dann Unterobjekt gerade Unterraum (vgl. 1.5.14. : X ist isomorph zu einem Unterraum von Y, nämlich zu f[X], wenn $f : X \longrightarrow Y$ ein extremer Monomorphismus ist; umgekehrt ist für jeden Unterraum U von $X \in |\underline{T}|$ die Inklusionsabbildung $i : U \longrightarrow X$ ein extremer Monomorphismus); und Quotientenobjekt bedeutet gerade Quotientenraum (vgl. 1.5.18. Beweis, Teil a) : Y ist isomorph zu X/π_f, wenn $f : X \longrightarrow Y$ ein extremer Epimorphismus ist. Ist umgekehrt Y Quotientenraum von X bez. R, so ist die natürliche Abbildung $\omega : X \longrightarrow X/R = Y$ ein extremer Epimorphismus

---

25) X ist also Quotientenobjekt von Y genau dann, wenn X Unterobjekt von Y in der dualen Kategorie ist.

nach 1.5.18.) In balancierten Kategorien kann das Wort „extrem" bei der Definition von Unter- und Quotientenobjekten gestrichen werden.[26)]

1.5.23. Genauso wie man zur Beschreibung von Objekten einer Kategorie Morphismen benötigt, verwendet man zur Beschreibung von Kategorien „Funktoren":

Definition: Es seien $\underline{C}$ und $\underline{D}$ Kategorien, $\underline{F}_1 : |\underline{C}| \longrightarrow |\underline{D}|$ und $\underline{F}_2$: Mor $\underline{C} \longrightarrow$ Mor $\underline{D}$ seien Abbildungen. Statt $\underline{F}_1(A)$ schreibe man $\underline{F}(A)$ und statt $\underline{F}_2(f)$ schreibe man $\underline{F}(f)$. Gilt dann

F_1) $f \in [A,B]_{\underline{C}} \Rightarrow \underline{F}(f) \in [\underline{F}(A), \underline{F}(B)]_{\underline{D}}$

F_2) $\underline{F}(f \circ g) = \underline{F}(f) \circ \underline{F}(g)$, falls $f \circ g$ in $\underline{C}$ definiert ist (d.h. Quelle (f) = Ziel (g)).

F_3) $\underline{F}(1_A) = 1_{\underline{F}(A)} \quad (A \in |\underline{C}|)$.

so heißt $\underline{F} := (\underline{C}, \underline{D}, \underline{F}_1, \underline{F}_2)$ ein Funktor von $\underline{C}$ in $\underline{D}$, genauer ein kovarianter Funktor (in Zeichen: $\underline{F} : \underline{C} \to \underline{D}$).

Gelten anstelle von F_1) und F_2)

F_1') $f \in [A,B]_{\underline{C}} \Rightarrow \underline{F}(f) \in [\underline{F}(B), \underline{F}(A)]_{\underline{D}}$

F_2') $\underline{F}(f \circ g) = \underline{F}(g) \circ \underline{F}(f)$, falls $f \circ g$ in $\underline{C}$ definiert ist,

und gilt F_3), so heißt $\underline{F}$ ein kontravarianter Funktor[27)] von $\underline{C}$ in $\underline{D}$.

---

26) Es ist leider heute noch üblich, das gleiche auch in anderen (nicht balancierten) Kategorien zu tun, obwohl dann für $\underline{C} = \underline{T}$ keine „richtigen" Unterobjekte, d.h. Unterräume herauskommen.

27) Ein kontravarianter Funktor $\underline{F} : \underline{C} \longrightarrow \underline{D}$ kann auch definiert werden als ein (kovarianter) Funktor von $\underline{C}^*$ in $\underline{D}$.

1.5.24. Beispiele: ① Der identische Funktor:

$\underline{I} : \underline{C} \rightarrow \underline{C}$ bildet Objekte und Morphismen identisch auf sich ab (kovarianter Funktor!)

② Konstante Funktoren:

$\underline{C}$ und $\underline{D}$ seien beliebige Kategorien, $X \in |\underline{D}|$. Für alle $A \in |\underline{C}|$ und $f \in \mathrm{Mor}\ \underline{C}$ setze man $\underline{F}(A) = X$ und $\underline{F}(f) = 1_X$ (ko- und kontravarianter Funktor!)

③ Vergißfunktoren:

$\underline{F} : \underline{T} \rightarrow \underline{M}$ sei definiert durch

$\underline{F}((X,\underline{X})) = X$ und $\underline{F}(f) = f$ (Mengenabbildung)

oder:

$\underline{F} : \underline{G} \rightarrow \underline{M}$ sei definiert durch

$\underline{F}((G,\circ)) = G$ und $\underline{F}(f) = f$ (Mengenabbildung)

(kovariante Funktoren!)

④ Der Dualisierungsfunktor

$\underline{F} : \underline{C} \rightarrow \underline{C}^*$ sei definiert durch $\underline{F}(X) = X$ und $F(f) = f^*$ (kontravarianter Funktor!)

1.5.25. Bemerkung: In der algebraischen Topologie beschäftigt man sich mit der Konstruktion von Funktoren von $\underline{T}$ in $\underline{A}$, d.h. es werden topologische Sachverhalte übersetzt in die Sprache der Algebra mit Hilfe eines Funktors. Die algebraische Topologie ist nicht Gegenstand dieses Buches. Trotzdem werden uns noch öfter Funktoren begegnen. Vermerkt sei noch, daß ein Funktor aufgrund der Eigenschaft F_2) kommutative Diagramme in kommutative Diagramme und Isomorphismen in Isomorphismen überführt.

Kapitel 2: Filtertheorie (Konvergenz)

2.1. Definition und Beispiele von Filtern

2.1.1. Vorbemerkung: Der aus der Analysis bekannte Begriff der Konvergenz einer Punktfolge kann folgendermaßen in die Sprache der Topologie übersetzt werden: Ist $(x_n)_{n\in\mathbb{N}}$ eine Folge von Punkten eines topologischen Raumes $(X,\underline{X})$, so heißt $(x_n)_{n\in\mathbb{N}}$ konvergent gegen $x_0\in X$, wenn zu jedem $U\in\underline{U}(x_0)$ ein $n_0\in\mathbb{N}$ so existiert, daß für alle $n \geqq n_0$ gilt $x_n\in U$. Offenbar kann man sich bei dieser Definition auf eine Umgebungsbasis $\underline{B}(x_0)$ von x_0 beschränken (d.h. $(x_n)_{n\in\mathbb{N}}$ ist konvergent gegen $x_0\in X$ genau dann, wenn zu jedem $V\in\underline{B}(x_0)$ ein $n_0\in\mathbb{N}$ so existiert, daß für alle $n\geqq n_0$ gilt $x_n\in V$), weil in jedem $U\in\underline{U}(x_0)$ ein $V\in\underline{B}(x_0)$ enthalten ist. Da in einem metrischen Raum (X,d) das System $\underline{B}(x_0) =$

$$=\{ U(x_0,\varepsilon) = \{x \mid d(x,x_0) < \varepsilon\} \mid \varepsilon > 0 \text{ reell}\}$$

Umgebungsbasis von $x\in X$ ist, ist eine Folge $(x_n)_{n\in\mathbb{N}}$

aus X genau dann konvergent gegen $x_0 \in X$, wenn zu jedem $\varepsilon > 0$ (d.h. zu jedem $U(x_0,\varepsilon) \in \underline{B}(x_0)$) ein $n \in \mathbb{N}$ so existiert, daß für alle $n \geqq n_0$ gilt $x_n \in U(x_0,\varepsilon)$ d.h. $d(x_n,x_0) < \varepsilon$ (also falls (X,d) der Raum der reellen Zahlen mit der durch $d(x,y) = |x-y|$ für alle $x,y \in \mathbb{R}$ definierten Metrik d ist: $|x_n - x_0| < \varepsilon$).

Es zeigt sich, daß der Begriff der Folge und der Folgenkonvergenz für die Topologie zu eng ist; so läßt sich etwa eine stetige Abbildung nicht durch konvergente Folgen charakterisieren wie etwa in der Analysis, d.h es gilt <u>nicht</u>: Eine Abbildung $f : (X,\underline{X}) \longrightarrow (Y,\underline{Y})$ ist stetig in $x_0 \in X$ genau dann, wenn für jede Folge $(x_n)_{n \in \mathbb{N}}$ aus X, die gegen $x_0 \in X$ konvergiert, die Folge $(f(x_n))_{n \in \mathbb{N}}$ gegen $f(x_0)$ konvergiert.
<u>Beispiel</u>: Es sei X eine nicht abzählbare Menge und $\underline{X}$ die Topologie der abzählbaren Komplemente (s. 1.1.2. ⑤ b)). Ist $(x_n)_{n \in \mathbb{N}}$ eine Folge aus X und konvergiert $(x_n)_{n \in \mathbb{N}}$ gegen $x_0 \in X$, so gilt $x_0 \in \{x_n | \ n \in \mathbb{N}\}$ (wäre $x_0 \notin \{x_n | \ n \in \mathbb{N}\}$, so könnte $(x_n)_{n \in \mathbb{N}}$ nicht gegen x_0 konvergieren, weil $X \setminus \{x_n | \ n \in \mathbb{N}\}$ eine [offene] Umgebung von x_0 wäre, die kein Element der Folge $(x_n)_{n \in \mathbb{N}}$ enthielte). Da $X \setminus (\{x_n | \ n \in \mathbb{N}\} \setminus \{x_0\})$ eine (offene) Umgebung von x_0 ist, gibt es ein $n_0 \in \mathbb{N}$, so daß für alle $n \geqq n_0$ gilt $x_n \in X \setminus (\{x_n | \ n \in \mathbb{N}\} \setminus \{x_0\})$ d.h. $x_n = x_0$ für alle $n \geqq n_0$.
Die Abbildung $1_X : (X,\underline{X}) \longrightarrow (X,\underline{D})$ ist nicht stetig (in $(X,\underline{D})$ ist jede einpunktige Menge $\{x\}$ offen, aber

$\{x\}$ ist nicht offen in $(X,\underline{X})$, weil $X \setminus \{x\}$ nicht abzählbar ist), hat aber die Eigenschaft, jede konvergente Folge in $(X,\underline{X})$, d.h. jede von einem $n_0 \in \mathbb{N}$ an konstante Folge, in eine konvergente Folge in $(X,\underline{D})$ zu überführen (gilt $x_n = x_0$ für $n \geqq n_0$, so ist $(x_n)_{n\in\mathbb{N}}$ konvergent gegen $x_0 \in X$ in $(X,\underline{D})$, weil in jeder Umgebung von x_0 offenbar x_0 liegt).

Der Folgenbegriff wird daher ersetzt durch den Begriff des Filters:

<u>2.1.2.</u> <u>Definition</u> (H.Cartan): Es sei X eine Menge. Ein nicht leeres Mengensystem $\underline{F} \subset \underline{P}(X)$ heißt <u>Filter</u> (auf X), wenn gilt:

F_1) $\emptyset \notin \underline{F}$

F_2) $U_1, U_2 \in \underline{F} \Rightarrow U_1 \cap U_2 \in \underline{F}$ (d.h.: $\underline{F}$ ist abgeschlossen gegenüber Bildung endlicher Durchschnitte)

F_3) $U \in \underline{F}$, $V \subset X$, $V \supset U \Rightarrow V \in \underline{F}$ (d.h.: $\underline{F}$ ist abgeschlossen gegenüber Bildung von Obermengen).

<u>2.1.3.</u> <u>Beispiele:</u> (1) Es sei $X \neq \emptyset$ eine Menge:

a) $\underline{F} = \{X\}$ ist ein Filter auf X.

b) $A \subset X$ und $A \neq \emptyset$.

$\underline{F} = \{U \mid U \in \underline{P}(X) \text{ und } U \supset A\}$ ist ein Filter auf X (Filter der Obermengen einer gegebenen Teilmenge).

(2) Es sei $(X,\underline{X})$ ein topologischer

Raum, $x \in X$, $A \in \underline{P}(X) \setminus \{\emptyset\}$:

a) $\underline{U}(x)$ ist ein Filter auf X, der Umgebungsfilter von x heißt. Seine Elemente sind die Umgebungen von x.

b) $\underline{U}(A) = \{U \mid U \subset X$ und $A \subset O \subset U$ für irgendein $O \in \underline{X}\}$ ist ein Filter auf X. $\underline{U}(A)$ heißt Umgebungsfilter von A, die Elemente aus $\underline{U}(A)$ heißen Umgebungen von A.

(3) Es sei X eine Menge mit $|X| \geqq \aleph_0$. $\underline{F} = \{U \mid U = X \setminus E$ und $E \subset X$ endlich$\}$ ist ein Filter auf X. Ist $X = \mathbb{N}$, so heißt $\underline{F}$ auch Fréchet-Filter.

(4) Es sei $(x_n)_{n \in \mathbb{N}}$ eine Folge auf einer Menge X. $\underline{F} = \{U \mid U \subset X$ und $x_n \in U$ für fast alle[28] $n \in \mathbb{N}\}$ ist ein Filter auf X. Er heißt der zur Folge $(x_n)_{n \in \mathbb{N}}$ gehörige Elementarfilter.

2.1.4. Definition: Es sei X eine Menge. Ein nicht leeres Mengensystem $\underline{B} \subset \underline{P}(X)$ heißt Filterbasis (auf X), wenn gilt:

FB_1) $\emptyset \notin \underline{B}$

FB_2) $U_1, U_2 \in \underline{B} \Rightarrow$ Es existiert $U_3 \in \underline{B}$, so daß $U_3 \subset U_1 \cap U_2$ (d.h. der Durchschnitt zweier Mengen aus $\underline{B}$ umfaßt eine Menge aus $\underline{B}$).

2.1.5. Beispiele: (1) Es sei X eine nicht leere Menge, $A \subset X$ mit $A \neq \emptyset$. $\underline{B} = \{A\}$ ist Filterbasis auf X.

---

28) d.h. mit Ausnahme von höchstens endlich vielen

② Es sei $(X,\underline{X})$ ein topologischer Raum, $x \in X$, $A \subset X$ mit $A \neq \emptyset$:

a) $\underline{\mathring{U}}(x) = \{O \mid O$ offene Umgebung von $x\}$ ist Filterbasis auf X.

b) $\underline{\mathring{U}}(A) = \{O \mid O \in \underline{X}$ und $A \subset O\}$ ist Filterbasis auf X.

③ $B_m = \{n \mid n \in \mathbb{N}$ und $n \geq m\}$, $m \in \mathbb{N}$. $\underline{B} = \{B_m \mid m \in \mathbb{N}\}$ ist Filterbasis auf $\mathbb{N}$.

④ Es sei $(x_n)_{n \in \mathbb{N}}$ eine Folge auf $X \in |\underline{M}|$. $E_m = \{x_n \mid n \geq m\}$, $m \in \mathbb{N}$. $\underline{B} = \{E_m \mid m \in \mathbb{N}\}$ ist Filterbasis auf X.

<u>2.1.6.</u> Vergleicht man die Beispiele unter 2.1.5. mit denen unter 2.1.3., so erkennt man:

<u>Lemma</u>: Es sei X eine nicht leere Menge, $\underline{B}$ Filterbasis auf X. Dann ist $(\underline{B}) = \{V \mid V \subset X$ und $V \supset U$ für irgendein $U \in \underline{B}\}$ Filter auf X.

<u>2.1.7</u>. <u>Definition</u>: Der in 2.1.6. eingeführte Filter $(\underline{B}) = \underline{F}$ heißt der von $\underline{B}$ erzeugte Filter. Man sagt, daß $\underline{F}$ die Basis $\underline{B}$ besitzt.

<u>2.1.8</u>. <u>Bemerkung:</u> Die von den in 2.1.5. ① - ④ angegebenen Filterbasen erzeugten Filter sind gerade die entsprechenden in 2.1.3. ① - ④ angegebenen.

<u>2.2</u>. <u>Limites und Häufungspunkte von Filtern.</u>

<u>2.2.1</u>. <u>Definition</u>: 1) $\underline{F}_1$ und $\underline{F}_2$ seien Filter auf einer Menge X. Dann heißt $\underline{F}_2$ <u>feiner</u> als $\underline{F}_1$

(bzw. $\underline{F}_1$ <u>gröber</u> als $\underline{F}_2$), wenn gilt:

$$\underline{F}_1 \subset \underline{F}_2.$$

2) Es sei $(X,\underline{X})$ ein topologischer Raum, $x \in X$. Ein Filter $\underline{F}$ auf X heißt <u>konvergent</u> gegen x, wenn $\underline{F}$ feiner als der Umgebungsfilter von x ist (d.h. wenn $\underline{F} \supset \underline{U}(x)$). Ist $\underline{F}$ gegen x konvergent, so heißt x <u>Limes</u> von $\underline{F}$ und man schreibt $\underline{F} \to x$. Ist für einen Filter $\underline{F}$ auf X die Menge der Limites einelementig, so schreibt man auch $\lim \underline{F} = x$, wenn x Limes von $\underline{F}$ ist.

3) Eine Folge $(x_n)_{n\in\mathbb{N}}$ in einem topologischen Raum $(X,\underline{X})$ heißt konvergent gegen $x \in X$, wenn der zugehörige Elementarfilter gegen x konvergiert.

<u>2.2.2.</u> <u>Bemerkungen:</u> ① Die Definition der Konvergenz einer Folge, wie sie in 2.2.1. 3) gegeben worden ist, stimmt offenbar mit der in 2.1.1. angegebenen überein, ergibt also im konkreten Fall der reellen Zahlen die aus der Analysis bekannte Definition (denn $\underline{B} = \{E_m = \{x_n \mid n \geqq m\} \mid m \in \mathbb{N}\}$ ist Basis des zu $(x_n)_{n\in\mathbb{N}}$ gehörigen Elementarfilters $\underline{F}$, also besagt $\underline{F} \supset \underline{U}(x)$, daß jede Umgebung U von x zu $\underline{F}$ gehört, d.h. daß zu jedem $U \in \underline{U}(x)$ ein $m \in \mathbb{N}$ existiert mit $E_m \subset U$ (also: $x_n \in U$ für alle $n \geqq m$); und ist umgekehrt $(x_n)_{n\in\mathbb{N}}$ konvergent gegen x und $U \in \underline{U}(x)$, so gibt es ein $m \in \mathbb{N}$ mit $x_n \in U$ für alle $n \geqq m$, d.h. $E_m \subset U$, woraus $U \in \underline{F}$ folgt, also gilt $\underline{F} \supset \underline{U}(x)$).

② a) Ist $(X,\underline{I})$ ein indiskreter Raum, so konvergiert jeder Filter $\underline{F}$ auf X gegen jeden

Punkt $x \in X$. ($\underline{F}$ enthält X, weil $\underline{F}$ Filter, und $\underline{U}(x) = \{X\}$ für alle $x \in X$, d.h. $\underline{F} \supset \underline{U}(x)$ für alle $x \in X$).

b) Ist $(X,\underline{D})$ ein diskreter Raum, so sind die einzigen konvergenten Filter die Umgebungsfilter der Punkte von $(X,\underline{D})$. Ist $x \in X$, so ist $\underline{U}(x)$ der Filter der Obermengen von $\{x\}$. Da die Umgebungsfilter zweier verschiedener Punkte x,y nicht vergleichbar sind bez. „$\subset$" (weil $\{x\}$ weder Obermenge von $\{y\}$ noch $\{y\}$ Obermenge von $\{x\}$ ist), besitzt jeder Filter auf $(X,\underline{D})$ höchstens einen Limes.

<u>2.2.3</u>. <u>Satz</u>: Es sei $(X,\underline{X})$ ein topologischer Raum, $x \in X$. Ist dann $\underline{F}$ ein Filter auf X, der gegen x konvergiert, so konvergiert auch jeder feinere Filter gegen x.
<u>Beweis</u>: trivial.

<u>2.2.4</u>. <u>Bemerkung</u>: Ist $(x_n)_{n \in \mathbb{N}}$ eine Folge auf einer Menge X und ist $(j_n)_{n \in \mathbb{N}}$ eine Folge auf $\mathbb{N}$ mit $j_n < j_{n+1}$ für alle $n \in \mathbb{N}$, so heißt $(x_{j_n})_{n \in \mathbb{N}}$ Teilfolge von $(x_n)_{n \in \mathbb{N}}$, (genauer: unendliche Teilfolge). Der zu einer Teilfolge gehörige Elementarfilter $\underline{F}_T$ ist feiner als der zur Ausgangsfolge gehörige Elementarfilter $\underline{F}$ ($F \in \underline{F} \Rightarrow F \supset E_m = \{x_n | \; n \geq m\} \supset \{x_{j_n} | \; j_n \geq m\} \in \underline{F}_T$, also $F \in \underline{F}_T$, weil $\underline{F}_T$ Filter ist). Die Aussage von 2.2.3. enthält damit als Spezialfall, daß jede Teilfolge einer konvergenten Folge konvergent ist.

<u>2.2.5</u>. <u>Definitionen</u>: 1) Es sei $(X,\underline{X})$ ein topologischer

Raum, $\underline{F}$ ein Filter auf X. $x \in X$ heißt <u>Häufungspunkt</u> (auch: Adhärenzpunkt) von $\underline{F}$, wenn

$$x \in \bigcap_{F \in \underline{F}} \overline{F}$$

gilt (d.h. wenn x dem Durchschnitt der abgeschlossenen Filtermengen angehört).

2) Ist $(x_n)_{n \in \mathbb{N}}$ eine Folge in $(X,\underline{X})$, so heißt $x \in X$ Häufungspunkt[29] von $(x_n)_{n \in \mathbb{N}}$, wenn x Häufungspunkt des zugehörigen Elementarfilters ist.

<u>2.2.6.</u> <u>Satz</u>: Es sei $(X,\underline{X})$ ein topologischer Raum, $\underline{B}$ eine Filterbasis auf X. $x \in X$ ist Häufungspunkt von $(\underline{B}) = \underline{F}$ genau dann, wenn

$$x \in \bigcap_{B \in \underline{B}} \overline{B}$$

gilt.

<u>Beweis</u>: a) Gilt $x \in \bigcap_{F \in \underline{F}} \overline{F}$, so folgt, weil jedes $B \in \underline{B}$ zu $\underline{F}$ gehört, $x \in \bigcap_{B \in \underline{B}} \overline{B}$.

b) Es sei $x \in \bigcap_{B \in \underline{B}} \overline{B}$. Ist $F \in \underline{F}$, so gibt es ein $B \in \underline{B}$ mit $B \subset F$. Daraus folgt: $\overline{B} \subset \overline{F}$. Da $x \in \overline{B}$ gilt für alle $B \in \underline{B}$, muß also auch $x \in \overline{F}$ für alle $F \in \underline{F}$ gelten.

<u>2.2.7.</u> <u>Satz</u>: Es sei $(x_n)_{n \in \mathbb{N}}$ eine Folge in einem topologischen Raum $(X,\underline{X})$. $x \in X$ ist Häufungspunkt

---

29) manche Autoren sagen statt Häufungspunkt auch Limespunkt.

von $(x_n)_{n\in\mathbb{N}}$ genau dann, wenn es zu jeder Umgebung $U\in\underline{U}(x)$ unendlich viele Indizes $i\in\mathbb{N}$ gibt mit $x_i\in U$.

Beweis: a) Es sei x Häufungspunkt von $(x_n)_{n\in\mathbb{N}}$.
Da $\underline{B}=\{E_m\mid m\in\mathbb{N}\}$ mit $E_m=\{x_n\mid n\geq m\}$ Basis des zu $(x_n)_{n\in\mathbb{N}}$ gehörigen Elementarfilters ist, gilt nach 2.2.6. $x\in\bigcap_{m\in\mathbb{N}}\overline{E}_m$. Ist also $U\in\underline{U}(x)$, so gilt $U\cap E_m\neq\emptyset$ für alle $m\in\mathbb{N}$. Daraus folgt aber, daß es unendlich viele Indizes $i\in\mathbb{N}$ gibt mit $x_i\in U$ (denn gäbe es nur endlich viele, etwa $i_1\ldots i_n$, und ist $i_k=\max\{i_1,\ldots,i_n\}$, so müßte $E_{i_k+1}\cap U=\emptyset$ sein. Widerspruch!)

b) Gibt es unendlich viele Indizes $i\in\mathbb{N}$ mit $x_i\in U$ zu jedem $U\in\underline{U}(x)$, so ist $U\cap E_m$ für alle $m\in\mathbb{N}$ nicht leer (denn wäre $U\cap E_m=\emptyset$, so würde aus $x_i\in U$ sofort $i\in\{0,\ldots,m-1\}$ folgen. Mithin gäbe es nur endlich viele Indizes $i\in\mathbb{N}$ mit $x_i\in U$. Widerspruch!). Also gilt $x\in\bigcap_{m\in\mathbb{N}}\overline{E}_m$, d.h. nach 2.2.6. ist x Häufungspunkt von $(x_n)_{n\in\mathbb{N}}$.

2.2.8. Bemerkung: In 2.2.7. kann $\underline{U}(x)$ offenbar ersetzt werden durch eine Umgebungsbasis $\underline{B}(x)$ von x, weil in jeder Umgebung $U\in\underline{U}(x)$ ein $B\in\underline{B}(x)$ enthalten ist.
Ist (X,d) ein metrischer Raum, so bildet

$$\underline{B}(x)=\{U(x,\varepsilon)=\{y\mid y\in X \text{ und } d(y,x)<\varepsilon\}\mid \varepsilon>0 \text{ reell}\}$$

eine Umgebungsbasis von $x\in X$, d.h. eine Folge $(x_n)_{n\in\mathbb{N}}$ besitzt $x\in X$ als Häufungspunkt genau dann (vgl. 2.2.7.), wenn zu jedem $\varepsilon>0$ (d.h. zu jedem $U(x,\varepsilon)\in\underline{B}(x)$) unendlich viele Indizes $i\in\mathbb{N}$ existieren mit $d(x_i,x)<\varepsilon$ (d.h. $x_i\in U(x,\varepsilon)$). Für $X=\mathbb{R}$ und d: = „Euklidische Metrik" erhält man also gerade die aus der Analysis bekannte Definition.

2.2.9. Satz: Ein Filter $\underline{F}$ auf einem topologischen Raum $(X,\underline{X})$ besitzt einen Punkt $x \in X$ als Häufungspunkt genau dann, wenn es einen feineren Filter gibt, der gegen x konvergiert.

Korollar: Jeder Limes eines Filters $\underline{F}$ auf einem topologischen Raum ist Häufungspunkt von $\underline{F}$.

Beweis: a) Es sei $x \in \bigcap_{F \in \underline{F}} \overline{F}$ (d.h. x sei Häufungspunkt von $\underline{F}$). $\underline{B} = \{ F \cap U \mid F \in \underline{F} \text{ und } U \in \underline{U}(x) \}$ ist Filterbasis auf X:

FB_1) $\emptyset \notin \underline{B}$, weil x Berührungspunkt für jedes $F \in \underline{F}$ ist (d.h. $F \cap U \neq \emptyset$ für alle $F \in \underline{F}$ und alle $U \in \underline{U}(x)$)

FB_2) $\underline{B}$ ist abgeschlossen gegenüber Bildung endlicher Durchschnitte, weil $\underline{F}$ und $\underline{U}(x)$ Filter sind (als solche sind sie abgeschlossen gegenüber Bildung endlicher Durchschnitte). $(\underline{B}) = \underline{F}' \supset \underline{U}(x)$ und $\underline{F}' \supset \underline{F}$, d.h. $\underline{F}'$ ist der gesuchte Filter.

b) Es sei $\underline{F}' \supset \underline{U}(x)$ und $\underline{F}' \supset \underline{F}$. Ist $F \in \underline{F}$ und $U \in \underline{U}(x)$, so ist $F \cap U \neq \emptyset$, weil F und U zu $\underline{F}'$ gehören und $\underline{F}'$ ein Filter ist. Also gilt $x \in \overline{F}$ für alle $F \in \underline{F}$, d.h. $x \in \bigcap_{F \in \underline{F}} \overline{F}$.

2.2.10. Satz: Es sei $(X,\underline{X})$ ein topologischer Raum, der das erste Abzählbarkeitsaxiom erfüllt. Ein Punkt $x \in X$ ist Häufungspunkt einer Folge $(x_n)_{n \in \mathbb{N}}$ auf X genau dann, wenn es eine gegen x konvergierende Teilfolge gibt.

Beweis: 1) Ist $(x_{j_n})_{n\in\mathbb{N}}$ eine gegen x konvergierende Teilfolge, so ist der zu $(x_{j_n})_{n\in\mathbb{N}}$ gehörige Elementarfilter nach 2.2.4. feiner als der zu $(x_n)_{n\in\mathbb{N}}$ gehörige. Nach 2.2.9. ist also x Häufungspunkt von $(x_n)_{n\in\mathbb{N}}$.

2) $\underline{U}(x)$ besitzt eine abzählbare Basis $\underline{A} = \{A_n \mid n\in\mathbb{N}\}$. Setzt man $B_n = \bigcap_{k=1}^{n} A_k \in \underline{U}(x)$, so ist $\underline{B} = \{B_n \mid n\in\mathbb{N}\}$ eine abzählbare Umgebungsbasis von x (denn: $U\in\underline{U}(x)$ impliziert die Existenz eines $n\in\mathbb{N}$ mit $A_n\subset U$, also $B_n\subset A_n\subset U$) mit der Eigenschaft: $B_m\subset B_n$ für $m > n$. Zu jedem $n\in\mathbb{N}$ gibt es unendlich viele $i\in\mathbb{N}$ mit $x_i\in B_n$. Es sei j_1 die kleinste natürliche Zahl mit $x_{j_1}\in B_1$, j_2 das kleinste derjenigen $i\in\mathbb{N}\setminus\{j_1\}$, für die $x_i\in B_2$, d.h. $x_{j_2}\in B_2,\ldots$: $(x_{j_n})_{n\in\mathbb{N}}$ ist eine Teilfolge von $(x_n)_{n\in\mathbb{N}}$.
Sie konvergiert gegen x, weil in jedem $B_m\in\underline{B}$ alle x_{j_n} mit $n \geq m$ liegen.

2.2.11. Bemerkungen: ① Wie der Beweis von 2.2.10. zeigt, genügt es bereits zu fordern, daß der Punkt x eine abzählbare Umgebungsbasis besitzt.

② Die Voraussetzungen von 2.2.10. sind für jeden metrischen Raum erfüllt. 2.2.10. stellt speziell für den metrischen Raum der reellen Zahlen einen bekannten Satz der Analysis dar.

2.3. Abbildungen und Filter

2.3.1. Satz: Es sei $\underline{F}$ ein Filter auf einer Menge X, f eine Abbildung von X in eine Menge Y. Dann ist $\{f[F] \mid F \in \underline{F}\}$ Filterbasis auf Y.

Beweis: FB_1) $f[F] \neq \emptyset$, weil $F \neq \emptyset$ für alle $F \in \underline{F}$.

FB_2) $f[F_1] \cap f[F_2] \supset f[F_1 \cap F_2]$, wobei

$F_1 \cap F_2 \in \underline{F}$ gilt, weil $\underline{F}$ Filter ist.

$\{f[F] \mid F \in \underline{F}\} \neq \emptyset$, weil $\underline{F} \neq \emptyset$ ist.

2.3.2. Definitionen: 1) Der von der in 2.3.1. angegebenen Filterbasis erzeugte Filter wird mit $f(\underline{F})$ bezeichnet und heißt das Bild von $\underline{F}$ bez. f.

2) Ist U Teilmenge einer Menge X und $i : U \to X$ die Inklusionsabbildung, so heißt das Bild eines Filters $\underline{F}$ auf U bez. i Fortsetzung von $\underline{F}$ auf X. Konvergiert $i(\underline{F})$, so sagt man auch kurz: $\underline{F}$ konvergiert in X.

2.3.3. Bemerkungen: (1) Der zu einer Folge $(x_n)_{n \in \mathbb{N}}$ auf einer Menge X gehörige Elementarfilter ist das Bild des Fréchet-Filters (s. Definition unter 2.1.3. (3) und zugehörige Basis unter 2.1.5. (3)) unter der Abbildung $x : \mathbb{N} \to X$, definiert durch $x(n) = x_n$ für alle $n \in \mathbb{N}$.

(2) Es seien $(X,\underline{X})$, $(Y,\underline{Y})$ topologische Räume. $f : X \to Y$ ist stetig in $x_0 \in X$ genau dann, wenn gilt:

$$(*)\quad f(\underline{U}(x_0)) \to f(x_0)$$
$$(\text{d.h. } f(\underline{U}(x_0)) \supset \underline{U}(f(x_0))$$

(Diese Aussage ist trivial aufgrund der in 1.4.5. gegebenen Definition der Stetigkeit in einem Punkt). Ist in (*) $f(x_0)$ der einzige Limes des Bildes des Umgebungsfilters von x_0, so schreibt man in Analogie zur Analysis statt (*) auch

$$\boxed{\lim_{x \to x_0} f(x) = f(x_0)}$$

2.3.4. Wie wir durch das Beispiel unter 2.1.1. bereits erkannt haben, läßt sich die Stetigkeit in einem Punkt i.a. nicht durch Folgen charakterisieren. Wir sind jetzt imstande, eine analoge Charakterisierung mit Hilfe des Filterbegriffes anzugeben:

Satz: Eine Abbildung $f : (X,\underline{X}) \to (Y,\underline{Y})$ ist stetig in $x_0 \in X$ genau dann, wenn für jeden Filter $\underline{F}$ auf X, der gegen x_0 konvergiert, der Filter $f(\underline{F})$ gegen $f(x_0)$ konvergiert.

Beweis: 1) Ist f stetig in $x_0 \in X$ (d.h. $f(\underline{U}(x_0)) \supset \underline{U}(f(x_0)))$ und $\underline{F} \supset \underline{U}(x_0)$, so folgt $f(\underline{F}) \supset f(\underline{U}(x_0))$ $\big(V \in f(\underline{U}(x_0))$ impliziert $V \supset f[U]$ mit $U \in \underline{U}(x_0) \subset \underline{F}$, d.h. $V \in f(\underline{F})\big)$ und somit $f(\underline{F}) \supset \underline{U}(f(x_0))$, d.h. $f(\underline{F}) \to f(x_0)$.

2) Ist die im Satz genannte Bedingung erfüllt, so gilt erst recht $f(\underline{U}(x_0)) \to f(x_0)$, weil $\underline{U}(x_0)$ ein gegen x_0 konvergierender Filter ist. Also ist f nach 2.3.3. ② stetig in $x_0 \in X$.

<u>2.3.5.</u> <u>Satz</u>: Es seien $(X,\underline{X})$ ein topologischer Raum, der das erste Abzählbarkeitsaxiom erfüllt und $(Y,\underline{Y})$ ein beliebiger topologischer Raum. Eine Abbildung $f : (X,\underline{X}) \to (Y,\underline{Y})$ ist stetig in $x_o \in X$ genau dann, wenn für jede Folge $(x_n)_{n\in \mathbb{N}}$ auf X, die gegen x_o konvergiert, die Folge $(f(x_n))_{n\in \mathbb{N}}$ gegen $f(x_o)$ konvergiert.

<u>Beweis</u>: 1) Ist f in $x_o \in X$ stetig, so ist die im Satz ausgesprochene Aussage stets erfüllt (sogar ohne die Forderung, daß $(X,\underline{X})$ das 1.Abzählbarkeitsaxiom erfüllen soll). Man wende einfach 2.3.4. auf den zur Folge $(x_n)_{n\in \mathbb{N}}$ gehörigen Elementarfilter $\underline{F}$ an ($f(\underline{F})$ ist gerade der zu $(f(x_n))_{n\in\mathbb{N}}$ gehörige Elementarfilter!)

2) Nach 2.2.10. 2) kann die abzählbare Umgebungsbasis $\underline{B}$ von $\underline{U}(x_o)$ in der Form $\underline{B} = \{B_n \mid n\in\mathbb{N}\}$ mit $B_m \subset B_n$ für $m > n$ angegeben werden. Man schließe indirekt: Ist f nicht stetig in x_o, so gibt es nach 1.4.6. (3) eine Umgebung $V \in \underline{U}(f(x_o))$ mit $f^{-1}[V] \notin \underline{U}(x_o)$, d.h. es gilt für kein $n\in\mathbb{N} : B_n \subset f^{-1}[V]$. Also gilt für alle $n\in\mathbb{N}$: $C_n = B_n \cap C(f^{-1}[V]) \neq \emptyset$. Wählt man aus jedem C_n ein x_n aus, so konvergiert $(x_n)_{n\in\mathbb{N}}$ gegen x_o (in jedem $U\in \underline{U}(x_o)$ ist ein B_{n_o} enthalten, woraus wegen $B_n \subset B_{n_o}$ für $n \geqq n_o$ folgt $x_n \in B_{n_o}$ für alle $n \geqq n_o$), aber $(f(x_n))_{n\in\mathbb{N}}$ konvergiert nicht gegen $f(x_o)$. (In $V\in \underline{U}(f(x_o))$ liegt kein $f(x_n)$; sonst wäre

$x_n \in f^{-1}[V]$).

2.3.6. Bemerkung: Handelt es sich um die Stetigkeit einer Abbildung $f:(X,\underline{X}) \to (Y,\underline{Y})$ in einem festen Punkt $x_o \in X$, so kann die Forderung, daß $(X,\underline{X})$ das 1.Abzählbarkeitsaxiom erfüllt, dahingehend abgeschwächt werden, daß $\underline{U}(x_o)$ eine abzählbare Basis besitzt (vgl. 2.3.5. 2)). Da alle metrischen Räume das 1.Abzählbarkeitsaxiom erfüllen, stellt 2.3.5. die Verallgemeinerung eines aus der Analysis bekannten Sachverhaltes dar.

2.3.7. Satz: Es sei $(X,\underline{X})$ ein topologischer Raum, $M \subset X$ eine Teilmenge von X. $x_o \in X$ ist Häufungspunkt von M genau dann, wenn es eine Filterbasis $\underline{B}$ auf $M \setminus \{x_o\}$ gibt, so daß $(\underline{B})$ in X gegen x_o konvergiert.

Beweis: 1) Es sei $x_o \in M'$:

$$\underline{B} = \{U \cap (M \setminus \{x_o\}) \mid U \in \underline{U}(x_o)\}$$

ist dann Filterbasis auf $M \setminus \{x_o\}$. (FB_1) gilt, weil wegen $x_o \in M'$ jedes $U \cap (M \setminus \{x_o\}) \neq \emptyset$ ist und FB_2) gilt, weil der Durchschnitt zweier Umgebungen von x_o wieder eine Umgebung von x_o ist). Ist $i: M \setminus \{x_o\} \to X$ die Inklusionsabbildung, so ist $i((\underline{B})) \supset \underline{U}(x_o)$ trivialerweise erfüllt, d.h. $(\underline{B})$ konvergiert in X gegen x_o.

2) Existiert $\underline{B}$ auf $M \setminus \{x_o\}$, so daß $i((\underline{B})) \supset \underline{U}(x_o)$ gilt, so gibt es zu jedem $U \in \underline{U}(x_o)$ ein $B \in \underline{B}$ mit $U \supset B$. Da $B \subset M \setminus \{x_o\}$ nicht leer ist,

liegen also in jedem $U \in \underline{U}(x_o)$ außer x_o noch Punkte von M, d.h. $x_o \in M'$.

2.3.8. Satz: Es sei $(X,\underline{X})$ ein topologischer Raum, der das erste Abzählbarkeitsaxiom erfüllt, $M \subset X$. $x_o \in X$ ist Häufungspunkt von M genau dann, wenn es eine Folge $(x_n)_{n \in \mathbb{N}}$ auf $M \setminus \{x_o\}$ gibt, die in X gegen x_o konvergiert.

Beweis: 1) Existiert die genannte Folge, so braucht man nur für $\underline{B}$ eine Basis des zugehörigen Elementarfilters zu nehmen und 2.3.7. anzuwenden.

2) Ist $x_o \in M'$ und $\underline{B} = \{B_n \mid n \in \mathbb{N}\}$ eine abzählbare Basis von $\underline{U}(x_o)$ mit $B_m \subset B_n$ für $m > n$ (vgl. 2.2.10. 2)), so ist $C_n = (M \setminus \{x_o\}) \cap B_n \neq \emptyset$ für jedes $n \in \mathbb{N}$. Wählt man aus jedem C_n ein x_n aus, so konvergiert $(x_n)_{n \in \mathbb{N}}$ in X gegen x_o (zu jedem $U \in \underline{U}(x_o)$ existiert ein $n_o \in \mathbb{N}$ mit $B_{n_o} \subset U$. Wegen $B_n \subset B_{n_o}$ für $n \geqq n_o$ und $C_n \subset B_n$ für alle $n \in \mathbb{N}$, gilt $x_n \in U$ für $n \geqq n_o$).

2.3.9. Bemerkung: Die Voraussetzung in 2.3.8. kann entsprechend zu 2.3.6. modifiziert werden. 2.3.8. ist die Verallgemeinerung eines aus der Analysis bekannten Sachverhaltes.

2.3.10. Definition: 1) Es seien X, Y Mengen, $f : X \longrightarrow Y$ eine Abbildung und $\underline{F}$ ein Filter auf Y. Ist dann $\underline{B} = \{f^{-1}[F] \mid F \in \underline{F}\}$ Filterbasis auf X, so heißt ($\underline{B}$) das <u>Urbild</u> von $\underline{F}$ bez. f und wird mit $f^{-1}(\underline{F})$ bezeichnet.

2) Es seien X eine Menge, U eine Teilmenge von X und $i : U \to X$ die Inklusionsabbildung. Ist $\underline{F}$ ein Filter auf X und existiert das Urbild von $\underline{F}$ bez. i, so heißt $i^{-1}(\underline{F})$ die <u>Spur</u> von $\underline{F}$ auf U.

<u>2.3.11</u>. <u>Bemerkungen</u>: ① Das Urbild eines Filters braucht nicht zu existieren: Für $\underline{B}$ ist zwar stets FB_2) erfüllt, aber FB_1) braucht nicht zu gelten. Nur wenn auch FB_1) gilt, d.h. wenn $f^{-1}[F] \neq \emptyset$ für alle $F \in \underline{F}$ ist, liegt eine Filterbasis vor. Die Spur eines Filters $\underline{F}$ existiert also genau dann, wenn $U \cap F \neq \emptyset$ für alle $F \in \underline{F}$ gilt.

② Es seien $(X,\underline{X})$, $(Y,\underline{Y})$ topologische Räume, $f : X \to Y$ eine Abbildung, $x_0 \in X$, $y \in Y$ und $U \subset X$:

a) Gilt $f(\underline{U}(x_0)) \supset \underline{U}(y)$, d.h. $f(\underline{U}(x_0)) \to y$, so schreibt man, falls y der einzige Limes von $f(\underline{U}(x_0))$ ist, in Analogie zu 2.3.3. ② :

$$\lim_{x \to x_0} f(x) = y$$

b) Ist $i : U \to X$ die Inklusion, existiert $i^{-1}(\underline{U}(x_0))$, d.h. die Spur von $\underline{U}(x_0)$ auf U und gilt

$f|U\ (i^{-1}(\underline{U}(x_o)) \supset \underline{U}(y)$, d.h. $f|U\ (i^{-1}(\underline{U}(x_o))) \to y$, so schreibt man, falls y der einzige Limes dieses Filters ist:

$$(*) \qquad \boxed{\lim_{\substack{x \to x_o \\ x \in U}} f(x) = y}$$

c) Ist speziell $U = C\{x_o\}$, so schreibt man, falls die gleichen Voraussetzungen wie unter b) erfüllt sind, statt (*) auch

$$(**) \qquad \boxed{\lim_{\substack{x \to x_o \\ x \neq x_o}} f(x) = y}$$

2.3.12. Eine notwendige und hinreichende Bedingung für die Existenz der Spur eines Umgebungsfilters liefert der folgende Satz:

Satz: Es seien $(X,\underline{X})$ ein topologischer Raum, M Teilmenge von X und $x \in X$. Dann sind folgende Aussagen äquivalent:

(1) $x \in \overline{M}$.

(2) $\underline{U}(x)$ besitzt eine Spur auf M.

Beweis: (1) $\Rightarrow$ (2): Ist $x \in \overline{M}$, so gilt $U \cap M \neq \emptyset$ für alle $U \in \underline{U}(x)$, d.h. $i^{-1}(\underline{U}(x))$ existiert (vgl. 2.3.11. ①)

(2) $\Rightarrow$ (1): Existiert $i^{-1}(\underline{U}(x))$, so gilt für alle $U \in \underline{U}(x)$: $U \cap M = i^{-1}[U] \neq \emptyset$, d.h. $x \in \overline{M}$.

2.4. Ultrafilter

2.4.1. Definition: Ein Filter $\underline{U}$ auf einer Menge X heißt Ultrafilter, wenn es keinen Filter $\underline{F}$ auf X gibt mit $\underline{F} \supset \underline{U}$ und $\underline{F} \neq \underline{U}$.

2.4.2. Um die Existenz von Ultrafiltern nachzuweisen, beweisen wir zunächst folgendes Lemma:

Lemma: Notwendig und hinreichend dafür, daß eine Menge $\underline{M} = \{ \underline{F}_i \mid i \in I \}$ von Filtern auf einer nicht leeren Menge X ein Supremum in der durch „$\subset$" geordneten Menge aller Filter auf X besitzt (d.h., daß es einen gröbsten Filter auf X gibt, der feiner als alle zu $\underline{M}$ gehörigen Filter ist), ist folgende Bedingung: Für je endlich viele Elemente $\underline{F}_{i_1}, \ldots, \underline{F}_{i_n}$ aus $\underline{M}$ und jedes $F_{i_j} \in \underline{F}_{i_j}$ $(j=1,\ldots n)$ gilt $\bigcap_{j=1}^{n} F_{i_j} \neq \emptyset$.

Beweis: 1) Es sei $\underline{F} = \sup \underline{M}$. Sind $\underline{F}_{i_1}, \ldots \underline{F}_{i_n} \in \underline{M}$, so gilt $\underline{F} \supset \underline{F}_{i_j}$ $(j=1,\ldots n)$ und für jedes $F_{i_j} \in \underline{F}_{i_j}$ $(j=1,\ldots n)$ ist $F_{i_j} \in \underline{F}$, d.h. $\bigcap_{j=1}^{n} F_{i_j} \in \underline{F}$ und damit $\bigcap_{j=1}^{n} F_{i_j} \neq \emptyset$, weil $\underline{F}$ ein Filter ist.

2) Es sei die in 2.4.2. genannte Bedingung erfüllt. $\underline{F} = \{ \bigcap_{k \in K} F_k \mid F_k \in \underline{F}_k, k \in K, K \subset I \text{ endlich} \}$

ist ein Filter auf X:

F_1) $\emptyset \notin \underline{F}$ nach Voraussetzung.

F_2) $\underline{F}$ ist nach Konstruktion abgeschlossen gegenüber Bildung endlicher Durchschnitte (alle $\underline{F}_i$ sind Filter!).

F_3) $\underline{F}$ ist abgeschlossen gegenüber Bildung von Obermengen: Ist $\bigcap_{k \in K} F_k \in \underline{F}$ (d.h. $F_k \in \underline{F}_k$ und $K \subset I$ endlich) und $V \supset \bigcap_{k \in K} F_k$, so gilt $F_k \cup V \in \underline{F}_k$ für alle $k \in K$, d.h. $\bigcap_{k \in K} (F_k \cup V) = V \cup (\bigcap_{k \in K} F_k) = V \in \underline{F}$.

Trivialerweise gilt $\underline{F} \supset \underline{F}_i$ für alle $i \in I$.
Aus $\underline{F}' \supset \underline{F}_i$ für alle $i \in I$ und $\underline{F}'$ Filter folgt $\underline{F} \subset \underline{F}'$, weil aus $F \in \underline{F}$, d.h. $F = \bigcap_{k \in K} F_k$ mit $K \subset I$ endlich und $F_k \in \underline{F}_k \subset \underline{F}'$ stets $F \in \underline{F}'$ folgt aufgrund der Filtereigenschaft von $\underline{F}'$. $\underline{F}$ ist also der gröbste Filter, der feiner als alle $\underline{F}_i$ ist.

2.4.3. Bemerkung: Ist $(\underline{F}_i)_{i \in I}$ eine nicht leere Familie von Filtern auf einer Menge X, so ist $\underline{F} = \bigcap_{i \in I} \underline{F}_i$ ein Filter auf X. Er heißt Durchschnittsfilter der Familie $(\underline{F}_i)_{i \in I}$ und ist das Infimum der Menge $\{\underline{F}_i \mid i \in I\}$ in der durch „$\subset$" geordneten Menge aller Filter auf X, d.h. der feinste Filter, der gröber ist als alle $\underline{F}_i (i \in I)$.

2.4.4. Satz: Zu jedem Filter $\underline{F}$ auf einer Menge X gibt es einen feineren Ultrafilter $\underline{U}$.

Beweis: F(X) sei die Menge aller Filter auf X. Sie ist

durch „$\subset$" geordnet. V sei eine total geordnete Teilmenge von F(X). Sind dann $\underline{F}_1,\dots\underline{F}_n$ Elemente von V, so kann o.B.d.A. angenommen werden, daß $\underline{F}_1 \supset \underline{F}_2 \supset \dots \supset \underline{F}_n$ gilt. Ist $F_i \in \underline{F}_i$ für jedes $i \in \{1,\dots,n\}$, so gilt $F_i \in \underline{F}_1$ für alle $i \in \{1,\dots n\}$. Also ist $\bigcap_{i=1}^{n} F_i \neq \emptyset$, weil $\underline{F}_1$ ein Filter ist. V erfüllt somit gerade die in obigem Lemma (2.4.2.) genannte Bedingung, d.h. V besitzt ein Supremum. Nach dem Zorn'schen Lemma (0.2.6. ⑦ 3)) besitzt F(X) dann maximale Elemente (d.h. hier: Ultrafilter) und zu jedem $\underline{F} \in F(X)$ gibt es ein maximales Element, d.h. einen Ultrafilter $\underline{U}$, mit $\underline{F} \subset \underline{U}$.

2.4.5. Bemerkung: Ist X eine Menge, $x \in X$, so ist $(\{x\})$ ein Ultrafilter auf X (denn ist $\underline{F} \supset (\{x\})$, so folgt $\{x\} \in \underline{F}$ und für jedes $F \in \underline{F}$ ist $F \cap \{x\} \neq \emptyset$, d.h. $\{x\} \subset F$, also $F \in (\{x\})$, d.h. $\underline{F} = (\{x\})$).

2.4.6. Satz: Für einen Filter $\underline{U}$ auf einer Menge X sind folgende Bedingungen äquivalent:

(1) $\underline{U}$ ist Ultrafilter.

(2) Aus $A \cup B \in \underline{U}$ folgt stets $A \in \underline{U}$ oder $B \in \underline{U}$.

(3) Für jede Teilmenge A von X gilt: $A \in \underline{U}$ oder $CA \in \underline{U}$.

(4) $A \cap F \neq \emptyset$ für alle $F \in \underline{U}$ impliziert $A \in \underline{U}$.

Beweis: (2) $\Leftrightarrow$ (3): a) (2) $\Rightarrow$ (3): Weil $X = A \cup CA$ für jedes $A \subset X$ gilt und $X \in \underline{U}$ ist, folgt $A \in \underline{U}$ oder $CA \in \underline{U}$.

b) (3) $\Rightarrow$ (2): Gilt $A \cup B \in \underline{U}$, so ist nach Voraussetzung $A \in \underline{U}$ oder $CA \in \underline{U}$ und $B \in \underline{U}$ oder $CB \in \underline{U}$. Da der Fall $CA \in \underline{U}$ und $CB \in \underline{U}$ nicht auftreten kann (sonst wäre $CA \cap CB = C(A \cup B) \in \underline{U}$ also $(C(A \cup B)) \cap (A \cup B) = \emptyset \in \underline{U}$), gilt also $A \in \underline{U}$ oder $B \in \underline{U}$.

(1) $\Rightarrow$ (4): Ist $\underline{U}$ Ultrafilter und gilt für $A \subset X$ $A \cap F \neq \emptyset$ für alle $F \in \underline{U}$, so existiert nach 2.4.2. $\underline{F} = \sup \{\underline{U}, (\{A\})\}$, also $\underline{F} \supset \underline{U}$ und $\underline{F} \supset (\{A\})$, woraus nach Voraussetzung $\underline{F} = \underline{U} \supset (\{A\})$ folgt, d.h. $A \in \underline{U}$.

(4) $\Rightarrow$ (3): Ist $A \subset X$, so gilt

1. $A \in \underline{U}$

<u>oder</u> 2. $A \notin \underline{U}$: Nach Voraussetzung existiert ein $F \in \underline{U}$ mit $A \cap F = \emptyset$, also $CA \supset F$, d.h. $CA \in \underline{U}$.

(3) $\Rightarrow$ (1)(indirekt): Ist $\underline{U}$ kein Ultrafilter, so gibt es einen feineren Filter $\underline{F}$ und eine Menge $A \in \underline{F}$ mit $A \notin \underline{U}$. Auch CA gehört nicht zu $\underline{U}$ (sonst wäre $CA \cap A = \emptyset \in \underline{F}$), d.h. (3) ist nicht erfüllt.

<u>2.4.7.</u> <u>Satz:</u> Es seien $\underline{U}$ ein Ultrafilter auf einem topologischen Raum $(X,\underline{X})$ und $x \in X$ ein Häufungspunkt von $\underline{U}$. Dann ist x Limes von $\underline{U}$.

<u>Korollar</u>: Für Ultrafilter sind die Begriffe „Häufungspunkt" und „Limes" äquivalent.

<u>Beweis</u>: Nach 2.2.9. gibt es einen feineren Filter $\underline{F} \supset \underline{U}$ der gegen x konvergiert, wenn x Häufungspunkt von $\underline{U}$ ist. Da $\underline{U}$ ein Ultrafilter ist, gilt $\underline{F} = \underline{U}$, d.h. $\underline{U} \to x$.

Das Korollar folgt aus 2.4.7. und dem Korollar unter 2.2.9.

2.4.8. Satz: Es seien X,Y Mengen, $f: X \longrightarrow Y$ eine Abbildung und $\underline{U}$ Ultrafilter auf X. Dann ist $f(\underline{U})$ Ultrafilter auf Y.

Beweis: Es sei $A \subset Y$. $f^{-1}[A]$ oder $Cf^{-1}[A] = f^{-1}[CA]$ gehören zu $\underline{U}$; also gehören $f[f^{-1}[A]] \subset A$ oder $f[f^{-1}[CA]] \subset CA$ zu $f(\underline{U})$, woraus $A \in f(\underline{U})$ oder $CA \in f(\underline{U})$ folgt. Nach 2.4.6.(2) ist $f(\underline{U})$ Ultrafilter.

Kapitel 3: Vollständigkeit und Covollständigkeit der Kategorie der topologischen Räume

3.1. Initiale und finale Topologien

3.1.1. Vorbemerkung: Es ist oft nützlich, Konstruktionsverfahren parat zu haben, die es gestatten, aus gegebenen topologischen Räumen neue zu konstruieren. Wir haben bereits früher solche Verfahren kennengelernt, etwa bei der Konstruktion von Unterräumen und Quotientenräumen. Eine wesentliche Rolle dabei spielten Abbildungen, nämlich einmal die Inklusionsabbildung und zum anderen die natürliche Abbildung: Die Unterraumtopologie war die gröbste Topologie bez. der die Inklusionsabbildung stetig ist und die Quotientenraumtopologie die feinste bez. der die natürliche Abbildung stetig ist. Es gibt jedoch noch andere Mengen außer Teilmengen und Quotientenmengen einer gegebenen Menge, an deren Topologisierung man interessiert ist, etwa das kartesische Produkt (man denke etwa an den $\mathbb{R}^n$) oder die disjunkte Vereinigung einer Familie topologischer Räume. Diese Fragen sollen jetzt allgemein behandelt werden.

3.1.2. Satz: Es seien $((X_i,\underline{X}_i))_{i \in I}$ eine Familie topologischer Räume, X eine Menge und für jedes $i \in I$ seien folgende Abbildungen gegeben:

a) $f_i : X \to X_i$.

b) $f_i : X_i \to X$.

Dann ist

a) $\underline{S} = \{f_i^{-1}[O_i] \mid i \in I$ und $O_i \in \underline{X}_i\}$ Subbasis einer Topologie $\underline{X}$ auf X, genauer der gröbsten Topologie auf X, bez. der alle f_i stetig sind.

b) $\underline{X} = \{O \mid O \subset X$ und $f_i^{-1}[O] \in \underline{X}_i$ für alle $i \in I\}$ eine Topologie auf X, genauer die feinste Topologie auf X, bez. der alle f_i stetig sind.

Beweis:

a) Nach 1.3.19. ist $\underline{S}$ trivialerweise Subbasis einer Topologie $\underline{X} = (\underline{S})$ auf X. Bezüglich $\underline{X}$ sind offenbar alle f_i stetig. Jede Topologie $\underline{X}'$ auf X mit dieser Eigenschaft muß $\underline{S}$ enthalten, d.h. $(\underline{S}) = \underline{X} \subset (\underline{X}') = \underline{X}'$.

b) Nach 1.5.15. ist $\underline{X}_i' = \{O \mid O \subset X$ und $f_i^{-1}[O] \in \underline{X}_i\}$ für jedes $i \in I$ die feinste Topologie bez. der f_i stetig ist. $\underline{X} = \bigcap_{i \in I} \underline{X}_i'$ ist dann eine Topologie auf X (als Durchschnitt von Topologien [vgl. Übungsaufgabe]), bez. der alle f_i stetig sind. Ist $\underline{X}'$ eine Topologie mit dieser Eigenschaft, so gilt $\underline{X}' \subset \underline{X}$ (denn: $O \in \underline{X}'$ impliziert $f_i^{-1}[O] \in \underline{X}_i$ für alle $i \in I$, d.h. $O \in \underline{X}$).

3.1.3. Definition (N.Bourbaki):

a) Die in 3.1.2. a) eingeführte Topologie $(\underline{S}) = \underline{X}$ heißt die initiale Topologie bez. der Familie $(f_i)_{i \in I}$.

b) Die in 3.1.2. b) eingeführte Topologie $\underline{X}$ heißt die finale Topologie bez. der Familie $(f_i)_{i \in I}$.

3.1.4. Satz: Es seien $(X_i, \underline{X}_i)_{i \in I}$ eine Familie topologischer Räume, $(Y, \underline{Y})$ ein topologischer Raum und X eine Menge sowie

a) $f_i: X \to X_i$ Abbildungen für jedes $i \in I$. $\underline{X}$ sei die initiale Topologie bez. $(f_i)_{i \in I}$. Eine Abbildung $f:(Y,\underline{Y}) \to (X,\underline{X})$ ist stetig genau dann, wenn alle Abbildungen $f_i \circ f$ stetig sind.

b) $f_i: X_i \to X$ Abbildungen für jedes $i \in I$. $\underline{X}$ sei die finale Topologie bez. $(f_i)_{i \in I}$. Eine Abbildung $f:(X,\underline{X}) \to (Y,\underline{Y})$ ist stetig genau dann, wenn alle Abbildungen $f \circ f_i$ stetig sind.

Beweis:

1) Ist f stetig, so ist auch $f_i \circ f$ stetig für alle $i \in I$ als Kompositum stetiger Abbildungen.

2) Es sei $f_i \circ f$ stetig für alle $i \in I$. Ist $S \in \underline{\mathcal{S}}$, also etwa $S = f_i^{-1}[O_i]$ mit $O_i \in \underline{X}_i$, so ist $f^{-1}[S] = (f_i \circ f)^{-1}[O_i] \in \underline{Y}$, weil $f_i \circ f$ stetig ist. Nach 1.4.2. ist damit bereits gezeigt, daß f stetig ist.

1) Ist f stetig, so ist $f \circ f_i$ stetig für alle $i \in I$ als Kompositum stetiger Abbildungen.

2) Es sei $f \circ f_i$ stetig für alle $i \in I$. Ist $O \in \underline{Y}$, so ist $f^{-1}[O] \subset X$ und es gilt $f_i^{-1}[f^{-1}[O]] = (f \circ f_i)^{-1}[O] \in \underline{X}_i$ für alle $i \in I$ (weil $f \circ f_i$ stetig ist!) d.h. $f^{-1}[O] \in \underline{X}$.

3.1.5. Beispiele:

a) ① α) Es sei $(Y, \underline{Y})$ ein topologischer Raum, f eine Abbildung von einer Menge X in Y. Die initiale Topologie bez. f heißt dann das reziproke Bild von $\underline{Y}$.

β) Ist in α) speziell X eine Teilmenge von Y und f die Inklusionsabbildung, so ist das reziproke Bild von $\underline{Y}$ gerade die Relativtopologie (s.1.5.13.)

b) ① α) Es sei $(X, \underline{X})$ ein topologischer Raum, f eine Abbildung von X in eine Menge Y. Die finale Topologie bez. f ist dann gerade die Quotiententopologie bez. f (s.1.5.16.).

β) Ist in α) speziell Y die nach einer Äquivalenzrelation R auf X gefaserte Menge X/R und f die natürliche Abbildung, so ist X/R versehen mit der Quotienten-

von X bez. $\underline{Y}$.

② Es sei $(X_i, \underline{X}_i)_{i \in I}$ eine Familie topologischer Räume, $X = \prod_{i \in I} X_i$ das kartesische Produkt[30] der Mengen $X_i (i \in I)$ und $p_i : X \to X_i$ seien für jedes $i \in I$ die Projektionsabbildungen. Die initiale Topologie $\underline{X}$ bez. $(p_i)_{i \in I}$ heißt die <u>Produkttopologie</u> von X. $(X, \underline{X})$ heißt <u>Produktraum</u>.

topologie bez. f gerade der <u>Quotientenraum</u> von X bez. R (s.1.5.16.).

② Es sei $(X_i, \underline{X}_i)_{i \in I}$ eine Familie topologischer Räume und $X = \bigcup_{i \in I} (X_i \times \{i\}) := \sum_{i \in I} X_i$ sowie $j_i : X_i \to X$ die (kanonischen) Injektionsabbildungen für jedes $i \in I$ (d.h. $j_i(y) = (y, i)$ für jedes $y \in X_i$ und jedes $i \in I$). Die finale Topologie $\underline{X}$ bez. $(j_i)_{i \in I}$ heißt die <u>Summentopologie</u> von X. $(X, \underline{X})$ heißt <u>Summenraum</u>.

<u>3.2.</u> <u>Differenzkerne und -cokerne</u> (equalizers and coequalizers).

<u>3.2.1.</u> <u>Definition</u>: Es seien $\underline{C}$ eine Kategorie und $f, g : A \to B$ $\underline{C}$-Morphismen: 1) Ein $\underline{C}$-Morphismus

$k : K \to A$ heißt <u>Differenzkern</u> (equalizer) von f und g, wenn gilt:

$c : B \to C$ heißt <u>Differenzcokern</u> (coequalizer) von f und g, wenn gilt:

---

30) vgl. 0.2.4. ③ und 0.2.7. ④ .

(1) $f \circ k = g \circ k$

(2) Zu jedem $D \in |\underline{C}|$ und zu jedem $h \in [D,A]_{\underline{C}}$ mit $f \circ h = g \circ h$ existiert genau ein $h' \in [D,K]_{\underline{C}}$, so daß das Diagramm

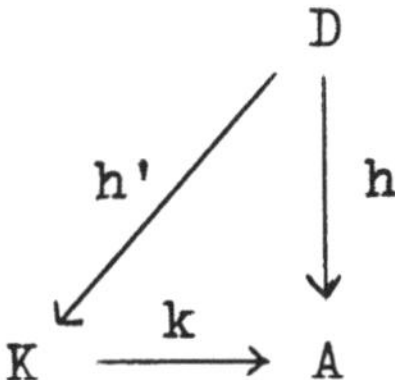

kommutiert (d.h. $k \circ h' = h$)

Statt k schreibt man auch DK(f,g).[31)]

(1) $c \circ f = c \circ g$

(2) Zu jedem $D \in |\underline{C}|$ und zu jedem $h \in [B,D]_{\underline{C}}$ mit $h \circ f = h \circ g$ existiert genau ein $h' \in [C,D]_{\underline{C}}$, so daß das Diagramm

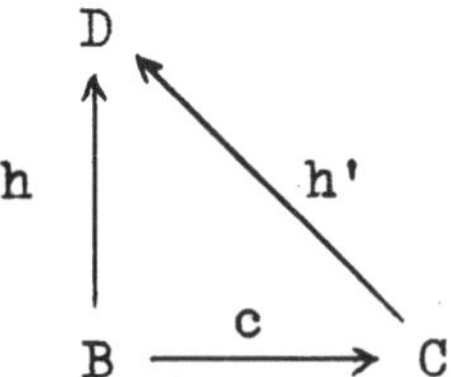

kommutiert (d.h. $h' \circ c = h$). D.h. wenn c^* der Differenzkern von f^* und g^* in der dualen Kategorie $\underline{C}^*$ ist.

Statt c schreibt man auch DCK(f,g).[31)]

2) Ein Objekt

$K \in |\underline{C}|$ heißt Differenzkern von $A \in |\underline{C}|$, wenn $[K,A]_{\underline{C}}$ einen Differenzkern enthält.

$C \in |\underline{C}|$ heißt Differenzcokern von $B \in |\underline{C}|$, wenn $[B,C]_{\underline{C}}$ einen Differenzcokern enthält (d.h. wenn C Differenzkern von B in der dualen Kategorie $\underline{C}^*$ ist).

3.2.2. Lemma:

a) Ist k Differenzkern von zwei $\underline{C}$-Morphismen f und g

b) Ist c Differenzcokern von zwei $\underline{C}$-Morphismen f und g

---

31) vgl. 3.2.3.

in einer Kategorie $\underline{C}$, so ist k ein extremer Monomorphismus in $\underline{C}$.

in einer Kategorie $\underline{C}$, so ist c ein extremer Epimorphismus in $\underline{C}$.

Beweis: Es genügt a) zu beweisen, weil b) zu a) dual ist: 1) k ist ein Monomorphismus:

Es seien $\alpha, \beta : D \to K$ $\underline{C}$-Morphismen mit $k \circ \alpha = k \circ \beta = h$ $(h : D \to A)$. Es ist $f \circ (k \circ \alpha) = (f \circ k) \circ \alpha = (g \circ k) \circ \alpha = g \circ (k \circ \alpha)$, d.h. $f \circ h = g \circ h$. Nach Voraussetzung existiert genau ein $h' : D \to K$ mit $k \circ h' = h$, also $h' = \alpha = \beta$.

2) Es sei $k = l \circ h$ und h Epimorphismus:

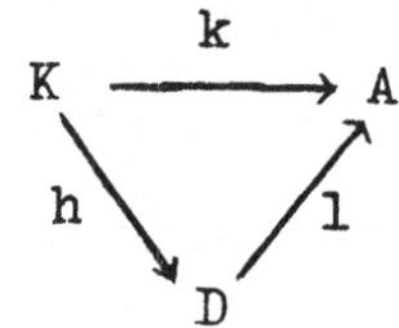

Dann ist

$(f \circ l) \circ h = f \circ (l \circ h) = f \circ k = g \circ k = g \circ (l \circ h) = (g \circ l) \circ h$

also $f \circ l = g \circ l$, weil h ein Epimorphismus ist. Nach Voraussetzung existiert genau ein $l' : D \to K$ mit $k \circ l' = l$. $k \circ (l' \circ h) = k \circ l') \circ h = l \circ h = k = k \circ 1_K$, woraus (a) $l' \circ h = 1_K$ folgt, weil nach 1) k ein Monomorphismus ist. $(h \circ l') \circ h = h \circ (l' \circ h) = h \circ 1_K = h = 1_D \circ h$, woraus (b) $h \circ l' = 1_D$ folgt, weil h ein Epimorphismus ist. Aus (a) und (b) folgt: h ist ein Isomorphismus.

3.2.3. Lemma:

a) Sind $k : K \to A$ und $k' : K' \to A$ Differenzkerne von zwei $\underline{C}$-Morphis-

b) Sind $c : B \to C$ und $c' : B \to C'$ Differenzcokerne von zwei $\underline{C}$-Morphis-

men $f,g : A \to B$ in einer Kategorie $\underline{C}$, so gibt es genau einen $\underline{C}$-Isomorphismus $i : K \to K'$ mit $k = k' \circ i$.	men $f,g : A \to B$ in einer Kategorie $\underline{C}$, so gibt es genau einen $\underline{C}$-Isomorphismus $i : C' \to C$ mit $c = i \circ c'$.

Beweis: Es genügt, a) zu beweisen: Da k' Differenzkern von f und g ist, gibt es zu $k : K \to A$ genau einen $\underline{C}$-Morphismus $i : K \to K'$ mit $k' \circ i = k$. Vertauscht man die Rollen von k' und k, so gibt es genau einen $\underline{C}$-Morphismus $i' : K' \to K$ mit $k \circ i' = k'$. Es ist $k \circ (i' \circ i) = (k \circ i') \circ i = k' \circ i = k = k \circ 1_K$, woraus

$i' \circ i = 1_K$ folgt, weil k nach 3.2.2. ein Monomorphismus ist. Entsprechend schließt man $i \circ i' = 1_{K'}$. Also ist i ein Isomorphismus.

3.2.4. Bemerkung: Will man für die Kategorie $\underline{T}$ der topologischen Räume (und stetigen Abbildungen) Differenzkerne und Differenzcokerne aufsuchen, so liefert das Lemma unter 3.2.2. einen wichtigen Hinweis. In Verbindung mit 1.5.22. ③ sind dann die Differenzkerne (als Objekte) gerade unter den Unterräumen und die Differenzcokerne (als Objekte) gerade unter den Quotientenräumen zu suchen. Genauer gilt folgendes:

3.2.5. Satz: Es seien $(X,\underline{X})$, $(Y,\underline{Y})$ topologische Räume und $f,g : (X,\underline{X}) \to (Y,\underline{Y})$ stetige Abbildungen.

a) $K = \{x \mid x \in X$ und $f(x) = g(x)\}$ b) R sei die feinste[32]

32) vgl. 0.2.3. ②

werde mit der Relativtopologie bez. $\underline{X}$ versehen.
Die Inklusionsabbildung $i: K \to X$ ist dann Differenzkern von f und g.

Beweis:

a) (1) $f \circ i = g \circ i$ ist trivialerweise erfüllt, weil f und g auf K übereinstimmen.

(2) Ist $h : (Z,\underline{Z}) \to (X,\underline{X})$ eine stetige Abbildung mit $f \circ h = g \circ h$, so wird durch $h'(z) = h(z)$ für alle $z \in Z$ eine Abbildung $h' : Z \to K$ definiert, weil $h(z) \in K$ für alle $z \in Z$ gilt wegen $f(h(z)) = g(h(z))$. h' ist stetig, weil $h = i \circ h'$

Äquivalenzrelation auf Y, bez. der f(x) und g(x) für alle $x \in X$ äquivalent sind (d.h. R ist der Durchschnitt aller Äquivalenzrelationen auf Y mit dieser Eigenschaft).
Versieht man $Y/R = C$ mit der Quotiententopologie bez. der natürlichen Abbildung $\omega: Y \to C$, so ist ω Differenzcokern von f und g.

Beweis:

b) (1) $\omega \circ f = \omega \circ g$ ist trivialerweise erfüllt, weil f(x) und g(x) für alle $x \in X$ äquivalent sind, d.h. es gilt $\omega(f(x)) = \omega(g(x))$ für alle $x \in X$.

(2) Es sei $h : (Y,\underline{Y}) \to (Z,\underline{Z})$ eine stetige Abbildung mit $h \circ f = h \circ g$. Zu h gehört eine Äquivalenzrelation π_h auf Y (vgl. 0.2.5. ⑤), für die f(x) und g(x) für alle $x \in X$ äquivalent sind (wegen $h(f(x) = h(g(x))$ für alle $x \in X$); also gilt: $R \subset \pi_h$.

stetig ist und K die initiale Topologie bez. i trägt (vgl.3.1.4.). Jede Abbildung h" : Z → K mit h = i∘h" stimmt offenbar mit h' überein.

Gemäß 0.2.5. ⑥ und 0.2.5. ⑤ existiert also eine Abbildung $1_Y^* : Y/R \to Y/\pi_h$, so daß das Diagramm

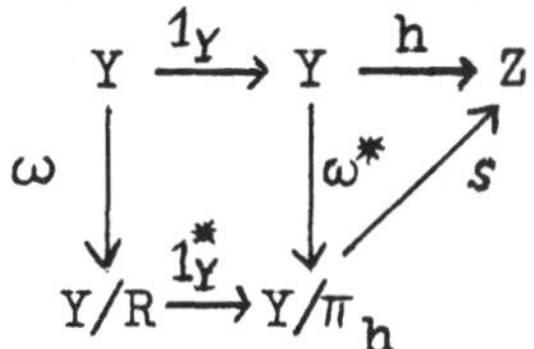

kommutiert. Also gilt für $h' = s \circ 1_Y^*$ gerade $h = h' \circ \omega$, woraus die Stetigkeit von h' folgt, weil Y/R die finale Topologie bez. ω trägt (vgl. 3.1.4.). Jede Abbildung h" : Y/R → Z mit $h = h" \circ \omega$ stimmt offenbar mit h' überein.

3.2.6. Definition: Man sagt, daß eine Kategorie C Differenzkerne (Differenzcokerne) besitzt, wenn zu jedem Paar (f,g) von C-Morphismen mit gleicher Quelle und gleichem Ziel ein Differenzkern (Differenzcokern) existiert.

3.2.7. Lemma: Die Kategorie T besitzt Differenzkerne und -cokerne.

Beweis: 3.2.5.

3.3. Produkte und Coprodukte

3.3.1. Definition: Es sei $(A_i)_{i\in I}$ eine Familie von Objekten einer Kategorie $\underline{C}$:

Ein Paar $(P,(p_i)_{i\in I})$ mit $P\in|\underline{C}|$ und $p_i\in[P,A_i]_{\underline{C}}$ für jedes $i\in I$ heißt Produkt der Familie $(A_i)_{i\in I}$, wenn zu jedem Paar $(Q,(q_i)_{i\in I})$ mit $Q\in|\underline{C}|$ und $q_i\in[Q,A_i]_{\underline{C}}$ für jedes $i\in I$ genau ein $\underline{C}$-Morphismus q existiert, so daß das Diagramm

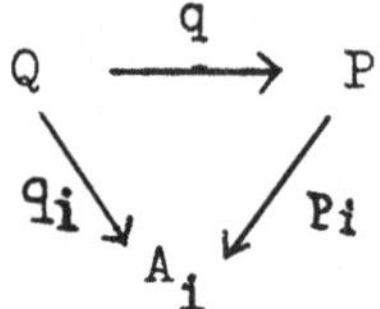

für alle $i\in I$ kommutiert (d.h. $p_i\circ q = q_i$).

Statt P schreibt man auch $\prod\limits_{i\in I} A_i$ (vgl. nachfolgendes Lemma). p_i heißt die i-te Projektion.

Gelegentlich nennt man auch $\prod\limits_{i\in I} A_i$ bereits Produkt der Familie $(A_i)_{i\in I}$.

Ein Paar $(S,(j_i)_{i\in I})$ mit $S\in|\underline{C}|$ und $j_i\in[A_i,S]_{\underline{C}}$ für jedes $i\in I$ heißt Coprodukt (oder: Summe) der Familie $(A_i)_{i\in I}$, wenn zu jedem Paar $(T,(k_i)_{i\in I})$ mit $T\in|\underline{C}|$ und $k_i\in[A_i,T]_{\underline{C}}$ für jedes $i\in I$ genau ein $\underline{C}$-Morphismus k existiert, so daß das Diagramm

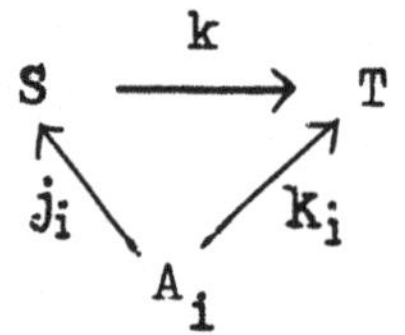

für alle $i\in I$ kommutiert (d.h. $k\circ j_i = k_i$), d.h. wenn $(S,(j_i^*)_{i\in I})$ Produkt von $(A_i)_{i\in I}$ in der dualen Kategorie $\underline{C}^*$ ist. Statt S schreibt man auch $\coprod\limits_{i\in I} A_i$ (vgl. nachfolgendes Lemma). j_i heißt die i-te Injektion.

Gelegentlich nennt man auch $\coprod\limits_{i\in I} A_i$ bereits Coprodukt der Familie $(A_i)_{i\in I}$.

3.3.2. Lemma: Es sei $(A_i)_{i\in I}$ eine Familie von Objekten in einer Kategorie $\underline{C}$.

a) $(P,(p_i)_{i\in I})$, $(P',(p_i')_{i\in I})$ seien Produkte von $(A_i)_{i\in I}$ in $\underline{C}$. Dann gibt es genau einen $\underline{C}$-Isomorphismus $k: P \to P'$ mit $p_i' \circ k = p_i$ für alle $i \in I$.

b) $(S,(j_i)_{i\in I})$, $(S',(j_i')_{i\in I})$ seien Coprodukte von $(A_i)_{i\in I}$ in $\underline{C}$. Dann gibt es genau einen $\underline{C}$-Isomorphismus $j : S' \to S$ mit $j \circ j_i' = j_i$ für alle $i \in I$.

Beweis: Da $(P',(p_i')_{i\in I})$ ein Produkt ist, existiert genau ein $k \in [P,P']_{\underline{C}}$ mit $p_i' \circ k = p_i$ für alle $i \in I$, und weil $(P,(p_i)_{i\in I})$ ein Produkt ist, existiert genau ein $h \in [P',P]_{\underline{C}}$ mit $p_i \circ h = p_i'$ für alle $i \in I$, d.h. das Diagramm

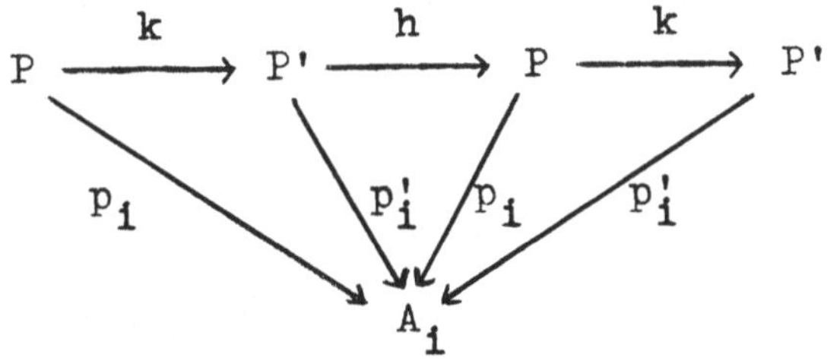

$$\begin{array}{ccccccc} P & \xrightarrow{k} & P' & \xrightarrow{h} & P & \xrightarrow{k} & P' \\ & {\scriptstyle p_i}\searrow & \downarrow{\scriptstyle p_i'} & & \downarrow{\scriptstyle p_i} & \swarrow{\scriptstyle p_i'} & \\ & & & A_i & & & \end{array}$$

ist für alle $i \in I$ kommutativ. Statt $h \circ k$ macht auch 1_P das aus den beiden linken Dreiecken gebildete Dreieck kommutativ und weil $(P,(p_i)_{i\in I})$ Produkt ist, gibt es nur genau einen Morphismus dieser Art, d.h. $h \circ k = 1_P$. Wendet man einen entsprechenden Schluß auf das aus den beiden rechten Dreiecken gebildete Dreieck an, so erhält man $k \circ h = 1_{P'}$. k ist also ein Isomorphismus.

3.3.3. Satz: Es sei $((X_i,\underline{X}_i))_{i\in I}$ eine Familie topologischer Räume.

a) Ist $(X,\underline{X})$ der Produktraum dieser Familie und

b) Ist $(X,\underline{X})$ der Summenraum dieser Familie und sind j_i die

sind $p_i : X \longrightarrow X_i$ die Projektionsabbildungen ($i \in I$), so ist $((X,\underline{X}),(p_i)_{i\in I})$ Produkt der Familie $((X_i,\underline{X}_i))_{i\in I}$ in der Kategorie $\underline{T}$.

Injektionsabbildungen ($i \in I$), so ist $((X,\underline{X}),(j_i)_{i\in I})$ das Coprodukt der Familie $((X_i,\underline{X}_i))_{i\in I}$ in der Kategorie $\underline{T}$.

Beweis:

a) Ist $(X,\underline{X})$ der Produktraum dieser Familie und sind $p_i' : Z \longrightarrow X_i$ für jedes $i \in I$ stetige Abbildungen, so wird durch $p_i(p(x)) = p_i'(x)$ für alle $x \in Z$ eine Abbildung $p : (Z,\underline{Z}) \longrightarrow (\prod_{i\in I} X_i,\underline{X})$ definiert. Da $\underline{X}$ die initiale Topologie bez. $(p_i)_{i\in I}$ ist, und für alle $i \in I$ $p_i \circ p = p_i'$ stetig ist, folgt nach 3.1.4., daß p stetig ist. Jede Abbildung $p' : Z \longrightarrow \prod_{i\in I} X_i$ mit $p_i \circ p' = p_i'$ stimmt offenbar mit p überein.

b) Ist $(X,\underline{X})$ der Summenraum dieser Familie und sind $j_i' : X_i \longrightarrow Z$ für jedes $i \in I$ stetige Abbildungen, so gehört zu jedem $x \in X$ genau ein $x_i \in X_i$ mit $(x_i, i) = x$ und durch $j(x) = j((x_i,i)) = j(j_i(x_i)) = j_i'(x_i) \in Z$ wird eine Abbildung $j : X \longrightarrow Z$ definiert. Da $\underline{X}$ die finale Topologie bez. $(j_i)_{i\in I}$ ist und für alle $i \in I$ $j \circ j_i = j_i'$ stetig ist, folgt nach 3.1.4., daß j stetig ist. Jede Abbildung $j' : X \longrightarrow Z$ mit $j' \circ j_i = j_i'$ stimmt offenbar mit j überein.

3.3.4. Bemerkung: Es sei $(X_i)_{i\in I}$ eine Familie von Teilmengen einer Menge X, die paarweise disjunkt sind, d.h. für jedes $(i,j) \in I \times I$ mit $i \neq j$ gilt $X_i \cap X_j = \emptyset$. Es sei $X = \bigcup_{i\in I} X_i$. Tragen alle X_i Topologien $\underline{X}_i$ und bezeichnet man mit $j_i : X_i \longrightarrow X$ die Inklusionsabbildungen, so prüft man leicht nach, daß das Paar $((X,\underline{X}), (j_i)_{i\in I})$ Coprodukt der Familie $(X_i)_{i\in I}$ ist, falls $\underline{X}$ die finale Topologie von X bez. $(j_i)_{i\in I}$ ist (analog zum Beweis von 3.3.3. b)). Nach 3.3.2.b) sind dann aber $(X,\underline{X})$ und der Summenraum der Familie $((X_i,\underline{X}_i))_{i\in I}$ homöomorph.

3.3.5. Definitionen: 1) Man sagt, daß eine Kategorie $\underline{C}$ Produkte (Coprodukte) besitzt, wenn zu jeder Familie $(A_i)_{i\in I}$ von Objekten aus $\underline{C}$ ein Produkt (Coprodukt) existiert.

2) a) Eine Kategorie $\underline{C}$ heißt vollständig, wenn sie Differenzkerne und Produkte besitzt.

b) Eine Kategorie $\underline{C}$ heißt covollständig, wenn die duale Kategorie $\underline{C}^*$ vollständig ist, d.h. wenn $\underline{C}$ Differenzcokerne und Coprodukte besitzt.

3.3.6. Satz: Die Kategorie $\underline{T}$ ist vollständig und covollständig.

Beweis: 3.2.7. und 3.3.3.

3.3.7. Bemerkungen: (1) Ist $(X,\underline{X})$ der Summenraum der Familie $((X_i,\underline{X}_i))_{i\in I}$, so ist eine Teilmenge M von X offen (abgeschlossen) genau dann, wenn $j_i^{-1}[M]$ offen (abgeschlossen) in X_i ist für alle $i\in I$. Folglich sind die Injektionsabbildungen $j_i\colon X_i \to X$ für jedes $i\in I$ offen und abgeschlossen (und natürlich auch stetig nach Definition der Summentopologie); denn für jedes $k\in I$ gilt für eine offene (abgeschlossene) Teilmenge M_k von X_k

$$j_i^{-1}\,[j_k[M_k]] = \begin{cases} M_k & \text{für } i = k \\ \emptyset & \text{für } i \neq k \end{cases}$$

d.h. $j_k[M_k]$ ist offen (abgeschlossen) in $\mathfrak{X}$. Folglich sind die Injektionsabbildungen extreme Monomorphismen (vgl. 1.5.14.) in $\underline{T}$.

② a) Ist $(X,\underline{X})$ der Produktraum der Familie $((X_i,\underline{X}_i))_{i \in I}$, so ist

$$\underline{B} = \left\{ \prod_{i \in I} A_i \,\middle|\, A_i \in \underline{X}_i \text{ für alle } i \in I \text{ und } A_i = X_i \text{ für fast alle } i \in I \right\}$$

Basis der Produkttopologie $\underline{X}$ (denn es ist $\underline{B} = \underline{B}'$, wobei $\underline{B}' = \left\{ \bigcap_{j \in \underline{J}} p_j^{-1}[O_j] \,\middle|\, \underline{J} \subset I \text{ endlich und } O_j \in \underline{X}_j \text{ für jedes } j \in \underline{J} \right\}$ nach 3.1.2. a) Basis der Produkttopologie ist). Ist I endlich, so ist

$$\underline{B} = \left\{ \prod_{i \in I} O_i \,\middle|\, O_i \in \underline{X}_i \text{ für alle } i \in I \right\}$$

Basis der Produkttopologie.

b) Die Projektionsabbildungen $p_i : \prod_{i \in I} X_i \to X_i$ sind i.a. nicht abgeschlossen.

Beispiel: Es sei $A = \{(x,y) \mid x \cdot y = 1\} \subset \mathbb{R} \times \mathbb{R}$.
Dann ist A abgeschlossen in $\mathbb{R} \times \mathbb{R}$ ($\mathbb{R}$ trage die natürliche Topologie und $\mathbb{R} \times \mathbb{R}$ die Produkttopologie). Projiziert man A auf den ersten Faktor, so erhält man die Menge $\{x \mid x \in \mathbb{R} \text{ und } x \neq 0\}$, die nicht abgeschlossen ist.

Daß die Projektionsabbildungen jedoch stets offen sind, zeigt der folgende Satz:

3.3.8. Satz: Es sei $((X_i,\underline{X}_i))_{i\in I}$ eine Familie topologischer Räume, $(X,\underline{X})$ sei der Produktraum dieser Familie. Die Projektionsabbildungen $p_i : X \to X_i$ für jedes $i \in I$ sind offen.

Korollar: Die Projektionsabbildungen sind extreme Epimorphismen in $\underline{T}$, falls alle $X_i \neq \emptyset$ sind.

Beweis: Es sei $i \in I$: $\prod_{k\in I} A_k$ sei ein Element aus $\underline{B}$ (vgl. 3.3.7.(2)). Es ist $p_i[\prod_{k\in I} A_k] = A_i \in \underline{X}_i$. Da p_i als Abbildung mit der Vereinigung „$\bigcup$" vertauschbar ist und $\underline{X}_i$ eine Topologie ist, folgt für jede bez. $\underline{X}$ offene Menge O von X $p_i[O] \in \underline{X}_i$ (denn O ist eine Vereinigung von Basiselementen). p_i ist also offen.

Da p_i stetig und surjektiv (alle $X_i \neq \emptyset$!) ist, folgt damit nach 1.5.21. das Korollar.

3.3.9. Der folgende Satz beschäftigt sich mit der Konvergenz im Produktraum:

Satz: Es sei $(\prod_{i\in I} X_i, \underline{X})$ der Produktraum der Familie $((X_i,\underline{X}_i))_{i\in I}$. Ein Filter $\underline{F}$ auf $\prod_{i\in I} X_i$ ist konvergent gegen $x = (x_i) \in X = \prod_{i\in I} X_i$ genau dann, wenn $p_i(\underline{F})$ gegen x_i konvergiert für alle $i \in I$.

Beweis: 1) Es gelte $\underline{F} \to x = (x_i)$. Da p_i für jedes $i \in I$ stetig ist, folgt daraus nach 2.3.4. $p_i(\underline{F}) \to p_i(x) = x_i$.

2) Es gelte $p_i(\underline{F}) \to x_i$ für alle $i \in I$, d.h. $p_i(\underline{F}) \supset \underline{U}(x_i)$ für alle $i \in I$. Zu zeigen: $\underline{F} \supset \underline{U}(x)$. Ist

$U_x \in \underline{U}(x)$, so gilt $x \in \bigcap_{k=1}^{n} p_{i_k}^{-1}[O_{i_k}] \subset U_x$ mit $i_k \in I$ für $k \in \{1,\dots n\}$ und $O_{i_k} \in \underline{X}_{i_k}$. Daraus folgt

$p_{i_k}(x) = x_{i_k} \in O_{i_k} \in \mathring{\underline{U}}(x_{i_k}) \subset \underline{U}(x_{i_k}) \subset p_{i_k}(\underline{F})$ für $k \in \{1,\dots n\}$

und

$p_{i_k}^{-1}[O_{i_k}] \in p_{i_k}^{-1}(p_{i_k}(\underline{F})) \subset \underline{F}$.

Da $\underline{F}$ Filter ist, gilt $\bigcap_{k=1}^{n} p_{i_k}^{-1}[O_{i_k}] \in \underline{F}$ und folglich gehört auch die Obermenge U_x zu $\underline{F}$.

<u>3.3.10</u>. <u>Bemerkung</u> : Ist $\underline{F}$ der zu einer Folge $((x^i)_n)_{n\in\mathbb{N}}$ auf $X = \prod_{i\in I} X_i$ gehörige Elementarfilter, so ist $p_j(\underline{F})$ gerade der zu $(p_j((x^i)_n))_{n\in\mathbb{N}} = (x_n^j)_{n\in\mathbb{N}}$ gehörige Elementarfilter $\underline{F}_j = \{V \mid V \subset X_j$ und $x_n^j \in V$ für fast alle $n \in \mathbb{N}\}$

(a) $V \in \underline{F}_j$ impliziert $F = p_j^{-1}[V] \in \underline{F}$, weil $F \subset X$ und wegen $p_j((x^i)_n) = x_n^j \in V$ für fast alle $n \in \mathbb{N}$ gilt $(x^i)_n \in p_j^{-1}[V] = F$ für fast alle $n\in\mathbb{N}$. Daraus folgt aber $p_j(F) \subset V$, also $V \in p_j(\underline{F})$. Damit ist gezeigt $\underline{F}_j \subset p_j(\underline{F})$.

b) $V \in p_j(\underline{F})$ impliziert $V \supset p_j(F)$ mit $F \subset X$ und $(x^i)_n \in F$ für fast alle $n\in\mathbb{N}$. Da $p_j(\underline{F})$ Filter auf X_j gilt $V \subset X_j$ und es ist $p_j((x^i)_n) = x_n^j \in p_j(F) \subset V$ für fast alle $n\in\mathbb{N}$, d.h. es gilt $V \in \underline{F}_j$. Also gilt $p_j(\underline{F}) \subset \underline{F}_j$ und zusammen mit a) folgt $p_j(\underline{F}) = \underline{F}_j$).

Der Satz unter 3.3.9. enthält also als Spezialfall die Aussage, daß eine Folge $((x^i)_n)_{n\in\mathbb{N}}$ auf einem Produktraum $(\prod_{i\in I} X_i, \underline{X})$ genau dann gegen $(x_0^i) \in \prod_{i\in I} X_i$ konvergiert, wenn die Folge $(p_j((x^i)_n))_{n\in\mathbb{N}} = (x_n^j)_{n\in\mathbb{N}}$ für jedes $j \in I$ gegen $p_j((x_0^i)) = x_0^j \in X_j$ konvergiert. Das ist etwa für den $\mathbb{R}^n$ eine aus der reellen Analysis wohlbekannte Tatsache.

Kapitel 4: Trennungsaxiome

4.1. T_0-Räume

4.1.1. Vorbemerkung: Wir haben bereits früher gesehen, daß ein Filter verschiedene Limites haben kann. Das ist jedoch im Rahmen einer vernüftigen Konvergenztheorie unbefriedigend. Man möchte nun wie in der Analysis die Eindeutigkeit des Limes sicherstellen. Hat ein Filter $\underline{F}$ auf einem topologischen Raum $(X,\underline{X})$ zwei verschiedene Limites x,y, so gilt $\underline{F} \supset \underline{U}(x)$ und $\underline{F} \supset \underline{U}(y)$. Hat nun der Raum die Eigenschaft, daß zu je zwei verschiedenen Punkten x,y disjunkte Umgebungen existieren, etwa $U_x \in \underline{U}(x)$ und $U_y \in \underline{U}(y)$ mit $U_x \cap U_y = \emptyset$, so kann für zwei verschiedene Punkte $x,y \in X$ nicht gelten $\underline{F} \supset \underline{U}(x)$ und $\underline{F} \supset \underline{U}(y)$, weil sonst $U_x \cap U_y \neq \emptyset$ sein müßte für alle $U_x \in \underline{U}(x)$ und alle $U_y \in \underline{U}(y)$. Man sichert die Eindeutigkeit des Limes also dadurch, daß man von dem betrachteten topologischen Raum verlangt, je zwei verschiedene

Punkte durch disjunkte Umgebungen „trennen" zu können. Wir wollen jetzt systematisch schwächere und stärkere Bedingungen für die Trennung von Punkten (später auch von geeigneten Mengen) durch Umgebungen untersuchen.

4.1.2. Definition: Ein topologischer Raum $(X,\underline{X})$ heißt T_0-Raum, wenn von je zwei verschiedenen Punkten $x,y \in X$ wenigstens einer eine Umgebung besitzt, die den anderen nicht enthält (d.h. wenn ein $U_x \in \underline{U}(x)$ existiert mit $y \notin U_x$ oder ein $U_y \in \underline{U}(y)$ existiert mit $x \notin U_y$).

4.1.3. Satz: Ein topologischer Raum $(X,\underline{X})$ ist genau dann ein T_0-Raum, wenn für je zwei verschiedene Punkte $x,y \in X$ gilt $\overline{\{x\}} \neq \overline{\{y\}}$.

Beweis: 1) Es sei $\overline{\{x\}} \neq \overline{\{y\}}$. Dann gilt a) $x \notin \overline{\{y\}}$ oder b) $y \notin \overline{\{x\}}$ (sonst wäre $\{x\} \subset \overline{\{y\}}$, also $\overline{\{x\}} \subset \overline{\{y\}}$, und $\{y\} \subset \overline{\{x\}}$, also $\overline{\{y\}} \subset \overline{\{x\}}$, d.h. es wäre $\overline{\{x\}} = \overline{\{y\}}$).
Im Fall a) gilt: $X \setminus \overline{\{y\}}$ ist eine offene Umgebung von x, die y nicht enthält.
Im Fall b) gilt: $X \setminus \overline{\{x\}}$ ist eine offene Umgebung von y, die x nicht enthält.
$(X,\underline{X})$ ist also ein T_0-Raum.

2) Ist $(X,\underline{X})$ ein T_0-Raum, so besitzt von je zwei verschiedenen Punkten $x,y \in X$ wenigstens einer eine Umgebung, die den anderen nicht enthält. Sei o.B.d.A. $U_x \in \underline{U}(x)$ mit $y \notin U_x$. Dann ist $x \notin \overline{\{y\}}$, also $\overline{\{x\}} \neq \overline{\{y\}}$.

4.2. T_1-Räume

4.2.1. Definition: Ein topologischer Raum $(X,\underline{X})$ heißt ein T_1-Raum, wenn von je zwei verschiedenen Punkten $x,y \in X$ jeder eine Umgebung besitzt, die den anderen nicht enthält (d.h. wenn $U_x \in \underline{U}(x)$ existiert mit $y \notin U_x$ und $U_y \in \underline{U}(y)$ existiert mit $x \notin U_y$).

4.2.2. Satz: Ein topologischer Raum $(X,\underline{X})$ ist genau dann ein T_1-Raum, wenn für alle $x \in X$ gilt $\{x\} = \overline{\{x\}}$.

Beweis: 1) Es sei $(X,\underline{X})$ ein T_1-Raum und $X \setminus \{x\} \neq \emptyset$ ($X \setminus \{x\} = \emptyset$ trivial). Ist $y \in X \setminus \{x\}$, so gilt $y \neq x$; also existiert ein $U_y \in \underline{U}(y)$ mit $x \notin U_y$, d.h. $U_y \subset X \setminus \{x\}$. $X \setminus \{x\}$ ist also offen, d.h. $\{x\}$ ist abgeschlossen.

2) Es gelte $\{x\} = \overline{\{x\}}$ für jedes $x \in X$. Sind $x,y \in X$ mit $x \neq y$, so ist $X \setminus \overline{\{x\}}$ eine offene Umgebung von y, die x nicht enthält und $X \setminus \overline{\{y\}}$ eine offene Umgebung von x, die y nicht enthält. $(X,\underline{X})$ ist also ein T_1-Raum.

4.2.3. Bemerkung: Jeder T_1-Raum ist ein T_0-Raum. Die Umkehrung ist falsch, wie das folgende Beispiel zeigt: Es sei $S = \{0,1\}$, versehen mit der Topologie $\underline{S} = \{\emptyset, \{0\}, \{0,1\}\}$. Dann ist $(S,\underline{S})$ ein T_0-Raum, jedoch kein T_1-Raum.

4.2.4. Satz: Es sei $(X,\underline{X})$ ein T_1-Raum. Dann gilt für jede Teilmenge A von X: Die derivierte Menge A' ist abgeschlossen.

Beweis: Es genügt zu zeigen, daß $\overline{A'} = A'' \cup A' \subset A'$ gilt, d.h. $A'' \subset A'$. Man zeigt zunächst:

(*) $x \in A''$ impliziert $x \in A'$ oder $x \in A$.

Ist $x \in A''$ und $x \notin A$, so gilt für jedes $U_x \in \mathring{\underline{U}}(x)$: $(U_x \setminus \{x\}) \cap A' \neq \emptyset$, d.h. zu jedem U_x existiert $y \in (U_x \setminus \{x\}) \cap A'$. Wegen $y \in U_x \setminus \{x\} \subset U_x$ ist U_x eine offene Umgebung von y: $U_x \in \mathring{\underline{U}}(y)$. Da $y \in A'$ gilt, existiert ein $z \in A$ mit $z \in U_x \setminus \{x\}$ (man beachte $x \notin A$!). Damit ist gezeigt $x \in A'$ ($\mathring{\underline{U}}(x)$ ist Umgebungsbasis von x!), d.h. (*) ist bewiesen!

Da $(X,\underline{X})$ ein T_1-Raum ist, folgt aus $x \in A''$ <u>stets</u> $x \in A'$; denn $x \notin A'$ kann nicht eintreten, weil sonst nach (*) $x \in A$ wäre (Aus $x \notin A'$ und $x \in A$ folgt, daß es ein $U_x \in \mathring{\underline{U}}(x)$ gibt mit $U_x \cap A = \{x\}$. Da x Häufungspunkt von A' ist, gibt es ein $y \in A'$ mit $y \in U_x$ ($x \neq y$!). Dann existiert ein $U_y \in \underline{U}(y)$ mit $x \notin U_y$, weil $(X,\underline{X})$ ein T_1-Raum ist. Es ist $U_x \in \underline{U}(y)$ und $U_x \cap U_y \in \underline{U}(y)$, aber $(U_x \cap U_y) \cap A = \{x\} \cap U_y = \emptyset$, d.h. $y \notin A'$. Widerspruch!). Damit ist alles bewiesen.

<u>4.2.5</u>. <u>Bemerkung</u>: Ein topologischer Raum $(X,\underline{X})$ mit der Eigenschaft, daß für jede Teilmenge A von X die derivierte Menge A' abgeschlossen ist, heißt ein <u>T_D-Raum</u> (nach Aull und Thron [33]). Jeder T_1-Raum ist also nach 4.2.4. ein T_D-Raum.

<u>4.2.6</u>. <u>Satz</u>: Für einen topologischen Raum $(X,\underline{X})$ sind folgende Aussagen äquivalent:

(1) $(X,\underline{X})$ ist ein T_1-Raum.

(2) Für jede Teilmenge A von X und jeden Häufungspunkt x von A gilt: In jeder Umgebung von x

---

33) Aull, C.E. und W.J.Thron: Separation axioms between T_0 und T_1, Indag.Math. 24, 26-37 (1963).

liegen unendlich viele Elemente von A.

Beweis: (1) $\Rightarrow$ (2): Es sei $x \in A'$. Angenommen es gäbe ein $U_x \in \underline{U}(x)$, das nur endlich viele von x verschiedene Punkte $a_1, \ldots a_n$ aus A enthielte. Dann gibt es Umgebungen $U_x^{(i)} \in \underline{U}(x)$ mit $a_i \notin U_x^{(i)}$ $(i \in \{1, \ldots n\})$. $U_x \cap (\bigcap_{i=1}^{n} U_x^{(i)})$ ist dann Umgebung von x, die keinen Punkt aus A enthält im Widerspruch zu $x \in A'$. In einem T_1-Raum $(X, \underline{X})$ liegen also in jeder Umgebung eines Häufungspunktes x von $A \subset X$ unendlich viele Elemente von A.

(2) $\Rightarrow$ (1): Ist $(X, \underline{X})$ kein T_1-Raum, so gibt es ein $x \in X$ mit $\{x\} \neq \overline{\{x\}}$. Es sei $y \in \overline{\{x\}}$ mit $y \neq x$. Wegen $\overline{\{x\}} = \{x\}' \cup \{x\}$ folgt also $y \in \{x\}'$. Da $\{x\}$ endlich ist, können nicht in jeder Umgebung von y unendlich viele Elemente von $\{x\}$ liegen, d.h. (2) ist nicht erfüllt.

4.3. T_2-Räume (Hausdorff-Räume)

4.3.1. Definition: Ein topologischer Raum $(X, \underline{X})$ heißt T_2-Raum oder Hausdorff-Raum, wenn je zwei verschiedene Punkte von X disjunkte Umgebungen besitzen (d.h. wenn zu $x, y \in X$ mit $x \neq y$ ein $U_x \in \underline{U}(x)$ und ein $U_y \in \underline{U}(y)$ existieren mit $U_x \cap U_y = \emptyset$).

4.3.2. Bemerkung: Jeder T_2-Raum ist ein T_1-Raum. Die Umkehrung gilt nicht, wie das folgende Beispiel zeigt: Es sei X eine unendliche Menge und $\underline{X}$ die Topologie der endlichen Komplemente, d.h. $\underline{X} = \{U \mid U \subset X$ und $X \setminus U$ endlich$\} \cup \{\emptyset\}$. Dann ist $(X,\underline{X})$ ein T_1-Raum, weil alle einelementigen Mengen abgeschlossen sind. Er ist jedoch kein T_2-Raum; denn aus $x \in O_x \in \underline{X}$ und $y \in O_y \in \underline{X}$ mit $O_x \cap O_y = \emptyset$ würde folgen $X = C(O_x \cap O_y) = CO_x \cup CO_y$, d.h. X wäre als Vereinigung zweier endlicher Mengen endlich.

4.3.3. Satz: Für einen topologischen Raum $(X,\underline{X})$ sind folgende Aussagen äquivalent:

(1) $(X,\underline{X})$ ist ein T_2-Raum.

(2) Für jeden Punkt $x \in X$ gilt $\{x\} = \bigcap_{U_x \in \underline{U}(x)} \overline{U}_x$

(3) Die Diagonale von $X \times X$, d.h. die Menge $\Delta = \{(x,x) \mid x \in X\}$ ist abgeschlossen in $X \times X$ (versehen mit der Produkttopologie).

(4) Jeder Filter auf X besitzt höchstens einen Limes.

Beweis: (1) $\Leftrightarrow$ (2): a) (1) $\Rightarrow$ (2): Es gilt $\{x\} \subset \bigcap_{U_x \in \underline{U}(x)} \overline{U}_x$. Einen Punkt $y \in \bigcap_{U_x \in \underline{U}(x)} \overline{U}_x$ mit $y \neq x$ kann es nicht geben; denn weil $(X,\underline{X})$ ein T_2-Raum ist, würden dann $U_x \in \underline{U}(x)$ und $U_y \in \underline{U}(y)$ existieren mit $U_x \cap U_y = \emptyset$, d.h. $y \notin \overline{U}_x$.

b) (2) $\Rightarrow$ (1): Sind $x,y \in X$ mit $x \neq y$,

so gilt $y \notin \{x\} = \bigcap_{U_x \in \underline{U}(x)} \overline{U}_x$, d.h. es existiert ein $U_x \in \underline{U}(x)$ so daß $y \notin \overline{U}_x$ ist. $V_y = X \setminus \overline{U}_x$ ist dann eine offene Umgebung von y mit $V_y \cap U_x = \emptyset$.

(1) $\Leftrightarrow$ (3): a) (1) $\Rightarrow$ (3): Es ist zu zeigen: $(X \times X) \setminus \Delta$ ist offen in $X \times X$. Ist $(x,y) \in (X \times X) \setminus \Delta$, d.h. $x \neq y$, so existieren disjunkte offene Umgebungen O_x von x und O_y von y. $O_x \times O_y$ ist dann eine offene Umgebung von (x,y) in $X \times X$, die kein Element von Δ enthält (wegen $O_x \cap O_y = \emptyset$).

b) (3) $\Rightarrow$ (1): Sind $x,y \in X$ mit $x \neq y$, so gilt $(x,y) \in (X \times X) \setminus \Delta$. Da $(X \times X) \setminus \Delta$ offen in $X \times X$ ist, existieren O_x, $O_y \in \underline{X}$ mit $(x,y) \in O_x \times O_y \subset (X \times X) \setminus \Delta$. O_x und O_y sind dann offene Umgebungen von x bzw. y mit $O_x \cap O_y = \emptyset$.

(1) $\Leftrightarrow$ (4): a) (1) $\Rightarrow$ (4): Es sei $\underline{F}$ ein Filter auf X. Dieser kann nicht gegen zwei verschiedene Punkte $x,y \in X$ konvergieren, d.h. es kann nicht gelten $\underline{F} \supset \underline{U}(x)$ und $\underline{F} \supset \underline{U}(y)$, weil $U_x \in \underline{U}(x)$ und $U_y \in \underline{U}(y)$ so existieren, daß $U_x \cap U_y = \emptyset$ ist. Die leere Menge gehört jedoch nicht zu $\underline{F}$.

b) (4) $\Rightarrow$ (1): Ist (1) nicht erfüllt, d.h. existieren zwei verschiedene Punkte $x,y \in X$, so daß für alle $U_x \in \underline{U}(x)$ und alle $U_y \in \underline{U}(y)$ gilt $U_x \cap U_y \neq \emptyset$, so existiert nach 2.4.2. $\underline{F} = \sup \{\underline{U}(x), \underline{U}(y)\}$, d.h. $\underline{F} \supset \underline{U}(x)$ und $\underline{F} \supset \underline{U}(y)$, also besitzt $\underline{F}$ zwei verschiedene Limites. (4) ist also nicht erfüllt.

4.3.4. Satz: Es sei $\underline{F}$ ein konvergenter Filter in einem T_2-Raum $(X,\underline{X})$. Der einzige Häufungspunkt dieses Filters ist sein Limes.

Beweis: Es sei $\underline{F} \longrightarrow x \in X$. Ist y Häufungspunkt von $\underline{F}$, so gibt es nach 2.2.9. einen feineren Filter $\underline{F}' \supset \underline{F}$ mit $\underline{F}' \longrightarrow y$. Wegen $\underline{F}' \supset \underline{F} \supset \underline{U}(x)$ konvergiert auch $\underline{F}'$ gegen x. Da $(X,\underline{X})$ ein T_2-Raum ist, folgt nach 4.3.3.(4), daß $x = y$ ist.

4.3.5. Satz: Es seien f und g stetige Abbildungen von einem topologischen Raum $(X,\underline{X})$ in einen T_2-Raum $(Y,\underline{Y})$. Dann ist der Differenzkern $DK(f,g)$ eine abgeschlossene Abbildung.

Zusatz: Voraussetzung wie 4.3.5. Dann ist $K = \{x \mid x \in X$ und $f(x) = g(x)\}$ abgeschlossen in X.

Beweis: Um zu zeigen, daß $i = DK(f,g) : K \longrightarrow X$ abgeschlossen ist, genügt es den Zusatz zu beweisen (weil i die Inklusionsabbildung ist):

$h : X \longrightarrow Y \times Y$ sei definiert durch

$h(x) = (f(x), g(x))$ für alle $x \in X$.

Da $Y \times Y$ die initiale Topologie bez. der Projektionsabbildungen trägt, ist h stetig, weil f und g stetig sind. Nach Voraussetzung ist Y ein T_2-Raum, also $\Delta \subset Y \times Y$ nach 4.3.3.(3) abgeschlossen. Mithin ist $h^{-1}[\Delta] = \{x \mid f(x) = g(x)\}$ abgeschlossen in X.

4.3.6. Satz: Es seien f und g stetige Abbildungen von einem topologischen Raum $(X,\underline{X})$ in einen T_2-Raum $(Y,\underline{Y})$ und A eine dichte Teilmenge von X. Gilt dann

$f|A = g|A$, so folgt $f = g$.

Beweis: Nach 4.3.5. ist $K = \{x \mid f(x) = g(x)\} \supset A$ abgeschlossen, also $X = \overline{A} \subset \overline{K} = K$, d.h. $X = K$. Daraus folgt aber $f = g$.

4.3.7. Bemerkung: Nach 4.3.6. stimmen zwei stetige Abbildungen $f,g : \mathbb{R} \longrightarrow \mathbb{R}$ überein, wenn sie auf $\mathbb{Q}$ übereinstimmen. ($\mathbb{R}$, nat.Top.) ist offensichtlich ein T_2-Raum (wir werden noch sehen, daß jeder metrische Raum diese Eigenschaft hat).

4.3.8. Satz: Es sei f eine stetige Abbildung von einem topologischen Raum $(X,\underline{X})$ in einen T_2-Raum $(Y,\underline{Y})$. Dann ist

$$G = \{(x,f(x)) \mid x \in X\}$$

abgeschlossen in $X \times Y$.[34)]

Beweis: $p_X : X \times Y \longrightarrow X$ und $p_Y : X \times Y \longrightarrow Y$ sind stetig, ebenfalls $f \circ p_X : X \times Y \longrightarrow Y$.

$$\{(x,y) \mid p_Y(x,y) = f(p_X(x,y))\} = \{(x,y) \mid y = f(x)\} = G$$

ist nach 4.3.5.(Zusatz!)abgeschlossen in $X \times Y$.

4.3.9. Definition: Eine Abbildung $f : (X,\underline{X}) \longrightarrow (Y,\underline{Y})$ heißt dicht, wenn $\overline{f[X]} = Y$ gilt.

4.3.10. Satz: Wird mit $\underline{H}$ die Kategorie der T_2-Räume (und stetigen Abbildungen) bezeichnet, so gilt:
$f \in \text{Mor}\,\underline{H}$ ist genau dann ein Epimorphismus in $\underline{H}$, wenn f dicht ist.

---

34) Je nachdem wie man eine Abbildung definiert, ist G = f oder G der Graph von f.

<u>Beweis</u>: 1) Es sei $f : (X,\underline{X}) \to (Y,\underline{Y})$ dicht ($(X,\underline{X}), (Y,\underline{Y}) \in |\underline{H}|$). Weiter seien $\alpha, \beta : (Y,\underline{Y}) \to (Z,\underline{Z})$ stetige Abbildungen in einen T_2-Raum $(Z,\underline{Z})$ mit der Eigenschaft $\alpha \circ f = \beta \circ f$, d.h. α und β stimmen auf der dichten Teilmenge $f[X]$ von Y überein. Nach 4.3.6. folgt daraus $\alpha = \beta$, d.h. f ist ein Epimorphismus in $\underline{H}$.

2) A) Zu jedem T_2-Raum $(Y,\underline{Y})$ und jedem abgeschlossenen Unterraum U von Y existieren ein T_2-Raum $(Z,\underline{Z})$ und stetige Abbildungen $\alpha, \beta : Y \to Z$ mit $U = \{ y | \; y \in Y \text{ und } \alpha(y) = \beta(y)\}$:

Es seien $Y_1 + Y_2$ mit $Y_1 = Y_2 = Y$ die topologische Summe von Y mit sich selbst, d.h. $Y_1 + Y_2 = Y \times \{1\} \cup Y \times \{2\}$ und $j_i : Y_i \to Y_1 + Y_2$ für $i = 1,2$ die Injektionsabbildungen, die nach Definition der Summentopologie stetig sind. Auf $Y_1 + Y_2$ wird wie folgt eine Äquivalenzrelation R definiert:

$$x R y \iff \begin{cases} x = y \text{ oder} \\ j_1^{-1}(x) = j_2^{-1}(y) \in U \text{ oder} \\ j_2^{-1}(x) = j_1^{-1}(y) \in U \end{cases}$$

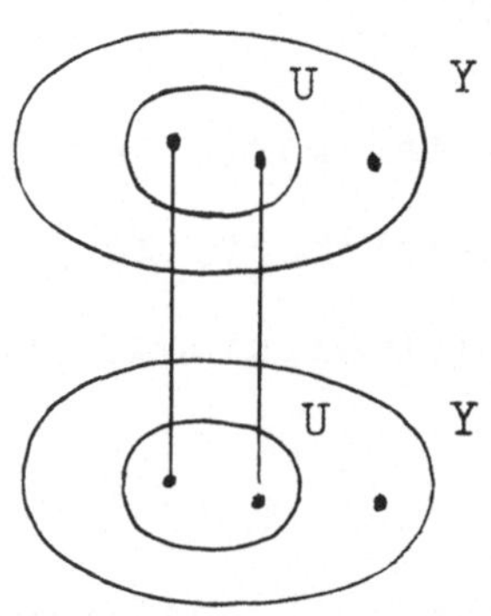

Es sei $Z = Y_1+Y_2/R$ versehen mit der Quotiententopologie bez. der kanonischen Abbildung $\omega : Y_1+Y_2 \to Y_1+Y_2/R$. Dann ist Z ein T_2-Raum:
Es seien $\omega(x)$ und $\omega(y)$ zwei verschiedene Punkte von Z. Dann sind die folgenden Fälle zu untersuchen:

a) $\omega(x)$ und $\omega(y)$ sind zweielementig, also etwa $\omega(x) = \{x,x'\}$ und $\omega(y) = \{y,y'\}$. O.B.d.A. gelte $x,y \in U\times\{1\} \subset Y\times\{1\}$. Dann sind $x',y' \in U\times\{2\} \subset Y\times\{2\}$. Jedes $Y\times\{i\}$ ist zu Y homöomorph, also ein T_2-Raum. Es existieren also disjunkte offene Umgebungen O_x und O_y von x bzw. y in $Y\times\{1\}$ sowie disjunkte offene Umgebungen $O_{x'}$ und $O_{y'}$ von x' bzw. y' in $Y\times\{2\}$.
$j_1^{-1}[O_x] \cap j_2^{-1}[O_{x'}] = O$ ist dann offen in Y und nicht leer (j_i stetig für i=1,2 und $j_1^{-1}(x) = j_2^{-1}(x')$ gehört zu O). $\omega[O\times\{1\} \cup O\times\{2\}] = O_{\omega(x)}$ ist dann eine offene Umgebung von $\omega(x)$ in Y_1+Y_2/R (denn $\omega^{-1}[O_{\omega(x)}] = O\times\{1\} \cup O\times\{2\}$ ist offen in Y_1+Y_2 als Vereinigung der offenen Teilmengen $j_i[O]$).
Entsprechend ist $\omega[O'\times\{1\} \cup O'\times\{2\}] = O'_{\omega(y)}$ mit $j_i^{-1}[O_y] \cap j_2^{-1}[O_{y'}] = O'$ eine offene Umgebung von $\omega(y)$ in Z. Nach Konstruktion gilt dann:
$O_{\omega(x)} \cap O'_{\omega(y)} = \emptyset$.

b) Entweder $\omega(x)$ oder $\omega(y)$ ist einelementig. O.B.d.A. gelte $\omega(x) = \{x,x'\}$ und $\omega(y) = \{y\}$ sowie $x \in U\times\{1\} \subset Y\times\{1\}$ und $y \in (Y\times\{1\}) \setminus (U\times\{1\})$.
Da U abgeschlossen in Y ist, gilt $j_1[U] = U\times\{1\}$ ist abgeschlossen in Y_1+Y_2 und damit auch im

Unterraum $Y \times \{1\}$, d.h. $Y \times \{1\} \setminus U \times \{1\}$ ist offen in $Y \times \{1\}$. Also existiert eine offene Umgebung O'_y von y mit $O'_y \subset Y \times \{1\} \setminus U \times \{1\}$. Da $Y \times \{1\}$ ein T_2-Raum ist, existieren disjunkte offene Umgebungen von x bzw. y, etwa O_x und O_y. Sei $O_y^* = O'_y \cap O_y \in \mathring{U}(y)$ und $O = j_1^{-1}[O_x]$. Dann ist $\omega[O \times \{1\} \cup O \times \{2\}]$ $= O_{\omega(x)}$ eine offene Umgebung von $\omega(x)$, die mit der offenen Umgebung $\omega[O_y^*]$ von $\omega(y)$ einen leeren Durchschnitt besitzt.

c) $\omega(x)$ und $\omega(y)$ sind einelementig, d.h. $\omega(x)=\{x\}$ und $\omega(y)=\{y\}$. Dabei treten zwei Fälle auf (o.B.d.A.):

(1) $x \in Y \times \{1\} \setminus U \times \{1\}$ und $y \in Y \times \{2\} \setminus U \times \{2\}$

(2) $x \in Y \times \{1\} \setminus U \times \{1\}$ und $y \in Y \times \{1\} \setminus U \times \{1\}$

Im Fall (1) existiert eine offene Umgebung von x, etwa O_x, die ganz in $Y \times \{1\} \setminus U \times \{1\}$ liegt sowie eine offene Umgebung von y, die ganz in $Y \times \{2\} \setminus U \times \{2\}$ liegt, etwa O_y. $\omega[O_x]$ und $\omega[O_y]$ sind dann disjunkte offene Umgebungen von $\omega(x)$ bzw. $\omega(y)$. Im Fall (2) existieren disjunkte offene Umgebungen O_x und O_y von x bzw. y in $Y \times \{1\}$ (weil $Y \times \{1\}$ ein T_2-Raum ist) und weil $U \times \{1\}$ abgeschlossen in $Y \times \{1\}$ ist, kann angenommen werden, daß O_x und O_y in $Y \times \{1\} \setminus U \times \{1\}$ enthalten sind. $\omega[O_x]$ und $\omega[O_y]$ sind dann disjunkte offene Umgebungen von $\omega(x)$ bzw. $\omega(y)$.

Es sei $\alpha = \omega \circ j_1$, und $\beta = \omega \circ j_2$. Dann gilt
$\{y \mid y \in Y \text{ und } \alpha(y) = \beta(y)\} = U.$

B) Es sei $f : (X,\underline{X}) \longrightarrow (Y,\underline{Y})$ ein Epimorphismus in $\underline{H}$ und $U \subset Y$ sei gleich $\overline{f[X]}$. Nach A) existieren dann ein T_2-Raum Z und stetige Abbildungen $\alpha, \beta : Y \longrightarrow Z$ mit $\overline{f[X]} = \{y \mid y \in Y \text{ und } \alpha(y) = \beta(y)\}$; also speziell gilt $\alpha \circ f = \beta \circ f$. Da f ein Epimorphismus ist, muß gelten $\alpha = \beta$, also $\overline{f[X]} = Y$. f ist also dicht.

4.3.11. Bemerkung: Ein $\underline{H}$-Morphismus ist genau dann ein Monomorphismus, wenn er injektiv ist (Beweis analog zu 1.5.11 a)). Ein $\underline{H}$-Morphismus ist genau dann ein Isomorphismus, wenn er eine topologische Abbildung ist (Beweis analog zu 1.5.6.).

4.3.12. Satz: Es sei f eine stetige Abbildung eines T_2-Raumes $(X,\underline{X})$ in einen T_2-Raum $(Y,\underline{Y})$. Dann gilt:

(1) f ist ein extremer Monomorphismus in $\underline{H}$ genau dann, wenn $f[X] = \overline{f[X]}$ gilt und $f' : X \longrightarrow f[X]$ definiert durch $f'(x) = f(x)$ für alle $x \in X$ eine topologische Abbildung ist.[35]

(2) f ist ein extremer Epimorphismus in $\underline{H}$ genau dann, wenn f Quotientenabbildung ist.

Beweis: (1) a) Es sei f ein extremer Monomorphismus in $\underline{H}$. $U = \overline{f[X]}$ ist dann als Unterraum eines T_2-Raumes ein T_2-Raum (trivial!). $f' : X \longrightarrow U$, definiert durch $f'(x) = f(x)$ für alle $x \in X$ ist dann nach 4.3.10. ein Epimorphismus in $\underline{H}$ (f' ist stetig, weil $i \circ f' = f$ mit

---

35) Eine Abbildung $f : X \longrightarrow Y$ mit dieser Eigenschaft heißt auch abgeschlossene Einbettung.

$i : U \to Y$ Inklusionsabbildung stetig ist). Wegen $f = i \circ f'$ folgt nach Voraussetzung, daß f' ein Isomorphismus ist. Da f' dann surjektiv ist, muß $f'[X] = f[X] = U = \overline{f[X]}$ gelten.

b) Man wähle $U = f[X] = \overline{f[X]}$. Nach 4.3.10. 2) A) gibt es einen T_2-Raum $(Z,\underline{Z})$ sowie stetige Abbildungen $\alpha, \beta : Y \to Z$ mit $U = \{ y \mid y \in Y \text{ und } \alpha(y) = \beta(y)\}$ Da U als Unterraum von Y T_2-Raum ist, ist die Inklusionsabbildung $i : U \to Y$ Differenzkern von α und β in $\underline{H}$. Da f' ein Isomorphismus ist, gilt $i \circ f' = f = DK(\alpha,\beta)$. Daraus folgt nach 3.2.2. a), daß f ein extremer Monomorphismus in $\underline{H}$ ist.

(2) a) Es sei $f : X \to Y$ ein extremer Epimorphismus in $\underline{H}$. Der Beweis verläuft analog zum Teil a) des Beweises von 1.5.18. In dem Diagramm

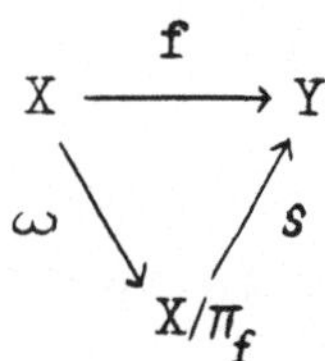

braucht nur nachgewiesen zu werden, daß X/π_f ein T_2-Raum ist. Das ist jedoch trivial, weil s injektiv und stetig und Y T_2-Raum ist. (Es seien $X \in |\underline{T}|$, $Y \in |\underline{H}|$ und $g : X \to Y$ injektiv und stetig und $x,x' \in X$ mit $x \neq x'$. Dann ist $g(x) \neq g(x')$ und es existieren disjunkte offene Umgebungen $O_{g(x)}$ und $O_{g(x')}$ von g(x) bzw. g(x') in Y.

$g^{-1}[O_{g(x)}]$ und $g^{-1}[O_{g(x')}]$ sind folglich (Stetigkeit von g!) offene disjunkte Umgebungen von x bzw. x'.)

b) Die Umkehrung wird genauso bewiesen wie unter 1.5.18. b).

4.3.13. Bemerkung: Ein topologischer Raum $(X,\underline{X})$ heißt T_{2a}-Raum (Urysohn-Raum), wenn je zwei verschiedene Punkte $x,y \in X$ disjunkte abgeschlossene Umgebungen besitzen (d.h. zu $x,y \in X$ mit $x \neq y$ existieren $U_x \in \underline{U}(x)$ und $U_y \in \underline{U}(y)$ mit $\overline{U}_x \cap \overline{U}_y = \emptyset$). Offenbar ist jeder T_{2a}-Raum ein T_2-Raum, die Umkehrung gilt jedoch nicht (vgl. etwa N.Bourbaki [3;chapt. I, § 9, ex 20c]).

4.4. T_3-Räume und reguläre Räume

4.4.1. Definition: 1) Ein topologischer Raum $(X,\underline{X})$ heißt T_3-Raum, wenn jede abgeschlossene Teilmenge A von X und jeder Punkt $x \in X \setminus A$ disjunkte Umgebungen besitzen (d.h. zu $A = \overline{A} \subset X$ und $x \in X \setminus A$ existieren $V_A \in \underline{U}(A)$ und $U_x \in \underline{U}(x)$ mit $V_A \cap U_x = \emptyset$).

2) Ein T_3-Raum, der zusätzlich ein T_1-Raum ist, heißt regulär.

4.4.2. Satz: Ein topologischer Raum $(X,\underline{X})$ ist genau dann ein T_3-Raum, wenn die abgeschlossenen Umgebungen eines jeden Punktes eine Umgebungsbasis bilden (d.h. wenn für jedes $x \in X$ und jedes $U_x \in \underline{U}(x)$ ein $U^*_x \in \underline{U}(x)$ existiert mit $\overline{U^*_x} \subset U_x$).

<u>Beweis</u>: 1) Es seien $(X,\underline{X})$ ein T_3-Raum und $x \in X$ sowie $U_x \in \underline{U}(x)$. $X \setminus U^\circ_x = A$ ist abgeschlossen in X und enthält x nicht. Also existieren $U^*_x \in \underline{U}(x)$ und ein $V_A \subset \overset{\circ}{\underline{U}}(A)$, so daß $U^*_x \subset X \setminus V_A \subset X \setminus A = U^\circ_x \subset U_x$. Da $X \setminus V_A$ abgeschlossen ist, gilt $\overline{U^*_x} \subset X \setminus V_A \subset U_x$.

2) Sind die Bedingungen des Satzes erfüllt und ist $A = \overline{A} \subset X$ sowie $x \in X \setminus A$, so setze man $U_x = X \setminus A \in \overset{\circ}{\underline{U}}(x)$. Zu U_x existiert dann ein $U^*_x \in \underline{U}(x)$ mit $\overline{U^*_x} \subset U_x$. $V_A = X \setminus \overline{U^*_x}$ ist dann eine offene Umgebung von A mit $V_A \cap U^*_x = \emptyset$.

<u>4.4.3.</u> <u>Bemerkungen</u>: ① Jeder reguläre Raum ist ein T_{2a}-Raum (denn da er ein T_1-Raum ist, sind alle einelementigen Mengen abgeschlossen, also besitzen je zwei verschiedene Punkte disjunkte Umgebungen, von denen wegen 4.4.2. angenommen werden kann [o.B.d.A.], daß auch ihre abgeschlossenen Hüllen disjunkt sind), also auch ein T_2-Raum.

② Ein T_3-Raum braucht i.a. nicht einmal ein T_0-Raum zu sein. Beispiel: Es sei X eine mindestens zweielementige Menge. Dann ist $(X,\underline{I})$ ein T_3-Raum (die einzigen abgeschlossenen Mengen sind $\emptyset$ und X), jedoch kein T_0-Raum.

③ Die Umkehrung von ① gilt nicht.

4.4.4. Satz: Jeder T_3-Raum $(X,\underline{X})$, der zusätzlich ein T_0-Raum ist, ist regulär.

Beweis: Es seien $x,y \in X$ mit $x \neq y$. Da $(X,\underline{X})$ ein T_0-Raum ist, existiert o.B.d.A. eine Umgebung U_y von y, die x nicht enthält. Nach 4.4.2. ist in U_y eine abgeschlossene Umgebung V_y von y enthalten. $U_x = X \setminus V_y$ ist dann eine (offene) Umgebung von x derart, daß $U_x \cap V_y = \emptyset$ gilt. $(X,\underline{X})$ ist also ein T_2-Raum und folglich regulär (weil er T_3-Raum ist).

4.4.5. Satz: Es seien $(X,\underline{X})$ ein topologischer Raum, A eine dichte Teilmenge von X, $(Y,\underline{Y})$ ein regulärer Raum und $f : A \to Y$ eine stetige Abbildung sowie $i : A \to X$ die Inklusionsabbildung. Existiert dann

$$\lim_{\substack{x \to x_0 \\ x \in A}} f(x)$$

für alle $x_0 \in X$, so existiert genau eine stetige Abbildung $\overline{f} : X \to Y$, so daß das Diagramm

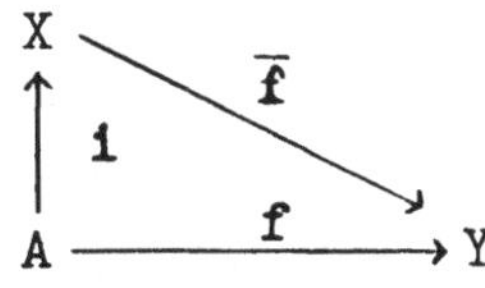

kommutiert.[36)]

Beweis: $\lim_{\substack{x \to x_0 \\ x \in A}} f(x)$ bedeutet, daß $i^{-1}(\underline{U}(x_0))$ existiert

36) d.h. es existiert genau eine stetige Fortsetzung $\overline{f}$ von f.

(klar, weil A dicht in X und somit $U_{x_0} \cap A \neq \emptyset$ für alle $U_{x_0} \in \underline{U}(x_0)$ und alle $x_0 \in X$) und $f(i^{-1}(\underline{U}(x_0)))$ in Y genau einen Limes besitzt (die Eindeutigkeit des Limes ist gesichert, da Y als regulärer Raum ein T_2-Raum ist). Man definiere

$$\overline{f}(x_0) = \lim_{\substack{x \to x_0 \\ x \in A}} f(x) \qquad \text{für alle } x_0 \in X.$$

Zu zeigen ist nun die Stetigkeit von $\overline{f} : X \to Y$:
Es sei $U_{\overline{f}(x_0)}$ eine Umgebung von $\overline{f}(x_0)$ in Y. Da Y ein T_3-Raum ist, existiert ein $U^*_{\overline{f}(x_0)} \in \underline{U}(\overline{f}(x_0))$ mit $\overline{U^*_{\overline{f}(x_0)}} \subset U_{\overline{f}(x_0)}$. Da $f(i^{-1}(\underline{U}(x_0))) \supset \underline{U}(\overline{f}(x_0)$ gilt, folgt $U^*_{\overline{f}(x_0)} \in f(i^{-1}(\underline{U}(x_0)))$, d.h. es existiert ein $U_{x_0} \in \underline{\mathring{U}}(x_0)$ mit $U^*_{\overline{f}(x_0)} \supset f[A \cap U_{x_0}]$, denn $\underline{B}_{x_0} = \{ f[A \cap U_{x_0}] \mid U_{x_0} \in \underline{U}(x_0) \}$ ist Basis von $f(i^{-1}(\underline{U}(x_0)))$. Kann $\overline{f}\,[U_{x_0}] \subset U_{\overline{f}(x_0)}$ nachgewiesen werden, so ist die Stetigkeit von $\overline{f}$ in x_0 gezeigt. Dazu genügt es zu zeigen:

$$\overline{f}\,[U_{x_0}] \subset \overline{U^*_{\overline{f}(x_0)}}$$

Sei also $z \in U_{x_0}$. Dann ist $\overline{f}(z)$ Limes von $(\underline{B}_z) = f\,(i^{-1}(\underline{U}(z)))$, also nach 2.2.9. Korollar Häufungspunkt von $(\underline{B}_z)$. Wegen 2.2.6. gilt dann $\overline{f}(z) \in \bigcap_{B_z \in \underline{B}_z} \overline{B}_z = \bigcap_{U_z \in \underline{U}(z)} \overline{f[A \cap U_z]}$. Speziell gilt also $\overline{f}(z) \in \overline{f[A \cap U_{x_0}]}$, weil U_{x_0} offen ist und z enthält, also eine Umgebung von z ist. Wegen $f\,[A \cap U_{x_0}] \subset U^*_{\bar{f}(x_0)}$ folgt daraus $\bar{f}(z) \in \overline{f[A \cap U_{x_0}]} \subset \overline{U^*_{\bar{f}(x_0)}}$. Also gilt $\bar{f}\,[U_{x_0}] \subset \overline{U^*_{\bar{f}(x_0)}}$, da $z \in U_{x_0}$ beliebig war.

Ist $x_0 \in A$, so gilt $x_0 \in A \cap U_{x_0}$ für alle $U_{x_0} \in \underline{U}(x_0)$. Also gilt $f(x_0) \in f\,[A \cap U_{x_0}] \subset \overline{f\,[A \cap U_{x_0}]}$ für alle $U_{x_0} \in \underline{U}(x_0)$, d.h. $f(x_0) \in \bigcap_{B_{x_0} \in \underline{B}_{x_0}} \overline{B}_{x_0}$, also $f(x_0)$ ist Häufungspunkt von $f(i^{-1}(\underline{U}(x_0)))$. Da ein konvergenter Filter in einem T_2-Raum nur seinen Limes als Häufungspunkt besitzt, gilt $\bar{f}(x_0) = f(x_0)$. Daraus folgt $\bar{f} \circ i = f$. Ist $\bar{\bar{f}} : X \to Y$ eine stetige Abbildung mit $\bar{\bar{f}} \circ i = f$, so gilt $\bar{\bar{f}}|A = f = \bar{f}|A$. Da A dicht in X ist und Y ein T_2-Raum ist, folgt nach 4.3.6. $\bar{\bar{f}} = \bar{f}$.

4.4.6. Bemerkung: Die Bedeutung der regulären Räume liegt wesentlich im obigen Fortsetzungssatz (4.4.5.).

4.5. T_4-Räume und normale Räume

4.5.1. Definition: 1) Ein topologischer Raum $(X,\underline{X})$ heißt T_4-Raum, wenn je zwei disjunkte abgeschlossene Teilmengen A und B von X disjunkte Umgebungen besitzen.

2) Ein topologischer Raum $(X,\underline{X})$ heißt normal, wenn er T_4-Raum und T_1-Raum ist.

4.5.2. Satz (Urysohn): Ein topologischer Raum $(X,\underline{X})$ ist genau dann ein T_4-Raum, wenn zu je zwei disjunkten abgeschlossenen Teilmengen A und B von X eine stetige Abbildung $f : X \longrightarrow [0,1]$ existiert [37] mit $f[A] \subset \{0\}$ und $f[B] \subset \{1\}$.

Beweis: 1) Die Bedingung des Satzes sei erfüllt: A,B seien disjunkte abgeschlossene Teilmengen von X. $f^{-1}[[0,\frac{1}{2})]$ und $f^{-1}[(\frac{1}{2},1]]$ sind dann offene (f ist stetig!) disjunkte Umgebungen von A bzw. B. $(X,\underline{X})$ ist also ein T_4-Raum.

2) a) Ist $(X,\underline{X})$ ein T_4-Raum, so gilt: Ist $A \subset X$ abgeschlossen und O eine offene Umgebung von A, so existiert eine offene Umgebung U von A mit $\overline{U} \subset O$.

Beweis: B = CO ist abgeschlossen und mit der abgeschlossenen Menge A disjunkt. Es existieren also offene Umgebungen U von A und V von B, die disjunkt sind; also gilt $U \subset CV$ und weil CV abgeschlossen ist, gilt sogar $\overline{U} \subset CV$. Wegen $V \supset B = CO$ folgt daraus dann $\overline{U} \subset CV \subset O$.

b) Es seien A und B disjunkte abgeschlossene Teilmengen des T_4-Raumes $(X,\underline{X})$. Setzt man $CB = U(1)$, so ist U(1) eine offene Umgebung von A und nach a) gibt es eine offene Umgebung U(0) von A mit $\overline{U(0)} \subset U(1)$.

---

37) [0,1] Einheitsintervall der reellen Achse, versehen mit der natürlichen Topologie.

$U(1)$ ist dann eine offene Umgebung von $\overline{U(0)}$ und nach a) existiert eine offene Umgebung $U(\frac{1}{2})$ von $\overline{U(0)}$ mit $\overline{U(\frac{1}{2})} \subset U(1)$, also

$$(1) \quad \overline{U(0)} \subset U(\tfrac{1}{2}), \quad \overline{U(\tfrac{1}{2})} \subset U(1) :$$

0 $\frac{1}{2}$ 1

Nach a) existiert eine offene Umgebung $U(\frac{1}{4})$ von $\overline{U(0)}$ mit $\overline{U(\frac{1}{4})} \subset U(\frac{1}{2})$ und es existiert eine offene Umgebung $U(\frac{3}{4})$ von $\overline{U(\frac{1}{2})}$ mit $\overline{U(\frac{3}{4})} \subset U(1)$, also

$$(2) \quad \overline{U(0)} \subset U(\tfrac{1}{4}), \quad \overline{U(\tfrac{1}{4})} \subset U(\tfrac{1}{2}), \quad \overline{U(\tfrac{1}{2})} \subset U(\tfrac{3}{4}), \quad \overline{U(\tfrac{3}{4})} \subset U(1)$$

0 $\frac{1}{4}$ $\frac{1}{2}$ $\frac{3}{4}$ 1

$\vdots$

$$(n) \quad \overline{U(\tfrac{k}{2^n})} \subset U(\tfrac{k+1}{2^n}), \quad k = 0,1,2,\ldots, 2^n-1$$

$$U(\tfrac{j}{2^n}) \in \underline{X} \text{ für } j = 0,1,\ldots\ 2^n.$$

Für jede rationale Zahl r aus $[0,1]$, die von der Form $\frac{k}{2^n}$ für geeignetes $k, n \in \mathbb{N}$ ist, gibt es also ein offenes $U(r)$, so daß für zwei solche Zahlen r und r' gilt:

$$(*) \quad \overline{U(r)} \subset U(r') \text{ für } r < r'.$$

Zu r und r' existieren nämlich $n, k, k' \in \mathbb{N}$, so daß $r = \frac{k}{2^n}$ und $r' = \frac{k'}{2^n}$ (ist etwa $r' = \frac{k^*}{2^m}$ mit $m < n$, so ist $r' = \frac{k'}{2^n}$ mit $k' = k^* \cdot 2^{n-m}$), und wegen $r < r'$ gilt $k < k'$, also wegen (n) $\overline{U(r)} \subset U(r')$.

Ist $t \in [0,1]$ beliebig, so wird durch

$$(**)\quad U(t) = \bigcup_{\substack{r=\frac{k}{2^n}\leq t \\ k,n\in \mathbb{N}}} U(r)$$

eine offene Menge definiert und es gilt für $t,t' \in [0,1]$

$$(\substack{*\\*}*)\quad \overline{U(t)} \subset U(t') \quad \text{für } t < t';$$

denn für geeignete $k,n \in \mathbb{N}$ gilt

$$t < \frac{k}{2^n} < \frac{k+1}{2^n} < t'$$

(wähle $\varepsilon = \frac{1}{2}(t'-t) > 0$: es existiert $n_o \in \mathbb{N}$ mit $\frac{1}{2^{n_o}} < \varepsilon$, d.h. $2 \cdot \frac{1}{2^{n_o}} < t'-t$, also existiert ein $k \in \mathbb{N}$ mit $[\frac{k}{2^{n_o}}, \frac{k+1}{2^{n_o}}] \subset (t,t')$)

also $\overline{U(t)} \subset \overline{U(\frac{k}{2^n})} \subset U(\frac{k+1}{2^n}) \subset U(t')$

aufgrund von (*) und (**). Man setze weiter

$$U(t) = X \text{ für } t > 1$$

und $\quad U(t) = \emptyset$ für $t < 0$.

$(\substack{*\\*}*)$ gilt dann für beliebige reelle Zahlen.

Ist $x \in X$, so definiert man

$$f(x) = \inf\{t \mid t \in \mathbb{R} \text{ und } x \in U(t)\}$$

Für $t > 1$ ist $U(t) = X$, also gilt stets $f(x) \leq 1$ und für $t < 0$ ist $U(t) = \emptyset$, also gilt stets $f(x) \geq 0$. Ist $A \neq \emptyset$, so gilt für $x \in A$ stets $f(x) = 0$ wegen $A \subset U(0)$. Ist $B \neq \emptyset$, so gilt für $x \in B$ stets $f(x) = 1$ wegen $B = CU(1)$ und $f(x) \leq 1$. Weiter gilt: f ist stetig als Abbildung von X in $\mathbb{R}$ und damit auch als Abbildung von X in $[0,1]$. Da $\mathbb{R}$ als metrischer Raum normal ist (s.u.) und folglich regulär ist, genügt es zum Nachweis der

Stetigkeit von f in (jedem) $x_0 \in X$ zu zeigen: Zu jedem $\varepsilon > 0$ existiert eine Umgebung U von x_0 mit $|f(x) - f(x_0)| \leqq \varepsilon$ für alle $x \in U$ (in einem regulären Raum Y gilt: Ist $\underline{B}_y$ Umgebungsbasis von $y \in Y$, so ist auch $\underline{B}^*_y = \{\overline{B_y} \mid B_y \in \underline{B}_y\}$ Umgebungsbasis von y, weil die abgeschlossenen Umgebungen eine Umgebungsbasis bilden; speziell bilden also die Mengen $V_\varepsilon = \{y \mid y \in \mathbb{R}$ und $|y - f(x_0)| \leqq \varepsilon\}$ für $\varepsilon > 0$ eine Umgebungsbasis von $f(x_0)$ in $\mathbb{R}$): Für $x \in U(f(x_0)+\varepsilon)$ gilt $f(x) \leqq f(x_0)+\varepsilon$ und für $x \in C\,\overline{U(f(x_0)-\varepsilon)}$ gilt $f(x) \geqq f(x_0)-\varepsilon$ (denn wäre $f(x_0) - \varepsilon > f(x)$, so wäre $x \in U(f(x_0)-\varepsilon) \subset \overline{U(f(x_0)-\varepsilon)}$).
Für $x \in U = U(f(x_0)+\varepsilon) \cap C\,\overline{U(f(x_0)-\varepsilon)}$ gilt also $|f(x)-f(x_0)| \leqq \varepsilon$. Damit ist alles gezeigt, weil U offen ist und x_0 enthält ($x_0 \in U(f(x_0)+\varepsilon)$ wegen $f(x_0) < f(x_0)+\varepsilon$ und $x_0 \notin U(f(x_0)-\frac{\varepsilon}{2})$ wegen $f(x_0)-\frac{\varepsilon}{2} < f(x_0)$ also auch $x_0 \notin \overline{U(f(x_0)-\varepsilon)} \subset U(f(x_0)-\frac{\varepsilon}{2})$ [vgl.(***)]), also eine Umgebung von x_0 ist.

4.5.3. Satz: Jeder metrische Raum (X,d) ist normal.

Beweis: 1) Für jede nicht leere Teilmenge A von X und jeden Punkt $x \in X$ sei $d(x,A) = \inf \{d(x,y) \mid y \in A\}$. Dann gilt:

a) $d(\cdot\,,A)\colon X \to \mathbb{R}$ ist stetig

b) $d(x,A) = 0 \iff x \in \overline{A}$.

a): Sind $x, x' \in X$, so gibt es zu jedem $\varepsilon > 0$ ein $y = y(\varepsilon) \in A$, so daß gilt: $d(x',y) \leqq d(x',A) + \varepsilon$
$d(x,A) \leqq d(x,y) \leqq d(x,x')+d(x',y) \leqq d(x,x') + d(x',A) + \varepsilon$.
Daraus folgt für $\varepsilon \to 0$: $d(x,A) - d(x',A) \leqq d(x,x')$.

Vertauscht man die Rollen von x und x', so erhält man schließlich $|d(x,A) - d(x',A)| \leq d(x,x')$, woraus die Stetigkeit von $d(\cdot,A)$ folgt.

b): Beide Aussagen bedeuten, daß in jeder ε-Umgebung von x Punkte von A liegen.

2) Es seien $A = \overline{A}$ und $B = \overline{B}$ Teilmengen von X, die nicht leer und disjunkt sind (der Fall, daß eine der beiden oder beide Teilmengen leer sind, ist trivial): $f : X \to [0,1]$, definiert durch $f(x) = \frac{d(x,A)}{d(x,A)+d(x,B)}$ ist dann nach 1) eine stetige Funktion, die auf A null und auf B eins ist. Nach 4.5.2. ist also (X,d) ein T_4-Raum. (X,d) ist aber offensichtlich ein T_2-Raum (sind nämlich $x \neq y$, so gilt $d(x,y) = \varepsilon > 0$ und $U(x,\frac{\varepsilon}{2})$ und $U(y,\frac{\varepsilon}{2})$ sind disjunkte offene Umgebungen von x bzw. y), also ist (X,d) normal.

<u>4.5.4</u>. <u>Satz</u>: (<u>Tietze/Urysohn</u>): Ein topologischer Raum $(X,\underline{X})$ ist genau dann ein T_4-Raum, wenn gilt: Zu jeder abgeschlossenen Teilmenge A von X und jeder stetigen Abbildung $f : A \to [0,1]$ existiert eine stetige Abbildung $\overline{f} : X \to [0,1]$, so daß das Diagramm

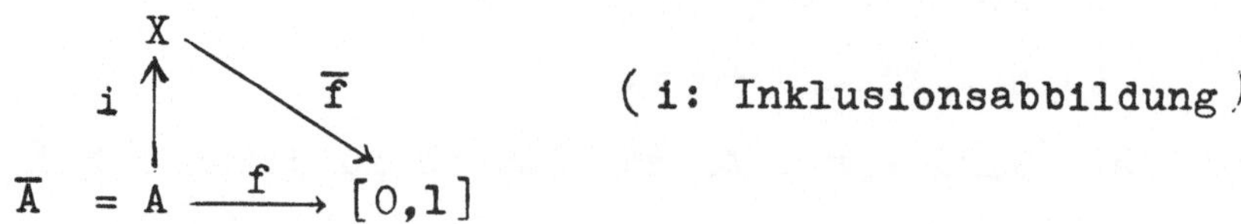

kommutiert, d.h. es existiert eine stetige Fortsetzung $\overline{f}$.

<u>Beweis</u>: 1) Die Bedingung sei erfüllt: Es seien A und B

disjunkte abgeschlossene Teilmengen von X. Dann ist $f: A \cup B \longrightarrow [0,1]$ definiert durch

$$f(x) = \begin{cases} 0 \text{ für } x \in A \\ 1 \text{ für } x \in B \end{cases}$$

eine stetige Abbildung auf einer abgeschlossenen Teilmenge von X. Nach Voraussetzung besitzt sie eine stetige Fortsetzung $\bar{f} : X \longrightarrow [0,1]$, die auf A null und auf B eins ist (falls $A \neq \emptyset$, $B \neq \emptyset$). Nach Urysohn ist dann $(X,\underline{X})$ ein T_4-Raum.

2) A) Es sei $(X,\underline{X})$ ein T_4-Raum, B eine abgeschlossene Teilmenge und $\alpha \in R^+ \setminus \{0\}$. Ist $g : B \longrightarrow [-\alpha, +\alpha]$ eine stetige Abbildung, so existiert eine stetige Abbildung $h : X \longrightarrow [-\frac{\alpha}{3}, +\frac{\alpha}{3}]$ mit $|g(x) - h(x)| \leq \frac{2\alpha}{3}$ für alle $x \in B$.

Beweis: $A_1 = g^{-1}[[-\alpha, -\frac{\alpha}{3}]]$ und $A_2 = g^{-1}[[\frac{\alpha}{3}, \alpha]]$ sind dann abgeschlossene Teilmengen von B und, weil B in X abgeschlossen ist, auch abgeschlossene Teilmengen von X. Wegen $A_1 \cap A_2 = \emptyset$ existiert nach Urysohn eine stetige Abbildung $j : X \longrightarrow [0,1]$, so daß $j(x) = 0$ für alle $x \in A_1$ und $j(x) = 1$ für alle $x \in A_2$ gilt. Man setze $h(x) = \frac{2\alpha}{3} \cdot j(x) - \frac{\alpha}{3} = \frac{\alpha}{3}(2j(x) - 1)$. Dann ist h stetig und es gilt $|h(x)| \leq \frac{\alpha}{3}$, weil $|2j(x) - 1| \leq 1$ ist für alle $x \in X$.

Nun unterscheiden wir folgende Fälle:

a) $x \in A_1$:	b) $x \in A_2$:	c) $x \in B \setminus (A_1 \cup A_2)$:
$-\alpha \leqq g(x) \leqq -\frac{\alpha}{3}$	$\frac{\alpha}{3} \leqq g(x) \leqq \alpha$	$-\frac{\alpha}{3} \leqq g(x) \leqq \frac{\alpha}{3}$
$h(x) = -\frac{\alpha}{3}$ (weil	$h(x) = \frac{\alpha}{3}$ (weil	$-\frac{\alpha}{3} \leqq h(x) \leqq \frac{\alpha}{3}$
$j(x) = 0$).	$j(x) = 1$).	
also:	also:	also:
$\lvert g(x)-h(x)\rvert \leqq \frac{2\alpha}{3}$	$\lvert g(x)-h(x)\rvert \leqq \frac{2\alpha}{3}$	$\lvert g(x)-h(x)\rvert \leqq \frac{2\alpha}{3}$

Also gilt für alle $x \in B$: $\lvert g(x)-h(x)\rvert \leqq \frac{2\alpha}{3}$.

B) Es sei $(X,\underline{X})$ ein T_4-Raum, A eine abgeschlossene Teilmenge von X. Aus beweistechnischen Gründen sei f eine stetige Abbildung von A in $[-1, +1]$ anstelle des dazu homöomorphen Raumes $[0,1]$. Nach A) existiert zu $f : A \rightarrow [-1, +1]$ eine stetige Abbildung $f_1 : X \rightarrow [-\frac{1}{3}, +\frac{1}{3}]$ mit $\lvert f(x) - f_1(x)\rvert \leqq \frac{2}{3}$ für alle $x \in A$.

Induktiv definiert man nun stetige Abbildungen

$f_n : X \rightarrow [-1+(\frac{2}{3})^n, 1 - (\frac{2}{3})^n]$, so daß

(*) $\lvert f(x) - f_n(x)\rvert \leqq (\frac{2}{3})^n$ gilt für alle $x \in A$:

Ist eine solche Funktion f_n für $n \geqq 1$ bereits definiert, so setze man $g_n(x) = f(x) - f_n(x)$ für alle $x \in A$, d.h. man definiere eine stetige Abbildung $g_n : A \rightarrow [-(\frac{2}{3})^n, (\frac{2}{3})^n]$.

Nach A) existiert dann eine stetige Abbildung

$h_n : X \rightarrow [-\frac{1}{3}(\frac{2}{3})^n, \frac{1}{3}(\frac{2}{3})^n]$, so daß

$\lvert g_n(x) - h_n(x)\rvert \leqq \frac{2}{3} \cdot (\frac{2}{3})^n = (\frac{2}{3})^{n+1}$ gilt für alle $x \in A$.

Es sei $f_{n+1}(x) = f_n(x) + h_n(x)$ für alle $x \in X$, also

$$-\frac{1}{3}(\tfrac{2}{3})^n - 1 + (\tfrac{2}{3})^n \leqq f_{n+1}(x) = f_n(x) + h_n(x) \leqq +1-(\tfrac{2}{3})^n+\tfrac{1}{3}\cdot(\tfrac{2}{3})^n$$

$$= -1 +\tfrac{2}{3}\cdot(\tfrac{2}{3})^n \qquad\qquad =1-\tfrac{2}{3}\cdot(\tfrac{2}{3})^n=1-(\tfrac{2}{3})^{n+1}$$

$$= -1+(\tfrac{2}{3})^{n+1}$$

d.h. $f_{n+1} : X \to [-1 + (\frac{2}{3})^{n+1}, + 1 - (\frac{2}{3})^{n+1}]$.

f_{n+1} ist stetig als Summe stetiger Funktionen und es gilt für alle $x \in A$: $|f(x) - f_{n+1}(x)| = |(f(x) - f_n(x)) - h_n(x)| =$

$= |g_n(x) - h_n(x)| \leq (\frac{2}{3})^{n+1}$.

Für jedes $k \in \mathbb{N}$ und jedes $n \in \mathbb{N}$ gilt:

$$|f_{n+k}(x) - f_n(x)| = \left|\sum_{j=n}^{n+k-1} h_j(x)\right| \leq \sum_{j=n}^{n+k-1} |h_j(x)|$$

$$\leq \sum_{j=n}^{n+k-1} \frac{1}{3} (\frac{2}{3})^j < \frac{1}{3} \sum_{j=n}^{\infty} (\frac{2}{3})^j = (\frac{2}{3})^n$$

(denn: $\frac{1}{3} \sum_{j=o}^{\infty} (\frac{2}{3})^j = \frac{1}{3} \sum_{j=o}^{n-1} (\frac{2}{3})^j + \frac{1}{3} \sum_{j=n}^{\infty} (\frac{2}{3})^j$,

also $\frac{1}{3} \sum_{j=n}^{\infty} (\frac{2}{3})^j = \frac{1}{3} \sum_{j=o}^{\infty} (\frac{2}{3})^j - \frac{1}{3} \sum_{j=o}^{n-1} (\frac{2}{3})^j = \frac{1}{3} \frac{1}{1-\frac{2}{3}} - \frac{1}{3} \frac{1-(\frac{2}{3})^n}{1-\frac{2}{3}}$

$= (\frac{2}{3})^n$).

Da $((\frac{2}{3})^n)_{n \in \mathbb{N}}$ eine Nullfolge ist, folgt sofort, daß $(f_n(x))_{n \in \mathbb{N}}$ für alle $x \in X$ konvergiert, und zwar gleichmäßig. Man setze $\boxed{\bar{f}(x) = \lim_{n\to\infty} f_n(x)}$ für jedes $x \in X$.

Dann gilt $|\bar{f}(x) - f_n(x)| \leq (\frac{2}{3})^n$ für alle $x \in X$ und alle $n \in \mathbb{N}$ (denn für jedes feste $n \in \mathbb{N}$ gilt: Zu jedem $\varepsilon > 0$ existiert ein $k \in \mathbb{N}$, so daß $|f_{n+k}(x) - \bar{f}(x)| < \varepsilon$ gilt für alle $x \in X$; also ist $|\bar{f}(x) - f_n(x)| = |\bar{f}(x) - f_{n+k}(x) +$

$+ f_{n+k}(x) - f_n(x)| \leq |f_{n+k}(x) - \bar{f}(x)| + | f_{n+k}(x) - f_n(x)| <$

$< \varepsilon + (\frac{2}{3})^n$. Aus $|\bar{f}(x) - f_n(x)| < (\frac{2}{3})^n + \varepsilon$ für jedes $\varepsilon > 0$ folgt aber sofort ($\varepsilon \to 0$), daß gilt $|\bar{f}(x) - f_n(x)| \leq (\frac{2}{3})^n$), also

$$-1 = -1+(\tfrac{2}{3})^n-(\tfrac{2}{3})^n \leq f_n(x)-(\tfrac{2}{3})^n \leq \bar{f}(x) \leq f_n(x)+(\tfrac{2}{3})^n \leq 1-(\tfrac{2}{3})^n+(\tfrac{2}{3})^n=1$$

d.h. $\bar{f} : X \to [-1, +1]$. Völlig analog zur Analysis schließt man, daß $\bar{f}$ als Limesfunktion einer gleichmäßig konvergenten Folge stetiger Funktionen stetig ist. Wegen (*) gilt $\lim\limits_{n \to \infty} f_n(x) = f(x)$ für alle $x \in A$, d.h. $\bar{f} \mid A = f$ (wegen der Eindeutigkeit des Limes in $[-1, +1]$).

<u>4.5.5</u>. <u>Definition</u>: Ein topologischer Raum $(X,\underline{X})$ heißt <u>solide</u>, wenn gilt: Ist $(Y,\underline{Y})$ ein T_4-Raum und A eine abgeschlossene Teilmenge von Y, so besitzt jede stetige Abbildung $f : A \to X$ eine stetige Fortsetzung $\bar{f} : Y \to X$.

<u>4.5.6</u>. <u>Bemerkung</u>: Die Aussage des Fortsetzungssatzes von Tietze-Urysohn ist dann gerade, daß $[0,1]$ solide ist. Der folgende Satz zeigt, daß auch $[0,1]^I$ für beliebiges I solide ist.

<u>4.5.7.</u> <u>Satz</u>: Es sei $((X_i,\underline{X}_i))_{i \in I}$ eine Familie solider topologischer Räume. Dann ist auch das Produkt dieser Familie solide.

<u>Beweis</u>: Es sei A eine abgeschlossene Teilmenge eines T_4-Raumes $(Y,\underline{Y})$ und $g : A \to \prod\limits_{i \in I} X_i$ eine stetige

Abbildung. Für jedes $i \in I$ ist dann $p_i \circ g : A \to X_i$ stetig (p_i : Projektionsabbildung zum Index i) und weil X_i solide ist, existiert für jedes $i \in I$ eine stetige Fortsetzung $f_i : Y \to X_i$ von $p_i \circ g$.

$f : Y \to \prod_{i \in I} X_i$, definiert durch $p_i(f(y)) = f_i(y)$ für jedes $y \in Y$, ist dann stetig (weil $p_i \circ f = f_i$ für alle $i \in I$ gilt und $\prod_{i \in I} X_i$ die initiale Topologie bez. $(p_i)_{i \in I}$ trägt) und offenbar Fortsetzung von g.

($a \in A$: $p_i(f(a)) = f_i(a) = p_i(g(a))$ für alle $i \in I$,

d.h. $f(a) = g(a)$).

4.5.8. Satz: Jeder abgeschlossene Unterraum eines T_4-Raumes ist ein T_4-Raum.

Beweis: Es sei $(X,\underline{X})$ ein T_4-Raum, $U = \overline{U} \subset X$. Sind A und B disjunkte abgeschlossene Teilmengen in U, so sind sie auch abgeschlossen und disjunkt in X, weil U in X abgeschlossen ist. Da X ein T_4-Raum ist, existieren disjunkte offene Umgebungen V_A und V_B von A bzw. B. $V_A \cap U$ und $V_B \cap U$ sind dann disjunkte offene Umgebungen von A bzw. B in U.

4.5.9. Bemerkungen: (1) Ein Unterraum eines T_4-Raumes braucht kein T_4-Raum zu sein, wie das folgende Beispiel zeigt: Sei $X = \{a,b,c,d\}$; $\underline{X} = \{\emptyset, \{d\}, \{b,d\}, \{c,d\}, \{b,c,d\}, X\}$ ist dann eine Topologie auf X.
Die abgeschlossenen Teilmengen von X sind: $\emptyset$, X, $\{a\}$, $\{a,b\}$, $\{a,c\}$ und $\{a,b,c\}$, also muß von je zwei abgeschlossenen

disjunkten Teilmengen stets eine die leere Menge sein, d.h. $(X,\underline{X})$ ist T_4-Raum (trivialerweise). $U = \{b,c,d\}$, versehen mit der Relativtopologie, ist jedoch kein T_4-Raum (offene Mengen in U sind: $\emptyset$, U, $\{d\}$, $\{b,d\}$, $\{c,d\}$; abgeschlossene Mengen in U sind: $\emptyset$, U, $\{b,c\}$, $\{c\}$, $\{b\}$. $\{b\}$ und $\{c\}$ besitzen offenbar keine Umgebungen, die disjunkt sind.)

(2) Die unter (1) aufgeschriebene Tatsache kann zum Anlaß genommen werden eine neue Klasse topologischer Räume einzuführen:

Ein topologischer Raum $(X,\underline{X})$ heißt T_5-Raum, wenn jeder Unterraum von $(X,\underline{X})$ ein T_4-Raum ist. Ein T_5-Raum, der gleichzeitig ein T_1-Raum ist, heißt erblich normal.

Offenbar ist jeder T_5-Raum (erblich normale Raum) ein T_4-Raum (normaler Raum), da jeder Raum als Unterraum von sich selbst aufgefaßt werden kann. Jeder metrische Raum ist erblich normal (Ist (X,d) metrischer Raum, $A \subset X$ eine Teilmenge, so wird A zu einem metrischen Raum (A,d_A), wenn man $d_A(x,y) = d(x,y)$ für alle $x,y \in A$ setzt. Geht man zu den zugehörigen topologischen Räumen über, so ist A gerade Unterraum von X. Daraus folgt nach 4.5.3. die Behauptung).

(3) Im folgenden Abschnitt soll noch näher auf die Existenz stetiger reellwertiger Funktionen auf topologischen Räumen eingegangen werden. Dabei wird eine etwas schwächere Bedingung untersucht als die in 4.5.2. angegebene.

4.6. T_{3a}-Räume und vollständig reguläre Räume

4.6.1. Definition: 1) Ein topologischer Raum $(X,\underline{X})$ heißt ein T_{3a}-Raum, wenn zu jeder nicht leeren abgeschlossenen Teilmenge A von X und jedem $x \in X \setminus A$ eine stetige Abbildung $f : X \to [0,1]$ existiert mit $f[A] = \{1\}$ und $f(x) = 0$.

2) Ein topologischer Raum $(X,\underline{X})$ heißt vollständig regulär oder Tychonoff-Raum, wenn er T_{3a}-Raum und T_1-Raum ist.

4.6.2. Bemerkungen: ① Jeder normale Raum ist vollständig regulär. Das folgt sofort aus 4.5.2.

② Jeder T_{3a}-Raum (vollständig reguläre Raum) ist T_3-Raum (regulär): Ist etwa A eine (nicht leere) abgeschlossene Teilmenge eines T_{3a}-Raumes (vollständig regulären Raumes) $(X,\underline{X})$, $x \in X \setminus A$, so existiert eine stetige Abbildung $f: X \to [0,1]$ mit $f[A] = \{1\}$ und $f(x) = 0$. $f^{-1}[(\frac{1}{2},1]]$ und $f^{-1}[[0,\frac{1}{2})]$ sind dann disjunkte offene Umgebungen von A bzw. x.

③ Die Umkehrungen von ① und ② gelten nicht! Was ② betrifft, so hat Hewitt [18] die Existenz nicht trivialer regulärer Räume nachgewiesen, auf denen jede stetige reellwertige Funktion konstant ist!

4.6.3. Der Charakterisierung vollständig regulärer Räume wird folgendes Lemma vorausgeschickt:

Lemma: a) Jeder Unterraum eines T_{3a}-Raumes (vollständig regulären Raumes) ist ein T_{3a}-Raum (vollständig regulärer Raum).

b) Es sei $((X_i,\underline{X}_i))_{i \in I}$ eine Familie von T_{3a}-Räumen (vollständig regulären Räumen). Dann ist auch das Produkt dieser Familie ein T_{3a}-Raum (vollständig regulärer Raum).

Beweis: a) trivial.

b) α) Ist A eine abgeschlossene Teilmenge von $\prod_{i \in I} X_i$ und $x = (x_i) \in (\prod_{i \in I} X_i \setminus A) = O$, dann gibt es ein Basiselement aus der Produkttopologie, etwa $\prod_{i \in I} A_i$ mit $A_i \in \underline{X}_i$ für alle $i \in I$ und $A_i = X_i$ für fast alle $i \in I$ (mit Ausnahme von $i_1, \ldots i_n \in I$), so daß $(x_i) \in \prod_{i \in I} A_i \subset O$ gilt. Nach Voraussetzung existieren dann stetige Abbildungen $f_j : X_{i_j} \to [0,1]$ für $j \in \{1,\ldots,n\}$ mit $f_j[CA_{i_j}] = \{1\}$ und $f_j(x_{i_j}) = 0$. Alle $f_j \circ p_{i_j} : \prod_{i \in I} X_i \to [0,1]$ sind stetig, ebenso ist die Abbildung $f : \prod_{i \in I} X_i \to [0,1]$, definiert durch $f(z) = \max \{f_1(p_{i_1}(z)), \ldots. f_n(p_{i_n}(z))\}$ für alle $z \in \prod X_i$, stetig.[38)] Es gilt $f(x) = 0$ wegen $f_j(p_{i_j}(x)) = f_j(x_{i_j}) = 0$ für $j \in \{1,\ldots n\}$. Für jedes $z \in \prod X_i \setminus \prod A_i$ gilt, daß es mindestens ein $i \in I$ gibt mit $z_i = p_i(z) \notin A_i$, also etwa $z_{i_k} \in X_{i_k} \setminus A_{i_k}$ für ein $k \in \{1,\ldots n\}$. Dann ist $f_k(z_{i_k}) = f_k(p_{i_k}(z)) = 1$, also $f(z) = 1$ für jedes $z \in \prod X_i \setminus \prod A_i$. Wegen $A \subset \prod X_i \setminus \prod A_i$, folgt $f[A] = \{1\}$.

---

38) $f,g : (X,\underline{X}) \to (\mathbb{R}, \text{nat.Top.}) \Rightarrow \max(f,g) = \frac{1}{2}(f+g+|f-g|)$.

β) Ist $\underline{F}$ ein Filter auf $\prod X_i$ und gilt $\underline{F} \rightarrow x \in \prod X_i$ und $\underline{F} \rightarrow y \in \prod X_i$, so folgt $p_i(\underline{F}) \rightarrow p_i(x) \in X_i$ und $p_i(\underline{F}) \rightarrow p_i(y) \in X_i$ für alle $i \in I$. Da X_i T_2-Raum ist für jedes $i \in I$, muß $p_i(x) = p_i(y)$ für alle $i \in I$ gelten, d.h. $x = y$. $\prod X_i$ ist also ein T_2-Raum.

4.6.4. Satz: Für einen topologischen Raum $(X,\underline{X})$ sind folgende Aussagen äquivalent:

(1) $(X,\underline{X})$ ist vollständig regulär.

(2) $(X,\underline{X})$ ist homöomorph zu einem Unterraum von $[0,1]^I$ für geeignetes I.

(3) $(X,\underline{X})$ ist homöomorph zu einem Unterraum von $\mathbb{R}^I$ für geeignetes I.

Beweis: (1) $\Rightarrow$ (2): Es sei $I = C(X,[0,1])$ = Menge der stetigen Abbildungen von X in [0,1]. Wir sind fertig, wenn wir zeigen können, daß

$$f : X \rightarrow [0,1]^I = \prod_{i \in I}([0,1])_i \text{ mit } ([0,1])_i = [0,1]$$

definiert durch $p_i(f(x)) = i(x)$ für alle $i \in I$ und alle $x \in X$ ein extremer Monomorphismus in $\underline{T}$ ist:

a) f ist stetig, weil $[0,1]^I$ Produkttopologie trägt und $p_i \circ f = i$ für alle $i \in I$ stetig ist.

b) f ist injektiv, weil zu je zwei verschiedenen Punkten $x,y \in X$ ein $i \in I = C(X,[0,1])$ existiert mit $i(x) \neq i(y)$ (Wegen der vollständigen Regularität von $(X,\underline{X})$ gilt etwa $i(x) = 0$ und $i(y) = 1$); also $p_i(f(x)) \neq p_i(f(y))$, d.h. $f(x) \neq f(y)$.

c) $f' : X \longrightarrow f[X]$, definiert durch $f'(x) = f(x)$ für alle $x \in X$, ist offen, weil zu jeder abgeschlossenen Teilmenge A von X und jedem $x \in X \setminus A$ eine stetige Abbildung $i \in C(X,[0,1])$ existiert mit $i(x) \notin \overline{i[A]}$ (etwa gilt: $i[A] = \{1\} = \overline{\{1\}}$ und $i(x) = 0$): Es sei $O \in \underline{X}$ und $O \neq \emptyset$ sowie $O \neq X$ (andernfalls ist nichts zu zeigen). Um zu zeigen, daß $f'[O] = f[O]$ offen in $f[X]$ ist, muß nachgewiesen werden, daß $f[O]$ mit jedem Punkt eine ganze Umgebung desselben in $f[X]$ enthält, d.h. daß zu jedem $x \in O$ eine offene Umgebung $O_{f(x)}$ von $f(x)$ in $[0,1]^I$ existiert mit $O_{f(x)} \cap f[X] \subset f[O]$. Ist nun $x \in O$, so ist $X \setminus O = A$ abgeschlossene Teilmenge von X mit $x \notin A$, also existiert ein $i \in I$ mit $i(x) \notin \overline{i[A]}$. $p_i^{-1}[([0,1])_i \setminus \overline{i[A]}] = O_{f(x)}$ ist dann offen und enthält $f(x)$ wegen $p_i(f(x)) = i(x) \in ([0,1])_i \setminus \overline{i[A]}$. Ist für ein $z \in X$ $f(z) \in O_{f(x)}$, so gilt $p_i(f(z)) = i(z) \notin \overline{i[A]} = \overline{i[X \setminus O]}$, also $z \notin X \setminus O$, d.h. $z \in O$; mithin gilt $O_{f(x)} \cap f[X] \subset f[O]$.

d) Da nach a) und b) f stetig und injektiv ist, ist f' bijektiv und stetig, woraus zusammen mit c) folgt, daß f' topologisch ist; dann ist f extremer Monomorphismus.

(2) $\Longrightarrow$ (3): Da $[0,1]$ Unterraum von $\mathbb{R}$ ist, ist $[0,1]^I$ Unterraum von $\mathbb{R}^I$ wie man leicht sieht. Daraus folgt die Behauptung.

(3) $\Longrightarrow$ (1): Da $\mathbb{R}$ als metrischer Raum normal und folglich vollständig regulär ist, folgt die Behauptung aus 4.6.3. a) und b).

4.7. Einige strukturelle Aussagen über Trennungsaxiome

4.7.1. Satz: Alle bisher betrachteten Trennungsaxiome sind topologische Invarianten.

Beweis: Trivial.

4.7.2. Satz: Die Trennungseigenschaften T_o, T_1, T_2, T_{2a} bleiben bei Verfeinerung der Topologie erhalten.[39)]

Beweis: Trivial.

4.7.3. Satz: Alle bisher betrachteten Trennungseigenschaften außer T_4 (und normal) sind erblich, d.h. sie bleiben bei Bildung von Unterräumen erhalten.

Beweis: Trivial. Wegen T_4 vergleiche man 4.5.9.

4.7.4. Satz: Es sei $((X_i,\underline{X}_i))_{i \in I}$ eine Familie nicht leerer topologischer Räume. Das Produkt dieser Familie ist genau dann ein T_ν-Raum, wenn alle $(X_i,\underline{X}_i)$ T_ν-Räume sind (T_ν-Raum steht für: T_o, T_1, T_2, T_{2a}, T_3, T_{3a}, regulär, vollständig regulär).[40)]

Beweis: 1) Es sei $\prod_{i \in I} X_i$ ein T_ν-Raum. Weiter ist nach Voraussetzung $\prod_{i \in I} X_i \neq \emptyset$. Es sei $(x_i) = x \in \prod_{i \in I} X_i$ und $j \in I$ beliebig. Dann ist $\prod_{i \in I} A_i$ mit $A_i = \{x_i\}$ für alle $i \neq j$ und $A_j = X_j$ ein zu X_j homöomorpher Unterraum von $\prod_{i \in I} X_i$. Daraus folgt nach 4.7.3. $(X_j,\underline{X}_j)$ ist ein T_ν-Raum.

39) Das gilt auch für T_D-Räume.

40) Falsch für T_D-Räume (vgl.[5]).

2) Für den Fall $T_\nu = T_{3a}$ ist nach 4.6.3.b) das Produkt einer Familie von T_{3a}-Räumen ein T_{3a}-Raum. Für alle weiteren Fälle sei exemplarisch gezeigt: Sind alle X_i T_1-Räume, so auch $\prod_{i \in I} X_i$; denn sind $x, y \in \prod X_i$ mit $x \neq y$, so existiert ein $i \in I$ mit $p_i(x) \neq p_i(y)$. Da X_i ein T_1-Raum ist, existieren offene Umgebungen O_{x_i} und O_{y_i} von $x_i = p_i(x)$ bzw. $y_i = p_i(y)$ mit $y_i \notin O_{x_i}$ und $x_i \notin O_{y_i}$. $p_i^{-1}[O_{x_i}]$ und $p_i^{-1}[O_{y_i}]$ sind dann offene Umgebungen von x bzw. y mit $y \notin p_i^{-1}[O_{x_i}]$ und $x \notin p_i^{-1}[O_{y_i}]$.

__4.7.5__. __Satz:__ Es sei $((X_i, \underline{X}_i))_{i \in I}$ eine Familie topologischer Räume. Das Coprodukt dieser Familie ist genau dann ein T_μ-Raum, wenn alle $(X_i, \underline{X}_i)$ T_μ-Räume sind (T_μ-Raum steht für: T_0, T_1, T_2, T_{2a}, T_3, T_{3a}, regulär, vollständig regulär, T_4, T_5, normal, erblich normal).[41)]

__Beweis__: 1) Jedes X_i ist abgeschlossener Unterraum von $\coprod_{i \in I} X_i$. Ist also $\coprod_{i \in I} X_i$ ein T_μ-Raum, so auch jedes X_i nach 4.7.3. und 4.5.8.

2) Exemplarisch sei gezeigt: Sind alle $(X_i, \underline{X}_i)$ T_4-Räume, so ist auch $\coprod_{i \in I} X_i$ ein T_4-Raum. Sind A und B disjunkte abgeschlossene Teilmengen von $\bigcup_{i \in I} X_i \times \{i\}$, so sind $j_i^{-1}[A]$ und $j_i^{-1}[B]$ disjunkte abgeschlossene

---

41) gilt auch für T_D-Räume.

Teilmengen von X_i für jedes $i \in I$ (alle j_i sind stetig!). Nach Voraussetzung über X_i existieren dann disjunkte offene Teilmengen U_i und V_i von X_i mit $j_i^{-1}[A] \subset U_i$ und $j_i^{-1}[B] \subset V_i$. Daraus folgt

$$A = \bigcup_{i \in I} j_i[j_i^{-1}[A]] \subset \bigcup_{i \in I} j_i[U_i] = \bigcup_{i \in I} U_i \times \{i\} = U \text{ und}$$

$$B = \bigcup_{i \in I} j_i[j_i^{-1}[B]] \subset \bigcup_{i \in I} j_i[V_i] = \bigcup_{i \in I} V_i \times \{i\} = V$$

mit $U \cap V = \emptyset$ (wegen $V_i \cap U_i = \emptyset$ für alle $i \in I$). Damit ist die T_4-Eigenschaft von $\coprod_{i \in I} X_i$ gezeigt, weil U und V offen sind (vgl. 3.3.7. ①).

4.7.6. Bemerkung: Trennungseigenschaften übertragen sich i.a. nicht auf Quotientenräume (vgl. Übungsaufgabe 37)).

Kapitel 5: Zusammenhangsbegriffe

5.1. Der klassische Zusammenhangsbegriff und seine Verallgemeinerung

5.1.1. Definition: a) Ein topologischer Raum $(X,\underline{X})$ heißt zusammenhängend, wenn er nicht Vereinigung von zwei nicht leeren disjunkten offenen Teilmengen ist.

b) Eine Teilmenge A von $(X,\underline{X})$ heißt zusammenhängend, wenn A als Unterraum zusammenhängend ist.

c) Eine offene zusammenhängende Teilmenge eines topologischen Raumes $(X,\underline{X})$ heißt ein Gebiet.

5.1.2. Satz: Für einen topologischen Raum $(X,\underline{X})$ sind folgende Aussagen äquivalent:

(1) $(X,\underline{X})$ ist zusammenhängend

(2) $(X,\underline{X})$ ist nicht Vereinigung von zwei nicht leeren abgeschlossenen und disjunkten Teilmengen.

(3) Aus $X = A \cup B$ mit $\overline{A} \cap B = A \cap \overline{B} = \emptyset$ [42] folgt stets $X = A$ oder $X = B$.

(4) Die leere Menge und X sind die einzigen offen-abgeschlossenen[43] Teilmengen von X.

(5) Jede stetige Abbildung $f : X \to D_2$ von X in den zweipunktigen diskreten Raum $D_2 = \{0,1\}$ ist konstant, d.h. für je zwei Punkte $x,y \in X$ gilt $f(x) = f(y)$.

Beweis: (1) $\Leftrightarrow$ (2): trivial.

(2) $\Rightarrow$ (5)(indirekt): Ist (5) nicht erfüllt, so gibt es eine stetige Abbildung $f : X \to D_2$, die nicht konstant ist. $A = f^{-1}[\{0\}]$ und $f^{-1}[\{1\}] = B$ sind dann abgeschlossene (Stetigkeit von f!) disjunkte Teilmengen von X, die nicht leer sind, und es gilt $X = A \cup B$, d.h. (2) ist nicht erfüllt.

(5) $\Rightarrow$ (4)(indirekt): Ist (4) nicht erfüllt, so gibt es eine offen-abgeschlossene Teilmenge A von X mit $A \neq \emptyset$ und $A \neq X$. $f : X \to D_2$, definiert durch

$$f(x) = \begin{cases} 0 \text{ für } x \in A \\ 1 \text{ für } x \in X \setminus A \end{cases}$$

ist dann stetig und nicht konstant, d.h. (5) ist nicht erfüllt.

---

42) Gilt $\overline{A} \cap B = A \cap \overline{B} = \emptyset$ für zwei Teilmengen A und B eines topologischen Raumes $(X,\underline{X})$, so heißen A und B separiert.

43) d.h. gleichzeitig offen und abgeschlossen.

$(4) \Rightarrow (3)$: Es sei $X = A \cup B$ mit $A \cap \overline{B} = \overline{A} \cap B = \emptyset$. Dann ist $\overline{A} \subset X \setminus B = (A \cup B) \setminus B \subset A$, also $A = \overline{A}$. Entsprechend gilt $B = \overline{B}$. Da die Mengen A und B disjunkt und abgeschlossen sind und ihre Vereinigung ganz X ist, sind sie offen-abgeschlossen in X, und es folgt aus (4), daß eine von ihnen mit X identisch ist.

$(3) \Rightarrow (2)$(indirekt): Ist (2) nicht erfüllt, so gibt es zwei nicht leere disjunkte abgeschlossene Teilmengen A und B von X, so daß $X = A \cup B$ gilt. A und B sind dann trivialerweise separiert und es gilt $X \neq A$ und $X \neq B$, d.h. (3) ist nicht erfüllt.

5.1.3. Beispiele: ① Jeder indiskrete Raum ist zusammenhängend (vgl. 5.1.2.(4)); jeder mindestens zweipunktige diskrete Raum ist nicht zusammenhängend.

② Der Sierpinski-Raum $(\{0,1\}, \{\{0\}, \{0,1\}, \emptyset\})$ ist zusammenhängend.

③ Die Menge der rationalen Zahlen $\mathbb{Q}$ versehen mit der Relativtopologie von ($\mathbb{R}$, nat.Top.) ist nicht zusammenhängend:

$$A = \{x \mid x \in \mathbb{R} \text{ und } x < \sqrt{2}\} \cap \mathbb{Q}$$

und

$$B = \{x \mid x \in \mathbb{R} \text{ und } x > \sqrt{2}\} \cap \mathbb{Q}$$

sind disjunkte nicht leere offene Teilmengen von $\mathbb{Q}$ und es gilt: $\mathbb{Q} = A \cup B$.

④ a) In ($\mathbb{R}$,nat.Top.) sind alle einpunktigen Teilmengen sowie beliebige Intervalle (offene, abgeschlossene, halboffene), also auch $\mathbb{R}$ selbst, zusammenhängend. Exemplarisch sei gezeigt:

($\mathbb{R}$,nat.Top.) ist zusammenhängend. Angenommen ($\mathbb{R}$,nat.Top.) ist nicht zusammenhängend. Nach 5.1.2.(4) muß es dann eine offen-abgeschlossene Teilmenge M von $\mathbb{R}$ geben mit $M \neq \emptyset$ und $M \neq \mathbb{R}$. Also gibt es Punkte $a \in M$ und $b \in CM$. O.B.d.A. sei $a < b$: $N = \{x \mid x \in M \text{ und } x < b\} \subset M$ ist nicht leer, weil $a \in N$ gilt, und nach rechts durch b beschränkt. Für das Supremum s von N gilt: $a \leqq s \leqq b$. Da s Berührungspunkt von N ist, gilt $s \in \overline{N} \subset \overline{M} = M$ Aufgrund der Offenheit von M, gibt es ein $\varepsilon > 0$, so daß $(s - \varepsilon, s + \varepsilon) \subset M$ gilt. Dann sind zwei Fälle möglich:

$$1)\ s + \frac{\varepsilon}{2} < b, \qquad 2)\ s + \frac{\varepsilon}{2} \geqq b$$

Im ersten Fall muß $s + \frac{\varepsilon}{2} \in N$ gelten, also müßte $s + \frac{\varepsilon}{2} \leqq s$ sein. Widerspruch!
Im zweiten Fall ist $s \leqq b \leqq s + \frac{\varepsilon}{2}$, also $b \in M$. Widerspruch!
Ein solches M kann es also nicht geben. ($\mathbb{R}$,nat.Top.) ist folglich zusammenhängend.

b) Die einzigen zusammenhängenden Teilmengen von ($\mathbb{R}$,nat.Top.) sind die leere Menge, die einpunktigen Teilmengen und beliebige Intervalle.

Beweis: 1) Es sei M eine zusammenhängende Teilmenge von $\mathbb{R}$:

α) Es seien $a, b \in M$ und $x \in (a,b)$ (o.B.d.A. gelte $a < b$). Angenommen $x \notin M$, so wären

$$A = \{y \mid y \in M \text{ und } y < x\} \quad \text{und}$$
$$B = \{y \mid y \in M \text{ und } y > x\}$$

disjunkte nicht leere offene (genauer in M offene) Teilmengen von M mit $A \cup B = M$. Widerspruch!
Also gilt $(a,b) \subset M$ und wegen $a,b \in M$ sogar $[a,b] \subset M$.
β) Es seien $i = \inf M$ und $s = \sup M$, $i < s$ und $x \in (i,s)$. Aufgrund der Infimumseigenschaft von i bzw. der Supremumseigenschaft von s existiert ein $x_i \in M$ bzw. ein $x_s \in M$, so daß gilt

$$(*)\ i \leq x_i < x < x_s \leq s.$$

Nach α) folgt $[x_i, x_s] \subset M$, d.h. $x \in M$.
Da x beliebig war, gilt $(i,s) \subset M$. Gilt $i = -\infty$ oder $s = +\infty$, so fällt in (*) natürlich das Gleichheitszeichen weg. Je nachdem i bzw. s zu M gehören oder nicht, gilt $M = (i,s)$ oder $M = [i,s]$ oder $M = (i,s]$ oder $M = [i,s)$.

2) Zusammen mit ④a) ergibt sich aus 1) die Behauptung ④b).

<u>5.1.4</u>. <u>Bemerkung</u>: Nach 5.1.2.(5) ist ein topologischer Raum $(X,\underline{X})$ genau dann zusammenhängend, wenn die Menge $C(X,D_2)$ der stetigen Abbildungen von X in D_2 nur aus konstanten Abbildungen besteht. Es liegt nahe einen beliebigen topologischen Raum E herzunehmen und die Klasse $\underline{K}_E = \{ Y \mid Y \in |\underline{T}| \text{ und } \underline{C}(Y,E) \text{ besteht nur aus konstanten Abbildungen} \}$ zu betrachten. Kann man allgemeine Aussagen über die Klasse $\underline{K}_E$ für beliebiges E machen, so hat man automatisch Aussagen über die Klasse der zusammenhängenden Räume gemacht (man braucht ja nur $E = D_2$ zu wählen). Das gleiche gilt, wenn man anstelle

eines einzelnen Raumes E eine ganze Klasse $\underline{E}$ topologischer Räume betrachtet und die Klasse $\underline{K}_{\underline{E}} = \{ Y \mid Y \in |\underline{T}|$ und $C(Y,E)$ besteht nur aus konstanten Abbildungen für alle $E \in \underline{E}\}$ bildet. Ist $\underline{E} = \{E\}$, so gilt $\underline{K}_{\underline{E}} = \underline{K}_E$. Auch hier liegt eine echte Verallgemeinerung vor. Da der Fall, daß $\underline{E}$ nur aus einpunktigen Räumen besteht, trivial ist ($\underline{K}_{\underline{E}}$ ist dann mit $|\underline{T}|$ identisch), setzen wir im folgenden voraus:

$\underline{E}$ ist eine Klasse nicht leerer topologischer Räume, die einen mindestens zweipunktigen Raum enthält.

5.1.5. Definitionen: a) Ein topologischer Raum $(X,\underline{X})$ heißt $\underline{E}$-zusammenhängend, wenn die Menge $C(X,E)$ der stetigen Abbildungen von X in E für alle $E \in \underline{E}$ nur aus konstanten Abbildungen besteht. Die Klasse aller $\underline{E}$-zusammenhängenden Räume wird mit $Z\underline{E}$ bezeichnet.

b) Eine Teilmenge M eines topologischen Raumes $(X,\underline{X})$ heißt $\underline{E}$-zusammenhängend, wenn M als Unterraum von $(X,\underline{X})$ $\underline{E}$-zusammenhängend ist.

c) Eine Teilmenge M eines topologischen Raumes $(X,\underline{X})$ heißt $\underline{E}$-offen ($\underline{E}$-abgeschlossen), wenn es ein $E \in \underline{E}$, ein $f \in C(X,E)$ sowie eine in E offene (abgeschlossene) Teilmenge N gibt, so daß gilt $f^{-1}[N] = M$.

5.1.6. Bemerkungen: ① a) Für $\underline{E} = \{D_2\}$ stimmen die Begriffe Zusammenhang und $\underline{E}$-Zusammenhang überein und das System der $\underline{E}$-offenen ($\underline{E}$-abgeschlossenen) Teilmengen eines topologischen Raumes $(X,\underline{X})$ ist identisch mit dem System der offen-abgeschlossenen Teilmengen von $(X,\underline{X})$.

b) Für $\underline{E} = \{\mathbb{R}\}$ ist das System der $\underline{E}$-abgeschlossenen Teilmengen eines topologischen Raumes $(X,\underline{X})$ identisch mit dem System der Nullstellenmengen stetiger reellwertiger Funktionen auf $(X,\underline{X})$ (Ist nämlich U abgeschlossen in $\mathbb{R}$ und $f \in C(X,\mathbb{R})$, so ist $f^{-1}[U] = g^{-1}(0)$, wobei $g \in C(X,\mathbb{R})$ für alle $x \in X$ durch $g(x) = \text{dist}\,(f(x),U) = \inf_{y\in U} \{|f(x)-y|\}$ definiert ist). Die $\underline{E}$-offenen Teilmengen sind dann gerade die Komplemente der Nullstellenmengen.

(2) Ist $\underline{E}$ keine Klasse von T_1-Räumen, so wird der Begriff „$\underline{E}$-Zusammenhang" trivial. Es sind folgende beiden Fälle zu unterscheiden:

1) Alle Räume aus $\underline{E}$ sind T_o-Räume.

2) Es gibt in $\underline{E}$ einen mindestens zweipunktigen Raum, der nicht T_o-Raum ist.

Im Fall 1) besteht $Z\underline{E}$ aus genau allen indiskreten Räumen und im Fall 2) aus genau allen einpunktigen Räumen und dem leeren Raum.

(Beweis zu 1): a) Es sei X $\underline{E}$-zusammenhängend. Wäre X nicht indiskret, so existierte eine offene Teilmenge O von X mit $O \neq \emptyset$ und $O \neq X$. Nach Voraussetzung über $\underline{E}$ existiert ein Raum $E \in \underline{E}$, der T_o-Raum ist, aber nicht T_1-Raum; also existieren Punkte $x,y \in E$, so daß (o.B.d.A.)

in jeder offenen Umgebung von y auch x liegt.
$f : X \to E$ definiert durch $f[O] = \{x\}$ und $f[X \setminus O] = \{y\}$ ist dann stetig und nicht konstant. Widerspruch! X muß also indiskret sein.

b) Es sei X indiskret und $E \in \underline{E}$ sowie $f \in C(X,E)$. Wäre f nicht konstant, dann existierten Punkte $x,y \in X$ so daß $f(x) \neq f(y)$. O.B.d.A. besitzt dann f(x) eine offene Umgebung $O_{f(x)}$, die f(y) nicht enthält. $f^{-1}[O_{f(x)}]$ ist dann eine offene von $\emptyset$ und X verschiedene Menge. Widerspruch! X muß also $\underline{E}$-zusammenhängend sein.

Beweis zu 2): Es sei E ein mindestens zweipunktiger Raum, der nicht T_o-Raum ist, d.h. es gibt zwei verschiedene Punkte a, $b \in E$, so daß in jeder offenen Umgebung von a auch b liegt und umgekehrt. Gäbe es einen $\underline{E}$-zusammenhängenden Raum X, der wenigstens zwei verschiedene Punkte x,y besitzt, so wäre $f : X \to E$ definiert durch f(x) = a und $f[X \setminus \{x\}] = \{b\}$ eine nicht konstante stetige Abbildung, die es nicht geben kann.)

5.1.7. Satz: Für einen topologischen Raum $(X,\underline{X})$ ist die Aussage

(1) „$(X,\underline{X})$ ist $\underline{E}$-zusammenhängend"

äquivalent zu

(2) „Außer $\emptyset$ und X gibt es keine $\underline{E}$-offenen ($\underline{E}$-abgeschlossenen) Teilmengen von X",

falls $\underline{E}$ eine Klasse von T_o-Räumen ist, und äquivalent zu

(3) „Aus $X = A \cup B$ mit A, B $\underline{E}$-offen folgt
$X = A$ oder $X = B$",

falls $\underline{E}$ eine Klasse von T_1-Räumen ist, und äquivalent zu

(4) „Aus $X = A \cup B$ mit A, B $\underline{E}$-abgeschlossen
folgt $X = A$ oder $X = B$",

falls $\underline{E}$ eine Klasse von T_2-Räumen ist.

Beweis: 1) Es sei $\underline{E}$ eine Klasse von T_0-Räumen:

a) (1) $\Longrightarrow$ (2)(indirekt): Ist (2) nicht erfüllt, so gibt es eine $\underline{E}$-offene Teilmenge O von X mit $O \neq \emptyset$ und $O \neq X$, d.h. es existieren ein $E \in \underline{E}$, ein $f \in C(X,E)$ und eine in E offene Menge O' mit $O = f^{-1}[O']$ sowie zwei Punkte $x \in O$ und $y \in X \setminus O$. Wegen $f(x) \neq f(y)$ kann X dann nicht $\underline{E}$-zusammenhängend sein, d.h. (1) ist nicht erfüllt.

b) (2) $\Longrightarrow$ (1)(indirekt): Ist X nicht $\underline{E}$-zusammenhängend, so existieren ein $E \in \underline{E}$, ein $f \in C(X,E)$ sowie zwei verschiedene Punkte $x, y \in X$ mit $f(x) \neq f(y)$. Da E ein T_0-Raum ist, besitzt (o.B.d.A.) $f(x)$ eine offene Umgebung $O_{f(x)}$, die $f(y)$ nicht enthält. $f^{-1}[O_{f(x)}]$ ist dann eine $\underline{E}$-offene Teilmenge von X, die von der leeren Menge und von X verschieden ist, d.h. (2) ist nicht erfüllt.

c) Da eine Teilmenge M eines topologischen Raumes $(X, \underline{X})$ genau dann $\underline{E}$-offen ist, wenn ihr Komplement $\underline{E}$-abgeschlossen ist, so erfordert die entsprechende Aussage für $\underline{E}$-abgeschlossene Teilmengen keinen neuen

Beweis.

2) Es sei $\underline{E}$ eine Klasse von T_1-Räumen:

a) (1) $\Rightarrow$ (3): trivial unter Verwendung von „(1) $\Leftrightarrow$ (2)"

b) (3) $\Rightarrow$ (1)(indirekt): Ist (1) nicht erfüllt, so existieren ein $E \in \underline{E}$, ein $f \in C(X,E)$ sowie Punkte $x,y \in X$ mit $f(x) \neq f(y)$. Da E ein T_1-Raum ist, sind $f^{-1}[E \setminus \{f(x)\}] = A$ und $f^{-1}[E \setminus \{f(y)\}] = B$ $\underline{E}$-offene Teilmengen von X mit $A \cup B = X$ und $X \neq A$ sowie $X \neq B$, d.h. (3) ist nicht erfüllt.

3) Es sei $\underline{E}$ eine Klasse von T_2-Räumen:

a) (1) $\Rightarrow$ (4): trivial unter Verwendung von „(1) $\Leftrightarrow$ (2)"

b) (4) $\Rightarrow$ (1): Es seien $E \in \underline{E}$ und $f \in C(X,E)$. Mit X hat auch $f[X] = Y$[44] die Eigenschaft (4); denn ist $Y = A \cup B$ mit A,B $\underline{E}$-abgeschlossen, so sind $f^{-1}[A]$ und $f^{-1}[B]$ $\underline{E}$-abgeschlossene Teilmengen von X mit $f^{-1}[A] \cup f^{-1}[B] = X$, also gilt $X = f^{-1}[A]$ oder $X = f^{-1}[B]$, woraus $Y = A$ oder $Y = B$ folgt. Gäbe es in Y zwei verschiedene Punkte a,b, so gäbe es disjunkte in E offene Umgebungen O_a bzw. O_b von a bzw. b. $E \setminus O_a$ und $E \setminus O_b$ sind abgeschlossen in E. $i^{-1}[E \setminus O_a] = A$ und $i^{-1}[E \setminus O_b] = B$ ($i: Y \to E$ Inklusionsabbildung) sind dann $\underline{E}$-abgeschlossen in Y und es gilt $Y = A \cup B$, aber $Y \neq A$ und $Y \neq B$. Widerspruch! $f[X] = Y$ ist also einpunktig oder leer, d.h. f ist konstant[45].

---

44) aufgefaßt als Unterraum von E

45) Die leere Abbildung ist als konstant anzusehen.

5.1.8. Bemerkungen: ① In 5.1.7. gilt (1) $\Rightarrow$ (2) stets, die Umkehrung gilt nicht, wenn $\underline{E}$ keine Klasse von T_0-Räumen ist. Nach 5.1.6. ② Fall 2) besteht $Z\underline{E}$ dann aus genau allen einpunktigen Räumen und dem leeren Raum. Der zweipunktige indiskrete Raum I_2 ist dann nicht $\underline{E}$-zusammenhängend, besitzt aber außer der leeren und der ganzen Teilmenge keine $\underline{E}$-offene ($\underline{E}$-abgeschlossene) Teilmenge.

② In 5.1.7. gilt (1) $\Rightarrow$ (3) stets, die Umkehrung gilt nicht, wenn $\underline{E}$ keine Klasse von T_1-Räumen ist. Nach 5.1.6. ② müßte ein $\underline{E}$-zusammenhängender Raum dann leer, einpunktig oder indiskret sein. Das trifft auf den Sierpinski-Raum $S := (\{0,1\}, \{\{0\}, \{0,1\}, \emptyset\})$ nicht zu; trotzdem erfüllt er die Bedingung (3).

③ In 5.1.7. gilt (1) $\Rightarrow$ (4) stets, die Umkehrung gilt nicht, wenn $\underline{E}$ keine Klasse von T_2-Räumen ist: Man wähle etwa $\underline{E} = \{(Y,\underline{Y})\}$, wobei Y eine mindestens abzählbar unendliche Menge ist und $\underline{Y}$ die Topologie der endlichen Komplemente. Dann folgt aus $Y = A \cup B$ mit A,B abgeschlossen stets Y = A oder Y = B[46]. Folglich ist die Bedingung (4) erfüllt, aber Y ist nicht $\underline{E}$-zusammenhängend = $\{Y\}$-zusammenhängend, weil Y mehr als einen Punkt enthält.

5.1.9. Satz: Es seien $(X,\underline{X})$, $(Y,\underline{Y})$ topologische Räume

46) Räume Y mit dieser Eigenschaft heißen irreduzibel.

und $f : X \to Y$ eine surjektive, stetige Abbildung. Ist $(X,\underline{X})$ $\underline{E}$-zusammenhängend, so ist auch $(Y,\underline{Y})$ $\underline{E}$-zusammenhängend.

Beweis: Es seien $E \in \underline{E}$ und $g \in C(Y,E)$. Da $g \circ f : X \to E$ konstant ist nach Voraussetzung, muß auch g konstant sein, weil f surjektiv ist. Also ist Y $\underline{E}$-zusammenhängend.

Korollar: Es seien $(X,\underline{X})$ ein zusammenhängender topologischer Raum, $f : X \to \mathbb{R}$ eine stetige Abbildung sowie $a, b \in X$. Dann gibt es zu jedem $\mu \in \mathbb{R}$ mit $f(a) \leq \mu \leq f(b)$ ein $\xi \in X$ mit $f(\xi) = \mu$.

Beweis: Nach 5.1.9. ist $f[X] \subset \mathbb{R}$ zusammenhängend (man wähle $\underline{E} = \{D_2\}$ und betrachte die surjektive stetige Abbildung $f' : X \to f[X]$ definiert durch $f'(x) = f(x)$ für alle $x \in X$). Nach 5.1.3. ④ b) ist $f[X]$ einpunktig oder ein Intervall (falls $X \neq \emptyset$), woraus die Behauptung folgt.

5.1.10. Bemerkungen: ① Das obige Korollar ist im Spezialfall, daß $(X,\underline{X})$ ein Intervall der reellen Zahlengeraden ist als Zwischenwertsatz der Analysis bekannt. Der Satz unter 5.1.9. kann daher als topologische Verallgemeinerung des Zwischenwertsatzes der Analysis angesehen werden.

② Aufgrund von 5.1.9. ist jeder Quotientenraum eines $\underline{E}$-zusammenhängenden Raumes wieder $\underline{E}$-zusammenhängend (die natürliche Abbildung ist stetig und surjektiv!)

③ Es ist eine unmittelbare

Folgerung aus 5.1.9., daß der Begriff „$\underline{E}$-Zusammenhang" bei Vergröberung der Topologie erhalten bleibt. (Ist $(X,\underline{X})$ $\underline{E}$-zusammenhängend und $\underline{X}'\subset \underline{X}$, so ist $1_X\colon (X,\underline{X}) \longrightarrow (X,\underline{X}')$ stetig und surjektiv, d.h. $(X,\underline{X}')$ ist ebenfalls $\underline{E}$-zusammenhängend)

④ Der Begriff „$\underline{E}$-Zusammenhang" ist eine topologische Invariante (jeder Homöomorphismus ist stetig und surjektiv!)

5.1.11. Definition: Ein Mengensystem $\underline{S}$ heißt kettenverbunden, wenn es zu je zwei Mengen S und S' aus $\underline{S}$ endlich viele Elemente $S_0, S_1, \ldots S_n$ aus $\underline{S}$ gibt derart, daß $S_0=S$, $S_n=S'$ und $S_i \cap S_{i+1} \neq \emptyset$ gilt für jedes $i \in \{0,1,\ldots,n-1\}$.

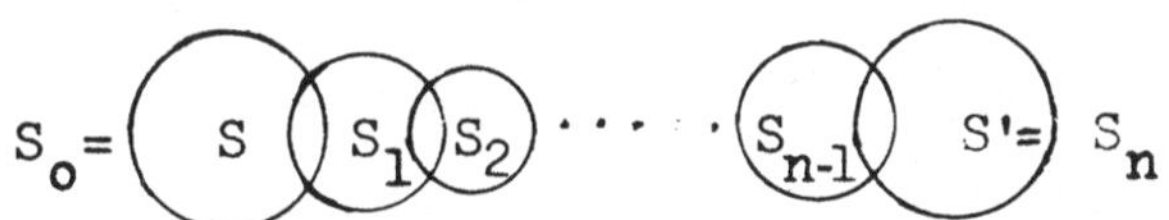

5.1.12. Satz: Es seien $(X,\underline{X})$ ein topologischer Raum und $\underline{U}\subset \underline{P}(X)$ ein kettenverbundenes System $\underline{E}$-zusammenhängender Teilmengen von X. Dann ist $V = \bigcup_{U\in\underline{U}} U$ $\underline{E}$-zusammenhängend.

Beweis: Es seien $E \in \underline{E}$, $f\colon V \longrightarrow E$ eine stetige Abbildung und $a,b \in V$. Dann existieren Elemente U' und U'' aus $\underline{U}$ mit $a \in U'$ und $b \in U''$. Da f auf allen $U \in \underline{U}$ konstant und $\underline{U}$ kettenverbunden ist, gilt die Beziehung $f(x) = f(a)$ nicht nur für alle $x \in U'$, sondern auch für alle $x \in U''$, also gilt $f(a) = f(b)$. q.e.d.

<u>5.1.13</u>. <u>Lemma</u>: Es seien $(X,\underline{X})$ ein topologischer Raum mit $X \neq \emptyset$ und $\underline{M} = \{M \mid M \in \underline{P}(X),\ M\ \underline{E}\text{-zusammenhängend}\}$. Dann ist $\underline{M} \neq \{\emptyset\}$ und in $(\underline{M}, \subset)$ besitzt jede vollständig geordnete Teilmenge eine obere Schranke.

<u>Beweis</u>: 1) Wegen $X \neq \emptyset$ existiert ein $x \in X$. Offenbar ist $\{x\} \in \underline{P}(X)$ $\underline{E}$-zusammenhängend, also $\underline{M} \neq \{\emptyset\}$.

2) Es sei $\underline{N} \subset \underline{M}$ vollständig geordnet. Nach 5.1.12. ist $V = \bigcup_{N \in \underline{N}} N$ $\underline{E}$-zusammenhängend; $\underline{N}$ besitzt also eine obere Schranke.

<u>5.1.14</u>. <u>Bemerkung</u>: Aufgrund des Zorn'schen Lemmas (s.0.2.6.⑦ 3)) gibt es wegen 5.1.13. in $\underline{M}$ maximale Elemente. Folgende Definition ist daher sinnvoll:

<u>5.1.15</u>. <u>Definition</u>: Maximale $\underline{E}$-zusammenhängende Teilmengen eines topologischen Raumes $(X,\underline{X})$ heißen <u>$\underline{E}$-Zusammenhangskomponenten</u> von $(X,\underline{X})$; für $\underline{E} = \{D_2\}$ auch kurz <u>Zusammenhangskomponenten</u>.

<u>5.1.16</u>. <u>Satz</u>: Für einen topologischen Raum $(X,\underline{X})$ gilt: 1) Jedes $x \in X$ und jeder $\underline{E}$-zusammenhängende Unterraum von $(X,\underline{X})$ liegen in einer $\underline{E}$-Zusammenhangskomponente von $(X,\underline{X})$.

2) Das System der $\underline{E}$-Zusammenhangskomponenten von $(X,\underline{X})$ist eine Zerlegung von X (vgl. 0.2.5.④).

3) Die $x \in X$ enthaltende $\underline{E}$-Zusammenhangskomponente K_x von $(X,\underline{X})$ ist die Vereinigung V aller x enthaltenden $\underline{E}$-zusammenhängenden Teilmengen von $(X,\underline{X})$.

<u>Korollar</u>: Ein topologischer Raum $(X,\underline{X})$ ist genau dann

$\underline{E}$-zusammenhängend, wenn er nur eine $\underline{E}$-Zusammenhangskomponente besitzt.

Beweis: 1) folgt unmittelbar aus dem Zorn'schen Lemma aufgrund von 5.1.13. und 5.1.15.

2) Sind K_1 und K_2 $\underline{E}$-Zusammenhangskomponenten von $(X,\underline{X})$ und gilt $K_1 \cap K_2 \neq \emptyset$, so folgt aus 5.1.12., daß $K_1 \cup K_2 \supset K_1, K_2$ $\underline{E}$-zusammenhängend ist. Aufgrund der Maximalität von K_1 und K_2 muß dann aber $K_1 = K_2$ gelten.

3) Nach 5.1.12. ist V $\underline{E}$-zusammenhängend. Wegen $K_x \subset V$ und der Maximalität von K_x muß $K_x = V$ gelten.

5.1.17. Bemerkung: a) Zur Einführung der $\underline{E}$-Zusammenhangskomponenten kann man auch die Aussage 5.1.16. 3) verwenden. b) Eine weitere Möglichkeit ist die folgende: Man definiert eine Äquivalenzrelation $\pi_{\underline{E}}$ auf X durch

$$x \, \pi_{\underline{E}} \, y \iff x \text{ und } y \text{ liegen in einer } \underline{E}\text{-zusammenhängenden Teilmenge von } (X,\underline{X}).$$

Die Elemente von $X/\pi_{\underline{E}}$ sind dann die $\underline{E}$-Zusammenhangskomponenten von $(X,\underline{X})$, und die $x \in X$ enthaltende $\underline{E}$-Zusammenhangskomponente von $(X,\underline{X})$ ist gerade das Bild von x unter der natürlichen Abbildung $\omega_{\underline{E}} : X \to X/\pi_{\underline{E}}$.

5.1.18. Satz: Die Aussage „Ist eine Teilmenge M eines topologischen Raumes $(X,\underline{X})$ $\underline{E}$-zusammenhängend, so ist auch die abgeschlossene Hülle $\overline{M}$ von M $\underline{E}$-zusammenhängend" ist genau dann gültig, wenn $\underline{E}$ eine Klasse von T_1-Räumen ist.

Beweis: 1) $f : \overline{M} \to E$ sei eine stetige Abbildung $(E \in \underline{E})$.

Ist $M \neq \emptyset$ (der Fall $M = \emptyset$ ist trivial), so ist $f[M] = \{e_0\}$ mit $e_0 \in E$ nach Voraussetzung. Da f stetig und E T_1-Raum ist, ist $f^{-1}(e_0) = A$ abgeschlossen in $\overline{M}$ und damit in $(X,\underline{X})$. Daraus und aus $M \subset A \subset \overline{M}$ folgt $A = \overline{M}$, d.h. f ist konstant.

2) Es sei $E \in \underline{E}$ und $x \in E$. K_x sei die x enthaltende $\underline{E}$-Zusammenhangskomponente von E. Dann ist die Inklusionsabbildung $i : K_x \longrightarrow E$ stetig und konstant, d.h. $K_x = \{x\}$. Wegen der Gültigkeit der Aussage "..." unter 5.1.18. und der Maximalität von K_x muß $\{x\} = \overline{\{x\}}$ gelten. E ist also ein T_1-Raum.

<u>5.1.19</u>. <u>Korollare</u>: Es sei $\underline{E}$ eine Klasse von T_1-Räumen. Dann gelten: 1) Die $\underline{E}$-Zusammenhangskomponenten eines topologischen Raumes $(X,\underline{X})$ sind abgeschlossen.

2) Ist eine Teilmenge M eines topologischen Raumes $(X,\underline{X})$ $\underline{E}$-zusammenhängend, so ist auch jede Teilmenge N von X mit $M \subset N \subset \overline{M}$ $\underline{E}$-zusammenhängend.

<u>Beweis</u>: 1) trivial nach 5.1.18. und 5.1.15.

2) M kann auch als $\underline{E}$-zusammenhängender Unterraum von N aufgefaßt werden, dessen abgeschlossene Hülle in N gerade $\overline{M} \cap N = N$ ist. Nach 5.1.18. ist also N $\underline{E}$-zusammenhängend.

<u>5.1.20</u>. <u>Satz:</u> Es sei $((X_i,\underline{X}_i))_{i \in I}$ eine Familie nicht leerer topologischer Räume. Das Produkt dieser Familie ist genau dann $\underline{E}$-zusammenhängend, wenn alle $(X_i,\underline{X}_i)$ $\underline{E}$-zusammenhängend sind.

<u>Beweis</u>: 1) „$\Rightarrow$": Anwendung von 5.1.9. auf die

Projektionsabbildungen $p_i : \prod_{i\in I} X_i \to X_i$ liefert die Behauptung.

2) „$\Leftarrow$": a) Ist $\underline{E}$ keine Klasse von T_1-Räumen, so wird der Begriff „$\underline{E}$-Zusammenhang" nach 5.1.6. ② trivial und der Produktsatz gilt.

b) Es sei $\underline{E}$ eine Klasse von T_1-Räumen: Es sei $x_{(o)} \in \prod_{i\in I} X_i$. Unterscheiden sich $x_{(n)} \in \prod_{i\in I} X_i$ und $x_{(o)}$ um höchstens n Koordinaten (n : endlich!), so liegen $x_{(n)}$ und $x_{(o)}$ in einer $\underline{E}$-zusammenhängenden Teilmenge, wie durch Induktion nach n gezeigt werden kann.

(α) Für n = 1 ist die Behauptung richtig; denn unterscheiden sich $x_{(1)}$ und $x_{(o)}$ etwa in der i-ten Koordinate, so ist $Y = X_i \times \prod_{k\neq i} \{(x_{(o)})_k\} \subset \prod_{i\in I} X_i$ isomorph zu X_i und folglich $\underline{E}$-zusammenhängend, und $x_{(1)}$ und $x_{(o)}$ liegen in Y.

β) Es sei die Behauptung richtig für alle $x_{(n-1)}$ $(n\geq 2)$. Ist dann ein $x_{(n)}$ gegeben, so läßt sich ein $x_{(n-1)}$ finden, das sich von $x_{(n)}$ um eine Koordinate unterscheidet. Nach α) liegen $x_{(n)}$ und $x_{(n-1)}$ in einer $\underline{E}$-zusammenhängenden Teilmenge Z_1, und nach Induktionsvoraussetzung liegen $x_{(n-1)}$ und $x_{(o)}$ in einer $\underline{E}$-zusammenhängenden Teilmenge Z_2. Wegen $x_{(n-1)} \in Z_1 \cap Z_2$, also $Z_1 \cap Z_2 \neq \emptyset$, ist 5.1.12. anwendbar und $Z = Z_1 \cup Z_2$ ist die gesuchte $x_{(o)}$ und $x_{(n)}$ enthaltende $\underline{E}$-zusammenhängende Teilmenge.)

Ist $K_{x_{(o)}}$ die $x_{(o)}$ enthaltende $\underline{E}$-Zusammenhangskomponente (vgl. 5.1.16. 3)), so gilt nach dem eben Bewiesenen

$U = \{x \mid x \in \prod_{i \in I} X_i$ mit $p_i(x) = p_i(x_{(o)})$ für fast alle $i \in I\} \subset K_{x_{(o)}} \subset \prod X_i$. U ist dicht in $\prod_{i \in I} X_i$ (Ist $O \neq \emptyset$ offen in $\prod_{i \in I} X_i$, so existiert ein $z \in O$ mit $z \in \prod_{l \in I} U_l \subset O$ wobei $U_l \in \underline{X}_l$ für alle $l \in I$ und $U_l = X_l$ für fast alle $l \in I$, also etwa für $l \in I \setminus \{i_1, \ldots i_n\}$, gilt. Es sei $y \in \prod_{i \in I} X_i$ definiert durch

$$p_l(y) = p_l(x_{(o)}) \text{ für } l \in I \setminus \{i_1, \ldots, i_n\}$$

$$p_{i_k}(y) = p_{i_k}(z) \text{ für } k = 1, \ldots n.$$

Dann ist $y \in \prod_{l \in I} U_l \cap U \subset O \cap U$, d.h. $O \cap U \neq \emptyset$.

Da O beliebig war, ist U dicht in $\prod X_i$).
Also ist auch $K_{x_{(o)}}$ dicht in $\prod X_i$, woraus nach 5.1.19. die Behauptung folgt.

5.1.21. Bemerkung: Aus dem vorangegangenen Satz folgt insbesondere, daß der $\mathbb{R}^I$ für beliebiges I (speziell also der $\mathbb{R}^n$) zusammenhängend ist. Er ist jedoch nicht für jedes $\underline{E}$ auch $\underline{E}$-zusammenhängend; z.B. ist er nicht $\{\mathbb{R}\}$-zusammenhängend, weil ($\mathbb{R}$,nat.Top.) nicht $\{\mathbb{R}\}$-zusammenhängend ist (es gibt nicht-konstante stetige reellwertige Funktionen auf $\mathbb{R}$!). Zwischen Zusammenhang und $\underline{E}$-Zusammenhang besteht folgende Beziehung:

5.1.22. Satz: Jeder $\underline{E}$-zusammenhängende topologische

Raum $(X,\underline{X})$ ist zusammenhängend.

Korollar: Jede Zusammenhangskomponente eines topologischen Raumes $(X,\underline{X})$ ist Vereinigung von $\underline{E}$-Zusammenhangskomponenten.

Beweis: (indirekt): Ist $(X,\underline{X})$ nicht zusammenhängend, so ist X disjunkte Vereinigung von nicht leeren offenen Teilmengen O_1 und O_2. Es seien $E \in \underline{E}$ ein mindestens zweipunktiger topologischer Raum und $a, b \in E$ mit $a \neq b$. Die durch

$$f(x) = \begin{cases} a \text{ für } x \in O_1 \\ b \text{ für } x \in O_2 \end{cases}$$

definierte Abbildung $f : X \longrightarrow E$ ist dann stetig und nicht konstant. $(X,\underline{X})$ ist also nicht $\underline{E}$-zusammenhängend.

5.1.23. Definition: Ein topologischer Raum $(X,\underline{X})$ mit der Eigenschaft, daß für jedes $x \in X$ für die x enthaltende Zusammenhangskomponente K_x gilt $K_x = \{x\}$ heißt total unzusammenhängend (analog wird „total $\underline{E}$-unzusammenhängend" definiert).

5.1.24. Beispiele: (1) Jeder diskrete Raum ist total unzusammenhängend.

(2) Die Menge $\mathbb{Q}$ der rationalen Zahlen versehen mit der Relativtopologie von $(\mathbb{R}$,nat.Top.$)$ ist total unzusammenhängend.

(3) Das Cantorsche Diskontinuum, d.h. $D_2^{\mathbb{N}}$ versehen mit der Produkttopologie, ist total unzusammenhängend (wie wir später sehen werden, ist jedes Produkt total unzusammenhängender Räume wieder total

unzusammenhängend).

5.1.25. Satz: Die Klasse $Z\underline{E}$ der $\underline{E}$-zusammenhängenden topologischen Räume stimmt genau dann mit der Klasse der zusammenhängenden Räume überein, wenn $\underline{E}$ eine Unterklasse der Klasse der total unzusammenhängenden Räume ist.

Beweis: 1) Es sei $\underline{E}$ eine Unterklasse der Klasse der total unzusammenhängenden Räume:

a) $Z\underline{E} \subset Z\{D_2\}$ gilt nach 5.1.22.

b) Ist $(X,\underline{X})$ zusammenhängend, $E \in \underline{E}$ und $f \in C(X,E)$, so ist auch $f[X] \subset E$ zusammenhängend. Da $f[X]$ in einer Zusammenhangskomponente liegt, muß $f[X]$ einpunktig sein (falls $X \neq \emptyset$), d.h. f ist konstant. $(X,\underline{X})$ ist also $\underline{E}$-zusammenhängend.

2) Es gelte $Z\underline{E} = Z\{D_2\}$: Ist $Y \in \underline{E}$ und K Zusammenhangskomponente von Y, so ist K $\underline{E}$-zusammenhängend und folglich einpunktig (andernfalls wäre die Inklusionsabbildung $i : K \longrightarrow Y$ nicht konstant). Y ist also total unzusammenhängend.

5.1.26. Bemerkungen: ① Der hier eingeführte Begriff „$\underline{E}$-Zusammenhang" läßt sich sofort kategoriell verallgemeinern. Dazu ist es lediglich erforderlich, den Begriff „konstante Abbildung" kategoriell zu fassen. Man definiert: Ein $\underline{C}$-Morphismus $f : X \longrightarrow Y$ in einer Kategorie $\underline{C}$ heißt konstant, wenn für alle $Z \in |\underline{C}|$ und alle Paare (α,β) von $\underline{C}$-Morphismen von Z nach X gilt

$f \circ \alpha = f \circ \beta$. Man überzeugt sich leicht davon, daß ein Morphismus in $\underline{M}$, $\underline{T}$, $\underline{G}$ usw. genau dann konstant ist, wenn er als Abbildung konstant ist. Um Pathologien zu vermeiden, betrachtet man meistens in diesem Zusammenhang <u>verbundene Kategorien</u> $\underline{C}$, das sind solche, bei denen für jedes Paar $(A,B) \in |\underline{C}| \times |\underline{C}|$ stets $[A,B]_{\underline{C}} \neq \emptyset$ ist. Die Kategorie $\underline{T}^{o}$ der <u>nicht leeren</u> topologischen Räume und stetigen Abbildungen ist ein Beispiel einer verbundenen Kategorie. Für jede <u>Unterklasse</u> $\underline{E}$ <u>der Objektklasse</u> $|\underline{C}|$ <u>einer verbundenen Kategorie</u> $\underline{C}$ läßt sich dann der Begriff „$\underline{E}$-Zusammenhang" einführen, indem man definiert: Ein Objekt $X \in |\underline{C}|$ einer verbundenen Kategorie $\underline{C}$ heißt <u>$\underline{E}$-zusammenhängend</u>, wenn $[X,E]_{\underline{C}}$ für alle $E \in \underline{E}$ nur aus konstanten Morphismen besteht. Es gilt folgender

<u>Satz</u>: Es seien $\underline{C}$ eine verbundene Kategorie, $\underline{E}$ eine Unterklasse von $|\underline{C}|$ und $X, Y \in |\underline{C}|$ sowie $e \in [X,Y]_{\underline{C}}$ ein Epimorphismus. Ist X $\underline{E}$-zusammenhängend, so ist auch Y $\underline{E}$-zusammenhängend.

<u>Beweis</u>: Es seien $E \in \underline{E}$ und $f \in [Y,E]_{\underline{C}}$. Nach Voraussetzung über X ist $f \circ e \in [X,E]_{\underline{C}}$ konstant. Da $[Y,X]_{\underline{C}} \neq \emptyset$ existiert ein $h \in [Y,X]_{\underline{C}}$ und es gilt $h \circ e \in [X,X]_{\underline{C}}$. Andererseits gilt $1_X \in [X,X]_{\underline{C}}$. Da $f \circ e$ konstant ist, muß also

$$(f \circ e) \circ (h \circ e) = (f \circ e) \circ 1_X = f \circ e$$

gelten, woraus sofort $f = (f \circ e) \circ h$ folgt, weil e ein Epimorphismus ist. Dann ist aber f konstant (weil $f \circ e$ konstant ist, gilt $(f \circ e) \circ (h \circ \alpha) = (f \circ e) \circ (h \circ \beta)$, d.h.

$f \circ \alpha = f \circ \beta$ für alle Paare (α, β) von $\underline{C}$-Morphismen mit $\alpha, \beta : Z \to Y$ und alle $Z \in |\underline{C}|$).

Da in $\underline{T}^0$ die Epimorphismen gerade mit den surjektiven stetigen Abbildungen übereinstimmen, kann obiger Satz als kategorielle Verallgemeinerung des Zwischenwertsatzes der Analysis angesehen werden.

② Ist $\underline{A}$ die Kategorie der Abelschen Gruppen (und Gruppenhomomorphismen), $\underline{E}$ die Klasse der torsionsfreien Abelschen Gruppen, so besteht die Klasse der $\underline{E}$-zusammenhängenden Objekte gerade aus genau allen Torsionsgruppen.

③ a) Bezeichnet man die Nullstellenmengen stetiger reellwertiger Funktionen h auf einem topologischen Raum $(X, \underline{X})$ mit $Z(h)$ (im englischen „zero-set"), so ist nach 5.1.7. (4) und 5.1.6. ① b) ein topologischer Raum $(X, \underline{X})$ genau dann $\{\mathbb{R}\}$-zusammenhängend, wenn aus $X = Z(f) \cup Z(g)$ mit $f, g \in C(X, \mathbb{R})$ stets $X = Z(f)$ oder $X = Z(g)$ folgt. Diese Aussage ist wiederum damit äquivalent, daß der Ring $C(X, \mathbb{R})$ (Eine Addition wird durch $(f+g)(x) = f(x) + g(x)$ für alle $x \in X$ erklärt und eine Multiplikation durch $(f \cdot g)(x) = f(x) \cdot g(x)$ für alle $x \in X$) ein Integritätsbereich ist (denn die Aussage „$f \cdot g = 0 \Rightarrow f = 0$ oder $g = 0$" ist gleichbedeutend mit „$Z(f \cdot g) = Z(f) \cup Z(g) = X \Rightarrow X = Z(f)$ oder $X = Z(g)$").

b) Ein vollständig regulärer topologischer Raum ist offenbar total $\{\mathbb{R}\}$-unzusammenhängend, also gibt es nur triviale vollständig reguläre

$\{\mathbb{R}\}$-zusammenhängende Räume (einpunktige und leere!). Hewitt[47] hat als erster gezeigt, daß es nicht triviale $\{\mathbb{R}\}$-zusammenhängende Räume gibt, die sogar regulär sind. Aber auch der folgende Raum ist $\{\mathbb{R}\}$-zusammenhängend, wenngleich er nicht regulär ist (er ist jedoch T_1-Raum): Es sei Y eine unendliche Menge und $\underline{Y}$ die Topologie der endlichen Komplemente; $(Y,\underline{Y})$ hat dann die gewünschten Eigenschaften (Ist $f \in C(Y,\mathbb{R})$ und $a,b \in Y$ mit $a \neq b$ so gibt es zu jedem $\varepsilon > 0$ offene Umgebungen O_a^ε von a und O_b^ε von b, so daß $|f(x) - f(a)| \leqq \varepsilon$ für alle $x \in O_a^\varepsilon$ und $|f(x) - f(b)| \leqq \varepsilon$ für alle $x \in O_b^\varepsilon$ gilt. Da $O_a^\varepsilon \cap O_b^\varepsilon \neq \emptyset$ ist (sonst wäre Y endlich!) gibt es ein $z \in O_a^\varepsilon \cap O_b^\varepsilon$, so daß $|f(a) - f(b)| \leqq |f(z) - f(a)| + |f(z) - f(b)| \leqq 2\cdot\varepsilon$ gilt. Da $\varepsilon > 0$ beliebig war, folgt $f(a) = f(b)$).

c) Die Begriffe $\{\mathbb{R}\}$-Zusammenhang und $\{[0,1]\}$-Zusammenhang sind offenbar gleichwertig.

5.2. Wegzusammenhang

5.2.1. Vorbemerkung: Für analytische Zwecke ist es oft nützlich eine Teilmenge eines topologischen Raumes „zusammenhängend" zu nennen, wenn man je zwei Punkte derselben durch einen Weg verbinden kann, der ganz zu dieser Teilmenge gehört. Diese Begriffe sollen jetzt exakt gefaßt werden.

---

47) HEWITT, E.: On two problems of Urysohn, Ann.Math. 47, 503-509 (1946).

5.2.2. Definitionen: 1) Es sei $(X,\underline{X})$ ein topologischer Raum. Ein Weg in $(X,\underline{X})$ ist eine stetige Abbildung $f : [0,1] \to X$.[48] $f(0)$ heißt Anfangspunkt, $f(1)$ heißt Endpunkt dieses Weges.

2) Zwei Punkte a,b eines topologischen Raumes $(X,\underline{X})$ heißen durch einen Weg in $(X,\underline{X})$ verbindbar, wenn es einen Weg in $(X,\underline{X})$ gibt mit a als Anfangspunkt und b als Endpunkt.

3) a) Ein topologischer Raum $(X,\underline{X})$ heißt wegzusammenhängend, wenn je zwei Punkte von $(X,\underline{X})$ durch einen Weg in $(X,\underline{X})$ verbindbar sind.

b) Eine Teilmenge M eines topologischen Raumes $(X,\underline{X})$ heißt wegzusammenhängend, wenn M als Unterraum wegzusammenhängend ist.

5.2.3. Beispiele: ① Jeder indiskrete Raum ist wegzusammenhängend; jeder mindestens zweipunktige diskrete Raum ist nicht wegzusammenhängend.

② Der Sierpinski-Raum $(\{0,1\},\{\{0\},\{0,1\},\emptyset\})$ ist wegzusammenhängend; denn $f : [0,1] \to \{0,1\}$ definiert durch $f(x) = \begin{cases} 0 & \text{für } x \neq 1 \\ 1 & \text{für } x = 1 \end{cases}$

ist stetig, also ein Weg und 0 ist sein Anfangspunkt, 1 sein Endpunkt.

③ $\mathbb{R}^n$ und $S^n = \{x \mid x \in \mathbb{R}^{n+1}$ und $\|x\| = 1\}$ für $n \geqq 1$ sind wegzusammenhängend.

---

[48] [0,1] Einheitsintervall der reellen Achse mit der natürlichen Topologie.

5.2.4. Satz: Es seien $(X,\underline{X})$, $(Y,\underline{Y})$ topologische Räume und $f : X \to Y$ eine surjektive stetige Abbildung. Ist $(X,\underline{X})$ wegzusammenhängend, so ist auch $(Y,\underline{Y})$ wegzusammenhängend.

Beweis: Es seien $a,b \in Y$. Da f surjektiv ist, existieren Punkte $u, v \in X$ mit $f(u)=a$ und $f(v)=b$. Da X wegzusammenhängend ist, gibt es eine stetige Abbildung $g : [0,1] \to X$ mit $g(0) = u$ und $g(1) = v$. $h = f \circ g : [0,1] \to Y$ ist dann ein Weg in $(Y,\underline{Y})$ mit a als Anfangspunkt und b als Endpunkt. $(Y,\underline{Y})$ ist also wegzusammenhängend.

5.2.5. Bemerkung: Aus 5.2.4. folgt insbesondere, daß der Begriff „Wegzusammenhang" eine topologische Invariante ist, daß er invariant ist gegenüber Vergröberung der Topologie und daß er quotiententreu ist (d.h. jeder Quotientenraum eines wegzusammenhängenden Raumes ist wegzusammenhängend).

5.2.6. Satz: Es sei $(X,\underline{X})$ ein topologischer Raum und $\underline{U} \subset \underline{P}(X)$ ein kettenverbundenes System wegzusammenhängender Teilmengen von $(X,\underline{X})$. Dann ist $V = \bigcup_{U \in \underline{U}} U$ wegzusammenhängend.

Beweis: Es seien $a,b \in V$. Dann gibt es $U', U'' \in \underline{U}$ mit $a \in U'$ und $b \in U''$ sowie endlich viele Elemente $U_o = U', U_1,\dots,U_{n-1} = U''$ aus $\underline{U}$ mit $D_{i+1} = U_i \cap U_{i+1} \neq \emptyset$ für $i \in \{0,1,\dots,n-2\}$. Also existieren Elemente $x_{i+1} \in D_{i+1}$ für $i \in \{0,1\dots n-2\}$. Setzt man $x_o = a$, $x_n = b$, so sind von den Punkten $x_o, x_1,\dots x_{n-1}, x_n$ je zwei deren Indizes sich um 1 unterscheiden durch einen Weg in V verbindbar (also x_0 und x_1, x_1 und x_2 usw.). Die Behauptung, daß x_0 und x_n durch einen Weg in V verbindbar sind, ist also richtig für n = 1. Sie sei nun bis zur Nummer n - 1 ($n \geq 2$) bereits bewiesen. Es existiert also ein stetiges

$$f : [0,1] \longrightarrow V \text{ mit } f(0) = x_0 \text{ und } f(1) = x_{n-1}.$$

Nach Voraussetzung existiert ferner ein stetiges

$$g : [0,1] \longrightarrow V \text{ mit } g(0) = x_{n-1} \text{ und } g(1) = x_n.$$

Die Abbildungen $h : [0,\frac{1}{2}] \longrightarrow [0,1]$ definiert durch $h(t) = 2 \cdot t$ für alle $t \in [0,\frac{1}{2}]$ und $k : [\frac{1}{2},1] \longrightarrow [0,1]$ definiert durch $k(t) = 2 \cdot t - 1$ für alle $t \in [\frac{1}{2},1]$ sind stetig. Die Abbildung $l : [0,1] \longrightarrow V$ definiert durch

$$l(t) = \begin{cases} f(h(t)) & \text{für } t \in [0,\frac{1}{2}] \\ g(k(t)) & \text{für } t \in [\frac{1}{2},1] \end{cases}$$

(wegen $f(h(\frac{1}{2})) = f(1) = g(0) = g(k(\frac{1}{2})) = x_{n-1}$ ist l wohldefiniert) ist dann stetig (vgl. Übungsaufgabe 19) am Schluß des Bandes)), und es gilt $l(0) = f(0) = x_0$ und $l(1) = x_n$, d.h. x_0 und x_n sind durch einen Weg in V verbindbar. Damit ist alles bewiesen.

5.2.7. Lemma: Es seien $(X,\underline{X})$ ein topologischer Raum mit $X \neq \emptyset$ und $\underline{M} = \{M \mid M \in \underline{P}(X), M \text{ wegzusammenhängend}\}$. Dann ist $\underline{M} \neq \{\emptyset\}$ und in $(\underline{M},\subset)$ besitzt jede vollständig geordnete Teilmenge eine obere Schranke.

Beweis: analog zu 5.1.13.

5.2.8. Bemerkung: Analog zu 5.1.15. läßt sich wegen 5.2.7. folgendes einführen:

5.2.9. Definition: Maximale wegzusammenhängende Teilmengen eines topologischen Raumes $(X,\underline{X})$ heißen Wegkomponenten von $(X,\underline{X})$.

5.2.10. Satz: Für einen topologischen Raum $(X,\underline{X})$ gilt:

1) Jedes $x \in X$ und jede wegzusammenhängende Teilmenge von X liegen in einer Wegkomponenten von $(X,\underline{X})$.

2) Das System der Wegkomponenten von $(X,\underline{X})$ ist eine Zerlegung von X.

3) Die $x \in X$ enthaltende Wegkomponente von $(X,\underline{X})$ ist die Vereinigung aller x enthaltenden wegzusammenhängenden Teilmengen von X.

Korollar: Ein topologischer Raum $(X,\underline{X})$ ist genau dann wegzusammenhängend, wenn er nur eine Wegkomponente besitzt.

Beweis: analog zu 5.1.16.

5.2.11. Bemerkungen: (1) Es gibt noch andere Möglichkeiten Wegkomponenten einzuführen, nämlich die 5.1.17 a) und b) entsprechenden. Darüber hinaus kann die Einführung der Wegkomponenten durch folgende Äquivalenzrelation bewerkstelligt werden: Es sei $(X,\underline{X})$ ein topologischer Raum und eine Äquivalenzrelation π_w wird definiert durch

$$x \, \pi_w \, y \iff x \text{ und } y \text{ sind durch einen Weg in } (X,\underline{X}) \text{ verbindbar.}$$

Die Elemente von X/π_w sind dann gerade die Wegkomponenten von $(X,\underline{X})$. (Beweis: Ist K_x die $x \in X$ enthaltende Wegkomponente von $(X,\underline{X})$ und $\omega(x)$ das Bild von x unter der natürlichen Abbildung $\omega : X \longrightarrow X/\pi_w$, so ist

$K_x = \omega(x)$ zu zeigen: a) $K_x \subset \omega(x)$: Ist $y \in K_x$, so gibt es ein stetiges $f : [0,1] \longrightarrow K_x$ mit $f(0) = x$ und $f(1) = y$, weil K_x wegzusammenhängend ist. $i \circ f$ mit $i : K_x \longrightarrow X$ Inklusionsabbildung ist dann ein Weg in $(X,\underline{X})$, der x und y verbindet; also gilt $y \in \omega(x)$.

b) $\omega(x) \subset K_x$ ist bewiesen, wenn gezeigt werden kann, daß $\omega(x)$ wegzusammenhängend ist: Ist $y \in \omega(x)$, so gibt es einen Weg $f : [0,1] \longrightarrow X$ mit $f(0) = x$ und $f(1) = y$. Behauptung: $f[[0,1]] \subset \omega(x)$. Beweis: Es sei $t_0 \in [0,1]$. Dann ist $g : [0,1] \longrightarrow X$ definiert durch $g(t) = f(t_0 \cdot t)$ für alle $t \in [0,1]$ stetig und es gilt $g(0) = x$ und $g(1) = f(t_0)$. Also ist $f(t_0) \in \omega(x)$. Damit ist die Behauptung bewiesen. Wenn nun also jedes $y \in \omega(x)$ mit x durch einen Weg in $\omega(x)$ verbindbar ist, so gibt es zu je zwei Punkten $a,b \in \omega(x)$ einen Weg f, der a mit x verbindet, und einen Weg g, der x mit b verbindet. Analog zur Konstruktion von l im Beweis zu 5.2.6. gibt es dann einen Weg (in $\omega(x)$), der a und b verbindet, d.h. $\omega(x)$ ist wegzusammenhängend).

② Die abgeschlossene Hülle einer wegzusammenhängenden Teilmenge eines topologischen Raumes $(X,\underline{X})$ braucht nicht wegzusammenhängend zu sein wie das folgende Beispiel zeigt: Es sei $Y = \{(x,y) \mid y = \sin \frac{1}{x},\ x > 0\} \subset \mathbb{R}^2$. Dann ist Y wegzusammenhängend als stetiges Bild des wegzusammenhängenden Raumes $(0, +\infty)$ $(\cong \mathbb{R})$. $\overline{Y} = \{(0,y) \mid -1 \leqq y \leqq +1\} \cup$ $\cup Y$ ist jedoch nicht wegzusammenhängend. So sind etwa

(0,0) und $(\frac{1}{\pi},0)$ nicht durch einen Weg $f : [0,1] \to \overline{Y} \subset \mathbb{R}^2$ verbindbar (f ist stetig genau dann, wenn $p_i \circ f$ stetig ist für $i = 1,2$). Sonst müßte $p_1 \circ f$ alle Werte $\frac{1}{n\pi}$ für $n = 1,2,\ldots$ annehmen und $p_2 \circ f$ würde in jeder Umgebung von $0 \in [0,1]$ die Werte +1 und -1 annehmen. Durch $p_2 \circ f$ wird dann keine Umgebung $[0,\delta)$ von 0 in $[0,1]$ $(\delta > 0)$ in $(-\frac{1}{2}, +\frac{1}{2})$ abgebildet; also kann $p_2 \circ f$ nicht stetig sein. $\overline{Y}$ besitzt also zwei Wegkomponenten, nämlich Y und $\{(0,y) \mid -1 \leq y \leq +1\}$. Daraus folgt insbesondere, daß die Wegkomponenten eines topologischen Raumes nicht abgeschlossen zu sein brauchen. Wegen 5.1.19. 1) und 5.1.6. ② kann dann für kein $\underline{E}$ die Klasse der wegzusammenhängenden mit der Klasse der $\underline{E}$-zusammenhängenden Räume identisch sein.

<u>5.2.12.</u> <u>Satz</u>: Es sei $((X_i,\underline{X}_i))_{i \in I}$ eine Familie nicht leerer topologischer Räume. Das Produkt dieser Familie ist genau dann wegzusammenhängend, wenn alle $(X_i,\underline{X}_i)$ wegzusammenhängend sind.

<u>Beweis</u>: 1) „$\Rightarrow$": Anwendung von 5.2.4. auf die Projektionsabbildungen $p_i : \prod X_i \to X_i$ liefert die Behauptung.

2) „$\Leftarrow$": Es seien $x,y \in \prod_{i \in I} X_i$. Für jedes $i \in I$ sind $p_i(x)$ und $p_i(y)$ durch einen Weg $f_i : [0,1] \to X_i$ verbindbar. Da $\prod_{i \in I} X_i$ die initiale Topologie bez. $(p_i)_{i \in I}$ trägt, ist die Abbildung $f : [0,1] \to \prod_{i \in I} X_i$ definiert durch $p_i(f(t)) = f_i(t)$ für alle $t \in [0,1]$ und alle $i \in I$ stetig (weil $p_i \circ f = f_i$ für alle $i \in I$ stetig ist) und es gilt $f(0) = x$ und $f(1) = y$. $\prod_{i \in I} X_i$ ist also wegzusammenhängend.

5.2.13. Satz: Jeder wegzusammenhängende Raum $(X,\underline{X})$ ist zusammenhängend.

Korollar: Jede Zusammenhangskomponente eines topologischen Raumes $(X,\underline{X})$ ist Vereinigung von Wegkomponenten.

Beweis: Ist $X \neq \emptyset$ (der Fall $X = \emptyset$ ist trivial), so existiert ein $x_0 \in X$. Da $(X,\underline{X})$ wegzusammenhängend ist, existiert zu jedem $x \in X$ ein Weg $f_x : [0,1] \to X$ mit $f_x(0) = x_0$ und $f_x(1) = x$. Da $[0,1]$ zusammenhängend ist, ist auch $f_x[[0,1]] \subset X$ zusammenhängend. Dann ist aber auch

$$X = \bigcup_{x \in X} f_x\,[[0,1]]$$

zusammenhängend, weil $x_0 \in f_x[[0,1]]$ für jedes $x \in X$. (Anwendung von 5.1.12.).

5.2.14. Bemerkungen: (1) Ein topologischer Raum $(X,\underline{X})$ mit der Eigenschaft, daß für jedes $x \in X$ für die x enthaltende Wegkomponente K_x gilt $K_x = \{x\}$ heißt total wegunzusammenhängend. Zwischen Wegzusammenhang und $\underline{E}$-Zusammenhang besteht dann folgende Beziehung: Die Klasse $\underline{Z}_w$ der wegzusammenhängenden topologischen Räume ist genau dann eine Unterklasse der Klasse $Z\underline{E}$ der $\underline{E}$-zusammenhängenden topologischen Räume, wenn $\underline{E}$ eine Unterklasse der Klasse der total wegunzusammenhängenden Räume ist. (Beweis analog zu 5.1.25.)

(2) Die Umkehrung von 5.2.13. gilt nicht. Nach 5.2.11. (2) ist $\overline{Y}$ zusammenhängend als abgeschlossene Hülle der zusammenhängenden Teilmenge Y von $\mathbb{R}^2$, jedoch ist $\overline{Y}$ nicht wegzusammenhängend.

5.3. Lokale $\underline{K}$-Räume

5.3.1. Vorbemerkung: Oft ist es zweckmäßig neben einem globalen Zusammenhangsbegriff auch einen lokalen zu verwenden. Genauer definiert man: Ein topologischer Raum $(X,\underline{X})$ heißt lokal zusammenhängend, wenn für jedes $x \in X$ und jedes $U_x \in \underline{U}(x)$ ein $U_x^* \in \underline{U}(x)$ existiert mit $U_x^* \subset U_x$ und U_x^* zusammenhängend. Entsprechend führt man den Begriff lokal wegzusammenhängend ein. Da große Analogien zwischen beiden Theorien bestehen, scheint es mir nützlich zu sein, eine gemeinsame Grundlage zu finden. Dazu dient folgende Definition.

5.3.2. Definitionen: a) Eine nicht leere Unterklasse $\underline{K}$ von $|\underline{T}|$ heißt Komponentenklasse, wenn gilt:

1) Aus $X \in \underline{K}$, $Y \in |\underline{T}|$ und $f \in [X,Y]_{\underline{T}}$ surjektiv folgt $Y \in \underline{K}$.

2) Für jedes $X \in |\underline{T}| \setminus \{\emptyset\}$ ist $\underline{M} = \{M \mid M \subset X \text{ und } M \in \underline{K}\} \neq \{\emptyset\}$ und bez. „$\subset$" induktiv geordnet (d.h. in $(\underline{M},\subset)$ besitzt jede vollständig geordnete Teilmenge eine obere Schranke). Die maximalen Elemente von $\underline{M}$ heißen Komponenten von X bez. $\underline{K}$.

b) Eine Komponentenklasse $\underline{K}$ heißt disjunkt, wenn die Vereinigung zweier nicht disjunkter zu $\underline{K}$ gehöriger Unterräume eines topologischen Raumes $(X,\underline{X})$ stets zu $\underline{K}$ gehört.

5.3.3. Bemerkung: Die Klassen $\underline{ZE}$ und $\underline{Z}_W$ sind Beispiele für disjunkte Komponentenklassen. Es gibt aber auch

Komponentenklassen, die nicht disjunkt sind. Ohne Beweis sei erwähnt, daß die Klasse der irreduziblen topologischen Räume (ein topologischer Raum $(X,\underline{X})$ ist genau dann irreduzibel, wenn für je zwei nicht leere offene Teilmengen O_1, O_2 von X stets $O_1 \cap O_2 \neq \emptyset$ gilt) von dieser Art ist. Um eine vernünftige „lokale" Theorie zu erhalten, setzen wir im folgenden stets voraus:

$\underline{K}$ sei eine disjunkte Komponentenklasse!

5.3.4. Definition: Ein topologischer Raum $(X,\underline{X})$ heißt lokaler $\underline{K}$-Raum, wenn für jedes $x \in X$ die zu $\underline{K}$ gehörigen Umgebungen von x (aufgefaßt als Unterräume) eine Umgebungsbasis von x bilden (d.h. wenn in jeder Umgebung von x eine zu $\underline{K}$ gehörige Umgebung enthalten ist).

5.3.5. Bemerkungen: ① Für $\underline{K} = Z\underline{E}$ wird statt lokaler $\underline{K}$-Raum auch lokal $\underline{E}$-zusammenhängender Raum gesagt und im Spezialfall $\underline{E} = \{D_2\}$ auch lokal zusammenhängender Raum ; für $\underline{K} = \underline{Z}_w$ wird statt lokaler $\underline{K}$-Raum lokal wegzusammenhängender Raum gesagt. Eine Aussage über lokale $\underline{K}$-Räume gilt also sowohl für $\underline{K} = Z\underline{E}$ als auch für $\underline{K} = \underline{Z}_w$.

② Der Begriff „lokaler $\underline{K}$-Raum" ist eine topologische Invariante.

5.3.6. Satz: Für einen topologischen Raum $(X,\underline{X})$ sind folgende Aussagen äquivalent:

(1) $(X,\underline{X})$ ist lokaler $\underline{K}$-Raum.

(2) Die Komponenten bez. $\underline{K}$ in X offener nicht leerer Mengen sind offen in X.

(3) $\underline{X}$ besitzt eine Basis aus zu $\underline{K}$ gehörigen Unterräumen.

Beweis: (1) ⟹ (2): Es seien O eine offene nicht leere Teilmenge von X und K eine Komponente von O. Für jedes $x \in K$ kann O als Umgebung von x aufgefaßt werden und nach Voraussetzung existiert eine zu $\underline{K}$ gehörige Umgebung U_x von x mit $U_x \subset O$. Es gilt sogar $U_x \subset K$; denn U_x ist in einer Komponente K' von O enthalten, die wegen der Disjunktheit von $\underline{K}$ mit K identisch sein muß. Damit ist aber gezeigt, daß K offen ist.

(2) ⟹ (3): Das System $\{O \mid O \in \underline{X}$ und $O \in \underline{K}\}$ ist offenbar eine Basis von $\underline{X}$; denn jede offene Teilmenge von X ist Vereinigung ihrer Komponenten bez. $\underline{K}$, die nach Voraussetzung offen in X sind.

(3) ⟹ (1): Ist $x \in X$ und O_x eine offene Umgebung von x, so ist O_x Vereinigung offener zu $\underline{K}$ gehöriger Teilmengen von X. Wenigstens einer dieser Teilmengen gehört x an. $(X,\underline{X})$ ist also lokaler $\underline{K}$-Raum.

5.3.7. Bemerkungen: ① In einem lokalen $\underline{K}$-Raum $(X,\underline{X})$ sind wegen 5.3.6. (2) die Komponenten von X bez. $\underline{K}$ offen und abgeschlossen. Die Abgeschlossenheit der Wegkomponenten etwa ist eine spezielle Eigenschaft der lokal wegzusammenhängenden Räume, da sie nach 5.2.11. ② in allgemeinen topologischen Räumen nicht gegeben ist im Gegensatz zur Abgeschlossenheit der Zusammenhangskomponenten. Die Offenheit der Komponenten ist ohnehin eine zusätzliche „Leistung" der lokalen Theorie.

② Nach 5.3.6. (2) ist ein lokaler $\underline{K}$-Raum das Coprodukt seiner Komponenten bez. $\underline{K}$. Genauer gilt folgender Satz: Ein topologischer Raum $(X,\underline{X})$ ist genau dann das Coprodukt seiner Komponenten bez. $\underline{K}$, wenn es zu jedem $x \in X$ eine zu $\underline{K}$ gehörige Umgebung U_x von x gibt. Beweis: 1) Es sei K eine Komponente von X bez. $\underline{K}$ und $x \in K$. Dann existiert nach Voraussetzung eine zu $\underline{K}$ gehörige Umgebung U_x von x. Wegen $U_x \cap K \neq \emptyset$ folgt, daß $U_x \cup K \supset K$ zu $\underline{K}$ gehört, also muß wegen der Maximalität von K gelten $U_x \cup K = K$, d.h. $U_x \subset K$. Da $x \in K$ beliebig war, muß K offen sein. X ist also die topologische Summe seiner Komponenten bez. $\underline{K}$.

2) Die Umkehrung ist trivial.

Wie noch gezeigt wird, braucht ein zu $\underline{K}$ gehöriger Raum $(X,\underline{X})$ (für eine beliebige Komponentenklasse $\underline{K}$) nicht notwendig lokaler $\underline{K}$-Raum zu sein. Andererseits erfüllt $(X,\underline{X})$ aber die Bedingung des eben bewiesenen Satzes, d.h. ein topologischer Raum, der Coprodukt seiner Komponenten bez. $\underline{K}$ ist, braucht kein lokaler $\underline{K}$-Raum zu sein.

<u>5.3.8</u>. <u>Satz:</u> Es seien M eine Menge, $((X_i,\underline{X}_i))_{i\in I}$ eine Familie lokaler $\underline{K}$-Räume und $f_i : X_i \longrightarrow M$ Abbildungen für jedes $i \in I$. Ist $\underline{M}$ die finale Topologie auf M bez. $(f_i)_{i\in I}$, so ist $(M,\underline{M})$ ein lokaler $\underline{K}$-Raum.

<u>Beweis</u>: Es seien $O \in \underline{M}\setminus\{\emptyset\}$ und K eine Komponente von O bez. $\underline{K}$. Insbesondere ist dann $f_i^{-1}[K] \subset f_i^{-1}[O]$ für alle $i \in I$. Falls $f_i^{-1}[K] = \emptyset$ ist, folgt $f_i^{-1}[K] \in \underline{X}_i$. Falls $f_i^{-1}[K] \neq \emptyset$ ist, muß ebenfalls $f_i^{-1}[K] \in \underline{X}_i$ gezeigt werden: $f_i^{-1}[K]$

ist Vereinigung von Komponenten von $f_i^{-1}[O]$ bgl. $\underline{K}$; denn ist $x \in f_i^{-1}[K]$ und K_x^i die x enthaltende Komponente von $f_i^{-1}[O]$, so gehört $f_i[K_x^i] \subset O$ zu $\underline{K}$ (wegen der Eigenschaft 1) für Komponentenklassen) und da $f_i(x) \in f_i[K_x^i] \cap K$, also $K \cap f_i[K_x^i] \neq \emptyset$ ist, folgt wegen der Disjunktheit von $\underline{K}$, daß $f_i[K_x^i] \cup K$ zu $\underline{K}$ gehört, und wegen der Maximalität von K gilt dann $f_i[K_x^i] \subset K$, also $K_x^i \subset f_i^{-1}[K]$ und $\bigcup_{x \in f_i^{-1}[K]} K_x^i = f_i^{-1}[K]$. Da alle $(X_i, \underline{X}_i)$ lokale $\underline{K}$-Räume sind, müssen die Komponenten K_x^i offen in X_i sein, d.h. $f_i^{-1}[K] \in \underline{X}_i$. Damit ist für jedes $i \in I$ gezeigt, daß $f_i^{-1}[K] \in \underline{X}_i$ gilt. Also ist $K \in \underline{M}$. Nach 5.3.6. (2) ist dann $(M, \underline{M})$ ein lokaler $\underline{K}$-Raum.

5.3.9. Bemerkungen: (1) 5.3.8. hat u.a. folgende Konsequenzen:

1) Jeder Quotientenraum eines lokalen $\underline{K}$-Raumes ist ein lokaler $\underline{K}$-Raum.

2) Das Coprodukt einer Familie lokaler $\underline{K}$-Räume ist ein lokaler $\underline{K}$-Raum.

3) Ist $f : (X, \underline{X}) \longrightarrow (Y, \underline{Y})$ eine stetige surjektive Abbildung, die offen oder abgeschlossen ist, und ist $(X, \underline{X})$ ein lokaler $\underline{K}$-Raum, so ist auch $(Y, \underline{Y})$ ein lokaler $\underline{K}$-Raum (vgl. 1.5.21. und 1.5.18.).

(2) Das stetige Bild eines lokalen $\underline{K}$-Raumes braucht kein lokaler $\underline{K}$-Raum zu sein, wie das folgende Beispiel zeigt: Es sei $(X, \underline{X})$ ein topologischer

Raum, der nicht lokal zusammenhängend ist (z.B. der unter 5.3.11. angegebene Raum V). $(X,\underline{D})$ ist jedoch lokal zusammenhängend und $1_X : (X,\underline{D}) \to (X,\underline{X})$ ist stetig und surjektiv.

5.3.10. Satz: Jeder offene Unterraum eines lokalen $\underline{K}$-Raumes ist ein lokaler $\underline{K}$-Raum.

Beweis: trivial.

5.3.11. Bemerkung: Ein beliebiger Unterraum eines lokalen $\underline{K}$-Raumes braucht kein lokaler $\underline{K}$-Raum zu sein wie das folgende Beispiel zeigt: Der $\mathbb{R}^2$ ist lokal zusammenhängend (die Mengen $U(x,\varepsilon)$ mit $x \in \mathbb{R}^2$ und $\varepsilon > 0$ sind zusammenhängend und bilden eine Basis für die Topologie des $\mathbb{R}^2$). Die folgende Teilmenge (versehen mit der Relativtopologie) ist es jedoch nicht: Man verbinde den Punkt $(0,1)$ geradlinig mit den Punkten $(0,0)$ und $(\frac{1}{n},0)$ für alle $n \in \mathbb{N}\setminus\{0\}$. Die Vereinigung V aller so gewonnenen Strecken ist die gesuchte Teilmenge; denn kein Punkt auf der Strecke mit den Endpunkten $(0,0)$ und $(0,1)$ außer $(0,1)$ besitzt eine Umgebungsbasis aus in V zusammenhängenden Umgebungen.

5.3.12. Satz: Es sei $\underline{K}$ abgeschlossen gegenüber Produktbildung. Dann gilt: Das Produkt einer Familie $((X_i,\underline{X}_i))_{i \in I}$ nicht leerer topologischer Räume ist genau dann ein lokaler $\underline{K}$-Raum, wenn alle $(X_i,\underline{X}_i)$ lokale $\underline{K}$-Räume sind und fast alle $(X_i,\underline{X}_i)$ zu $\underline{K}$ gehören.

Beweis: 1) Es sei $\prod_{i \in I} X_i$ ein lokaler $\underline{K}$-Raum. Da die Projektionen $p_i : \prod_{i \in I} X_i \to X_i$ für jedes $i \in I$ stetig, offen und surjektiv sind, folgt nach 5.3.9.① 3), daß alle $(X_i,\underline{X}_i)$ lokale $\underline{K}$-Räume sind. Ist ferner O ein offener zu $\underline{K}$ gehöriger Unterraum von $\prod_{i\in I} X_i$, so gilt $p_i[O] = X_i$ für fast alle $i\in I$ und somit gehören aufgrund der Eigenschaft 1) für Komponentenklassen die Räume $(X_i,\underline{X}_i)$ mit höchstens endlich vielen Ausnahmen zu $\underline{K}$.

2) Es seien alle $(X_i,\underline{X}_i)$ lokale $\underline{K}$-Räume und für alle $i\in I\setminus K$ außerdem Elemente von $\underline{K}$, wobei $K=\{k_1\ldots k_n\}\subset I$ gilt. Ist dann $x = (x_i)\in\prod_{i\in I} X_i$ und O_x eine offene Umgebung von x, so ist x in mindestens einer Menge der Form $\prod_{i\in I} O_i(x_i)$ enthalten, wobei $O_i(x_i) = X_i$ für alle $i\in I\setminus L$ $(L=\{l_1,\ldots l_n\}\subset I)$ und $O_i(x_i)$ offene Teilmenge von X_i ist für alle $i\in L$. Es seien $W_i = X_i$ für alle $i\in I\setminus(K\cup L)$(die $(X_i,\underline{X}_i)$ sind dann nach Voraussetzung Elemente von $\underline{K}$), und es seien W_i die in $O_i(x_i)$ enthaltenen zu $\underline{K}$ gehörigen Umgebungen von x_i (die $(X_i, \underline{X}_i)$ sind ja für alle $i\in K\cup L$ lokale $\underline{K}$-Räume!). $\prod_{i\in I} W_i$ gehört nach Voraussetzung über $\underline{K}$ zu $\underline{K}$ und ist eine in O_x enthaltene Umgebung von x.

<u>5.3.13.</u> <u>Bemerkungen</u>: 1) Die Bedingung, daß $\underline{K}$ abgeschlossen ist gegenüber Produktbildung ist für die uns hier interessierenden Fälle $\underline{K} = Z\underline{E}$ und $\underline{K} = \underline{Z}_W$ erfüllt (vgl. 5.1.20 und 5.2.12.).

2) Aufgrund von 5.3.12. ist ein endliches Produkt lokaler $\underline{K}$-Räume stets ein lokaler $\underline{K}$-Raum. Ist nun $(X,\underline{X})$ ein lokaler $\underline{K}$-Raum, der zwei Komponenten bez. $\underline{K}$ besitzt (vgl. 5.3.18 ②), so ist X^I

mit $|I| \geq \aleph_0$ kein lokaler $\underline{K}$-Raum, weil sonst X nach 5.3.12. zu $\underline{K}$ gehören müßte, also nur eine Komponente bez. $\underline{K}$ besitzen dürfte.

5.3.14. Satz: Ein topologischer Raum $(X,\underline{X})$, der „leer" ist oder dessen Komponenten bez. $\underline{K}$ einpunktig sind, ist genau dann ein lokaler $\underline{K}$-Raum, wenn er diskret ist.

Beweis: 1) Gilt $\underline{X} = \underline{P}(X)$, so ist $(X,\underline{X})$ trivialerweise ein lokaler $\underline{K}$-Raum (alle einpunktigen Räume gehören zu $\underline{K}$!).

2) Hat $(X,\underline{X})$ die im Satz genannte Eigenschaft und ist lokaler $\underline{K}$-Raum, so ist für jedes $x \in X$ die Menge $\{x\}$ mit der x enthaltenden Komponente bez. $\underline{K}$ identisch, die offen ist; also ist $\underline{X}$ die diskrete Topologie.

5.3.15. Satz: Ein lokal $\underline{E}$-zusammenhängender topologischer Raum ist lokal zusammenhängend.

Beweis: Trivial unter Verwendung von 5.1.22.

5.3.16. Satz: Ein lokal wegzusammenhängender topologischer Raum ist lokal zusammenhängend.

Beweis: Trivial unter Verwendung von 5.2.13.

5.3.17. Satz: In einem lokal wegzusammenhängenden topologischen Raum $(X,\underline{X})$ stimmen die Zusammenhangskomponenten mit den Wegkomponenten überein.

Beweis: Da jede Zusammenhangskomponente (disjunkte) Vereinigung von Wegkomponenten ist und in einem lokal wegzusammenhängenden Raum die Wegkomponenten offen-abgeschlossen sind, ist die Behauptung evident.

5.3.18. Beispiele: (1) a)($\mathbb{R}$,nat.Top.) ist wegzusammenhängend und lokal wegzusammenhängend (die offenen Intervalle bilden eine Basis der natürlichen Topologie und sind wegzusammenhängend). Damit ist $\mathbb{R}^I$ für beliebiges I wegzusammenhängend und lokal wegzusammenhängend (vgl. Sätze 5.2.12. und 5.3.12.)

b) Da ein offener Unterraum eines lokal wegzusammenhängenden Raumes wieder lokal wegzusammenhängend ist (vgl.5.3.10), sind aufgrund von 5.3.17. die offenen Teilmengen des $\mathbb{R}^I$ für beliebiges I genau dann zusammenhängend, also Gebiete, wenn sie wegzusammenhängend sind.

(2) Ein lokal zusammenhängender (lokal wegzusammenhängender) Raum braucht nicht zusammenhängend (wegzusammenhängend) zu sein, wie der zweipunktige diskrete Raum D_2 zeigt; er besitzt zwei Zusammenhangskomponenten (Wegkomponenten).

(3) Ein zusammenhängender (wegzusammenhängender) Raum braucht nicht lokal zusammenhängend und folglich auch nicht lokal wegzusammenhängend zu sein, wie der Raum V im Beispiel unter 5.3.11. zeigt (V ist wegzusammenhängend als Vereinigung wegzusammenhängender Strecken, deren Durchschnitt aus einem Punkt besteht).

(4) Ein lokal zusammenhängender Raum braucht nicht lokal wegzusammenhängend zu sein: Es sei X die Menge der reellen Zahlen und $\underline{X}_a$ die Topologie der abzählbaren Komplemente. Dann ist $(X,\underline{X}_a)$ lokal zusammenhängend (auch zusammenhängend) aber nicht lokal wegzusammenhängend (auch nicht wegzusammenhängend).

Kapitel 6: Beziehungen zwischen Trennung und Zusammenhang

6.1. Einige Klassen nicht zusammenhängender Räume

6.1.1. Vorbemerkung: Anschaulich sollte man etwas „getrennt" nennen, wenn es nicht „zusammenhängend" ist. Demzufolge ließe sich vermuten, daß eine Beziehung zwischen den bekannten Trennungsaxiomen T_0, T_1, T_2 usw. einerseits und dem Zusammenhangsbegriff andererseits besteht. Dazu ist zunächst der Begriff „nicht zusammenhängend" genauer zu studieren. Eine Klasse nicht zusammenhängender Räume haben wir bereits kennengelernt, nämlich die Klasse der total unzusammenhängenden Räume. Dabei handelt es sich um eine echte Unterklasse der Klasse der T_1-Räume. (a) Alle einpunktigen Teilmengen eines total unzusammenhängenden Raumes sind abgeschlossen, weil die Zusammenhangskomponenten abgeschlossen sind. b) ($\mathbb{R}$, nat.Top.) ist Beispiel eines T_1-Raumes, der nicht total unzusammenhängend ist). Weitere interessante Klassen nicht zusammenhängender Räume erhält man durch Einführung des Begriffes „Zusammenhang zwischen zwei Mengen":

6.1.2. Definition (MENGER): Ein topologischer Raum $(X,\underline{X})$ heißt zwischen zwei Teilmengen A und B von X zusammenhängend, wenn es keine offen-abgeschlossene

Teilmenge F von X gibt mit $F \supset A$ und $F \cap B = \emptyset$.

6.1.3. Satz: Ein topologischer Raum $(X,\underline{X})$ ist zwischen zwei Teilmengen A und B von X nicht zusammenhängend genau dann, wenn es eine stetige Abbildung $f : X \to D_2 = \{0,1\}$ gibt mit $\overline{f[A]} \cap \overline{f[B]} = \emptyset$.

Beweis: 1) „$\Leftarrow$": Ist $A = \emptyset$ oder $B = \emptyset$, so ist die Behauptung trivial. Es seien also $A \neq \emptyset$ und $B \neq \emptyset$. Wegen $\overline{f[A]} \cap \overline{f[B]} = \emptyset$ kann o.B.d.A. angenommen werden, daß $f[A] = \{0\}$ und $f[B] = \{1\}$ gilt. Da D_2 die diskrete Topologie trägt und f stetig ist, muß $F = f^{-1}[\{0\}]$ offen-abgeschlossen in X sein und es gilt $F \supset A$ und $F \cap B = \emptyset$.

2) „$\Rightarrow$": Es seien $A \neq \emptyset$ und $B \neq \emptyset$ (der Fall $A = \emptyset$ oder $B = \emptyset$ ist trivial) und $F \supset A$ eine offen-abgeschlossene Teilmenge von X mit $F \cap B = \emptyset$. $f : X \to D_2$ definiert durch

$$f(x) = \begin{cases} 0 \text{ für } x \in F \\ 1 \text{ für } x \in CF \end{cases}$$

ist stetig, und es gilt $f[A] = \{0\}$ und $f[B] = \{1\}$, also $\overline{f[A]} \cap \overline{f[B]} = \emptyset$.

6.1.4. Lemma: Für einen topologischen Raum $(X,\underline{X})$ mit $X \neq \emptyset$ sind folgende Aussagen äquivalent:

(1) $(X,\underline{X})$ ist zusammenhängend.

(2) $(X,\underline{X})$ ist zwischen je zwei Punkten zusammenhängend. (In diesem Zusammenhang ist ein Punkt als einpunktige Teilmenge aufzufassen.)

(3) $(X,\underline{X})$ ist zwischen jeder nicht leeren abgeschlossenen Teilmenge A von X und jedem Punkt $x \in X \setminus A$ zusammenhängend.

(4) $(X,\underline{X})$ ist zwischen je zwei nicht leeren abgeschlossenen und disjunkten Teilmengen A und B von X zusammenhängend.

Beweis: 1) Ist $(X,\underline{X})$ zusammenhängend, so ist jede stetige Abbildung $f : X \rightarrow D_2$ konstant, also gilt für irgendwelche nicht leeren Teilmengen A und B von X stets $\overline{f[A]} \cap \overline{f[B]} \neq \emptyset$. Die Aussagen (2) - (4) sind also erfüllt.

2) Exemplarisch sei gezeigt „(3) $\Rightarrow$ (1)", und zwar indirekt: Ist $(X,\underline{X})$ nicht zusammenhängend, so gibt es eine stetige Abbildung $f : X \rightarrow D_2$ sowie Punkte $x,y \in X$ mit $f(x) \neq f(y)$. $A = f^{-1}[\{f(y)\}]$ ist dann abgeschlossen in X und enthält x nicht. Wegen $\overline{f[A]} \cap \overline{\{f(x)\}} = \{f(y)\} \cap \{f(x)\} = \emptyset$ ist dann X zwischen A und $\{x\}$ nicht zusammenhängend, d.h. (3) ist nicht erfüllt.

6.1.5. Bemerkungen: (1) Ist $(X,\underline{X})$ ein topologischer Raum, so läßt sich auf X folgendermaßen eine Äquivalenzrelation π einführen: $x \pi y \Leftrightarrow$ X ist zwischen $\{x\}$ und $\{y\}$ zusammenhängend, (d.h. für jedes stetige $f : X \rightarrow D_2$ gilt $\overline{\{f(x)\}} \cap \overline{\{f(y)\}} = \{f(x)\} \cap \{f(y)\} \neq \emptyset$, also $f(x) = f(y)$).
Ist $\omega : X \rightarrow X/_{\pi}$ die natürliche Abbildung, so heißt $\omega(x)$ für jedes $x \in X$ die x enthaltende Quasikomponente von X:

$$\omega(x) = \{y \mid y \in X \text{ und } f(y) = f(x) \text{ für alle } f \in C(X,D_2)\}.$$

Definitionsgemäß bilden die Quasikomponenten von X eine Zerlegung von X und jede Quasikomponente von X ist

Vereinigung (disjunkte!) von Zusammenhangskomponenten von X. (Offenbar ist die $x \in X$ enthaltende Zusammenhangskomponente K_x enthalten in der x enthaltenden Quasikomponente Q_x von X, weil auf K_x jede stetige Abbildung $f : X \to D_2$ konstant ist). Die $x \in X$ enthaltende Quasikomponente Q_x ist der Durchschnitt aller x enthaltenden offen-abgeschlossenen Teilmengen von X und folglich abgeschlossen. (Beweis: a) Gehört y zu allen x enthaltenden offen-abgeschlossenen Teilmengen von X und ist $f \in C(X,D_2)$, so ist $f^{-1}[\{f(x)\}]$ offen-abgeschlossen und enthält x, also gilt $y \in f^{-1}[\{f(x)\}]$, d.h. $f(y) = f(x)$.
b)(Indirekt): Ist $y \notin \bigcap_{\substack{x \in B \in \underline{X} \\ X \setminus B \in \underline{X}}} B$, so gibt es eine offen-abgeschlossene Teilmenge B von X mit $x \in B$ und $y \notin B$. $f : X \to D_2$ definiert durch

$$f(z) = \begin{cases} 0 & \text{für } z \in B \\ 1 & \text{für } z \in \complement B \end{cases}$$

ist dann stetig und es gilt $f(x) \neq f(y)$, d.h. $y \notin Q_x$.).
Ein topologischer Raum $(X,\underline{X})$ ist genau dann zusammenhängend, wenn er nur eine Quasikomponente besitzt (beide Aussagen bedeuten ja, daß jede stetige Abbildung von X in D_2 konstant ist!). Die Quasikomponenten eines topologischen Raumes stimmen i.a. nicht mit den Zusammenhangskomponenten überein, wie das folgende Beispiel zeigt:
Es sei $M \subset \mathbb{R}^2$ definiert durch

$$M = \Big(\bigcup_{n \in \mathbb{N} \setminus \{0\}} M_n\Big) \cup \{(0,0)\} \cup \{(0,1)\}, \text{ wobei } M_n = \{\tfrac{1}{n}\} \times [0,1] \text{ ist.}$$

Die Zusammenhangskomponenten von M (versehen mit der Relativtopologie des Euklidischen Raumes der Dimension 2) sind die Mengen M_n sowie $\{(0,0)\}$ und $\{(0,1)\}$. Die (0,0) enthaltende Quasikomponente Q von M ist jedoch $\{(0,0), (0,1)\}$ (denn: Jede offen-abgeschlossene Teilmenge F von M, die (0,0) enthält, enthält fast alle Glieder der Folge $((\frac{1}{n},0))$ und weil M_n zusammenhängend ist sogar ganz M_n für fast alle n, also mit Ausnahme von höchstens endlich vielen auch alle Glieder der Folge $((\frac{1}{n},1))$ und damit ihren Limes (0,1) d.h. $\{(0,0), (0,1)\} \subset Q$. Da offensichtlich kein weiterer Punkt von M zu Q gehören kann, gilt $Q = \{(0,0), (0,1)\}$).

(2) 6.1.4. ist nun der Ausgangspunkt dafür, weitere Klassen nicht zusammenhängender Räume einzuführen. Das geschieht durch folgende Definitionen:

<u>6.1.6</u>. <u>Definitionen</u>: 1) Ein topologischer Raum $(X,\underline{X})$ mit der Eigenschaft, daß für jedes $x \in X$ für die x enthaltende Quasikomponente Q_x gilt $Q_x = \{x\}$, heißt <u>total zusammenhangslos</u>.

2) Ein topologischer Raum $(X,\underline{X})$, der zwischen jeder abgeschlossenen Teilmenge A von X und jedem Punkt $x \in X \setminus A$ nicht zusammenhängend ist, heißt <u>nulldimensional</u>.[49]

---

49) Eine Begründung für diese Namensgebung wird hier nicht gegeben; sie kann nur im Rahmen der Dimensionstheorie topologischer Räume erfolgen, auf die hier nicht eingegangen wird.

3) Ein topologischer Raum $(X,\underline{X})$, der zwischen je zwei abgeschlossenen und disjunkten Teilmengen A und B von X nicht zusammenhängend ist, heißt <u>stark nulldimensional</u> [49].

6.1.7. <u>Bemerkungen</u>: ① <u>Ein topologischer Raum $(X,\underline{X})$ ist genau dann total zusammenhangslos, wenn er zwischen je zwei Punkten nicht zusammenhängend ist.</u>

② a) Für einen T_1-Raum $(X,\underline{X})$ gilt offenbar die folgende Hierarchie:
stark nulldimensional ⟹ nulldimensional ⟹ total zusammenhangslos.

b) Die Implikation „total zusammenhangslos ⟹ total unzusammenhängend" gilt stets.

c) Keine der Implikationen unter a) und b) ist umkehrbar: α) Ein Beispiel für einen total unzusammenhängenden Raum, der nicht total zusammenhangslos ist, findet man in „W.SIERPINSKI: Sur les espaces connexes et non connexes, Fund.Math. 2, 81-95(1921)" auf Seite 88.

β) Ein Beispiel für einen Raum, der total zusammenhangslos und damit auch total unzusammenhängend ist, jedoch nicht nulldimensional ist, ist das folgende: Die Menge der Punkte des Hilbert-Raumes mit rationalen Koordinaten versehen mit der Relativtopologie hat die gewünschten Eigenschaften.

γ) Ein Beispiel für einen nulldimensionalen Raum, der nicht stark nulldimensional ist, findet man in „R.ENGELKING: Outline of General

Topology, Amsterdam 1968" auf Seite 254 (Example 3).

③ a) Die Klasse der total zusammenhangslosen Räume ist eine echte[50] Unterklasse der Klasse der T_2-Räume. (Ist $(X,\underline{X})$ total zusammenhangslos und sind $x,y \in X$ mit $x \neq y$, so gibt es eine stetige Abbildung $f : X \to D_2$ mit $f(x) \neq f(y)$. $f^{-1}[\{f(x)\}]$ und $f^{-1}[\{f(y)\}]$ sind dann disjunkte offene Umgebungen von x bzw. y).

b) Die Klasse der nulldimensionalen Räume ist eine echte[50] Unterklasse der Klasse der T_3-Räume. (Ist $(X,\underline{X})$ nulldimensional und $A = \overline{A} \subset X$ sowie $x \in X \setminus A$, so existiert ein stetiges $f : X \to D_2$ mit $\overline{\{f(x)\}} \cap \overline{f[A]} = \emptyset$. $f^{-1}[\{f(x)\}]$ ist dann eine offene Umgebung von x, die mit der offenen Umgebung $f^{-1}[f[A]]$ von A disjunkt ist.)

c) Die Klasse der stark nulldimensionalen Räume ist eine echte[50] Unterklasse der Klasse der T_4-Räume (Beweis analog zu b)).

④ Die Klassen der T_1-, T_2-, T_3- und T_4-Räume selbst konnten also bisher nicht gedeutet werden als Klassen nicht zusammenhängender Räume. Im Folgenden werden wir nun sehen, daß erst durch den Begriff „$\underline{E}$-Zusammenhang" und den noch zu definierenden Begriff „$\underline{E}$-Zusammenhang zwischen zwei Mengen" eine solche Deutung möglich wird (als Klassen nicht $\underline{E}$-zusammenhängender Räume).

---

50) ($\mathbb{R}$,nat.Top.) ist T_2-, T_3-, T_4-Raum, aber zusammenhängend.

<u>6.1.8.</u> <u>Hinweis:</u> Wie im Kapitel 5 sei $\underline{E}$ im folgenden eine Klasse nichtleerer topologischer Räume, die einen mindestens zweipunktigen Raum enthält.

6.2. Die Klasse U$\underline{E}$ der total $\underline{E}$-unzusammenhängenden Räume.

6.2.1. Lemma: Für jedes $\underline{E}$ gilt $\underline{E} \subset U\underline{E}$.

Beweis: Ist $E \in \underline{E}$ und $K \subset E$ eine $\underline{E}$-Zusammenhangskomponente, so ist die Inklusionsabbildung $i : K \to E$ notwendig konstant, d.h. K ist einpunktig. E ist also total $\underline{E}$-unzusammenhängend.

6.2.2. Satz: Die Klasse der T_0-Räume ist genau dann mit U$\underline{E}$ identisch, wenn $\underline{E}$ eine Klasse von T_0-Räumen ist, die einen Raum enthält, der kein T_1-Raum ist.

Beweis: 1) Nach 5.1.6.(2) besteht Z$\underline{E}$ aus genau allen indiskreten Räumen, falls $\underline{E}$ eine Klasse von T_0-Räumen ist, die einen Raum enthält, der nicht T_1-Raum ist. Ein topologischer Raum $(X,\underline{X})$ ist offenbar genau dann ein T_0-Raum, wenn jede mindestens zweipunktige Teilmenge (versehen mit der Relativtopologie) nicht indiskret ist, d.h. im vorliegenden Fall nicht $\underline{E}$-zusammenhängend ist. Damit ist die Behauptung bewiesen.

2) Gilt $U\underline{E} = \{T_0\text{-Räume}\}$, so gilt nach 6.2.1., daß $\underline{E}$ eine Klasse von T_0-Räumen ist. Es können aber nicht alle Räume aus $\underline{E}$ auch T_1-Räume sein, sonst wäre $U\underline{E} \subset \{T_1\text{-Räume}\}$ (weil dann die $\underline{E}$-Zusammenhangskomponenten abgeschlossen sind), was jedoch bekanntlich falsch ist.

6.2.3. Bemerkung: Die Bedingung an $\underline{E}$ in 6.2.2. ist erfüllt, wenn $\underline{E} = \{T_0\text{-Räume}\}$ oder $\underline{E} = \{S\}$ gewählt wird (dabei bedeutet S den Sierpinski-Raum $(\{0,1\}, \{\{0\}, \{0,1\}, \emptyset\})$).

<u>Ein topologischer Raum ist also genau dann ein T_o-Raum, wenn er total $\{S\}$ -unzusammenhängend ist.</u>

<u>6.2.4</u>. Die Klasse der T_1-Räume ist mit $U\underline{E}$ identisch, wenn $\underline{E}$ aus allen T_1-Räumen oder aus allen Räumen mit der Topologie der endlichen Komplemente[51] besteht.

<u>Beweis</u>: 1) $\underline{E} = \{T_1\text{-Räume}\}$:

a) $\{T_1\text{-Räume}\} \subset U\underline{E}$ nach 6.2.1.

b) Da die $\underline{E}$-Zusammenhangskomponenten abgeschlossen sind, gilt $U\underline{E} \subset \{T_1\text{-Räume}\}$.

2) $\underline{E} = \{$Räume mit Topologie der endlichen Komplemente$\}$

a) Da $\underline{E}$ eine Klasse von T_1-Räumen ist (alle einpunktigen Teilmengen eines Raumes mit der Topologie der endlichen Komplemente sind abgeschlossen), sind die $\underline{E}$-Zusammenhangskomponenten abgeschlossen, also gilt $U\underline{E} \subset \{T_1\text{-Räume}\}$.

b) Es sei $(X,\underline{X})$ ein T_1-Raum. Zu zeigen: Zu jeder mindestens zweipunktigen Teilmenge A von X existiert eine stetige nicht konstante Abbildung $f : A \rightarrow Y$, wobei Y ein Raum mit der Topologie der endlichen Komplemente ist (d.h. jede mindestens zweipunktige Teilmenge ist nicht $\underline{E}$-zusammenhängend). $\underline{X}'$ sei die Topologie der endlichen Komplemente auf X, also gilt $\underline{X}' \subset \underline{X}$, d.h. $1_X : (X,\underline{X}) \rightarrow (X,\underline{X}')$ ist stetig. $1_X|_A : (A,\underline{X}_A) \rightarrow (X,\underline{X}')$ ist stetig und nicht konstant, weil A nicht einpunktig ist.

---

51) Für jede Menge X ist die Topologie der endlichen Komplemente erklärt durch $\underline{X} = \{O \mid O \subset X \text{ und } X \setminus O \text{ endlich}\} \cup \{\emptyset\}$.

6.2.5. Bemerkungen: (1) Es gibt keinen Raum X, so daß $U\{X\} = \{T_1\text{-Räume}\}$ gilt. Das folgt sofort aus folgendem Satz von HERRLICH:

Satz: Zu jedem T_1-Raum X gibt es einen regulären Raum Y mit:

(1) Y hat mindestens zwei Punkte.

(2) Jede stetige Abbildung von Y in X ist konstant.

Einen Beweis dieses Satzes findet der interessierte Leser in „H.HERRLICH: Wann sind alle stetigen Abbildungen in Y konstant?, Math.Z. 90, 152-154 (1965)"

(2) Es sollen jetzt noch einige Strukturaussagen über $U\underline{E}$ bewiesen werden. Um eine elegante Darstellung zu geben und übergeordnete Gesichtspunkte zu berücksichtigen, wird zunächst folgendes definiert:

6.2.6. Definition: Für jede Klasse $\underline{F}$ (nicht leerer) topologischer Räume sei $T\underline{F} = \{X \mid X \in |\underline{T}| \setminus \{\emptyset\}$ und $C(Y,X)$ besteht nur aus konstanten Abbildungen für alle $Y \in \underline{F}\}$

6.2.7. Beispiele: (1) $\underline{F}$ sei die Klasse der nicht leeren $\underline{E}$-zusammenhängenden Räume. Dann ist $T\underline{F} = \{$(nicht leere) total $\underline{E}$-unzusammenhängende Räume$\}$.

(2) $\underline{F}$ sei die Klasse der nicht leeren wegzusammenhängenden Räume. Dann ist $T\underline{F} = \{$(nicht leere) total wegunzusammenhängende Räume$\}$

(3) Es sei $\underline{F} = \{[0,1]\}$. Dann ist $T\underline{F} = \{$(nicht leere) total wegunzusammenhängende Räume$\}$.

6.2.8. Satz: Es sei $(X,\underline{X})$ ein (nicht leerer) topologischer Raum, $((Y_i,\underline{Y}_i))_{i\in I}$ eine Familie topologischer (nicht leerer) Räume und $f_i : X \to Y_i$ für jedes $i \in I$ stetige Abbildungen mit der Eigenschaft: Zu je zwei verschiedenen Punkten $x, y \in X$ existiert ein $i \in I$, so daß $f_i(x) \neq f_i(y)$ gilt. Sind dann alle $Y_i \in T\underline{F}$ (für eine beliebige Klasse $\underline{F}$ nicht leerer topologischer Räume), so ist auch $X \in T\underline{F}$.

Korollar: $T\underline{F}$ ist abgeschlossen gegenüber Bildung von Unterräumen und Produkten.

Beweis: 1) Es seien $Y \in \underline{F}$, $f \in C(Y,X)$ und a, b beliebige Elemente von Y. Wäre $f(a) \neq f(b)$, so existierte ein $i \in I$ mit $f_i(f(a)) \neq f_i(f(b))$. Für dieses i wäre dann $f_i \circ f : Y \to Y_i$ eine nicht konstante stetige Abbildung im Widerspruch zu $Y_i \in T\underline{F}$. f muß also konstant sein, also gilt $X \in T\underline{F}$.

2) Die Projektionsabbildung und die Inklusionsabbildungen erfüllen gerade die im Satz genannte Bedingung. Daraus folgt das Korollar.

6.2.9. Bemerkungen: (1) Mit 6.2.8. ist gezeigt (auf einen Schlag!), daß die Klassen der T_0-Räume, der T_1-Räume, der total unzusammenhängenden und der total wegunzusammenhängenden Räume abgeschlossen sind gegenüber Bildung von Unterräumen und Produkten.

(2) $T\underline{F}$ kann kategoriell verallgemeinert werden genau wie $Z\underline{E}$; genauer definiert man:

a) Auf der Objektklasse $|\underline{C}|$ einer (verbündenen) Kategorie $\underline{C}$ wird durch

$XRY \Leftrightarrow [X,Y]_{\underline{C}}$ besteht nur aus konstanten Morphismen

eine Relation R definiert.

b) Für jede Unterklasse $\underline{E}$ von $|\underline{C}|$ definiert man

$$Z\underline{E} = \{X \mid X \in |\underline{C}| \text{ und } XRY \text{ für alle } Y \in \underline{E}\}$$

$$T\underline{E} = \{X \mid X \in |\underline{C}| \text{ und } YRX \text{ für alle } Y \in \underline{E}\}.$$

Dann gelten folgende „Rechenregeln" ($\underline{E}, \underline{F}, \ldots$ seien stets Unterklassen von $|\underline{C}|$):

1) a) $\underline{E} \subset \underline{F} \Rightarrow Z\underline{E} \supset Z\underline{F}$

b) $\underline{E} \subset \underline{F} \Rightarrow T\underline{E} \supset T\underline{F}$

c) $\underline{E} \subset TZ\underline{E}$

d) $\underline{E} \subset ZT\underline{E}$

2) a) $ZTZ\underline{E} = Z\underline{E}$

b) $TZT\underline{E} = T\underline{E}$

$TZ\underline{E} = U\underline{E}$ ist dann gerade die kategorielle Verallgemeinerung der Klasse der total $\underline{E}$-unzusammenhängenden Räume. Aufgrund der Formeln

$$ZU\underline{E} = Z\underline{E}$$
$$TZ\underline{E} = U\underline{E}$$

besteht zwischen den Klassen vom Typ $Z\underline{E}$ und den Klassen vom Typ $U\underline{E}$ eine umkehrbar eindeutige Zuordnung, die wegen 1) die Enthaltenseinsrelation umkehrt (Galois-Korrespondenz).

(3) Die hier eingeführte Methode

der Verallgemeinerung des Zusammenhangsbegriffes führt schließlich noch zu weiteren (neuen) Trennungsaxiomen, z.B. kann die Aussage $X \in U\{\mathbb{R}\}$ als ein „Trennungsaxiom" angesehen werden, das zwischen „vollständig Hausdorffsch" (ein topologischer Raum $(X,\underline{X})$ heißt vollständig Hausdorffsch, wenn es zu je zwei verschiedenen Punkten $x,y \in X$ eine stetige reellwertige Abbildung f auf X gibt mit $f(x) \neq f(y)$; jeder vollständig reguläre Raum ist offensichtlich vollständig Hausdorffsch, die Umkehrung gilt nicht [vgl. etwa W.T. van Est und H.Freudenthal: Trennung durch stetige Funktionen in topologischen Räumen, Indag.Math. 13, 359-368 (1951)]) und T_1 liegt.

④ Die Klasse der T_2-Räume kann durch $U\underline{E}$ nicht erhalten werden. Deshalb werden wir im folgenden den Begriff der Quasikomponente und den Begriff „total zusammenhangslos" verallgemeinern.

6.3. Die $\underline{E}$-Quasikomponenten und die Klasse $Q\underline{E}$ der total $\underline{E}$-zusammenhangslosen Räume.

6.3.1. Definitionen: 1) Es sei $(X,\underline{X})$ ein topologischer Raum, $x \in X$. Dann heißt $Q_x = \{y \mid f(y) = f(x)$ für alle $f \in C(X,Y)$ und alle $Y \in \underline{E}\}$ die x enthaltende $\underline{E}$-Quasikomponente von $(X,\underline{X})$.

2) a) Ein topologischer Raum $(X,\underline{X})$ mit der Eigenschaft, daß für jedes $x \in X$ für die x enthaltende $\underline{E}$-Quasikomponente Q_x gilt $Q_x = \{x\}$ heißt total

$\underline{E}$-<u>zusammenhangslos</u>.

b) Die Klasse der total $\underline{E}$-zusammenhangslosen Räume wird mit $Q\underline{E}$ bezeichnet.

3) Ein topologischer Raum $(X,\underline{X})$ heißt <u>zwischen zwei Teilmengen</u> A <u>und</u> B <u>von</u> X $\underline{E}$-<u>zusammenhängend</u>, wenn für alle $E \in \underline{E}$ und alle $f \in C(X,E)$ gilt $\overline{f[A]} \cap \overline{f[B]} \neq \emptyset$. (Also ist $(X,\underline{X})$ zwischen A und B <u>nicht</u> $\underline{E}$-zusammenhängend, wenn es ein $E \in \underline{E}$ und ein $f \in C(X,E)$ so gibt, daß $\overline{f[A]} \cap \overline{f[B]} = \emptyset$ gilt.)

<u>6.3.2</u>. <u>Bemerkungen</u>: (1) Aufgrund der Betrachtungen unter 6.1. ist unmittelbar klar, daß für $\underline{E} = \{D_2\}$ die in 6.3.1. definierten Begriffe mit den klassischen übereinstimmen.

(2) Ist $\underline{E}$ eine Klasse von T_1-Räumen, so ist die $x \in X$ enthaltende $\underline{E}$-Quasikomponente Q_x der Durchschnitt aller x enthaltenden $\underline{E}$-offenen ($\underline{E}$-abgeschlossenen) Teilmengen von X. Q_x ist also abgeschlossen.

(3) Die $\underline{E}$-Quasikomponenten eines topologischen Raumes $(X,\underline{X})$ bilden eine Zerlegung von X und jede $\underline{E}$-Quasikomponente ist Vereinigung von $\underline{E}$-Zusammenhangskomponenten.

(4) Es sei $\underline{E}$ eine Klasse von T_1-Räumen. Dann gilt: Ein topologischer Raum $(X,\underline{X})$ ist genau dann total $\underline{E}$-zusammenhangslos, wenn er zwischen je zwei (verschiedenen) Punkten nicht $\underline{E}$-zusammenhängend ist (beide Aussagen bedeuten, daß es zu je zwei verschiedenen Punkten $x,y \in X$ ein $E \in \underline{E}$ sowie ein $f \in C(X,E)$ so

gibt, daß $f(x) \neq f(y)$ gilt).

6.3.3. Satz: Es sei $(X,\underline{X})$ ein topologischer Raum, $((Y_i,\underline{Y}_i))_{i\in I}$ eine Familie topologischer Räume und $f_i : X \to Y_i$ für jedes $i \in I$ stetige Abbildungen mit der Eigenschaft: Zu je zwei verschiedenen Punkten $x,y \in X$ existiert ein $i \in I$ mit $f_i(x) \neq f_i(y)$. Sind dann alle $Y_i \in Q\underline{E}$, so ist auch $X \in Q\underline{E}$.

Korollar: $Q\underline{E}$ ist abgeschlossen gegenüber Bildung von Unterräumen und Produkten.

Beweis: Sind $a,b \in X$ mit $a \neq b$, so gibt es nach Voraussetzung ein $f_i: X \to Y_i$ mit $f_i(a) \neq f_i(b)$. Da $Y_i \in Q\underline{E}$ gilt, existiert ein $E \in \underline{E}$ und ein $f \in C(Y_i,E)$ mit $f(f_i(a)) \neq f(f_i(b))$. $h = f \circ f_i : X \to E$ ist dann stetig und es gilt $h(a) \neq h(b)$; also ist $X \in Q\underline{E}$.

6.3.4. Lemma: Für jedes $\underline{E}$ gilt $\underline{E} \subset Q\underline{E} \subset U\underline{E}$.

Beweis: trivial.

6.3.5. Beispiele:

(1) a) $\underline{E} = \{T_0\text{-Räume}\}$ oder
b) $\underline{E} = \{S\}$[52] : $Q\underline{E} = \{T_0\text{-Räume}\}$

(2) a) $\underline{E} = \{T_1\text{-Räume}\}$: $Q\underline{E} = \{T_1\text{-Räume}\}$
b) $\underline{E} = \{$Räume mit Topologie der endlichen Komplemente$\}$: $Q\underline{E} = \{T_1\text{-Räume}\}$

(3) $\underline{E} = \{T_2\text{-Räume}\}$: $Q\underline{E} = \{T_2\text{-Räume}\}$

(4) $\underline{E} = \{T_{2a}\text{-Räume}\}$: $Q\underline{E} = \{T_{2a}\text{-Räume}\}$

(5) a) $\underline{E} = \{\mathbb{R}\}$ oder
b) $\underline{E} = \{[0,1]\}$: $Q\underline{E} = \{$vollständig Hausdorffsche Räume$\}$

52) S bezeichnet den Sierpinski-Raum.

(6) $\underline{E} = \{D_2\}$: $Q\underline{E} = \{$ total zusammenhangslose Räume $\}$

<u>6.3.6.</u> <u>Bemerkungen:</u> (1) Die Klassen der T_1-, T_2- und T_{2a}-Räume sind für keinen topologischen Raum X mit $Q\{X\}$ identisch, wie man aus dem unter 6.2.5. zitierten Satz folgern kann.

(2) a) Ist $\underline{E}$ eine Klasse von T_0-Räumen, so gilt $X \in Q\underline{E}$ genau dann, wenn von je zwei verschiedenen Punkten $x,y \in X$ wenigstens einer in einer $\underline{E}$-offenen Teilmenge enthalten ist, die den anderen nicht enthält.

b) Ist $\underline{E}$ eine Klasse von T_1-Räumen, so gilt $X \in Q\underline{E}$ genau dann, wenn von je zwei verschiedenen Punkten $x,y \in X$ jeder in einer $\underline{E}$-offenen Teilmenge von X enthalten ist, die den anderen nicht enthält.

c) Ist $\underline{E}$ eine Klasse von T_2-Räumen, so gilt $X \in Q\underline{E}$ genau dann, wenn es zu je zwei verschiedenen Punkten $x,y \in X$ disjunkte $\underline{E}$-offene Teilmenge A und B von X gibt mit $x \in A$ und $y \in B$.

(3) Die „höheren Trennungsaxiome" erhält man durch $Q\underline{E}$ nicht. Deshalb soll nun die Klasse derjenigen topologischen Räume untersucht werden, die zwischen jeder abgeschlossenen Teilmenge und jedem Punkt aus dem Komplement derselben nicht $\underline{E}$-zusammenhängend sind. Im Spezialfall $\underline{E} = \{D_2\}$ hatten wir ja bereits gesehen, daß die so gebildete Klasse (nämlich

die Klasse der nulldimensionalen Räume) eine echte Unterklasse der Klasse der T_3-Räume war.

6.4. Die Klasse RE.

6.4.1. Die Klasse derjenigen topologischen Räume $(X,\underline{X})$, die zwischen jeder abgeschlossenen Teilmenge A von X und jedem Punkt $x \in X \setminus A$ nicht $\underline{E}$-zusammenhängend sind, soll mit $\underline{RE}$ bezeichnet werden.

6.4.2. Satz: Es sei $\underline{E}$ eine Klasse von T_1-Räumen oder T_3-Räumen. Für einen topologischen Raum $(X,\underline{X})$ sind dann folgende Aussagen äquivalent:

(1) $(X,\underline{X}) \in \underline{RE}$

(2) Die $\underline{E}$-offenen Teilmengen von X bilden eine Basis von $\underline{X}$.

Beweis: (1) $\Rightarrow$ (2): Es sei $O \in \underline{X}$ und $O \neq \emptyset$, $O \neq X$ (sonst ist nichts zu zeigen). $A = CO$ ist dann abgeschlossen und nach Voraussetzung existiert zu jedem $p \in CA = O$ ein $E_p \in \underline{E}$ und ein $f_p \in C(X,E_p)$, so daß $\overline{\{f_p(p)\}} \cap \overline{f_p[A]} = \emptyset$ ist. $E_p \setminus \overline{f_p[A]} = O_p$ ist dann offen in E_p, also ist $f_p^{-1}[O_p]$ $\underline{E}$-offen in X und es gilt $O = \bigcup_{p \in O} f_p^{-1}[O_p]$, woraus die Behauptung folgt.

(2) $\Rightarrow$ (1): Es sei $A = \overline{A} \subset X$ und $p \in X \setminus A = O$. Da O offen ist, existiert nach Voraussetzung ein $E \in \underline{E}$, ein $f \in C(X,E)$ und eine offene Teilmenge O^* von E, so daß $p \in f^{-1}[O^*]$ und $f^{-1}[O^*] \cap A = \emptyset$ gilt. Daraus folgt

$f[A] \subset E \setminus O^* = A^*$ und, weil A^* abgeschlossen ist, auch $\overline{f[A]} \subset A^*$, also $f(p) \notin \overline{f[A]}$. Da E T_1-Raum oder T_3-Raum ist, gilt auch $\overline{\{f(p)\}} \cap \overline{f[A]} = \emptyset$.

6.4.3. Satz: Jeder Unterraum eines Raumes $(X,\underline{X}) \in \underline{RE}$ gehört zu $\underline{RE}$.

Beweis: trivial.

6.4.4. Definition: Die Klasse $\underline{E}$ hat die endliche Durchschnittseigenschaft (ede), wenn für jeden topologischen Raum $(X,\underline{X})$ der Durchschnitt endlich vieler $\underline{E}$-offener Teilmengen von X $\underline{E}$-offen in $(X,\underline{X})$ ist.

6.4.5. Bemerkung: a) $\underline{E} = \{\mathbb{R}\}$ und $\underline{E} = \{D_2\}$ sowie $\underline{E} = \{[0,1]\}$ haben offenbar die endliche Durchschnittseigenschaft. (Beweis: $\underline{E} = \{D_2\}$ siehe 5.1.6.① a), $\underline{E} = \{\mathbb{R}\}$ siehe 5.1.6.① b) und beachte für $f,g \in C(X, \mathbb{R})$ gilt $(fg)^{-1}(0) = f^{-1}(0) \cup g^{-1}(0)$ $\underline{E} = \{[0,1]\}$ analog zu 5.1.6.① b))

b) Ist $\underline{E}$ abgeschlossen gegenüber Bildung endlicher Produkte, so hat $\underline{E}$ die endliche Durchschnittseigenschaft. (Beweis: N_i offen in $E_i \in \underline{E}$ $(i=1,2)$ und $f_i \in C(X,E_i)$ impliziert $f_1^{-1}[N_1] \cap f_2^{-1}[N_2] = (f_1 \times f_2)^{-1}[N_1 \times N_2]$, wobei $(f_1 \times f_2) : X \to E_1 \times E_2$ ($E_1 \times E_2 \in \underline{E}$ nach Voraussetzung) durch $(f_1 \times f_2)(x) = (f_1(x), f_2(x))$ definiert und stetig ist.)

6.4.6. Satz: Es seien $\underline{E}$ eine Klasse von T_1-Räumen oder T_3-Räumen mit der endlichen Durchschnittseigenschaft und $((X_i,\underline{X}_i))_{i \in I}$ eine Familie nichtleerer topologischer Räume. Dann gilt: Das Produkt $\prod_{i \in I} X_i$ gehört genau dann zu $\underline{RE}$, wenn alle X_i zu $\underline{RE}$ gehören.

Beweis: 1) Ist $\prod_{i\in I} X_i \in \underline{R}\ \underline{E}$, so ist für jedes $i \in I$ nach 6.4.3. auch $X_i \in \underline{R}\ \underline{E}$.

2) Sind alle X_i aus $\underline{R}\ \underline{E}$, so bilden nach 6.4.2. die $\underline{E}$-offenen Teilmengen von X_i eine Basis von $\underline{X}_i$. Bezeichnet man mit p_i die Projektionsabbildungen, so bildet das System der endlichen Durchschnitte von Mengen der Form $p_i^{-1}[O_i]$, wobei O_i $\underline{E}$-offen in X_i ist, eine Basis von $\prod_{i\in I} X_i$. Da $p_i^{-1}[O_i]$ $\underline{E}$-offen in $\prod_{i\in I} X_i$ ist und da aufgrund der endlichen Durchschnittseigenschaft von $\underline{E}$ der endliche Durchschnitt $\underline{E}$-offener Mengen $\underline{E}$-offen ist, besteht die genannte Basis aus $\underline{E}$-offenen Mengen, d.h. $\prod X_i \in \underline{R}\ \underline{E}$.

6.4.7. Der weiteren Kennzeichnung von Räumen aus $\underline{R}\ \underline{E}$ schicken wir folgendes Einbettungslemma voran:

Lemma: Es seien $(X, \underline{X})$ ein topologischer Raum, $((Y_i, \underline{Y}_i))_{i\in I}$ eine Familie topologischer Räume sowie $F = (f_i)_{i\in I}$ eine Familie stetiger Abbildungen mit $f_i : X \to Y_i$. Für die durch $p_i \circ f = f_i$ (für alle $i \in I$) definierte stetige Abbildung[53] $f : X \to \prod_{i\in I} Y_i$ gilt dann:

(1) Trennt F Punkte, d.h. gibt es zu je zwei verschiedenen Punkten $x, y \in X$ ein $i \in I$ mit $f_i(x) \neq f_i(y)$, so ist f injektiv, also ein Monomorphismus in $\underline{T}$.

(2) Trennt F Punkte und abgeschlossene Mengen, d.h. gibt es zu jeder abgeschlossenen Teilmenge A von X und jedem Punkt $x \in X \setminus A$ ein $i \in I$ mit $f_i(x) \notin \overline{f_i[A]}$, so ist $f' : X \to f[X]$ definiert durch $f'(x) = f(x)$ für alle $x \in X$ eine offene Abbildung.

---

53) vgl. 3.3.1. und Beweis von 3.3.3. a).

Beweis: (1) Sind x,y zwei verschiedene Punkte von X, so gibt es ein $i \in I$ mit $f_i(x) = p_i(f(x)) \neq f_i(y) = p_i(f(y))$, d.h. $f(x) \neq f(y)$. f ist also injektiv.

(2) Es sei $O \in \underline{X}$ und $O \neq \emptyset$ sowie $O \neq X$. Um zu zeigen, daß $f'[O] = f[O]$ offen in $f[X]$ ist, muß nachgewiesen werden, daß $f[O]$ mit jedem Punkt eine ganze Umgebung desselben in $f[X]$ enthält, d.h. daß zu jedem $x \in O$ eine offene Umgebung $O_{f(x)}$ von $f(x)$ in $\prod_{i \in I} Y_i$ existiert mit $O_{f(x)} \cap f[X] \subset f[O]$. Ist nun $x \in O$, so ist $X \setminus O = A$ abgeschlossene Teilmenge von X mit $x \notin A$, also existiert ein $i \in I$ mit $f_i(x) \notin \overline{f_i[A]}$. $p_i^{-1}[Y_i \setminus \overline{f_i[A]}] = O_{f(x)}$ ist dann offen und enthält $f(x)$ wegen $p_i(f(x)) = f_i(x) \in Y_i \setminus \overline{f_i[A]}$. Ist für ein $z \in X$ dann $f(z) \in O_{f(x)}$, so gilt $p_i(f(z)) = f_i(z) \notin \overline{f_i[A]} = \overline{f_i[X \setminus O]}$ also $z \notin X \setminus O$, d.h. $z \in O$; mithin gilt $O_{f(x)} \cap f[X] \subset f[O]$.

6.4.8. Lemma: Ist $\underline{E}$ eine Klasse von T_1-Räumen oder T_3-Räumen, so gilt: $\underline{E} \subset \underline{RE}$.

Beweis: trivial.

6.4.9. Satz: Es sei $\underline{E}$ eine Klasse von T_1-Räumen, die die endliche Durchschnittseigenschaft besitzt. Für einen topologischen Raum $(X,\underline{X})$ sind dann folgende Aussagen äquivalent:

(1) $(X,\underline{X}) \in \underline{R_1E} := \underline{RE} \cap \{T_1\text{-Räume}\}$

(2) $(X,\underline{X})$ ist homöomorph zu einem Unterraum eines Produktes von Räumen aus $\underline{E}$.

Beweis: (1) $\Longrightarrow$ (2): Zu jeder abgeschlossenen Teilmenge A von X und jedem Punkt $x \in X \setminus A$ wähle man ein $E \in \underline{E}$ und ein $h \in C(X,E)$ so daß $\overline{\{h(x)\}} \cap \overline{h[A]} = \emptyset$ gilt, d.h. wegen $\overline{\{h(x)\}} = \{h(x)\}$ gerade $h(x) \notin \overline{h[A]}$. F sei die Familie aller so bestimmten h. Offenbar trennt F Punkte und abgeschlossene Mengen. Da X ein T_1-Raum ist, sind alle einelementigen Teilmengen von X abgeschlossen, also trennt F auch Punkte. Bezeichnet man das zu h gehörige $E \in \underline{E}$ mit E_h, so läßt sich auf die durch $p_h \circ f = h$ definierte Abbildung $f : X \longrightarrow \prod E_h$ das Einbettungslemma anwenden, d.h. $f' : X \longrightarrow f[X]$ definiert durch $f'(x) = f(x)$ für alle $x \in X$ ist stetig, offen und bijektiv also ein Homöomorphismus. q.e.d.

(2) $\Longrightarrow$ (1): Ist $(X,\underline{X})$ Unterraum eines Produktes von Räumen aus $\underline{E}$ (bis auf Homöomorphie) und damit nach 6.4.8. von Räumen aus $\underline{R}\ \underline{E}$, so ist $(X,\underline{X}) \in \underline{R}\ \underline{E}$, weil $\underline{R}\ \underline{E}$ nach 6.4.3. und 6.4.6. abgeschlossen ist gegenüber Bildung von Unterräumen und Produkten (unter den hier gemachten Voraussetzungen an $\underline{E}$). Da alle Räume aus $\underline{E}$ T_1-Räume sind und $\{T_1\text{-Räume}\}$ abgeschlossen ist gegenüber Bildung von Unterräumen und Produkten, ist $(X,\underline{X})$ auch ein T_1-Raum; also $(X,\underline{X}) \in \underline{R}_1\underline{E}$.

6.4.10. Beispiele: (1) $\underline{E} = \{D_2\}$: $\underline{R}\ \underline{E} = \{$nulldimensionale Räume$\}$. Ein topologischer Raum $(X,\underline{X})$ ist genau dann nulldimensional, wenn die offen-abgeschlossenen Teilmengen von X eine Basis von $\underline{X}$ bilden. (s.6.4.2. und 5.1.6. a)).

Ein T_1-Raum $(X,\underline{X})$ ist genau dann nulldimensional, wenn er homöomorph ist zu einem Unterraum von ${D_2}^I$ für geeignetes I. (s.6.4.9. und 6.4.5. a)).

(2) a) $\underline{E} = \{[0,1]\} \begin{cases} \underline{R}\ \underline{E} = \{T_{3a}\text{-Räume}\} \\ \underline{R}_1\underline{E} = \{\text{vollständig reguläre Räume}\} \end{cases}$

(Beweis: α) $\{T_{3a}\text{-Räume}\} \subset \underline{R}\ \{[0,1]\}$: trivial.

β) $\underline{R}\ \{[0,1]\} \subset \{T_{3a}\text{-Räume}\}$: Ist $(X,\underline{X}) \in \underline{R}\{[0,1]\}$ und $A = \overline{A} \subset X$ sowie $x \in X\setminus A$, so existiert ein $f \in C(X,[0,1])$ mit $\overline{\{f(x)\}} \cap \overline{f[A]} = \emptyset$. Da $[0,1]$ vollständig regulär ist, existiert ein $g \in C([0,1],[0,1])$ mit $g(f(x)) = 0$ und $g(f[A]) \subset g\ (\overline{f[A]}) = \{1\}$. $h = g \circ f$ ist dann stetig und es gilt $h(x) = 0$ und $h[A] = \{1\}$. Also: $(X,\underline{X})$ ist T_{3a}-Raum.)

b) $\underline{E} = \{\mathbb{R}\} \begin{cases} \underline{R}\ \underline{E} = \{T_{3a}\text{-Räume}\} \\ \underline{R}_1\underline{E} = \{\text{vollständig reguläre Räume}\} \end{cases}$

Ein topologischer Raum $(X,\underline{X})$ ist genau dann ein T_{3a}-Raum, wenn die Komplemente der Nullstellenmengen stetiger reellwertiger Funktionen auf X eine Basis von $\underline{X}$ bilden (s. 6.4.2. und 5.1.6. b)).

Ein topologischer Raum $(X,\underline{X})$ ist genau dann vollständig regulär, wenn er homöomorph ist zu einem Unterraum von $[0,1]^I$ (bzw. $\mathbb{R}^I$) für geeignetes I (s. 6.4.9. und 6.4.5. a)).

(3) a) $\underline{E} = \{T_3\text{-Räume}\}$: $\underline{R}\ \underline{E} = \{T_3\text{-Räume}\}$

b) $\underline{E} = \{\text{reguläre Räume}\}$:

$\underline{R}_1\underline{E} = \{\text{reguläre Räume}\}$.

6.4.11. Bemerkungen: (1) a) Es gibt keinen topologischen T_1-Raum X, so daß $\underline{R}_1\{X\} = \{\text{reguläre Räume}\}$ gilt; das folgt aus dem Satz unter 6.2.5.(1) .

b) Die Frage, ob es einen topologischen Raum X gibt, so daß $\underline{R}\{X\} = \{T_3\text{-Räume}\}$ gilt, wurde von Th. Marny negativ beantwortet.

(2) Ist $\underline{E}$ eine Klasse von T_3-Räumen, so gehört ein topologischer Raum $(X,\underline{X})$ genau dann zu $\underline{R}\,\underline{E}$, wenn es zu jeder abgeschlossenen Teilmenge A von X und jedem $x \in X\setminus A$ disjunkte $\underline{E}$-offene Teilmengen P und Q von X gibt mit $x \in P$ und $A \subset Q$.

(3) Die Klasse der T_4-Räume ist für kein $\underline{E}$ mit $\underline{R}\,\underline{E}$ identisch, weil sie nicht abgeschlossen ist gegenüber Bildung von Unterräumen. Deshalb soll nun noch die Klasse der stark nulldimensionalen Räume, die wir ja bereits als eine echte Unterklasse der Klasse der T_4-Räume erkannt hatten, verallgemeinert werden.

6.5. Die Klasse $\underline{N}\ \underline{E}$.

6.5.1. Die Klasse derjenigen topologischen Räume $(X,\underline{X})$, die zwischen je zwei abgeschlossenen disjunkten Teilmengen nicht $\underline{E}$-zusammenhängend sind, wird mit $\underline{N}\ \underline{E}$ bezeichnet.

6.5.2. Satz: Die Klasse $\underline{N}\ \underline{E}$ ist abgeschlossen gegenüber Bildung abgeschlossener Unterräume.
Beweis: trivial.

6.5.3. Lemma: Für jedes $\underline{E}$ gilt $\underline{E} \subset \underline{N}\ \underline{E}$.
Beweis: trivial.

6.5.4. Beispiele: ① $\underline{E} = \{D_2\}$: $\underline{N}\ \underline{E} = \{$stark nulldimensionale Räume$\}$

② a) $\underline{E} = \{[0,1]\}$: $\underline{N}\ \underline{E} = \{T_4\text{-Räume}\}$

(Beweis: α) $\{T_4\text{-Räume}\} \subset \underline{N}\ \{[0,1]\}$ gilt aufgrund von 4.5.2.

β) $\underline{N}\ \{[0,1]\} \subset \{T_4\text{-Räume}\}$: Ist $(X,\underline{X}) \in \underline{N}\{[0,1]\}$ und sind A,B disjunkte abgeschlossene Teilmengen von X, so gibt es ein $f \in C(X,[0,1])$ mit $\overline{f[A]} \cap \overline{f[B]} = \emptyset$.
Da [0,1] normal ist, existiert nach 4.5.2. ein stetiges $g : [0,1] \to [0,1]$ mit $g\ [\overline{f[A]}] \subset \{0\}$ und $g\ [\overline{f[B]}] \subset \{1\}$; also gilt erst recht $g\ [f[A]] \subset \{0\}$ und $g\ [f[B]] \subset \{1\}$. $h = g \circ f$ ist dann stetig und es gilt $h[A] \subset \{0\}$ und $h[B] \subset \{1\}$. Nach 4.5.2. ist dann $(X,\underline{X})$ ein T_4-Raum.)

b) $\underline{E} = \{\mathbb{R}\}$: $\underline{N}\ \underline{E} = \{T_4\text{-Räume}\}$.

(Beweis: α) $\{T_4\text{-Räume}\} \subset \underline{N}\ \{\mathbb{R}\}$: Ist $(X,\underline{X})$ T_4-Raum und sind A,B disjunkte abgeschlossene Teilmengen von X, so gibt es ein stetiges $f : X \to [0,1]$ mit $f[A] \subset \{0\}$ und $f[B] \subset \{1\}$. Ist $i : [0,1] \to \mathbb{R}$ die Inklusionsabbildung, so ist $f^* = i \circ f : X \to \mathbb{R}$ stetig und $f^*[A] \subset \{0\}$ sowie $f^*[B] \subset \{1\}$, d.h. $\overline{f^*[A]} \cap \overline{f^*[B]} = \emptyset$, also $(X,\underline{X}) \in \underline{N}\{\mathbb{R}\}$

β) Ist $(X,\underline{X}) \in \underline{N}\{\mathbb{R}\}$ und sind A,B disjunkte abgeschlossene Teilmengen von X, so gibt es ein $f \in C(X, \mathbb{R})$ mit $\overline{f[A]} \cap \overline{f[B]} = \emptyset$. Da $\mathbb{R}$ T_4-Raum ist, gibt es ein stetiges $g : \mathbb{R} \to [0,1]$ mit $g[\overline{f[A]}] \subset \{0\}$ und $g[\overline{f[B]}] \subset \{1\}$. $h = g \circ f : X \to [0,1]$ ist dann stetig und es gilt $h[A] \subset \{0\}$ sowie $h[B] \subset \{1\}$. $(X,\underline{X})$ ist also T_4-Raum).

c) $\underline{E} = \{T_4\text{-Räume}\} : \underline{N}\ \underline{E} = \{T_4\text{-Räume}\}$

(Beweis: α) $\{T_4\text{-Räume}\} \subset \underline{N}\ \underline{E}$ gilt nach 6.5.3.

β) $\underline{N}\ \underline{E} \subset \{T_4\text{-Räume}\}$: Ist $(X,\underline{X}) \in \underline{N}\ \underline{E}$ und sind $A = \overline{A}$, $B = \overline{B}$ Teilmengen von X mit $A \cap B = \emptyset$, so gibt es ein $E \in \underline{E}$ und ein $f \in C(X,E)$ mit $\overline{f[A]} \cap \overline{f[B]} = \emptyset$. Da E T_4-Raum ist, existieren offene Umgebungen $O_{\overline{f[A]}}$ und $O_{\overline{f[B]}}$ von $\overline{f[A]}$ bzw. $\overline{f[B]}$, die disjunkt sind. $f^{-1}[O_{\overline{f[A]}}]$ und $f^{-1}[O_{\overline{f[B]}}]$ sind dann disjunkte offene Umgebungen von A bzw. B. $(X,\underline{X})$ ist also ein T_4-Raum).

<u>6.5.5</u>. <u>Bemerkungen</u>: (1) Es sei $\underline{E}$ eine Klasse von T_4-Räumen. Dann gilt: Ist $(X,\underline{X}) \in \underline{N}\ \underline{E}$, so gibt es zu je zwei disjunkten abgeschlossenen Teilmengen A und B von X disjunkte $\underline{E}$-offene Teilmengen P und Q von X mit $A \subset P$ und $B \subset Q$. Die Umkehrung der Aussage (d.h. ob unter der Voraussetzung, daß $\underline{E}$ eine Klasse von T_4-Räumen ist, aus der Tatsache, daß je zwei disjunkte abgeschlossene Teil-

mengen eines topologischen Raumes $(X,\underline{X})$ disjunkte $\underline{E}$-offene Umgebungen besitzen, bereits $(X,\underline{X}) \in \underline{N}\,\underline{E}$ folgt) ist nach einer Bemerkung von J. Schröder falsch.

(2) Die Klasse $\underline{N}\ \underline{E}$ ist ebenso wie die Klassen $\underline{R}\ \underline{E}$, $Q\ \underline{E}$ und $U\ \underline{E}$ homöomorphieabgeschlossen, d.h. die Eigenschaft eines topologischen Raumes zu einer der genannten Klassen zu gehören ist eine topologische Invariante.

(3) Bezeichnet man die Klasse $\underline{N}\ \underline{E} \cap \{T_1\text{-Räume}\}$ mit $\underline{N}_1\underline{E}$, so gilt für jede Klasse $\underline{E}$ von T_1-Räumen:

$$\underline{E} \subset \underline{N}_1\underline{E} \subset \underline{R}_1\underline{E} \subset Q\ \underline{E} \subset U\ \underline{E},$$

woraus aufgrund der Rechenregeln unter 6.2.9. (2) b) folgt

$$Z\ \underline{E} \supset Z\ \underline{N}_1\underline{E} \supset Z\ \underline{R}_1\underline{E} \supset Z\ Q\ \underline{E} \supset Z\ U\ \underline{E} = Z\ \underline{E}$$

also

$$Z\ \underline{N}_1\underline{E} = Z\ \underline{R}_1\underline{E} = Z\ Q\ \underline{E} = Z\ U\ \underline{E} = Z\ \underline{E}, \text{ d.h.}$$

jede der Klassen $\underline{N}_1\underline{E}$, $\underline{R}_1\underline{E}$, $Q\ \underline{E}$ und $U\ \underline{E}$ „erzeugt" $Z\ \underline{E}$.

(4) Ist ein topologischer Raum $(X,\underline{X})$ $\underline{E}$-zusammenhängend, so ist er auch 1) zwischen je zwei Punkten $\underline{E}$-zusammenhängend, 2) zwischen jeder nicht leeren abgeschlossenen Teilmenge A von X und jedem Punkt $x \in X \setminus A$ $\underline{E}$-zusammenhängend und 3) zwischen je zwei nicht leeren abgeschlossenen Teilmengen von X $\underline{E}$-zusammenhängend. (Falls $\underline{E}$ eine Klasse von T_1-Räumen ist, sind auch die Umkehrungen richtig). Wegen 3) und 2) sind also auch die Klassen $\underline{N}\ \underline{E}$ und $\underline{R}\ \underline{E}$ aufzufassen als Klassen nicht

E-zusammenhängender Räume.

Kapitel 7: Kompaktheitsbegriffe

7.1. Quasikompakte und kompakte Räume

7.1.1. Vorbemerkung: Der in der klassischen Analysis viel verwendete Überdeckungssatz von Heine-Borel-Lebesgue besagt, daß jede offene Überdeckung einer abgeschlossenen und beschränkten Teilmenge des $\mathbb{R}^n$ eine endliche Teilüberdeckung besitzt. Diese Überdeckungseigenschaft soll jetzt allgemein studiert werden. Wir definieren:

7.1.2. Definitionen: 1) Ein topologischer Raum $(X,\underline{X})$ heißt quasikompakt, wenn jede offene Überdeckung von X eine endliche Teilüberdeckung besitzt. Ein quasikompakter T_2-Raum heißt kompakt.

2) Eine Teilmenge A eines topologischen Raumes $(X,\underline{X})$ heißt quasikompakt (kompakt), wenn sie als Unterraum quasikompakt (kompakt) ist.

7.1.3. Satz: Für einen topologischen Raum $(X,\underline{X})$ sind folgende Aussagen äquivalent:

(1) $(X,\underline{X})$ ist quasikompakt.

(2) In jeder Familie $(A_i)_{i\in I}$ abgeschlossener Teilmengen von X mit $\bigcap_{i\in I} A_i = \emptyset$ gibt es endlich viele Glieder $A_{i_1}, \ldots, A_{i_n}$ mit $\bigcap_{k=1}^{n} A_{i_k} = \emptyset$.

(3) Jeder Filter auf X besitzt mindestens einen Häufungspunkt.

(4) Jeder Ultrafilter auf X ist konvergent.

Beweis: (1)$\Leftrightarrow$(2): Die Aussagen (1) und (2) sind dual: Die Behauptung, daß ein Durchschnitt abgeschlossener Teilmengen $\bigcap_{k\in K} B_k$ leer ist, ist damit äquivalent, daß $\bigcup_{k\in K} CB_k = X$ gilt, d.h. daß die komplementären offenen Mengen X überdecken.

(2)$\Rightarrow$(3): Es sei $\underline{F}$ ein Filter auf X. Dann ist der Durchschnitt endlich vieler abgeschlossener Mengen aus $\underline{F}$ nicht leer und nach Voraussetzung muß dann $\bigcap_{F\in\underline{F}} \overline{F} \neq \emptyset$ gelten, d.h. $\underline{F}$ besitzt mindestens einen Häufungspunkt.

(3)$\Rightarrow$(4): Für Ultrafilter sind die Begriffe „Limes" und „Häufungspunkt" äquivalent (vgl. 2.4.7. Korollar).

(4)$\Rightarrow$(3): Es sei $\underline{F}$ Filter auf X. Dann gibt es einen feineren Ultrafilter $\underline{F}'$ auf X, der gegen ein $x_0 \in X$ konvergiert. x_0 ist dann Häufungspunkt von $\underline{F}$ (vgl. 2.2.9.).

(3)$\Rightarrow$(2)(indirekt): Ist (2) nicht erfüllt, so gibt es eine Familie $(A_i)_{i\in I}$ abgeschlossener Teilmengen von X mit $\bigcap_{i\in I} A_i = \emptyset$, aber für jede endliche Teilmenge $I' \subset I$ gilt $\bigcap_{i'\in I'} A_{i'} \neq \emptyset$. $\underline{B} = \{ \bigcap_{i'\in I'} A_{i'} \mid I' \subset I \text{ endlich} \}$ ist dann Filterbasis auf X und $\underline{F} = (\underline{B})$ besitzt keinen Häufungspunkt, weil $\bigcap_{B\in\underline{B}} \overline{B} = \bigcap_{i\in I} \overline{A}_i = \bigcap_{i\in I} A_i = \emptyset$ (vgl.2.2.6.); d.h. (3) ist nicht erfüllt.

7.1.4. Beispiele: (1) Alle endlichen topologischen Räume sind quasikompakt.

(2) Es sei X eine unendliche Menge und $\underline{X}$ die Topologie der endlichen Komplemente. Dann ist $(X,\underline{X})$ quasikompakt, aber nicht kompakt.

(Beweis: Es sei $X = \bigcup_{i\in I} O_i$ mit $O_i \in \underline{X}$ für alle $i \in I$. Dann existiert ein $i_o \in I$ mit $O_{i_o} \neq \emptyset$. Nach Definition von $\underline{X}$ ist $X\setminus O_{i_o}$ endlich, also etwa $X\setminus O_{i_o} = \{x_1,\dots,x_n\}$ [der Fall $X\setminus O_{i_o} = \emptyset$, d.h. $X = O_{i_o}$, ist trivial!].

Weiter existieren Indizes $i_1,\dots,i_n \in I$ derart, daß $x_j \in O_{i_j}$ gilt für $j = 1,\dots,n$. Folglich ist $X = \bigcup_{k=o}^{n} O_{i_k}$.

Mithin ist $(X,\underline{X})$ quasikompakt, erfüllt aber nicht das T_2-Axiom, wie wir bereits früher gesehen haben.)

(3) a) ($\mathbb{R}$,nat. Top.) ist nicht quasikompakt; denn die Folge $(n)_{n\in\mathbb{N}}$ (und damit der zugehörige Elementarfilter) besitzt keinen Häufungspunkt.

b) Sind $a,b\in\mathbb{R}$ mit $a < b$, so ist $[a,b]\subset\mathbb{R}$ (versehen mit der Relativtopologie) kompakt.

(Beweis: Es sei $(U_i)_{i\in I}$ eine offene Überdeckung von $[a,b]$.

$M := \{x \mid x\in[a,b]$ und es gibt $K\subset I$ endl. mit $[a,x]\subset \bigcup_{k\in K} U_k\}$

ist nicht leer (weil a zu M gehört) und nach oben beschränkt; also existiert ein (endliches) Supremum s von M. Da $[a,b]$ abgeschlossen ist, gilt $s\in[a,b]$.

Daraus folgt die Existenz eines $i_o \in I$ mit $s \in U_{i_o}$.

Da U_{i_o} in $[a,b]$ offen ist, existiert ein $\varepsilon > 0$, so daß

$U(s,\varepsilon) = (s-\varepsilon, s+\varepsilon) \cap [a,b] \subset U_{i_o}$. Da $s = \sup M$ gilt, existiert ein $c \in M$ mit $s-\varepsilon < c \leq s$. Dann ist $[a,c] \subset \bigcup_{e=1}^{n} U_{i_e}$ mit $i_1, \ldots i_n \in I$ und $[a,s] \subset (\bigcup_{e=1}^{n} U_{i_e}) \cup U_{i_o} = \bigcup_{e=0}^{n} U_{i_e}$.

Es bleibt zu zeigen $s = b$. Wäre $s \neq b$, also $s < b$, so ist $\varepsilon^* = b - s > 0$; für $\delta = \min(\varepsilon, \varepsilon^*)$ gilt dann $s+\frac{\delta}{2} \in U(s,\varepsilon) \subset U_{i_o}$ und $[a, s+\frac{\delta}{2}] \subset \bigcup_{e=0}^{n} U_{i_e}$, d.h. $s+\frac{\delta}{2} \in M$ im Widerspruch zur Supremumseigenschaft von s. $[a,b]$ ist folglich quasikompakt und als Unterraum eines T_2-Raumes auch T_2-Raum, also sogar kompakt.)

<u>7.1.5.</u> <u>Satz</u>: Es seien $(X,\underline{X})$, $(Y,\underline{Y})$ topologische Räume und $f : X \rightarrow Y$ eine stetige surjektive Abbildung. Ist $(X,\underline{X})$ quasikompakt, so ist auch $(Y,\underline{Y})$ quasikompakt.

<u>Beweis</u>: Es sei $(U_i)_{i\in I}$ eine offene Überdeckung von Y. $(f^{-1}[U_i])_{i\in I}$ ist dann eine offene Überdeckung von X, die eine endliche Teilüberdeckung $(f^{-1}[U_{i_k}])_{k\in\{1,\ldots n\}}$ besitzt $(\{i_1,\ldots i_n\} \subset I)$, weil $(X,\underline{X})$ quasikompakt ist. $(U_{i_k})_{k\in\{1,\ldots n\}}$ ist dann eine endliche Teilüberdeckung von $(U_i)_{i\in I}$.

<u>7.1.6.</u> <u>Bemerkungen</u>: (1) Aus 7.1.5. folgt insbesondere, daß die Eigenschaft „quasikompakt" erhalten bleibt bei Quotientenbildung und bei Vergröberung der Topologie sowie eine topologische Invariante ist.

(2) Ein Unterraum eines quasikompakten Raumes braucht nicht quasikompakt zu sein,

wie das folgende Beispiel zeigt: [0,1] ist quasikompakt, aber (0,1) aufgefaßt als Unterraum von [0,1] ist es nicht, weil (0,1) zu dem nicht quasikompakten Raum $\mathbb{R}$ homöomorph ist. Es gilt jedoch:

<u>7.1.7.</u> <u>Satz:</u> Es sei $(X,\underline{X})$ ein quasikompakter topologischer Raum. Dann ist jede abgeschlossene Teilmenge A von X quasikompakt.

<u>Beweis</u>: Ist $(A_i)_{i\in I}$ ein System in A abgeschlossener Teilmengen mit $\bigcap_{i\in I} A_i = \emptyset$, so sind alle A_i auch abgeschlossen in X, weil A in X abgeschlossen ist. Da $(X,\underline{X})$ quasikompakt ist, gibt es endlich viele Glieder $A_{i_1},\ldots,A_{i_n}$ aus $(A_i)_{i\in I}$ mit $\bigcap_{k=1}^{n} A_{i_k} = \emptyset$. q.e.d.

<u>7.1.8.</u> <u>Bemerkung</u>: Eine quasikompakte Teilmenge eines quasikompakten Raumes braucht nicht abgeschlossen zu sein, wie das folgende Beispiel zeigt: Der Sierpinski-Raum $(\{0,1\},\{\{0\},\{0,1\},\emptyset\})$ ist als endlicher Raum quasikompakt; ebenso ist $\{0\}$ quasikompakt, aber nicht abgeschlossen. Ersetzt man jedoch quasikompakt durch kompakt, so gilt auch die Umkehrung von 7.1.7., wie der folgende Satz zeigt:

<u>7.1.9.</u> <u>Satz</u>: In einem T_2-Raum $(X,\underline{X})$ ist jede kompakte Teilmenge A von X abgeschlossen.

<u>Korollar</u>: Ein Unterraum eines kompakten Raumes ist dann und nur dann kompakt, wenn er abgeschlossen ist.

<u>Beweis</u>: Um zu zeigen, daß CA offen ist (d.h. A abge-

schlossen ist), beweisen wir, daß CA mit jedem $x \in CA$ eine ganze Umgebung von x enthält. Wir zeigen sogar:

(*) A und $x \in CA$ besitzen disjunkte offene Umgebungen.

Da $(X,\underline{X})$ T_2-Raum ist, gibt es zu jedem $y \in A$ disjunkte offene Umgebungen $U_y \in \underline{U}(y)$ und $V_x^y \in \underline{U}(x)$. $(U_y \cap A)_{y \in A}$ ist dann eine offene Überdeckung von A, die eine endliche Teilüberdeckung $(U_{y_i} \cap A)_{i \in \{1,..n\}}$ $(\{y_1,..y_n\} \subset A)$ besitzt, weil A kompakt ist. $O_A = \bigcup_{i=1}^{n} U_{y_i}$ und $O_x = \bigcap_{i=1}^{n} V_x^{y_i}$ sind dann disjunkte offene Umgebungen von A bzw. x.

Das Korollar ergibt sich aus dem eben bewiesenen Satz zusammen mit 7.1.7.

7.1.10. Satz (TYCHONOFF): Das Produkt einer Familie $((X_i,\underline{X}_i))_{i \in I}$ nicht leerer topologischer Räume ist genau dann quasikompakt (kompakt), wenn alle $(X_i,\underline{X}_i)$ quasikompakt (kompakt) sind.

Beweis: 1) „$\Rightarrow$": Ist $\prod_{i \in I} X_i$ quasikompakt, so sind nach 7.1.5. auch alle X_i quasikompakt, weil die Projektionsabbildungen $p_i: \prod_{i \in I} X_i \to X_i$ surjektiv und stetig sind.

2) „$\Leftarrow$": Es sei $\underline{U}$ ein Ultrafilter auf $\prod_{i \in I} X_i$. Nach 2.4.8. ist $p_i(\underline{U})$ ein Ultrafilter auf X_i für jedes $i \in I$. Da X_i quasikompakt ist, konvergiert $p_i(\underline{U})$ gegen $x_i \in X_i$ (für jedes $i \in I$). Nach 3.3.9. folgt daraus, daß $\underline{U}$ gegen $x = (x_i) \in \prod_{i \in I} X_i$ konvergiert, d.h. $\prod_{i \in I} X_i$ ist quasikompakt.

3) Da $\prod_{i \in I} X_i$ genau dann ein T_2-Raum ist, wenn

alle X_i T_2-Räume sind, erfordert die entsprechende Aussage des Satzes für „kompakt" keinen neuen Beweis.

7.1.11. Beispiele: (1) Aus dem Satz von Tychonoff folgt insbesondere, daß $[a,b]^I$ kompakt ist (für eine beliebige Menge I) sowie das Cantorsche Diskontinuum $D_2^{\mathbb{N}}$.

(2) Eine Teilmenge A des $\mathbb{R}^n$ ($n \in \mathbb{N}$) heißt beschränkt, wenn es $a,b \in \mathbb{R}$ mit $a \leq b$ gibt derart, daß $A \subset [a,b]^n$

Dann gilt:

Eine Teilmenge A des $\mathbb{R}^n$ ist kompakt genau dann, wenn sie beschränkt und abgeschlossen ist (Überdeckungssatz von Heine-Borel-Lebesgue).

(Beweis: 1) Es sei A kompakt. $(U_i)_{i \in I}$ sei eine offene Überdeckung von A derart, daß $U_i = A \cap W_i$ gilt, wobei W_i ein offener Würfel der Kantenlänge 1 ist. Da A kompakt ist, gibt es endlich viele $i \in I$, etwa $i_1 \ldots i_n$, derart, daß $A = \bigcup_{k=1}^{n} U_{i_k}$, also $A \subset \bigcup_{k=1}^{n} W_{i_k} = W$ gilt. Da W offenbar in einem abgeschlossenen Würfel $[a,b]^n$ mit $a,b \in \mathbb{R}$ enthalten ist, muß A beschränkt sein. Außerdem ist A als kompakte Teilmenge des T_2-Raumes $\mathbb{R}^n$ abgeschlossen (vgl. 7.1.9.)

2) Es sei A beschränkt und abgeschlossen. Dann gibt es $a,b \in \mathbb{R}$ mit $a \leq b$, so daß $A \subset [a,b]^n$. Daraus folgt, daß A als abgeschlossener Unterraum eines kompakten Raumes kompakt ist (vgl. 7.1.9. Korollar).)

③ Es sei $(X,\underline{X})$ ein quasikompakter topologischer Raum und $f : (X,\underline{X}) \to (\mathbb{R}, \text{nat.Top.})$ eine stetige Abbildung. Dann besitzt $f[X]$ ein Maximum und ein Minimum (Beweis: $f' : X \to f[X]$, definiert durch $f'(x) = f(x)$ für alle $x \in X$, ist stetig und surjektiv. Mit X ist also nach 7.1.5. auch $f[X]$ quasikompakt und als Unterraum eines T_2-Raumes auch T_2-Raum, also kompakt. Nach ② ist $f[X]$ beschränkt und abgeschlossen (nach unserer Definition für Beschränktheit nach oben und unten beschränkt). Es existieren also ein (endliches) Infimum i und ein (endliches) Supremum s von $f[X]$ in $\mathbb{R}$. Da $f[X]$ abgeschlossen ist, gilt $i, s \in f[X]$, d.h. es gibt Punkte $x, y \in X$ mit $i = f(x)$ und $s = f(y)$. i bzw. s ist also das (absolute) Minimum bzw. (absolute) Maximum von f.)
Wählt man für $(X,\underline{X})$ etwa ein abgeschlossenes Intervall der reellen Achse, so erhält man einen wohlbekannten Satz der reellen Analysis.

7.1.12. Satz: Es sei $(X,\underline{X})$ ein quasikompakter topologischer Raum, $(Y,\underline{Y})$ ein T_2-Raum und $f : X \to Y$ eine bijektive stetige Abbildung. Dann ist f ein Homöomorphismus.

Beweis: a) Da f injektiv ist, ist auch X ein T_2-Raum (vgl. 6.3.3.), also kompakt.

b) Nach 1.5.22.① genügt es zu zeigen, daß f abgeschlossen ist. Ist $A \subset X$ abgeschlossen, so ist A nach 7.1.9. Kor. kompakt, also auch $f[A]$ nach 7.1.5. . Nach 7.1.9. ist eine kompakte Teilmenge eines T_2-Raumes abgeschlossen, d.h. f[A] ist abgeschlossen.

7.1.13. Bemerkungen: (1) Aufgrund von 7.1.12. ist in der Kategorie $\underline{K}$ der kompakten topologischen Räume (und stetigen Abbildungen) jeder Bimorphismus (= bijektive stetige Abbildung) ein Isomorphismus, d.h. die Kategorie $\underline{K}$ ist balanciert im Gegensatz zu $\underline{T}$. Sie teilt diese Eigenschaft mit „algebraischen" Kategorien, etwa der Kategorie $\underline{A}$ der Abelschen Gruppen.

(2) Ein topologischer Raum $(X,\underline{X})$ heißt T_2-minimal, wenn er T_2-Raum ist, aber bez. jeder echt gröberen Topologie kein T_2-Raum ist, d.h. wenn $\underline{X}$ ein minimales Element in der durch Inklusion geordneten Menge aller T_2-Topologien auf X ist. Offenbar ist ein topologischer Raum $(X,\underline{X})$ genau dann T_2-minimal, wenn $(X,\underline{X})$ T_2-Raum ist und jede bijektive stetige Abbildung von $(X,\underline{X})$ in einen T_2-Raum $(Y,\underline{Y})$ topologisch ist. (Beweis: 1) Es sei $(X,\underline{X})$ T_2-minimal und f eine bijektive stetige Abbildung von $(X,\underline{X})$ in einen T_2-Raum $(Y,\underline{Y})$. $\underline{X}' = \{f^{-1}[O] \mid O \in \underline{Y}\}$ ist dann die gröbste Topologie auf X bez. der f stetig ist (d.h. das reziproke Bild von $\underline{Y}$). $(X,\underline{X}')$ ist ein T_2-Raum [denn sind $x,y \in X$ mit $x \neq y$, so ist $f(x) \neq f(y)$ und, weil Y ein T_2-Raum ist, existieren disjunkte offene Umgebungen $O_{f(x)}$ und $O_{f(y)}$ von f(x) bzw. f(y); $f^{-1}[O_{f(x)}]$ und $f^{-1}[O_{f(y)}]$ sind dann disjunkte zu $\underline{X}'$ gehörige Umgebungen von x bzw. y.] Wegen der Minimalität von $\underline{X}$ folgt daraus $\underline{X} = \underline{X}'$; also ist f offen und somit topologisch (s.1.5.22.(1)).

2) Die Bedingung sei erfüllt für einen topologischen Raum $(X,\underline{X})$. Dann kann es keine echt gröbere T_2-Topologie $\underline{X}'$ auf X geben, sonst wäre die bijektive stetige Abbildung $1_x : (X,\underline{X}) \to (X,\underline{X}')$ nicht topologisch.) Nur eine andere Formulierung von 7.1.12. ist dann: Jeder kompakte topologische Raum ist T_2-minimal. Die Umkehrung dieser Aussage gilt nicht (s. SMYTHE, A. und WILKINS, C.A.: Minimal Hausdorff and maximal compact spaces, J.AustralMath. Soc. 3(1963), 167-171).

③ Ein topologischer Raum $(X,\underline{X})$ heißt maximal quasikompakt, wenn $\underline{X}$ ein maximales Element der bez. „$\subset$" geordneten Menge aller quasikompakten Topologien auf X ist. Anwendung von 7.1.12. liefert: Jeder kompakte topologische Raum ist maximal quasikompakt. (Beweis: Ist $(X,\underline{X})$ kompakt und $\underline{X}'$ eine quasikompakte Topologie auf X mit $\underline{X} \subset \underline{X}'$, so ist $1_x : (X,\underline{X}') \to (X,\underline{X})$ bijektiv und stetig, also nach 7.1.12. topologisch, d.h. $\underline{X} = \underline{X}'$; $(X,\underline{X})$ ist also maximal quasikompakt). Die Umkehrung dieser Aussage gilt nicht (s. Literaturzitat unter ②).

④ Eine auf einem abgeschlossenen Intervall I der reellen Achse definierte injektive und stetige reellwertige Funktion f ist stetig umkehrbar. (Beweis: Ist $f : [a,b] \to \mathbb{R}$ stetig und injektiv, so ist $f' : [a,b] \to f[[a,b]]$, definiert durch $f'(x) = f(x)$ für alle $x \in [a,b]$, bijektiv und stetig, also nach 7.1.12. topologisch, weil $[a,b]$ kompakt und $f[[a,b]]$ T_2-Raum ist. Also ist f'^{-1} stetig.)

7.1.14. Zwischen Trennung und Kompaktheit besteht folgender Zusammenhang:

Satz: Jeder kompakte topologische Raum ist normal.

Beweis: Es seien A,B disjunkte abgeschlossene Teilmengen des kompakten Raumes $(X,\underline{X})$. Nach 7.1.9. Kor. sind A und B kompakte Teilmengen von X und aufgrund der Aussage (*) im Beweis von 7.1.9. gibt es zu jedem $x \in B$ disjunkte offene Umgebungen $U_A^x \in \underline{U}(A)$ und $V_x \in \underline{U}(x)$. $(V_x \cap B)_{x \in B}$ ist dann eine offene Überdeckung von B, die eine endliche Teilüberdeckung $(V_{x_i} \cap B)_{i \in \{1,..n\}}$ $(x_i \in B$ für $i \in \{1,..n\})$ besitzt, weil B kompakt ist. $\bigcup_{i=1}^{n} V_{x_i} \supset B$ und $\bigcap_{i=1}^{n} U_A^{x_i} \supset A$ sind dann offen und nach Konstruktion disjunkt. $(X,\underline{X})$ ist also normal.

7.1.15. Satz: Es sei $(X,\underline{X})$ ein kompakter topologischer Raum, $(Y,\underline{Y})$ ein T_2-Raum und $f : X \longrightarrow Y$ eine Abbildung. Dann gilt: f ist stetig genau dann, wenn $G = \{(x,f(x)) | x \in X\}$[54] eine kompakte Teilmenge von $X \times Y$ ist.

Beweis: 1) „$\Rightarrow$": Nach 7.1.5. ist mit $(X,\underline{X})$ auch $f[X]$ (versehen mit der Relativtopologie von Y) quasikompakt und als Unterraum eines T_2-Raumes T_2-Raum, also kompakt. Nach dem Satz von Tychonoff ist $X \times f[X]$ kompakt und nach 4.3.8. ist G abgeschlossen in $X \times Y$ und somit in $X \times f[X]$. G ist dann kompakt als abgeschlossener Unterraum eines kompakten Raumes.

---

54) vgl. Fußnote zu 4.3.8.

2) „$\Leftarrow$" Ist $X\times Y \neq \emptyset$ ($X\times Y=\emptyset$ trivial), so ist die Abbildung $p_x \circ i = g$ ($p_x : X\times Y \to X$ Projektionsabbildung, $i : G \to X\times Y$ Inklusionsabbildung) eine stetige und wie man leicht nachprüft bijektive Abbildung des kompakten Raumes G auf den T_2-Raum X, also nach 7.1.12. topologisch, d.h. g^{-1} ist stetig.
$f = p_y \circ i \circ g^{-1}$ ($p_y : X\times Y \to Y$ Projektionsabbildung) ist dann stetig als Kompositum stetiger Abbildungen.

7.1.16. Bemerkung: Die Kategorie $\underline{K}$ der kompakten Räume (und stetigen Abbildungen) besitzt nicht triviale injektive und projektive Objekte, worunter folgendes zu verstehen ist: Ein Objekt X einer Kategorie $\underline{C}$ heißt

a) injektiv, wenn es für jedes Diagramm

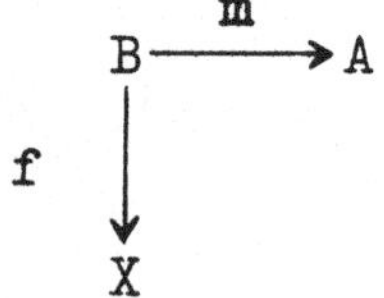

wobei m ein Monomorphismus in $\underline{C}$ ist, mindestens einen $\underline{C}$-Morphismus $g : A \to X$ gibt mit $g\circ m = f$.

b) projektiv, wenn es für jedes Diagramm

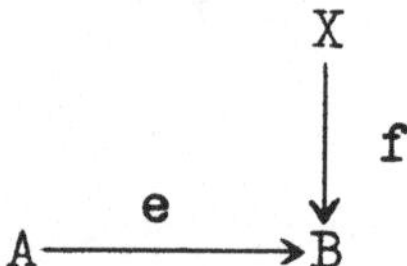

wobei e ein Epimorphismus in $\underline{C}$ ist, mindestens einen $\underline{C}$-Morphismus $g : X \to A$ gibt mit $e\circ g = f$; d.h. wenn X injektiv in der dualen Kategorie $\underline{C}^*$ ist.

Aufgrund des Forsetzungssatzes von Tietze-Urysohn (4.5.4.) ist [0,1] ein injektives Objekt von $\underline{K}$ (Da $\underline{K}$

balanciert ist, stimmen die extremen Monomorphismen mit den Monomorphismen überein, d.h. B ist Unterobjekt (hier Unterraum) von A. Ein kompakter Unterraum eines kompakten Raumes ist aber abgeschlossen, d.h. B ist abgeschlossener Unterraum des T_4-Raumes A (A ist als kompakter Raum sogar normal) und f ist stetige Abbildung von B in $[0,1] = X$, die nach Tietze-Urysohn eine stetige Fortsetzung besitzt).

A.M.GLEASON (Projective topological spaces, Illinois J.Math.2, 482-489 (1958)) hat gezeigt, daß die projektiven Objekte von $\underline{K}$ gerade die extrem unzusammenhängenden kompakten Räume sind (ein T_2-Raum $(X,\underline{X})$ heißt <u>extrem unzusammenhängend</u>, wenn $\overline{O} \in \underline{X}$ gilt für jedes $O \in \underline{X}$). Die später noch zu definierende Stone-Čech-Kompaktifizierung des diskreten Raumes $\mathbb{N}$ ist ein nicht triviales Beispiel eines extrem unzusammenhängenden kompakten Raumes.

Unmittelbar aus der Definition des Produktes einer Familie von Objekten in einer Kategorie $\underline{C}$ folgt:

<u>Ist</u> $(X_i)_{i\in I}$ <u>eine Familie injektiver Objekte in einer Kategorie</u> $\underline{C}$, <u>so ist auch</u> $\prod_{i\in I} X_i$, <u>sofern es existiert, ein injektives Objekt in</u> $\underline{C}$. Durch Dualisierung erhält man eine Aussage über das Coprodukt einer Familie projektiver Objekte in $\underline{C}$. <u>Ist</u> $(X_i)_{i\in I}$ <u>eine Familie projektiver Objekte in einer Kategorie</u> $\underline{C}$, <u>so ist auch</u> $\coprod_{i\in I} X_i$, <u>sofern es existiert, ein projektives Objekt</u>. Möglicherweise sind die Begriffe „injektiv" und „projektiv" dem Leser bereits aus der linearen (bzw.homologischen) Algebra bekannt.

Dort treten injektive bzw. projektive A-Moduln auf (A = kommutativer Ring mit 1). Die injektiven bzw. projektiven Objekte in der Kategorie $\underline{M}^A$ der A-Moduln (und A-Homomorphismen) sind gerade die injektiven bzw. projektiven A-Moduln.

7.2. BW-kompakte, abzählbar kompakte und folgenkompakte Räume.

7.2.1. Vorbemerkung: Die beschränkten und abgeschlossenen Teilmengen des $\mathbb{R}^n$ sind keineswegs allein durch den Überdeckungssatz von Heine-Borel-Lebesgue charakterisiert. Aufgrund des Satzes von Bolzano-Weierstraß besitzt jede Folge auf einer beschränkten Teilmenge A des $\mathbb{R}^n$ einen Häufungspunkt, der zu A gehört, falls A abgeschlossen ist. Ebenfalls nach Bolzano-Weierstraß besitzt jede beschränkte unendliche Teilmenge A des $\mathbb{R}^n$ einen Häufungspunkt, der zu A gehört, falls A abgeschlossen ist. Es scheint sinnvoll zu sein, auch diese Eigenschaften zu axiomatisieren.

7.2.2. Definitionen: 1) Ein topologischer Raum $(X,\underline{X})$ heißt BW-kompakt (Bolzano-Weierstraß-kompakt), wenn jede unendliche Teilmenge von X mindestens einen Häufungspunkt besitzt.

2) Ein topologischer Raum $(X,\underline{X})$ heißt abzählbar kompakt, wenn jede Folge in X einen Häufungspunkt besitzt.

3) Ein topologischer Raum $(X,\underline{X})$ heißt <u>folgenkompakt</u>, wenn es zu jeder Folge in X eine konvergente Teilfolge gibt.

<u>7.2.3.</u> <u>Satz</u>: Ein topologischer Raum $(X,\underline{X})$ ist genau dann abzählbar kompakt, wenn jede abzählbare offene Überdeckung von X eine endliche Teilüberdeckung besitzt.[55)]

<u>Beweis</u>: 1) „$\Rightarrow$" (indirekt): Es sei $(U_n)_{n\in\mathbb{N}}$ eine abzählbare offene Überdeckung von X, die keine endliche Teilüberdeckung besitzt. Man definiere eine Folge $(x_n)_{n\in\mathbb{N}}$ in X derart, daß

$$x_n \notin \bigcup_{k=1}^{n} U_k .$$

Ist $x\in X$, so gibt es ein $n\in\mathbb{N}$ mit $x\in U_n$, weil $(U_k)_{k\in\mathbb{N}}$ Überdeckung von X ist. Für $m > n$ ist $x_m \notin U_n$. Da U_n Umgebung von x ist, kann x nicht Häufungspunkt von $(x_n)_{n\in\mathbb{N}}$ sein, d.h. $(x_n)_{n\in\mathbb{N}}$ besitzt keinen Häufungspunkt, da $x\in X$ beliebig war. $(X,\underline{X})$ ist also nicht abzählbar kompakt.

2) „$\Leftarrow$": Ist die Bedingung erfüllt, so gibt es in jeder Folge $(A_n)_{n\in\mathbb{N}}$ abgeschlossener Teilmengen von X mit $\bigcap_{n\in\mathbb{N}} A_n = \emptyset$ endlich viele Glieder $A_{n_1} \dots A_{n_k}$ mit $\bigcap_{i=1}^{k} A_{n_i} = \emptyset$ (vgl. entsprechende Aussage bei „quasikompakt"). Es sei $(x_n)_{n\in\mathbb{N}}$ eine Folge in X.

---

55) Dieser Satz liefert eine Begründung für die Namensgebung „abzählbar kompakt".

Sei $E_m = \{x_n \mid n \geqq m\}$ für jedes $m \in \mathbb{N}$. $\underline{B} = \{E_m \mid m \in \mathbb{N}\}$ ist dann Basis des Elementarfilters von $(x_n)_{n \in \mathbb{N}}$. $(\overline{E}_m)_{m \in \mathbb{N}}$ ist dann eine Folge abgeschlossener Teilmengen von X mit der Eigenschaft, daß der Durchschnitt endlich vieler Glieder stets nicht leer ist. Also gilt $\bigcap_{m \in \mathbb{N}} \overline{E}_m \neq \emptyset$, d.h. $(x_n)_{n \in \mathbb{N}}$ besitzt mindestens einen Häufungspunkt.

7.2.4. Satz: Jeder quasikompakte topologische Raum ist abzählbar kompakt.

Beweis: trivial unter Verwendung von 7.2.3.

7.2.5. Satz: Ein topologischer Raum ist genau dann quasikompakt, wenn er abzählbar kompakt und Lindelöf-Raum ist.

Beweis: 1) „$\Rightarrow$" : trivial unter Verwendung von 7.2.4. und der Lindelöf-Eigenschaft.

2) „$\Leftarrow$" : Es sei $(U_i)_{i \in I}$ eine offene Überdeckung eines abzählbar kompakten Lindelöf-Raumes $(X,\underline{X})$. Diese besitzt eine abzählbare Teilüberdeckung (wegen der Lindelöf-Eigenschaft), die wiederum eine endliche Teilüberdeckung besitzt wegen 7.2.3. $(X,\underline{X})$ ist also quasikompakt.

7.2.6. Satz: Jeder folgenkompakte topologische Raum $(X,\underline{X})$ ist abzählbar kompakt.

Beweis: Es sei $(x_n)_{n \in \mathbb{N}}$ eine Folge in X. Diese besitzt eine Teilfolge, die gegen $x \in X$ konvergiert. Daraus folgt, daß x Häufungspunkt von $(x_n)_{n \in \mathbb{N}}$ ist (vgl. Teil 1) des Beweises zu 2.2.10.)

7.2.7. Satz: Es sei $(X,\underline{X})$ ein abzählbar kompakter Raum, der das 1.Abzählbarkeitsaxiom erfüllt. Dann ist $(X,\underline{X})$ folgenkompakt.

Beweis: Es sei $(x_n)_{n\in\mathbb{N}}$ eine Folge in X. Nach Voraussetzung besitzt $(x_n)_{n\in\mathbb{N}}$ einen Häufungspunkt x. Da $(X,\underline{X})$ das 1.Abzählbarkeitsaxiom erfüllt, gibt es nach 2.2.10. eine gegen x konvergierende Teilfolge. $(X,\underline{X})$ ist also folgenkompakt.

7.2.8. Satz: Jeder abzählbar kompakte Raum $(X,\underline{X})$ ist BW-kompakt.

Beweis: Es sei A eine unendliche Teilmenge von X (Falls es keine solche gibt, ist nichts zu zeigen!). Man wähle ein beliebiges Element $x_o \in A$ aus; dann wähle man aus $A\setminus\{x_o\}$ wiederum ein Element x_1 aus, dann aus $A\setminus\{x_o, x_1\}$ ein Element x_2 usw. Da A unendlich ist, erhält man auf diese Weise eine Folge $(x_n)_{n\in\mathbb{N}}$ in A mit $x_i \neq x_k$ für $i \neq k$ $(i,k\in\mathbb{N})$. Nach Voraussetzung besitzt $(x_n)_{n\in\mathbb{N}}$ einen Häufungspunkt $x\in X$; also gibt es zu jeder Umgebung U von x unendliche viele Indizes $i\in\mathbb{N}$ mit $x_i \in U$. Infolgedessen liegen in $U\setminus\{x\}$ für jedes $U \in \underline{U}(x)$ Punkte von A (sogar unendlich viele!), d.h. x ist Häufungspunkt von A. $(X,\underline{X})$ ist also BW-kompakt.

7.2.9. Satz: Jeder BW-kompakte T_1-Raum $(X,\underline{X})$ ist abzählbar kompakt.

Beweis: Es sei $(x_n)_{n\in\mathbb{N}}$ eine Folge in X. Dann sind zwei Fälle zu unterscheiden:

1) $M = \{x_n \mid n \in \mathbb{N}\}$ ist endlich.

2) $M = \{x_n \mid n \in \mathbb{N}\}$ ist unendlich.

Im ersten Fall gibt es ein $x \in M$ mit $x_i = x$ für unendlich viele Indizes $i \in \mathbb{N}$. Daraus folgt unmittelbar, daß x Häufungspunkt von $(x_n)_{n \in \mathbb{N}}$ ist. Im zweiten Fall besitzt M einen Häufungspunkt $x \in X$, weil $(X, \underline{X})$ BW-kompakt ist. Da $(X, \underline{X})$ T_1-Raum ist, liegen nach 4.2.6. in jeder Umgebung U von x unendlich viele Elemente von M. Also gibt es unendlich viele Indizes $i \in \mathbb{N}$ mit $x_i \in U$ zu jedem $U \in \underline{U}(x)$, d.h. x ist Häufungspunkt von $(x_n)_{n \in \mathbb{N}}$. Mithin ist $(X, \underline{X})$ abzählbar kompakt.

7.2.10. Bemerkungen: (1) Die Eigenschaften „BW-kompakt", „abzählbar kompakt" und „folgenkompakt" sind topologische Invarianten, wie man leicht nachprüft.

(2) Wir haben folgende Zusammenhänge bewiesen:

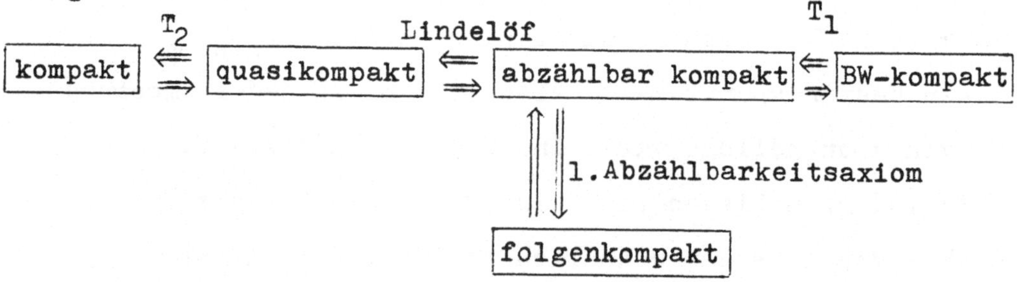

$$\boxed{\text{kompakt}} \; \overset{T_2}{\Leftarrow} \atop \Rightarrow \; \boxed{\text{quasikompakt}} \; \overset{\text{Lindelöf}}{\Leftarrow} \atop \Rightarrow \; \boxed{\text{abzählbar kompakt}} \; \overset{T_1}{\Leftarrow} \atop \Rightarrow \; \boxed{\text{BW-kompakt}}$$

$$\boxed{\text{abzählbar kompakt}} \; \Uparrow \; \Downarrow \text{ 1. Abzählbarkeitsaxiom} \; \boxed{\text{folgenkompakt}}$$

Daß alle eingeführten Kompaktheitsbegriffe ohne Zusatzbedingungen voneinander verschieden sind und keine weiteren als die angegebenen Implikationen gelten, zeigen die folgenden Beispiele:

a) Beispiel eines kompakten Raumes (und damit quasikompakten, abzählbar kompakten und BW-kompakten Raumes), der nicht folgenkompakt ist: Es sei I die Menge aller Teilfolgen der Folge $(n)_{n\in\mathbb{N}}$ und $X = [0,1]^I = \prod_{i\in I}[0,1]_i$ mit $[0,1]_i = [0,1]$ für alle $i\in I$ sei mit der Produkttopologie versehen. Dann ist X kompakt nach dem Satz von Tychonoff. Auf $[0,1]_i$ definiere man eine Folge $(x_k^i)_{k\in\mathbb{N}}$ durch

$$x_k^i = \begin{cases} 0, & \text{falls k nicht zu i gehört} \\ 0, & \text{falls k zu i gehört und einen geraden Index hat} \\ 1, & \text{falls k zu i gehört und einen ungeraden Index hat} \end{cases}$$

Die Teilfolge von $(x_k^i)_{k\in\mathbb{N}}$, die aus denjenigen Gliedern von $(x_k^i)_{k\in\mathbb{N}}$ gebildet ist, für die k zu i gehört, ist divergent (ihre Glieder sind ja abwechselnd 0 und 1) in $[0,1]_i$. Für jedes $k\in\mathbb{N}$ ist $x_k = (x_k^i)_{i\in I} \in [0,1]^I$ und $(x_k)_{k\in\mathbb{N}}$ ist eine Folge in $[0,1]^I$, die keine konvergente Teilfolge besitzt (obwohl sie einen Häufungspunkt besitzt, weil $[0,1]^I$ kompakt ist). Denn ist $(x_{k_l})_{l\in\mathbb{N}}$ Teilfolge von $(x_k)_{k\in\mathbb{N}}$, so ist $(k_l)_{l\in\mathbb{N}} = i\in I$ und

$(p_i(x_{k_l}))_{l\in\mathbb{N}} = (x_{k_l}^i)_{l\in\mathbb{N}}$ ist divergent (weil k_l zu i gehört für alle $l\in\mathbb{N}$) in $[0,1]_i$. Nach 3.3.10. folgt

daraus, daß $(x_{k_l})_{l\in\mathbb{N}}$ nicht konvergiert. $X = [0,1]^I$

ist also nicht folgenkompakt.

b) Beispiel eines BW-kompakten Raumes, der nicht abzählbar kompakt ist: Es sei $X = \mathbb{R}\times\{1\}\cup\mathbb{R}\times\{2\}$. Auf X wird eine <u>Pseudometrik</u>, d.h. eine Abbildung $d : X\times X \longrightarrow \mathbb{R}$, die dem Axiom M_1') $d(x,x) = 0$ für alle $x\in X$ sowie den Axiomen M_2) und M_3) für eine Metrik (s.0.3.2.) genügt, definiert, und zwar auf folgende Weise: Gehören $x,y\in X$ zu verschiedenen reellen Zahlen, so ist $d(x,y)$ gerade der Euklidische Abstand dieser beiden reellen Zahlen. Gehören $x,y\in X$ zu derselben reellen Zahl, so ist $d(x,y) = 0$. Jede mit einer Pseudometrik versehene Menge wird auf die gleiche Weise wie eine mit einer Metrik versehene Menge mit einer Topologie $\underline{X}$ versehen (vgl. 1.1.2.(1) und 0.3.5.), der von der Pseudometrik d induzierten Topologie. $X = \mathbb{R}\times\{1\}\cup\mathbb{R}\times\{2\}$ wird also mit der angegebenen Pseudometrik zu einem topologischen Raum. Dieser ist BW-kompakt (es besitzt offenbar sogar jede nicht leere Teilmenge einen Häufungspunkt: Ist $A\subset X$ und $A\neq\emptyset$, so existiert ein $x\in A$ und o.B.d.A. sei $x = (\alpha,1)$ mit $\alpha\in\mathbb{R}$. Dann ist $(\alpha,2)$ Häufungspunkt von A), aber nicht abzählbar kompakt ($((n,1))_{n\in\mathbb{N}}$ besitzt keinen Häufungspunkt.).

c) Beispiel eines folgenkompakten Raumes, der das 1.Abzählbarkeitsaxiom erfüllt sowie T_2-Raum ist und infolgedessen auch abzählbar kompakt und BW-kompakt ist, aber nicht quasikompakt ist: Die mit der Ordnungstopologie versehene Menge aller Ordinalzahlen, die kleiner als die erste nicht abzählbare Ordinalzahl sind (ohne Beweis).

7.2.11. Satz: Jeder abzählbar kompakte metrische Raum[56)] (X,d) ist separabel.

Beweis: Gesucht ist eine abzählbare dichte Teilmenge A von X. Dazu konstruieren wir uns zunächst für jedes $n \in \mathbb{N}$ Teilmengen A_n von X, deren Endlichkeit wir nachweisen, und setzen dann $A = \bigcup_{n \in \mathbb{N}} A_n$. Es sei $X \neq \emptyset$ (falls $X = \emptyset$ ist nichts zu zeigen). Man wähle $x_1^n \in X$. Dann wähle man x_2^n, so daß $d(x_1^n, x_2^n) \geq \frac{1}{n}$ ist; andernfalls ist die Konstruktion beendet und man setze $A_n = \{x_1^n\}$. Sind $x_1^n, \ldots, x_m^n \in X$ gewählt derart, daß $d(x_i^n, x_k^n) \geq \frac{1}{n}$ für $i \neq k$ und $i, k \leqq m$, so wähle man x_{m+1}^n, so daß $d(x_{m+1}^n, x_j^n) \geq \frac{1}{n}$ für $j = 1, \ldots m$; andernfalls ist die Konstruktion beendet und man setze $A_n = \{x_1^n, \ldots x_m^n\}$. Würde der Prozeß nicht abbrechen nach endlich vielen Schritten, so erhielte man eine Folge $(x_m^n)_{m \in \mathbb{N}}$, die keinen Häufungspunkt $x \in X$ besitzt, weil in jedem $U(x, \frac{1}{2n})$ höchstens ein Glied der Folge liegen kann. Eine solche Folge kann es nicht geben, weil X abzählbar kompakt ist. Alle so konstruierten A_n sind also endlich und $A = \bigcup_{n \in \mathbb{N}} A_n$ ist abzählbar. Ist $x \in X$ und

---

56) Gilt auch, wenn d Pseudometrik ist (vgl.7.2.10. b)).

$\varepsilon > 0$ vorgegeben, so wähle man $n \in \mathbb{N}$ derart, daß $\frac{1}{n} < \varepsilon$. Dann liegt wenigstens ein Punkt von A_n in $U(x,\varepsilon)$. (Ist nämlich $x \in A_n$, so ist nichts zu zeigen. Ist $x \notin A_n$, so kann nicht für alle $a \in A_n$ gelten $d(x,a) \geq \frac{1}{n}$, d.h. es gibt ein $a \in A_n$ mit $d(x,a) < \frac{1}{n}$, also ist $a \in U(x,\frac{1}{n}) \subset U(x,\varepsilon)$). A ist also dicht in X.

7.2.12. Bemerkung: Ein separabler metrischer Raum (X,d) erfüllt offenbar das zweite Abzählbarkeitsaxiom[57] (Beweis: Es sei $A \subset X$ eine abzählbar dichte Teilmenge. $\underline{B} = \{U(a,r) \mid a \in A \text{ und } r \in \mathbb{Q}\}$ ist ein abzählbares System offener Teilmengen von X. Sei nun $U(x,\varepsilon)$ vorgegeben $[x \in X,\ \varepsilon > 0]$. Da $\overline{A} = X$ gilt, gibt es ein $a \in A$ mit $a \in U(x,\frac{\varepsilon}{3})$. Wählt man nun ein $r \in \mathbb{Q}$ so daß $\frac{\varepsilon}{3} < r < \frac{2\varepsilon}{3}$ gilt, dann ist $x \in U(a,r) \subset U(x,\varepsilon)$. $\underline{B}$ ist folglich Basis der von d induzierten Topologie.)

Da ein Raum, der das zweite Abzählbarkeitsaxiom erfüllt nach 1.3.17. ein Lindelöf-Raum ist, sind nach 7.2.11. und 7.2.5. die Begriffe abzählbar kompakt und quasikompakt für metrische Räume äquivalent. Da ein metrischer Raum auch das 1.Abzählbarkeitsaxiom erfüllt und normal ist (vgl. 1.3.5.(1) und 4.5.3.), also auch T_2- und T_1-Raum ist, gilt (vgl. 7.2.10. (2)):

Für metrische Räume sind die Begriffe kompakt, quasikompakt, abzählbar kompakt, BW-kompakt und folgenkompakt äquivalent.

---

57) gilt auch, wenn d Pseudometrik ist.

Damit haben wir zugleich eine Fülle von Charakterisierungen der beschränkten und abgeschlossenen (d.h. kompakten) Teilmengen des $\mathbb{R}^n$ gefunden, die wohlbekannte Sätze der Analysis darstellen.

Da die beschränkten und abgeschlossenen Teilmengen des $\mathbb{R}^n$ verschiedene äquivalente Charakterisierungen zulassen (sie sind durch jeden der hier eingeführten Kompaktheitsbegriffe charakterisiert), ist es zunächst nicht klar, welchen der hier behandelten Begriffe in allgemeinen topologischen Räumen man als <u>den</u> Kompaktheitsbegriff ansehen soll. Zweifellos wird man den wählen, über den man am meisten aussagen kann. Das trifft aber nur auf den Begriff quasikompakt bzw. kompakt zu; die Klasse der quasikompakten bzw. kompakten Räume ist als einzige der in diesem Kapitel behandelten abgeschlossen gegenüber Bildung von Produkten (Satz von Tychonoff). Infolgedessen ist <u>der Begriff quasikompakt bzw. kompakt als der wichtigste Kompaktheitsbegriff anzusehen.</u> Wir haben ihn deshalb vorangestellt.

Daß die Klasse der folgenkompakten Räume nicht abgeschlossen ist gegenüber Bildung von Produkten, zeigt das Beispiel a) unter 7.2.10. (2) ([0,1] ist als kompakter metrischer Raum folgenkompakt!). Man kann jedoch zeigen, daß ein Produkt einer abzählbaren Familie, also einer Folge, folgenkompakter Räume folgenkompakt ist. Eine solche Aussage gilt jedoch für abzählbar kompakte und BW-kompakte Räume nicht mehr. Es gibt Beispiele dafür, daß ein Produkt zweier abzählbar kompakter T_2-Räume (also auch BW-kompakter Räume) kein abzählbar kompakter (und infolgedessen auch kein BW-kompakter) Raum ist; vgl. etwa J.NOVAK: On the Cartesian product of two compact spaces, Fund.Math. 40, 106-112 (1953).

7.3. Lokal quasikompakte und lokal kompakte Räume.

7.3.1. Vorbemerkung: Wegen der großen Bedeutung des Begriffes „quasikompakt" bzw. „kompakt" ist man auch an der Lokalisation des Begriffes interessiert, d.h. an Räumen, die diese Eigenschaft nicht global, sondern nur lokal haben, um so von den Vorteilen, die der Begriff „kompakt" mit sich bringt, wenigstens noch in einer geeigneten Umgebung eines jeden Punktes Gebrauch machen zu können.

7.3.2. Definitionen: 1) Ein topologischer Raum $(X,\underline{X})$ heißt lokal quasikompakt, wenn jeder Punkt $x \in X$ eine quasikompakte Umgebung besitzt.

2) Ein lokal quasikompakter T_2-Raum $(X,\underline{X})$ heißt lokal kompakt.

3) Eine Teilmenge A eines topologischen Raumes $(X,\underline{X})$ heißt relativ kompakt, wenn $\overline{A}$ kompakt ist.

7.3.3. Satz: Für einen T_2-Raum $(X,\underline{X})$ sind folgende Aussagen äquivalent:

(1) $(X,\underline{X})$ ist lokal kompakt.

(2) Jeder Punkt $x \in X$ besitzt eine relativ

kompakte Umgebung.

(3) Für jeden Punkt $x \in X$ bilden die kompakten Umgebungen von x eine Umgebungsbasis von x.

(4) Für jeden Punkt $x \in X$ bilden die relativ kompakten Umgebungen von x eine Umgebungsbasis von x.

(5) $\underline{X}$ besitzt eine Basis aus relativ kompakten (offenen)Teilmengen von X.

Beweis: (2) $\Longrightarrow$ (1): Da die abgeschlossene Hülle einer Umgebung eines Punktes $x \in X$ wieder Umgebung von x ist, ist diese Aussage trivial.

(1) $\Longrightarrow$ (3): Es sei $x \in X$ und $U_x \in \underline{U}(x)$. Nach Voraussetzung gibt es zu x eine kompakte Umgebung K_x von x. Man setze $V_x = (U_x \cap K_x)^o$; V_x ist also eine in K_x enthaltene offene Umgebung von x und damit offene Umgebung von x in K_x. Da K_x kompakt und folglich regulär ist (sogar normal!), gibt es eine abgeschlossene Umgebung W_x von x in K_x mit $W_x \subset V_x$. W_x ist als abgeschlossener Unterraum eines kompakten Raumes kompakt und in U_x enthalten. Der Beweis ist beendet, sobald gezeigt werden kann, daß W_x Umgebung von x in X ist. Da W_x Umgebung von x in K_x ist, gibt es ein $O \in \underline{X}$ mit $x \in K_x \cap O \subset W_x \subset V_x \subset K_x$. $O \cap K_x \cap V_x = O \cap V_x$ ist folglich in W_x enthalten und in X offene Umgebung von x (als Durchschnitt zweier x enthaltener in X offener Mengen), d.h. $W_x \in \underline{U}(x)$.

(3) $\Longrightarrow$ (5): $\underline{B} = \{O \mid O \in \underline{X} \text{ und } \overline{O} \text{ kompakt}\}$ ist Basis von $\underline{X}$. Ist nämlich $O \in \underline{X} \setminus \{\emptyset\}$ (der Fall $O = \emptyset$ ist trivial), so gibt es zu jedem $x \in O$ ein $U_x \in \underline{U}(x)$

mit U_x kompakt und $U_x \subset O$. In U_x ist eine offene Umgebung O_x von x enthalten. Da U_x als kompakte Teilmenge in einem T_2-Raum abgeschlossen ist, gilt $\overline{O}_x \subset \overline{U}_x = U_x$ und $\overline{O}_x$ ist als abgeschlossener Unterraum eines kompakten Raumes kompakt, d.h. $O_x \in \underline{B}$ und $x \in O_x \subset O$ für jedes $x \in O$; also gilt $O = \bigcup_{x \in O} O_x$.

(5) $\Rightarrow$ (4): Es sei $x \in X$ und $U_x \in \underline{\mathring{U}}(x)$. Da U_x nach Voraussetzung Vereinigung von relativ kompakten offenen Teilmengen ist, gibt es ein $O \in \underline{X}$ mit $x \in O \subset U_x$ und $\overline{O}$ ist kompakt. O ist also die gesuchte relativ kompakte Umgebung von x.

(4) $\Rightarrow$ (2): Trivial (weil X Umgebung eines jeden $x \in X$ ist).

7.3.4. Bemerkung: Die Lokalisation des Begriffes „kompakt" ist zunächst anders vorgenommen worden als etwa bei dem Begriff „zusammenhängend". Aufgrund des vorangegangenen Satzes besteht jedoch für T_2-Räume eine völlige Analogie zwischen den Begriffsbildungen „lokal kompakt" und „lokal zusammenhängend" (vgl. Definition von „lokal zusammenhängend" und Aussage 7.3.3. (3)).

7.3.5. Beispiele: (1) Jeder quasikompakte (kompakte) Raum ist lokal quasikompakt (lokal kompakt).

(2) Ist M eine unendliche Menge, so ist $(M,\underline{D})$ lokal quasikompakt (lokal kompakt), aber nicht quasikompakt (kompakt).

(3) Jede n-dimensionale Mannigfaltigkeit, d.h. jeder T_2-Raum mit der Eigenschaft, daß jeder

Punkt eine zu $\mathbb{R}^n$ homöomorphe Umgebung besitzt, ist lokal kompakt. (Speziell ist $\mathbb{R}^n$ eine n-dimensionale Mannigfaltigkeit).

④ Auf $[-1, +1] \subset \mathbb{R}$ werde eine Äquivalenzrelation π erklärt durch

$$x \pi y \iff \begin{cases} x = -y \text{ oder } x = y \text{ für } x \neq \pm 1 \\ \text{oder} \\ x = y = -1 \\ \text{oder} \\ x = y = +1 \end{cases}$$

Dann ist $[-1, +1]/_{\pi}$ versehen mit der Quotiententopologie kein T_2-Raum, aber jeder Punkt besitzt eine kompakte Umgebung.

<u>7.3.6</u>. <u>Satz</u>: Es seien $(X,\underline{X})$, $(Y,\underline{Y})$ topologische Räume, $f : X \to Y$ eine surjektive stetige und offene Abbildung. Ist $(X,\underline{X})$ lokal quasikompakt, so ist auch $(Y,\underline{Y})$ lokal quasikompakt.

<u>Beweis</u>: Es sei $y \in Y$. Dann gibt es ein $x \in X$ mit $f(x) = y$, weil f surjektiv ist. Da $(X,\underline{X})$ lokal quasikompakt ist, gibt es eine quasikompakte Umgebung U_x von x. Da f stetig ist, ist $f[U_x]$ quasikompakt und wegen der Offenheit von f auch Umgebung von $f(x) = y$.

<u>7.3.7</u>. <u>Bemerkungen:</u> ① Das stetige Bild eines lokal quasikompakten Raumes braucht nicht lokal quasikompakt zu sein, wie das folgende Beispiel zeigt: $\mathbb{Q} \subset \mathbb{R}$ versehen

mit der Relativtopologie ist nicht lokal quasikompakt (vgl. 7.3.13.), $(\mathbb{Q},\underline{D})$ jedoch ist lokal quasikompakt. $1_{\mathbb{Q}} : (\mathbb{Q},\underline{D}) \rightarrow (\mathbb{Q},\text{Relativtopologie})$ ist stetig und surjektiv.

(2) Aufgrund von 7.3.6. ist die Eigenschaft „lokal quasikompakt" eine topologische Invariante (jeder Homöomorphismus ist stetig offen und surjektiv [sogar bijektiv]). Das gleiche gilt offenbar für „lokal kompakt".

(3) Wie das Beispiel $\mathbb{Q} \subset \mathbb{R}$ zeigt, braucht ein Unterraum eines lokal kompakten Raumes nicht lokal kompakt zu sein; es gilt jedoch:

7.3.8. Satz: Jeder abgeschlossene Unterraum eines lokal quasikompakten Raumes $(X,\underline{X})$ ist lokal quasikompakt.
Beweis: Es sei $A = \overline{A} \subset X$ und x ein beliebiger Punkt von A. Da $(X,\underline{X})$ lokal quasikompakt ist, existiert eine quasikompakte Umgebung U_x von x. $U_x \cap A$ ist eine Umgebung von x in A und eine abgeschlossene Teilmenge des quasikompakten Raumes U_x und somit quasikompakt. $(A,\underline{X}_A)$ ist also lokal quasikompakt.

7.3.9. Satz: Jeder offene Unterraum eines lokal kompakten Raumes ist lokal kompakt.
Beweis: Trivial unter Verwendung von 7.3.3. (3) und 4.7.3.

7.3.10. Satz: Das Produkt einer Familie $((X_i,\underline{X}_i))_{i \in I}$ nicht leerer topologischer Räume ist genau dann lokal quasikompakt (lokal kompakt), wenn alle $(X_i,\underline{X}_i)$ lokal quasikompakt (lokal kompakt) und fast alle $(X_i,\underline{X}_i)$ auch quasikompakt (kompakt) sind.

<u>Beweis:</u> 1) Es seien alle $(X_i,\underline{X}_i)$ lokal quasikompakt und für $i \in I \setminus \{i_1 \dots i_n\}$ auch quasikompakt. Ist $x \in \prod_{i \in I} X_i$, so gibt es zu $p_{i_k}(x)$ quasikompakte Umgebungen $U_{i_k} \in \underline{U}(p_{i_k}(x))$ in X_{i_k} für $k = 1,\dots,n$. $\prod_{i \in I} V_i$ mit $V_j = X_j$ für $j \in I \setminus \{i_1,\dots,i_n\}$ und $V_j = U_j$ für $j \in \{i_1,\dots,i_n\}$ ist dann eine quasikompakte Umgebung von x in $\prod_{i \in I} X_i$.

2) Es sei $\prod_{i \in I} X_i$ lokal quasikompakt. Da alle $p_i : \prod_{i \in I} X_i \to X_i$ stetig, offen und surjektiv sind, sind nach 7.3.6. alle $(X_i,\underline{X}_i)$ lokal quasikompakt. Sei $x = (x_i) \in \prod_{i \in I} X_i$ und U_x eine quasikompakte Umgebung von x. Dann gilt $p_i[U_x] = X_i$ für fast alle $i \in I$. Da p_i stetig ist, folgt, daß für fast alle $i \in I$ X_i quasikompakt ist.

3) Da $\prod_{i \in I} X_i$ genau dann ein T_2-Raum ist, wenn alle X_i T_2-Räume sind, erfordert die Aussage des Satzes für lokal kompakte Räume keinen neuen Beweis.

<u>7.3.11.</u> <u>Satz</u>: Das Coprodukt einer Familie $((X_i,\underline{X}_i))_{i \in I}$ topologischer Räume ist genau dann lokal quasikompakt (lokal kompakt), wenn alle $(X_i,\underline{X}_i)$ lokal quasikompakt (lokal kompakt) sind.

<u>Beweis</u>: 1) Ist $\coprod_{i \in I} X_i$ lokal quasikompakt, so ist

$j_i[X_i]$ als abgeschlossener Unterraum von $\coprod_{i \in I} X_i$ lokal quasikompakt und zu X_i homöomorph; also ist X_i lokal quasikompakt für jedes $i \in I$.

2) Es seien alle X_i lokal quasikompakt und $x \in \coprod_{i \in I} X_i = \bigcup_{i \in I} (X_i \times \{i\})$, also etwa $x \in X_{i_o} \times \{i_o\}$ für ein $i_o \in I$, d.h. $x = (x_{i_o}, i_o)$ mit $x_{i_o} \in X_{i_o}$. x_{i_o} besitzt eine quasikompakte Umgebung U_{i_o} in X_{i_o}. $j_{i_o}[U_{i_o}]$ ist dann quasikompakt, weil j_{i_o} stetig ist, und außerdem Umgebung von $j_{i_o}(x_{i_o}) = (x_{i_o}, i_o) = x$ weil j_{i_o} offen ist.

3) Da $\coprod_{i \in I} X_i$ genau dann ein T_2-Raum ist, wenn alle X_i T_2-Räume sind, erfordert die Aussage des Satzes für lokal kompakte Räume keinen neuen Beweis.

7.3.12. Satz (R. Baire): Es seien $(X,\underline{X})$ ein lokal kompakter Raum und $(D_n)_{n \in \mathbb{N}}$ eine Folge offener dichter Teilmengen von X. Dann ist $\bigcap_{n \in \mathbb{N}} D_n$ dicht in X.

Beweis: Zu zeigen: $(\bigcap_{n \in \mathbb{N}} D_n) \cap O \neq \emptyset$ für jedes $O \in \underline{X} \setminus \{\emptyset\}$

Es sei also $O \in \underline{X} \setminus \{\emptyset\}$. Dann ist $D_1 \cap O \neq \emptyset$, weil D_1 dicht in X ist. Mithin gibt es ein $x \in D_1 \cap O$ und $D_1 \cap O$ ist eine offene (als Durchschnitt zweier offener Mengen) Umgebung von x, die eine kompakte Umgebung K_1 von x enthält, weil $(X,\underline{X})$ lokal kompakt ist. $(K_1)^o = O_1$ ist dann eine relativ kompakte offene Umgebung von x mit

$\overline{O}_1 \subset \overline{K}_1 = K_1 \subset D_1 \cap O$ (K_1 ist als kompakte Teilmenge eines T_2-Raumes abgeschlossen und $\overline{O}_1$ als abgeschlossener Unterraum eines kompakten Raumes kompakt). Die gleiche Überlegung wird auf O_1 und D_2 angewandt und man erhält eine relativ kompakte offene Teilmenge $O_2 \neq \emptyset$ mit $\overline{O}_2 \subset D_2 \cap O_1$. Induktiv fortfahrend erhält man schließlich eine Folge $(O_n)_{n \in \mathbb{N}}$ relativ kompakter (nicht leerer) offener Teilmengen von X derart, daß $\overline{O}_n \subset D_n \cap O_{n-1}$ für jedes $n \in \mathbb{N}$ gilt. Alle $\overline{O}_n$ können als abgeschlossene Teilmengen des kompakten Raumes $\overline{O}_1$ aufgefaßt werden und je endlich viele Glieder der Folge $(\overline{O}_n)_{n \in \mathbb{N}}$ haben einen nicht leeren Durchschnitt ($(\overline{O}_n)_{n \in \mathbb{N}}$ ist eine absteigende Folge!) und folglich gilt $\bigcap_{n \in \mathbb{N}} \overline{O}_n \neq \emptyset$. Wegen $\overline{O}_1 \subset O \cap D_1$ und $\overline{O}_n \subset D_n$ für jedes $n \in \mathbb{N}$ gilt $\bigcap_{n \in \mathbb{N}} \overline{O}_n \subset O \cap (\bigcap_{n \in \mathbb{N}} D_n)$, d.h. $O \cap (\bigcap_{n \in \mathbb{N}} D_n) \neq \emptyset$. q.e.d.

<u>7.3.13</u>. <u>Bemerkung</u>: Ein topologischer Raum $(X,\underline{X})$ mit der Eigenschaft, daß für jede Folge $(D_n)_{n \in \mathbb{N}}$ offener dichter Teilmengen von X der Durchschnitt $\bigcap_{n \in \mathbb{N}} D_n$ dicht in X ist, heißt ein <u>Baire'scher Raum</u>. Offenbar besitzt jede abzählbare abgeschlossene Überdeckung $(U_n)_{n \in \mathbb{N}}$ eines (nicht leeren) Baire'schen Raumes $(X,\underline{X})$ ein Glied U_{n_o} mit $(U_{n_o})^o \neq \emptyset$ (Beweis: $X = \bigcup_{n \in \mathbb{N}} U_n$ impliziert $\bigcap_{n \in \mathbb{N}} \complement U_n = \emptyset$, d.h. nicht jedes $\complement U_n$ kann dicht in X sein; es gibt also

ein $n_o \in \mathbb{N}$ mit $\overline{CU_{n_o}} \neq X$, d.h. $C(\overline{CU_{n_o}}) = (U_{n_o})^o \neq \emptyset$).

Daraus folgt insbesondere, daß es keine Zerlegung einer n-dimensionalen Mannigfaltigkeit (allgemeiner eines lokal kompakten Raumes) in abzählbar viele abgeschlossene Mengen gibt, die kein Inneres besitzen. ($\mathbb{Q}$,nat.Top.) ist kein Baire'scher Raum (also auch nicht lokal kompakt), weil $(\{q\})_{q \in \mathbb{Q}}$ eine abzählbare abgeschlossene Überdeckung von $\mathbb{Q}$ ist, aber kein $\{q\}$ ist offen.

7.3.14. Satz: Es sei $(X,\underline{X})$ ein lokal kompakter topologischer Raum. Dann gilt:

(k) $O \subset X$ ist offen genau dann, wenn für jede kompakte Teilmenge K von X der Durchschnitt $O \cap K$ offen in K ist.

Beweis: 1) Es sei $O \cap K$ offen in K für jedes kompakte $K \subset X$. Ist $x \in O$, so gibt es eine relativ kompakte offene Umgebung V_x von x, weil $(X,\underline{X})$ lokal kompakt ist. $O \cap \overline{V}_x$ ist dann nach Voraussetzung offen in $\overline{V}_x$.
$O \cap V_x = (O \cap \overline{V}_x) \cap V_x$ ist folglich offen in V_x und weil V_x in X offen ist auch offen in X. $O \cap V_x$ ist also eine in O enthaltene (offene) Umgebung von x.

2) Die Umkehrung ist trivial.

7.3.15. Bemerkung: T_2-Räume mit der in 7.3.14. genannten Eigenschaft (k) werden in der Literatur als k-Räume bezeichnet.

7.4. Kompaktifizierungen

7.4.1. Vorbemerkung: Obgleich die Menge $\mathbb{R}$ der reellen Zahlen versehen mit der natürlichen Topologie nicht kompakt ist, kann sie aufgefaßt werden (bis auf Homöomorphie) als Unterraum eines kompakten Raumes; denn $\mathbb{R}$ ist homöomorph zu $(0,1)$ und $(0,1)$ ist Unterraum des kompakten Raumes $[0,1]$. Wir wollen uns jetzt der Frage zuwenden, wann ein topologischer Raum $(X,\underline{X})$ Unterraum (bis auf Homöomorphie) eines kompakten Raumes $(Y,\underline{Y})$ ist. Um den Raum $(Y,\underline{Y})$ nicht unnötig „groß" zu machen, kann man sich offenbar darauf beschränken, daß X dicht in Y ist (denn ist $(Z,\underline{Z})$ irgendein kompakter Raum, der $(X,\underline{X})$ als Unterraum besitzt, so ist auch die abgeschlossene Hülle $\overline{X} = Y$ von X in Z kompakt als abgeschlossener Unterraum eines kompakten Raumes und X ist dicht in Y). Wir definieren also:

7.4.2. Definition: Es seien $(X,\underline{X})$, $(Y,\underline{Y})$ topologische Räume, M eine dichte Teilmenge von Y. Ist $(Y,\underline{Y})$ kompakt (quasikompakt) und gibt es eine topologische Abbildung $f : (X,\underline{X}) \longrightarrow (M,\underline{Y}_M)$, so heißt das Paar $(f,(Y,\underline{Y}))$ Kompaktifizierung (Quasikompaktifizierung) von $(X,\underline{X})$.

7.4.3. Satz (Alexandroff'sche Ein-Punkt-Kompaktifizierung): Es sei $(X,\underline{X})$ ein topologischer Raum, der nicht quasikompakt ist. Man setze $X^* = X \cup \{\omega\}$ mit $\omega \notin X$ und $\underline{X}^* = \underline{X} \cup \{O^* \mid O^* \subset X^*, \omega \in O^*, X^* \setminus O^*$ abgeschlossen und quasikompakt in $(X,\underline{X})\}$. Dann ist $(X^*,\underline{X}^*)$ ein topologischer Raum und $(1_X,(X^*,\underline{X}^*))$ ist eine Quasikompaktifizierung von $(X,\underline{X})$. $(1_X, (X^*,\underline{X}^*))$ ist eine Kompaktifizierung von $(X,\underline{X})$ genau dann, wenn $(X,\underline{X})$ lokal kompakt ist.

Korollar: Jeder lokal kompakte topologische Raum $(X,\underline{X})$ ist vollständig regulär.

Beweis: 1) Wir zeigen zunächst: Ist $O^* \in \underline{X}^*$, so ist $O^* \cap X \in \underline{X}$:

a) $O^* \in \underline{X}$ impliziert $O^* \cap X \in \underline{X}$.

b) $O^* \in \underline{X}^* \setminus \underline{X}$ impliziert, daß $X^* \setminus O^* = X \setminus (O^* \cap X)$ in $(X,\underline{X})$ abgeschlossen ist, d.h. $O^* \cap X \in \underline{X}$.

2) $\underline{X}^*$ ist eine Topologie auf X^* und die zugehörige Relativtopologie auf X ist wegen 1) gerade $\underline{X}$ (d.h. $(X,\underline{X})$ ist Unterraum von $(X^*,\underline{X}^*)$):

Top_1) $\emptyset \in \underline{X}^*$, weil $\emptyset \in \underline{X} \subset \underline{X}^*$ gilt.

$X^* \in \underline{X}^*$, weil $X^* \setminus X^* = \emptyset$ abgeschlossen und quasikompakt in $(X,\underline{X})$ ist.

Top_2) Es seien $O_1^*, O_2^* \in \underline{X}^*$. Ist $\omega \notin O_1^* \cap O_2^*$, so ist O_1^* oder O_2^* eine Teilmenge von X und $O_1^* \cap O_2^* = X \cap O_1^* \cap O_2^* = (X \cap O_1^*) \cap (X \cap O_2^*) \in \underline{X} \subset \underline{X}^*$ wegen 1). Ist $\omega \in O_1^* \cap O_2^*$, so gilt $\omega \in O_1^*$ und $\omega \in O_2^*$ und $X^* \setminus O_i^*$ $(i = 1,2)$ ist abgeschlossen und quasikompakt in $(X,\underline{X})$.

$X^* \setminus (O_1^* \cap O_2^*) = (X^* \setminus O_1^*) \cup (X^* \setminus O_2^*)$ ist dann ebenfalls abgeschlossen und quasikompakt (eine Vereinigung endlich vieler quasikompakter Teilmengen eines topologischen Raumes ist offenbar quasikompakt) in $(X,\underline{X})$, d.h. $O_1^* \cap O_2^* \in \underline{X}^*$.

Top_3) Es sei $(O_i^*)_{i \in I}$ eine Familie von Elementen aus $\underline{X}^*$. Ist $\omega \notin \bigcup_{i \in I} O_i^*$, so sind alle O_i^*

Teilmengen von X und folglich gehören sie zu $\underline{X}$; dann gilt aber $\bigcup_{i \in I} O_i^* \in \underline{X} \subset \underline{X}^*$. Ist $\omega \in \bigcup_{i \in I} O_i^*$, so gibt es ein $i_o \in I$ mit $\omega \in O_{i_o}^*$. $X^* \setminus O_{i_o}^*$ ist dann eine quasikompakte und abgeschlossene Teilmenge von X. Wegen

$X^* \setminus \bigcup_{i \in I} O_i^* \subset X^* \setminus O_{i_o}^* \subset X$ gilt

$$X^* \setminus \bigcup_{i \in I} O_i^* = \bigcap_{i \in I} X^* \setminus O_i^* = \bigcap_{i \in I} ((X^* \setminus O_i^*) \cap X).$$

$X \setminus ((X^* \setminus O_i^*) \cap X) = O_i^* \cap X$ ist nach 1) offen in X f.a. $i \in I$, also ist $X^* \setminus \bigcup_{i \in I} O_i^*$ als Durchschnitt in X abgeschlossener Teilmengen abgeschlossen in X und quasikompakt als abgeschlossener Unterraum des quasikompakten Raumes $X^* \setminus O_{i_o}^*$.

Folglich gilt $\bigcup_{i \in I} O_i^* \in \underline{X}^*$.

3) X ist dicht in X*: Dazu genügt es zu zeigen, daß ω Berührungspunkt von X ist. In jeder offenen Umgebung U_ω von ω liegt mindestens ein Punkt von X, weil $\{\omega\}$ nicht offen ist (sonst wäre $X^* \setminus \{\omega\} = X$ quasikompakt). ω ist also Berührungspunkt von X.

4) $(X^*, \underline{X}^*)$ ist quasikompakt: Es sei $(U_i)_{i \in I}$ eine offene Überdeckung von X* (alle U_i sind aus $\underline{X}^*$!). ω gehört dann zu mindestens einer Überdeckungsmenge etwa zu U_{i_o} (für ein festes $i_o \in I$). $X^* \setminus U_{i_o}$ ist eine quasikompakte Teilmenge von X. $(U_i \cap (X^* \setminus U_{i_o}))_{i \in I}$ ist dann eine offene Überdeckung von $X^* \setminus U_{i_o}$, die eine endliche Teilüberdeckung $(U_{i_k} \cap (X^* \setminus U_{i_o}))_{k \in \{1,\ldots,n\}}$

besitzt. $(U_{i_l})_{l\in\{0,1,\ldots n\}}$ ist dann eine endliche Teilüberdeckung von $(U_i)_{i\in I}$.

5) $(X^*,\underline{X}^*)$ ist genau dann ein T_2-Raum, wenn $(X,\underline{X})$ lokal kompakt ist:

a) Ist $(X^*,\underline{X}^*)$ ein T_2-Raum, so ist $(X^*,\underline{X}^*)$ kompakt und folglich lokal kompakt. Da $X\in\underline{X}^*$ gilt, ist X als offener Unterraum eines lokal kompakten Raumes auch lokal kompakt.

b) Zwei verschiedene Punkte von X besitzen disjunkte offene Umgebungen in X (weil X als lokal kompakter Raum T_2-Raum ist) und, weil X in X* offen ist, auch in X*. Ist x ein beliebiger Punkt von X, so gibt es in X eine kompakte Umgebung U_x von x, weil X lokal kompakt ist. U_x ist auch Umgebung von x in X*. $X^*\setminus U_x$ ist offen in X* (weil U_x kompakt in X und als kompakte Teilmenge eines T_2-Raumes auch abgeschlossen in X ist), also eine Umgebung von ω, die zu der Umgebung U_x von x disjunkt ist.

6) (Korollar): Jeder lokal kompakte Raum $(X,\underline{X})$ ist Unterraum des kompakten Raumes $(X^*,\underline{X}^*)$ und folglich vollständig regulär ($(X^*,\underline{X}^*)$ ist als normaler Raum auch vollständig regulär!).

7.4.4. Bemerkungen: (1) Die Alexandroff'sche Ein-Punkt-Kompaktifizierung läßt sich motivieren durch ein entsprechendes Vorgehen in der Funktionentheorie. Dort wird die komplexe Ebene durch Hinzufügung eines unendlich fernen Punktes ∞ kompaktifiziert. Die so kompaktifizierte Ebene ist zur Riemannschen Zahlenkugel homöomorph.

(2) Es ist nicht möglich, einen lokal kompakten Raum durch Hinzufügung eines einzelnen Punktes anders zu kompaktifizieren als es im vorangegangenen Satz geschehen ist. Genauer gilt:

Zu je zwei kompakten Räumen $(X^*,\underline{X}^*)$, $(X^{**},\underline{X}^{**})$, die (bis auf Homöomorphie) einen topologischen Raum $(X,\underline{X})$ als Unterraum besitzen mit $X^*\setminus X = \{\omega_1\}$ und $X^{**}\setminus X = \{\omega_2\}$ gibt es einen Homöomorphismus $f : X^* \longrightarrow X^{**}$ derart, daß das Diagramm

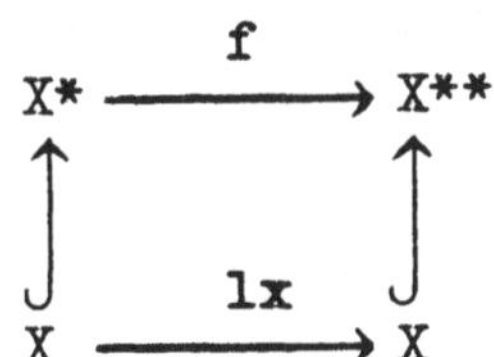

kommutiert.[58] (Beweis: Man definiere $f : X^* \longrightarrow X^{**}$ durch $f(x) = x$ für alle $x \in X$ und $f(\omega_1) = \omega_2$. Dann ist f bijektiv. Es genügt zu zeigen, daß f offen ist (aus „Symmetriegründen" ist dann auch f^{-1} offen, d.h. f stetig). Ist $O^* \in \underline{X}^*$ und $\omega_1 \notin O^*$, so gilt $O^* \subset X$ und $f[O^*]$ ist offen in X, woraus $f[O^*] \in \underline{X}^{**}$ folgt, weil X in X^{**} offen ist [$X^{**}\setminus X = \{\omega_2\}$ ist als einpunktige Teilmenge eines T_2-Raumes abgeschlossen]. Ist $O^* \in \underline{X}^*$ und $\omega_1 \in O^*$, so ist $X^*\setminus O^* \subset X$ abgeschlossen in X^* und

58) $\hookrightarrow$ bedeutet Inklusionsabbildung bzw. Einbettung.

somit kompakte Teilmenge von X. Dann ist $f[X^* \setminus O^*] = f[X^*] \setminus f[O^*] = X^{**} \setminus f[O^*]$ (weil f bijektiv ist) als kompakte Teilmenge des T_2-Raumes X^{**} abgeschlossen, d.h. $f[O^*] \in \underline{X}^{**}$.)

Es ist also berechtigt, von der Ein-Punkt-Kompaktifizierung eines lokal kompakten Raumes $(X,\underline{X})$ zu sprechen.

(3) Nicht jeder topologische Raum $(X,\underline{X})$ besitzt eine Kompaktifizierung $(f,(Y,\underline{Y}))$; denn da $(X,\underline{X})$ Unterraum (bis auf Homöomorphie) des kompakten Raumes $(Y,\underline{Y})$ sein muß, ist $(X,\underline{X})$ notwendig vollständig regulär. Wir wollen jetzt die Frage untersuchen, ob jeder vollständig reguläre Raum kompaktifizierbar ist, d.h. eine Kompaktifizierung besitzt.

7.4.5. Satz: Es seien $(X,\underline{X})$ ein vollständig regulärer topologischer Raum und I die Menge aller stetigen Abbildungen von X in [0,1]. Ist $e : X \to [0,1]^I = \prod_{i \in I} [0,1]_i$ ($[0,1]_i = [0,1]$ für alle $i \in I$) definiert durch $p_i(e(x)) = i(x)$ für alle $i \in I$ und alle $x \in X$ und setzt man $\overline{e[X]} = \beta(X)$, so ist $(e',\beta(X))$ mit $e': X \to e[X]$, definiert durch $e'(x) = e(x)$ für alle $x \in X$, eine Kompaktifizierung von X:

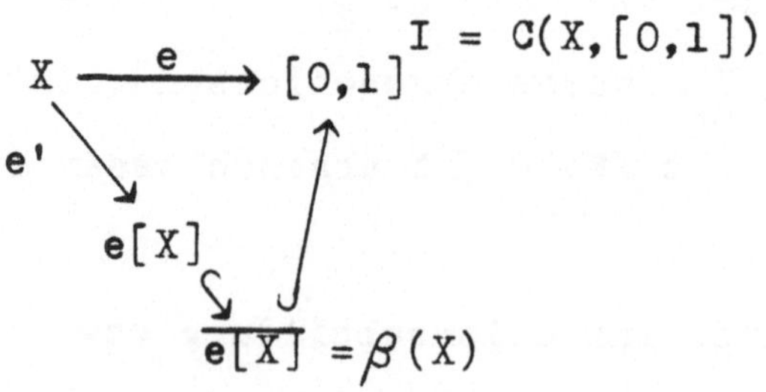

$$\begin{array}{ccc} X & \xrightarrow{e} & [0,1]^{I = C(X,[0,1])} \\ {\scriptstyle e'}\searrow & & \uparrow \\ & e[X] & \\ & \downarrow & \\ & \overline{e[X]} = \beta(X) & \end{array}$$

<u>Korollar</u>: Ein topologischer Raum $(X,\underline{X})$ ist genau dann kompaktifizierbar (d.h. er besitzt eine Kompaktifizierung), wenn er vollständig regulär ist.

<u>Beweis:</u> Da $(X,\underline{X})$ vollständig regulär ist, trennt die Familie der stetigen Abbildungen von X in $[0,1]$ Punkte sowie Punkte und abgeschlossene Mengen, woraus nach dem Einbettungslemma (6.4.7.) folgt, daß e' eine topologische Abbildung ist. $[0,1]^I$ ist nach dem Satz von Tychonoff kompakt und $\beta(X) = \overline{e[X]}$ ist als abgeschlossener Unterraum ebenfalls kompakt. q.e.d.

<u>7.4.6</u>. Bevor wir die wesentlichen Eigenschaften der soeben konstruierten Kompaktifizierung untersuchen, beweisen wir noch folgendes

<u>Lemma</u>: Für jede Menge X sei $X^* = [0,1]^X$ und für jede Abbildung f einer Menge Y in eine Menge Z sei $f^* : Z^* \longrightarrow Y^*$ definiert durch $f^*(g) = g \circ f$. Dann ist $* : \underline{M} \longrightarrow \underline{K}$ ein kontravarianter Funktor.

<u>Beweis</u>: Für jedes $X \in |\underline{M}|$ ist $X^* \in |\underline{K}|$ nach dem Satz von Tychonoff. Um die Stetigkeit von f^* nachzuweisen, muß gezeigt werden, daß $p_y \circ f^*$ für alle $y \in Y$ stetig ist. Wegen $(p_y \circ f^*)(g) = p_y(f^*(g)) = p_y(g \circ f) = g(f(y)) = p_{f(y)}(g)$ für alle $g \in Z^*$ gilt $p_y \circ f^* = p_{f(y)}$, woraus die Behauptung folgt ($p_{f(y)}$ ist für alle $y \in Y$ als Projektionsabbildung stetig!). Außerdem sind die Beziehungen $(f \circ h)^* = h^* \circ f^*$ sowie $(1_X)^* = 1_{X^*}$ offenbar erfüllt.

<u>7.4.7</u>. <u>Satz</u> (Stone und Čech):

1) Ist $(X,\underline{X})$ ein vollständig regulärer topolo-

gischer Raum und (e', $\beta(X)$) die in 7.4.5. konstruierte Kompaktifizierung von $(X,\underline{X})$, so gilt:

(A) Für jeden kompakten topologischen Raum $(Y,\underline{Y})$ und jede stetige Abbildung $f : (X,\underline{X}) \longrightarrow (Y,\underline{Y})$ gibt es genau eine stetige Abbildung $\overline{f} : \beta(X) \longrightarrow Y$, so daß das Diagramm

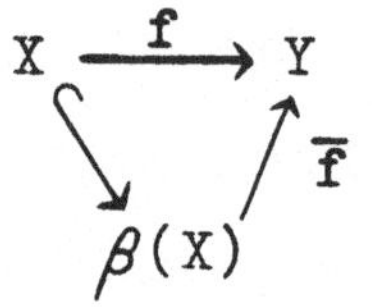

$$\begin{array}{ccc} X & \xrightarrow{f} & Y \\ & \searrow \quad \nearrow_{\overline{f}} & \\ & \beta(X) & \end{array}$$

kommutiert (d.h. f besitzt genau eine stetige Fortsetzung auf $\beta(X)$).

2) Ist $(h,(\hat{X},\hat{\underline{X}}))$ irgendeine Kompaktifizierung von $(X,\underline{X})$, für die die Aussage (A) erfüllt ist, so gibt es einen Homöomorphismus $\hat{X} \cong \beta(X)$, der auf X die Identität liefert.

Beweis: 1) Es sei f gegeben. Man definiere $\tilde{f} : I_y = C(Y,[0,1]) \longrightarrow C(X,[0,1]) = I_x$ durch $\tilde{f}(g) = g \circ f$ für jedes $g \in C(Y,[0,1])$. $(\tilde{f})^* : (I_x)^* = [0,1]^{I_x} \longrightarrow (I_y)^* = [0,1]^{I_y}$ ist dann nach 7.4.6. eine stetige Abbildung. Ist $(g',\beta(Y))$ eine nach 7.4.5. konstruierte Kompaktifizierung von $(Y,\underline{Y})$, so läßt sich folgendes Diagramm aufschreiben:

$$\begin{array}{ccccccc} \overline{e[X]} = \beta(X) & \hookrightarrow & I_x^* & \xrightarrow{(\tilde{f})^*} & I_y^* & \hookleftarrow & \beta(Y) = \overline{g[Y]} \\ \uparrow & & \uparrow e & & \uparrow g & & \uparrow \\ e[X] & & & & & & g[Y] \\ & \nwarrow e' & & & & g' \nearrow & \\ & & X & \xrightarrow{f} & Y & & \end{array} \qquad \text{(D)}$$

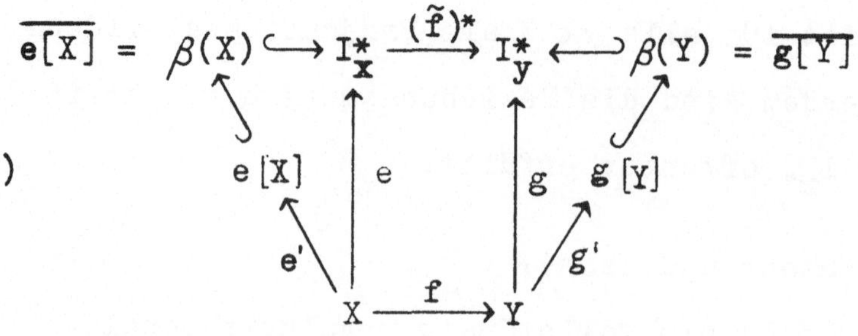

Da Y kompakt ist, ist g' ein Homöomorphismus von Y auf $\beta(Y)$ ($g[Y]$ ist als kompakte Teilmenge eines T_2-Raumes abgeschlossen, also ist $g[Y] = \overline{g[Y]} = \beta(Y)$). Ebenso ist e' ein Homöomorphismus. Im obigen Diagramm kommutieren offenbar die beiden äußeren Dreiecke. Wir zeigen jetzt, daß auch das Viereck kommutiert. Ist $x \in X$ und $h \in I_y$, dann ist $(((\tilde{f})^* \circ e)(x))_h = (\tilde{f}^*(e(x)))_h = (e(x) \circ \tilde{f})_h =$
$= (e(x) \circ \tilde{f})(h) = e(x)\ (\tilde{f}(h)) = e(x)\ (h \circ f) = (e(x))_{h \circ f} =$
$= (h \circ f)(x) = h(f(x)) = (g(f(x)))_h = ((g \circ f)(x))_h$
aufgrund der Definitionen von $(\tilde{f})^*$, $\tilde{f}$, e und g; also gilt $(\tilde{f})^* \circ e = g \circ f$. Damit ist aber das gesamte obige Diagramm (D) kommutativ. Offenbar gilt
$(\tilde{f})^*[\beta(X)] = (\tilde{f})^*[\overline{e[X]}] \subset \overline{(\tilde{f})^*[e[X]]} = \overline{g[f[X]]} \subset \overline{g[Y]} = \beta(Y)$.
$\hat{f} = \left((\tilde{f})^* \,\middle|\, \beta(X)\right)'$ definiert durch $\hat{f}(z) = (\tilde{f})^*(z)$ für alle $z \in \beta(x)$ ist dann eine stetige Abbildung von $\beta(X)$ in $\beta(Y)$ derart, daß das Diagramm

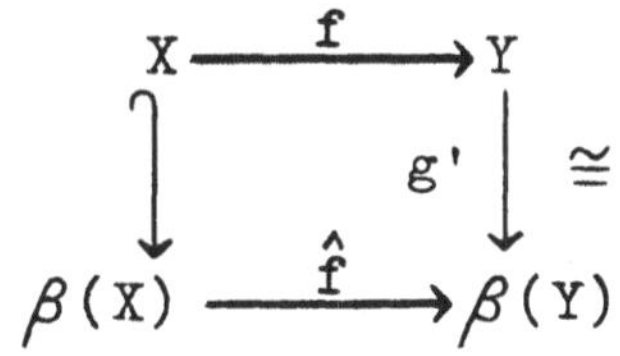

$$\begin{array}{ccc} X & \xrightarrow{\ f\ } & Y \\ \big\downarrow & & \big\downarrow {\scriptstyle g'} \ \cong \\ \beta(X) & \xrightarrow{\ \hat{f}\ } & \beta(Y) \end{array}$$

kommutiert (wegen der Kommutativität von (D)).
$\overline{f} = g'^{-1} \circ \hat{f}$ ist dann die gesuchte stetige Fortsetzung von f. Nach einem früheren Satz (4.3.6.) ist $\overline{f}$ die einzige stetige Abbildung mit Werten in dem T_2-Raum Y, die auf der dichten Teilmenge X von $\beta(X)$ mit f übereinstimmt.

2) Man betrachte X als Unterraum von $\hat{X}$ und von $\beta(X)$; h_x und β_x seien die zugehörigen Inklusionsabbildungen. Nach Voraussetzung gibt es genau ein stetiges $f : \beta(X) \longrightarrow \hat{X}$ sowie genau ein stetiges $g : \hat{X} \longrightarrow \beta(X)$, derart daß die Diagramme

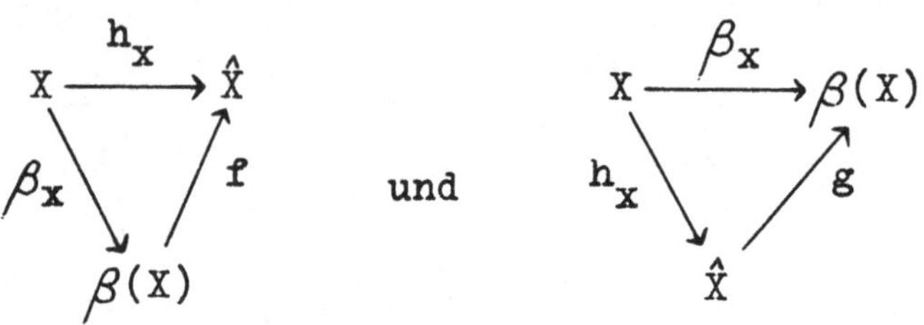

kommutieren. Insbesondere ist dann $(g \circ f) \circ \beta_x = g \circ h_x = \beta_x$ und $(f \circ g) \circ h_x = f \circ \beta_x = h_x$. Da es jeweils nur genau eine stetige Abbildung gibt derart, daß die Diagramme

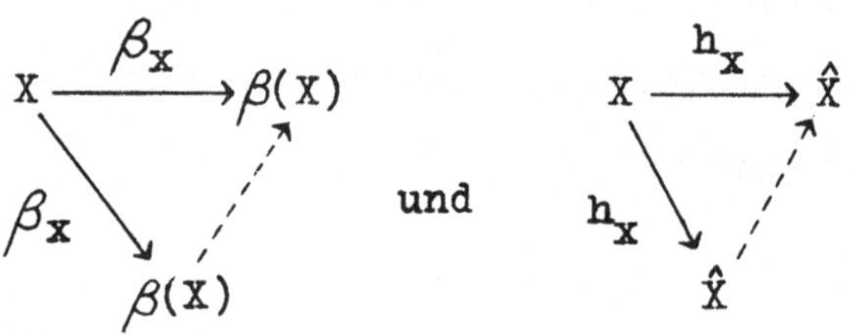

kommutieren, folgt $f \circ g = 1_{\hat{X}}$ und $g \circ f = 1_{\beta(X)}$, d.h. g ist der gesuchte Isomorphismus ($g \circ h_x = g|_X = \beta_x$ und $\beta_x' = 1_X$, falls $\beta_x' : X \longrightarrow X$ durch $\beta_x'(z) = \beta_x(z)$ für alle $z \in X$ definiert wird).

<u>7.4.8.</u> <u>Definition:</u> Die (durch die Eigenschaft (A) des Satzes von Stone und Čech bis auf Isomorphie eindeutig bestimmte) Kompaktifizierung $(e', \beta(X))$ eines vollständig regulären Raumes $(X, \underline{X})$ heißt die <u>Stone-Čech-Kompaktifizierung</u> von $(X, \underline{X})$.

7.4.9. Bemerkungen: ① Auf der Klasse aller Kompaktifizierungen eines topologischen Raumes $(X,\underline{X})$ kann wie folgt eine Relation $\leq$ definiert werden:
Sind $(f,(Y,\underline{Y}))$, $(g,(Z,\underline{Z}))$ Kompaktifizierungen von $(X,\underline{X})$ und bezeichnet man mit f_X die Abbildung $i \circ f$ ($i : f[X] \longrightarrow Y$ Inklusionsabbildung) und mit g_X die Abbildung $j \circ g$ ($j : g[X] \longrightarrow Z$ Inklusionsabbildung), so gelte

$$(f,(Y,\underline{Y})) \geqq (g,(Z,\underline{Z}))$$

genau dann, wenn es eine stetige Abbildung $h : Y \longrightarrow Z$ gibt derart, daß $h \circ f_X = g_X$ gilt. Diese Relation ist reflexiv und transitiv; gilt

$$(f,(Y,\underline{Y})) \geqq (g,(Z,\underline{Z})) \geqq (f,(Y,\underline{Y}))$$

so ist h ein Homöomorphismus und man nennt die Kompaktifizierungen $(f,(Y,\underline{Y}))$ und $(g,(Z,\underline{Z}))$ topologisch äquivalent. (Beweis: 1) Die Reflexivität ist unmittelbar evident.

2) Gilt $(f,Y) \geqq (g,Z)$ und $(g,Z) \geqq (h,U)$, so existieren stetige $r : Y \longrightarrow Z$ und $k : Z \longrightarrow U$ mit $g_X = r \circ f_X$ und $h_X = k \circ g_X$ und folglich ist $h_X = (k \circ r) \circ f_X$, also $(f,Y) \geqq (h,U)$.

3) Gilt $(f,Y) \geqq (g,Z) \geqq (f,Y)$, so gibt es stetige Abbildungen h und k derart, daß das Diagramm

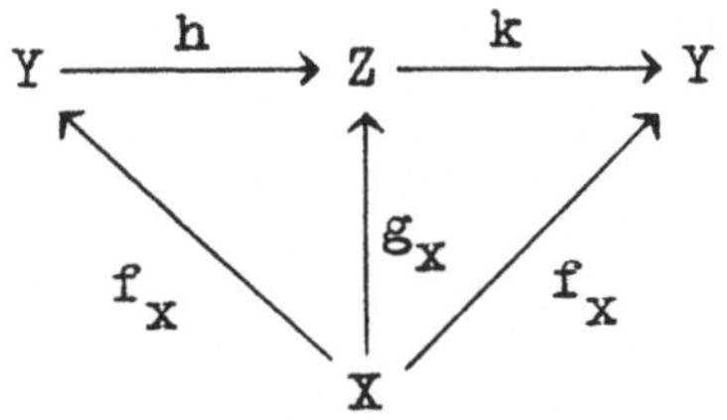

kommutiert. Dann ist

$$f_x \circ g^{-1} = k \,|\, g[X] \text{ und } g_x \circ f^{-1} = h \,|\, f[X].$$

Für jedes $z \in f[X]$ ist $(k \circ h)(z) = k(h(z)) = k(g_x(f^{-1}(z)))$ $= f_x(g^{-1}(g_x(f^{-1}(z)))) = (f \circ (g^{-1} \circ g) \circ f^{-1})(z) = z$, also $k \circ h|_{f[X]} = 1_Y|_{f[X]}$. Da Y ein T_2-Raum ist und f[X] dicht in Y ist, folgt $k \circ h = 1_Y$. Analog schließt man $h \circ k = 1_Z$. h ist also eine topologische Abbildung).

Nach dem Satz von Stone und Čech hat dann die Stone-Čech-Kompaktifizierung $(e', \beta(X))$ eines vollständig regulären Raumes $(X, \underline{X})$ gerade die Eigenschaft, daß für <u>jede</u> Kompaktifizierung (f,Y) von $(X, \underline{X})$ gilt:

$$\boxed{(f,Y) \leq (e', \beta(X))}$$

② Ist $\underline{K}$ die Kategorie der kompakten Räume (und stetigen Abbildungen) und $(X_i)_{i \in I}$ eine Familie von Objekten aus $\underline{K}$, so existiert das in $\underline{T}$ gebildete Coprodukt $\coprod^{\underline{T}}_{i \in I} X_i$, gehört jedoch i.a. nicht zu $\underline{K}$ (es gehört z.B. zu $\underline{K}$, wenn I endlich ist). Trotzdem existiert aber auch das Coprodukt der Familie $(X_i)_{i \in I}$ in $\underline{K}$; genauer gilt:

$$\boxed{\coprod^{\underline{K}}_{i \in I} X_i = \beta\Big(\coprod^{\underline{T}}_{i \in I} X_i\Big)}$$

(Beweis: $\coprod_{i \in I} {}_{\underline{T}} X_i$ ist vollständig regulär (alle X_i sind ja als kompakte Räume vollständig regulär!), also existiert $\beta(\coprod_{i \in I} {}_{\underline{T}} X_i)$. Ist $T \in |\underline{K}| \subset |\underline{T}|$ und $k_i \in [X_i, T]_{\underline{K}} = [X_i, T]_{\underline{T}} = C(X_i, T)$ für jedes $i \in I$, so gibt es genau ein stetiges $k : \coprod_{i \in I} {}_{\underline{T}} X_i \longrightarrow T$ mit $k \circ j_i = k_i$ für alle i ($j_i : X_i \rightarrow \coprod_{i \in I} X_i$ seien für jedes $i \in I$ die zugehörigen Injektionen), weil $(\coprod_{i \in I} {}_{\underline{T}} X_i, (j_i))$ Coprodukt von $(X_i)_{i \in I}$ in $\underline{T}$ ist. Bezeichnet $\beta_{\sqcup X_i}$ die „natürliche" Abbildung von $\coprod_{i \in I} X_i \longrightarrow \beta(\coprod_{i \in I} X_i)$, so gibt es nach dem Satz von Stone und Čech genau ein stetiges $k' : \beta(\coprod_{i \in I} X_i) \longrightarrow T$ mit $k' \circ \beta_{\sqcup X_i} = k$. Das folgende Diagramm

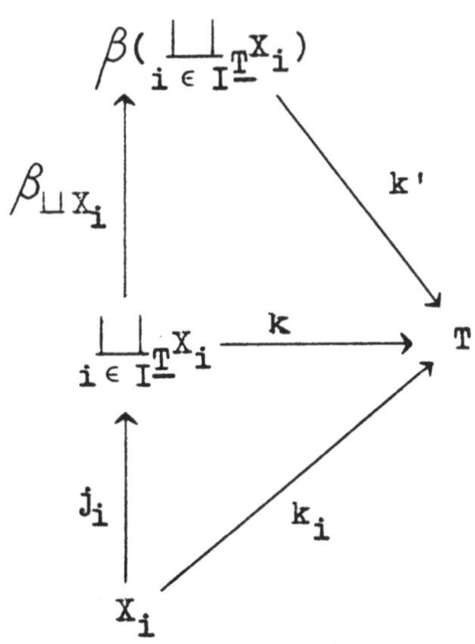

ist also kommutativ; insbesondere ist $k' \circ (\beta_{\sqcup X_i} \circ j_i) = k_i$.

Die Eindeutigkeit von k' ist zunächst nur für das obere Dreieck gegeben. Ist $k'' : \beta(\coprod_{i \in \underline{I}} {}_{\underline{T}} X_i) \longrightarrow T$ mit $k'' \circ (\beta_{\sqcup X_i} \circ j_i) = k_i$, also $(k'' \circ \beta_{\sqcup X_i}) \circ j_i = k_i = k \circ j_i$, so folgt wegen der Eindeutigkeit von k sofort $k'' \circ \beta_{\sqcup X_i} = k = k' \circ \beta_{\sqcup X_i}$, woraus wegen der Eindeutigkeit von k' aber $k' = k''$ folgt. $(\beta(\coprod_{i \in \underline{I}} {}_{\underline{T}} X_i), (\beta_{\sqcup X_i} \circ j_i)_{i \in I})$ ist also das gesuchte Coprodukt der Familie $(X_i)_{i \in I}$ in $\underline{K}$.)

<u>7.4.10.</u> Die Aussage (A) des Satzes von Stone und Čech ordnet sich folgendem Sachverhalt unter:

<u>Definition</u>: Es seien $\underline{A}$ und $\underline{B}$ Kategorien, $\underline{F} : \underline{A} \longrightarrow \underline{B}$ ein Funktor und $B \in |\underline{B}|$. Ein Paar (u,A) mit $A \in |\underline{A}|$ und $u : B \longrightarrow \underline{F}(A)$ heißt <u>universelles Paar für</u> B <u>bez.</u> $\underline{F}$,[59] wenn zu jedem $A' \in |\underline{A}|$ und jedem $f : B \longrightarrow \underline{F}(A')$ genau ein $\overline{f} : A \longrightarrow A'$ existiert, so daß das Diagramm

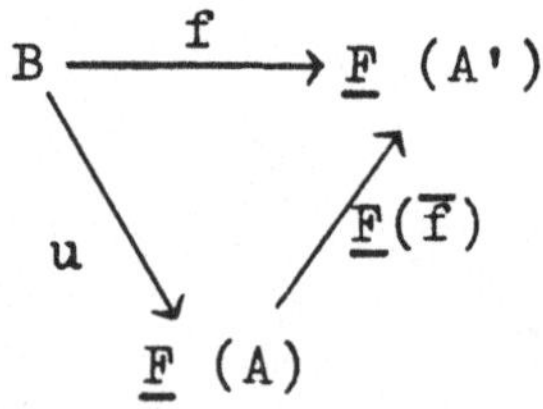

kommutiert.

<u>7.4.11.</u> <u>Beispiele</u>: (1) Es seien $\underline{V}$ die Kategorie der vollständig regulären Räume (und stetigen Abbildungen), $\underline{K}$ die Kategorie der kompakten Räume (und stetigen Abbil-

59) Statt universelles Paar wird auch universelle Abbildung gesagt.

dungen) und $\underline{F}_e$ der Einbettungsfunktor von $\underline{K}$ in $\underline{V}$, (d.h. $\underline{F}_e\,(K) = K$ für alle $K \in |\underline{K}|$ und $\underline{F}_e(f) = f$ für alle $f \in \mathrm{Mor}\,\underline{K}$). Setzt man für jeden vollständig regulären Raum X stets $\beta_X = i \circ e'$ $((e',\beta(X))$ sei die zugehörige Stone-Čech-Kompaktifizierung und $i : e[X] \longrightarrow \beta(X)$ die Inklusionsabbildung), so ist $(\beta_X, \beta(X))$ universelles Paar für X bez. $\underline{F}_e$; denn das ist ja gerade die Aussage (A) des Satzes von Stone und Čech.

② Es sei $\underline{F}_v : \underline{T} \longrightarrow \underline{M}$ der Vergißfunktor. Ist M eine Menge, so ist $(1_M, (M,\underline{P}(M)))$ universelles Paar für M bez. $\underline{F}_v$.

<u>7.4.12</u>. <u>Lemma</u>: Sind (u,A), (u',A') universelle Paare für ein $B \in |\underline{B}|$ bez. $\underline{F} : \underline{A} \longrightarrow \underline{B}$, so gibt es einen Isomorphismus $f : A \longrightarrow A'$ derart, daß das Diagramm

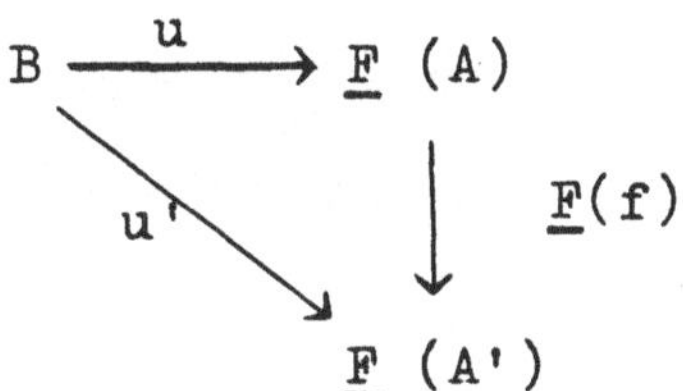

kommutiert.

<u>Beweis</u>: Da (u,A) universelles Paar ist, folgt die Existenz genau eines Morphismus $f : A \longrightarrow A'$ derart, daß das Diagramm

$$(D_1) \qquad \begin{array}{ccc} B & \xrightarrow{\;u'\;} & \underline{F}\,(A') \\ & {}_{u}\searrow & \uparrow\,\underline{F}(f) \\ & & \underline{F}\,(A) \end{array}$$

kommutiert. Da (u',A') universelles Paar ist, folgt

die Existenz genau eines Morphismus $g : A' \longrightarrow A$ derart, daß das Diagramm

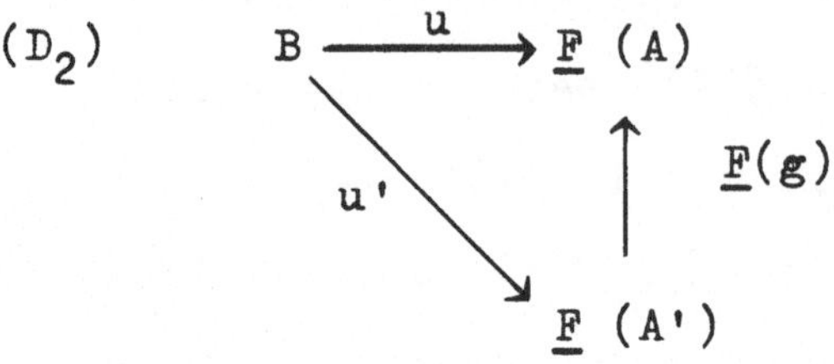

kommutiert. Die Diagramme (D_1) und (D_2) bilden das folgende kommutative Diagramm:

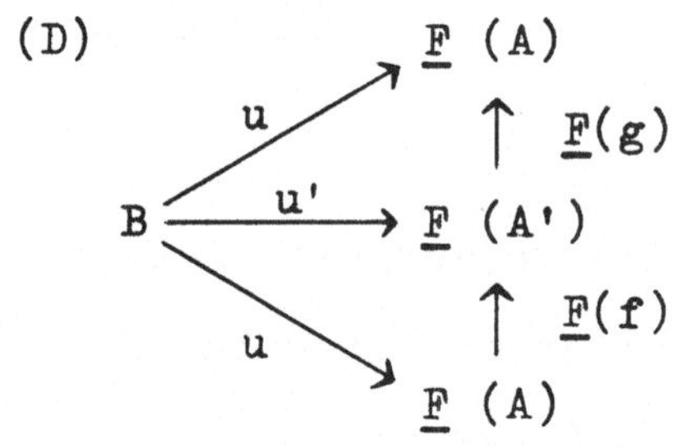

Da $\underline{F}(g) \circ \underline{F}(f) = \underline{F}(g \circ f)$ gilt und es nur genau einen Morphismus von A nach A geben kann, dessen Bild unter $\underline{F}$ das äußere Dreieck von (D) kommutieren läßt, folgt $g \circ f = 1_A$ (denn $\underline{F}(1_A) = 1_{\underline{F}(A)}$, weil $\underline{F}$ Funktor!). Entsprechend schließt man $f \circ g = 1_{A'}$. f ist also Isomorphismus in $\underline{A}$.

7.4.13. Genauso wie wir zur Beschreibung von Kategorien Funktoren definiert haben, definieren wir jetzt zur Beschreibung von Funktoren natürliche Transformationen und erklären, wann zwei Funktoren als im wesentlichen nicht verschieden, d.h. als isomorph anzusehen sind:

Definitionen: Es seien $\underline{C}$, $\underline{D}$ Kategorien und $\underline{F}, \underline{G} : \underline{C} \longrightarrow \underline{D}$ Funktoren:

1) Eine Familie $\eta = (\eta_A)_{A \in |\underline{C}|}$ mit $\eta_A \in [\underline{F}(A), \underline{G}(A)]_{\underline{D}}$ für alle $A \in |\underline{C}|$ heißt natürliche

Transformation, wenn für jedes Paar $(A,B) \in |\underline{C}| \times |\underline{C}|$ und jedes $f \in [A,B]_{\underline{C}}$ das folgende Diagramm

$$\begin{array}{ccc} \underline{F}(A) & \xrightarrow{\eta_A} & \underline{G}(A) \\ {\scriptstyle \underline{F}(f)}\downarrow & & \downarrow{\scriptstyle \underline{G}(f)} \\ \underline{F}(B) & \xrightarrow[\eta_B]{} & \underline{G}(B) \end{array}$$

kommutiert; in Zeichen: $\eta: \underline{F} \to \underline{G}$.

2) Eine natürliche Transformation $\eta: \underline{F} \to \underline{G}$ heißt natürliche Äquivalenz (auch natürliche Isomorphie), wenn für alle $A \in |\underline{C}|$ gilt: η_A ist ein Isomorphismus; in Zeichen: $\underline{F} \approx \underline{G}$.

7.4.14. Sind $\underline{F} : \underline{A} \to \underline{B}$ und $\underline{G} : \underline{B} \to \underline{C}$ Funktoren, also $\underline{F} = (\underline{A},\underline{B},\underline{F}_1,\underline{F}_2)$ und $\underline{G} = (\underline{B},\underline{C},\underline{G}_1,\underline{G}_2)$, so wird durch $\underline{G} \circ \underline{F} = (\underline{A},\underline{C},\underline{G}_1 \circ \underline{F}_1, \underline{G}_2 \circ \underline{F}_2)$ ein Funktor $\underline{G} \circ \underline{F} : \underline{A} \to \underline{C}$ definiert („Kompositum von $\underline{F}$ und $\underline{G}$"); es ist also $(\underline{G} \circ \underline{F})(A) = \underline{G}(\underline{F}(A))$ für alle $A \in |\underline{A}|$ und $(\underline{G} \circ \underline{F})(f) = \underline{G}(\underline{F}(f))$ für alle $f \in \text{Mor } \underline{A}$. Mit dieser Bezeichnung gilt:

Satz: Es sei $\underline{F} : \underline{A} \to \underline{B}$ ein Funktor. Besitzt jedes $B \in |\underline{B}|$ ein universelles Paar (u_B, A_B) bez. $\underline{F}$, so existiert genau ein Funktor $\underline{G} : \underline{B} \to \underline{A}$ mit

(1) Für alle $B \in |\underline{B}|$ ist $\underline{G}(B) = A_B$.

(2) $u = (u_B) : \underline{I}_{\underline{B}} \to \underline{F} \circ \underline{G}$ ist eine natürliche Transformation ($\underline{I}_{\underline{B}} : \underline{B} \to \underline{B}$ ist der identische Funktor).

Korollar: Es gibt genau eine natürliche Transformation $v = (v_A) : \underline{G} \circ \underline{F} \to \underline{I}_{\underline{A}}$ ($\underline{I}_{\underline{A}} : \underline{A} \to \underline{A}$ identischer Funktor) derart, daß gilt:

(a) $\underline{F}(v_A) \circ u_{\underline{F}(A)} = 1_{\underline{F}(A)}$ für alle $A \in |\underline{A}|$.

(b) $v_{\underline{G}(B)} \circ \underline{G}(u_B) = 1_{\underline{G}(B)}$ für alle $B \in |\underline{B}|$.

Beweis des Satzes: Durch (1) ist bereits eine Abbildung der Objektklasse von $\underline{B}$ in die Objektklasse von $\underline{A}$ definiert. Gesucht ist eine Abbildung der zugehörigen Morphismenklassen. Ist $f : B \longrightarrow B'$ ein $\underline{B}$-Morphismus, so gibt es genau einen $\underline{A}$-Morphismus $\overline{f} : A_B \longrightarrow A_{B'}$ derart, daß das Diagramm

$$(D_1)\qquad \begin{array}{ccc} \underline{I}_{\underline{B}}(B) = B & \xrightarrow{u_B} & \underline{F}(A_B) = \underline{F}(\underline{G}(B)) \\ \Big\downarrow {\scriptstyle \underline{I}_{\underline{B}}(f)=f} & & \Big\downarrow {\scriptstyle \underline{F}(\overline{f})} \\ \underline{I}_{\underline{B}}(B') = B' & \xrightarrow[u_{B'}]{} & \underline{F}(A_{B'}) = \underline{F}(\underline{G}(B')) \end{array}$$

kommutiert, weil (u_B, A_B) universelles Paar für B bez. $\underline{F}$ ist. Für jedes $f \in \text{Mor}\,\underline{B}$ setze man $\underline{G}(f) = \overline{f}$. Dann ist $\underline{G}$ ein Funktor: Sind nämlich $f : B \longrightarrow B'$ und $g : B' \longrightarrow B''$ $\underline{B}$-Morphismen, so ist das folgende Diagramm

$$(D_2)\qquad \begin{array}{ccc} B & \xrightarrow{u_B} & \underline{F}(A_B) \\ {\scriptstyle f}\Big\downarrow & & \Big\downarrow {\scriptstyle \underline{F}(\overline{f})} \\ B' & \xrightarrow{u_{B'}} & \underline{F}(A_{B'}) \\ {\scriptstyle g}\Big\downarrow & & \Big\downarrow {\scriptstyle \underline{F}(\overline{g})} \\ B'' & \xrightarrow{u_{B''}} & \underline{F}(A_{B''}) \end{array}$$

kommutativ. $\overline{g} \circ \overline{f} : A_B \longrightarrow A_{B''}$ ist dann ein Morphismus dessen Bild unter $\underline{F}$ das äußere Viereck in (D_2) kommutieren läßt (weil $\underline{F}(\overline{g} \circ \overline{f}) = F(\overline{g}) \circ \underline{F}(\overline{f})$ gilt). Da es jedoch nur genau einen Morphismus dieser Art geben kann, nämlich $\overline{g \circ f}$, so folgt $\overline{g \circ f} = \overline{g} \circ \overline{f}$, d.h. $\underline{G}(g \circ f) = \underline{G}(g) \circ \underline{G}(f)$.

Für jedes $B \in |\underline{B}|$ ist $1_{A_B} : A_B \longrightarrow A_B$ ein Morphismus mit der Eigenschaft, daß sein Bild unter $\underline{F}$ das Diagramm

$$(D_3) \qquad \begin{array}{ccc} B & \xrightarrow{u_B} & \underline{F}(A_B) \\ \downarrow 1_B & & \downarrow \underline{F}(1_{A_B}) \\ B & \xrightarrow[u_B]{} & \underline{F}(A_B) \end{array}$$

kommutieren läßt (weil $\underline{F}(1_{A_B}) = 1_{\underline{F}(A_B)}$ gilt). Da es jedoch nur genau einen Morphismus dieser Art geben kann, nämlich $\overline{1}_B$, so folgt $\overline{1}_B = 1_{A_B}$, d.h. $\underline{G}(1_B) = 1_{\underline{G}(B)}$.

Die Kommutativität von (D_1) besagt gerade, daß $u = (u_B) : \underline{I}_{\underline{B}} \longrightarrow \underline{F} \circ \underline{G}$ eine natürliche Transformation ist. Wegen der Eindeutigkeit von $\overline{f}$ gilt für jeden anderen Funktor $\underline{G}' : \underline{B} \longrightarrow \underline{A}$ mit den Eigenschaften (1) und (2) notwendig $\underline{G}'(f) = \overline{f} = \underline{G}(f)$, und $\underline{G}'(B) = \underline{G}(B) = A_B$ gilt für jedes $B \in |\underline{B}|$ definitionsgemäß. Also ist $\underline{G} = \underline{G}'$.

<u>Beweis des Korollars</u>: Für jedes $A \in |\underline{A}|$ ist $\underline{F}(A) \in |\underline{B}|$. Da $(u_{\underline{F}(A)}, \underline{G}(\underline{F}(A)))$ universelles Paar für $\underline{F}(A)$ bez. $\underline{F}$ ist, gibt es genau ein $v_A : \underline{G}(\underline{F}(A)) \longrightarrow A$ derart, daß das Diagramm

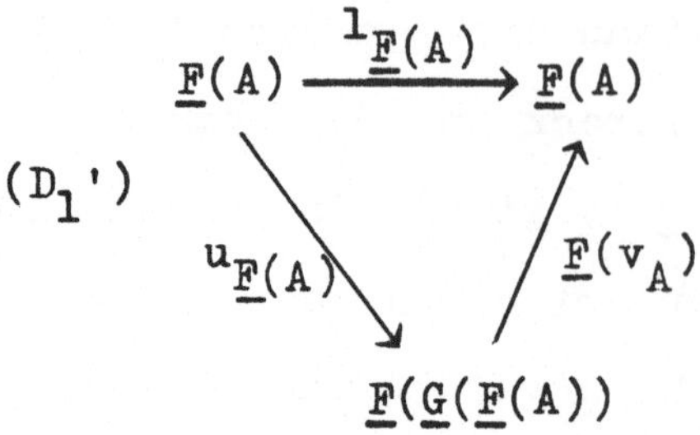

kommutiert, d.h. (a) ist erfüllt. Die Frage ist nun, ob auch (b) erfüllt ist, d.h. ob das Diagramm

$$(D_2') \quad \begin{array}{ccc} \underline{G}(B) & \xrightarrow{1_{\underline{G}(B)}} & \underline{G}(B) \\ & {\scriptstyle \underline{G}(u_B)} \searrow \quad \nearrow {\scriptstyle v_{\underline{G}(B)}} & \\ & \underline{G}(\underline{F}(\underline{G}(B)) & \end{array}$$

kommutiert. Da (u_B, $\underline{G}(B)$) universelles Paar für B bez. $\underline{F}$ ist, gibt es nur genau ein h : $\underline{G}(B) \longrightarrow \underline{G}(B)$, so daß das Diagramm

$$(D_3') \quad \begin{array}{ccc} B & \xrightarrow{u_B} & \underline{F}(\underline{G}(B)) \\ & {\scriptstyle u_B} \searrow \quad \nearrow {\scriptstyle \underline{F}(h)} & \\ & \underline{F}(\underline{G}(B)) & \end{array}$$

kommutiert. Es ist aber

$\underline{F}(1_{\underline{G}(B)}) \circ u_B = 1_{\underline{F}(\underline{G}(B))} \circ u_B = u_B$ unter Verwendung der Funktoreigenschaft von $\underline{F}$ und

$$\underline{F}(v_{\underline{G}(B)} \circ \underline{G}(u_B)) \circ u_B = \underline{F}(v_{\underline{G}(B)}) \circ \underline{F}(\underline{G}(u_B)) \circ u_B =$$

$$= \underline{F}(v_{\underline{G}(B)}) \circ u_{\underline{F}(\underline{G}(B))} \circ u_B = 1_{\underline{F}(\underline{G}(B))} \circ u_B = u_B,$$

denn weil u : $\underline{I}_B \longrightarrow \underline{F} \circ \underline{G}$ eine natürliche Transformation ist, ist das Diagramm

$$(D_4')\qquad \begin{array}{ccc} B & \xrightarrow{u_B} & \underline{F}(\underline{G}(B)) \\ {\scriptstyle u_B}\downarrow & & \downarrow{\scriptstyle \underline{F}(\underline{G}(u_B))} \\ \underline{F}(\underline{G}(B)) & \xrightarrow{u_{\underline{F}(\underline{G}(B))}} & \underline{F}(\underline{G}(\underline{F}(\underline{G}(B)))) \end{array}$$

kommutativ; außerdem gilt (a). Folglich gilt $h = v_{\underline{G}(B)} \circ \underline{G}(u_B) = 1_{\underline{G}(B)}$, d.h. (b) ist erfüllt. Es bleibt zu zeigen: $v = (v_A): \underline{G} \circ \underline{F} \longrightarrow \underline{I}_{\underline{A}}$ ist eine natürliche Transformation. Für jedes Paar $(A,A') \in |\underline{A}| \times |\underline{A}|$ und jedes $f \in [A,A']_{\underline{A}}$ ist die Kommutativität des folgenden Diagramms

$$(D_5')\qquad \begin{array}{ccc} \underline{G}(\underline{F}(A)) & \xrightarrow{v_A} & A \\ {\scriptstyle \underline{G}(\underline{F}(f))}\downarrow & & \downarrow{\scriptstyle f} \\ \underline{G}(\underline{F}(A')) & \xrightarrow{v_{A'}} & A' \end{array}$$

zu zeigen. Da $(u_{\underline{F}(A)}, \underline{G}(\underline{F}(A)))$ universelles Paar für $\underline{F}(A)$ bez. $\underline{F}$ ist, gibt es nur genau ein $h : \underline{G}(\underline{F}(A)) \longrightarrow A'$, so daß das Diagramm

$$(D_6')\qquad \begin{array}{ccc} \underline{F}(A) & \xrightarrow{\underline{F}(f)} & \underline{F}(A') \\ & {\scriptstyle u_{\underline{F}(A)}}\searrow \quad \nearrow{\scriptstyle \underline{F}(h)} & \\ & \underline{F}(\underline{G}(\underline{F}(A))) & \end{array}$$

kommutiert. Es ist aber

$$\underline{F}(f \circ v_A) \circ u_{\underline{F}(A)} = \underline{F}(f) \circ \underline{F}(v_A) \circ u_{\underline{F}(A)} = \underline{F}(f) \circ 1_{\underline{F}(A)} = \underline{F}(f)$$

wegen der Funktoreigenschaft von $\underline{F}$ und der Gültigkeit von (a); und

$$\underline{F}(v_{A'}\circ\underline{G}(\underline{F}(f)))\circ u_{\underline{F}(A)} = \underline{F}(v_{A'})\circ\underline{F}(\underline{G}(\underline{F}(f)))\circ u_{\underline{F}(A)} =$$

$$= \underline{F}(v_{A'})\circ u_{\underline{F}(A')}\circ\underline{F}(f) = 1_{\underline{F}(A')}\circ\underline{F}(f) = \underline{F}(f),$$

denn weil $u = (u_B) : \underline{I}_{\underline{B}} \longrightarrow \underline{F}\circ\underline{G}$ eine natürliche Transformation ist, ist das Diagramm

$$(D_7{}')\qquad \begin{array}{ccc} \underline{F}(A) & \xrightarrow{u_{\underline{F}(A)}} & \underline{F}(\underline{G}(\underline{F}(A))) \\ {\scriptstyle \underline{F}(f)}\downarrow & & \downarrow{\scriptstyle \underline{F}(\underline{G}(\underline{F}(f)))} \\ \underline{F}(A') & \xrightarrow{u_{\underline{F}(A')}} & \underline{F}(\underline{G}(\underline{F}(A'))) \end{array}$$

kommutativ; außerdem gilt (a). Folglich gilt

$h = f\circ v_A = v_{A'}\circ\underline{G}(\underline{F}(f))$, d.h. $(D_5{}')$ ist kommutativ. Damit ist das Korollar bewiesen.

7.4.15. Bemerkungen: (1) Wählt man zu jedem $B\in|\underline{B}|$ ein universelles Paar (u_B', A_B') bez. $\underline{F}$, so gibt es nach dem eben bewiesenen Satz einen Funktor $\underline{G}' : \underline{B}\longrightarrow\underline{A}$ mit den $\underline{G}$ entsprechenden Eigenschaften. Da nach Lemma 7.4.12. (u_B, A_B) und (u_B', A_B') im dort angegebenen Sinn isomorph sind, ist $\underline{G}$ natürlich äquivalent zu $\underline{G}'$:
Ist nämlich für jedes $B\in|\underline{B}|$ $i_B : A_B = \underline{G}(B)\longrightarrow A_B' = \underline{G}'(B)$ der nach 7.4.12. existierende Isomorphismus mit $\underline{F}(i_B)\circ u_B = u_B'$, so ist $i = (i_B): \underline{G}\longrightarrow\underline{G}'$ die gesuchte natürliche Äquivalenz, denn für jedes Paar $(B,B')\in|\underline{B}|\times|\underline{B}|$ und jedes $f\in[B,B']_{\underline{B}}$ sind in dem Diagramm

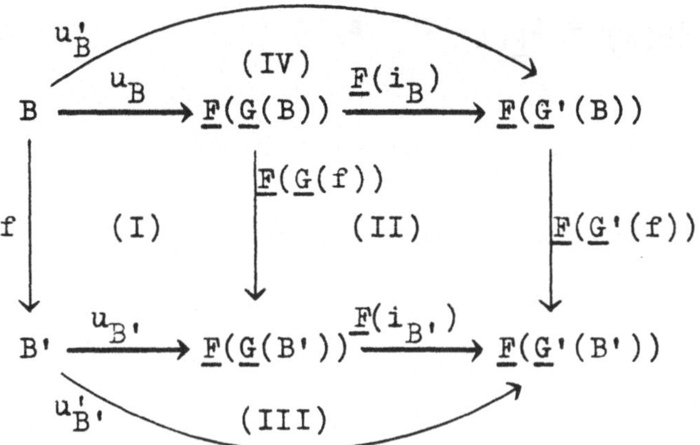

(I),(III)und(IV)sowie das äußere Rechteck kommutativ und da es nur genau einen Morphismus $h : \underline{G}(B) \longrightarrow \underline{G}'(B')$ geben kann, derart, daß

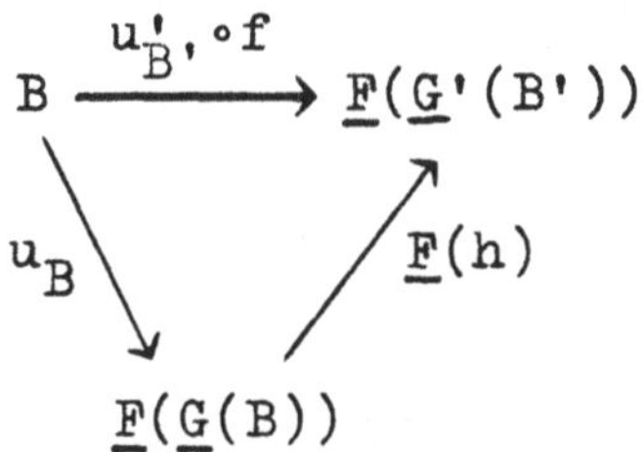

kommutiert ($(u_B, \underline{G}(B))$ ist ja universelles Paar für B bez. $\underline{F}$),muß $h = \underline{G}'(f) \circ i_B = i'_B \circ \underline{G}(f)$ gelten (dann ist übrigens wegen der Funktoreigenschaft von $\underline{F}$ das gesamte obige Diagramm kommutativ).

(2) Sind $\underline{F} : \underline{A} \longrightarrow \underline{B}$ und $\underline{G} : \underline{B} \longrightarrow \underline{A}$ Funktoren und gibt es natürliche Transformationen

$$v = (v_A) : \underline{G} \circ \underline{F} \longrightarrow \underline{I}_{\underline{A}}$$

und

$$u = (u_B) : \underline{I}_{\underline{B}} \rightarrow \underline{F} \circ \underline{G}$$

derart,daß

(1) $\underline{F}(v_A) \circ u_{\underline{F}(A)} = 1_{\underline{F}(A)}$ für alle $A \in |\underline{A}|$

und

(2) $v_{\underline{G}(B)} \circ \underline{G}(u_B) = 1_{\underline{G}(B)}$ für alle $B \in |\underline{B}|$

gelten, so sagt man, daß $\underline{G}$ zu $\underline{F}$ linksadjungiert bzw. $\underline{F}$ zu $\underline{G}$ rechtsadjungiert ist und $(\underline{G},\underline{F})$ ein adjungiertes Funktorpaar ist. Wir haben bereits gesehen, daß wenn $\underline{F} : \underline{A} \to \underline{B}$ ein Funktor ist und jedes $B \in |\underline{B}|$ ein universelles Paar $(u_B, \underline{G}(B))$ bez. $\underline{F}$ besitzt, es zu $\underline{F}$ einen linksadjungierten Funktor $\underline{G}$ gibt (das ist ja gerade die Aussage des vorangegangenen Satzes einschließlich des Korollars).

Wir zeigen jetzt die Umkehrung:

7.4.16. Satz: Ist $\underline{G} : \underline{B} \to \underline{A}$ linksadjungiert zu $\underline{F} : \underline{A} \to \underline{B}$ und ist $u = (u_B) : \underline{I}_{\underline{B}} \to \underline{F} \circ \underline{G}$ zugehörige natürliche Transformation, so ist $(u_B, \underline{G}(B))$ für jedes $B \in |\underline{B}|$ universelles Paar bez. $\underline{F}$.

Beweis: Es sei $B \in |\underline{B}|$. Zu zeigen: Zu jedem $A \in |\underline{A}|$ und jedem $f : B \to \underline{F}(A)$ gibt es genau ein $\overline{f} : \underline{G}(B) \to A$, so daß das Diagramm

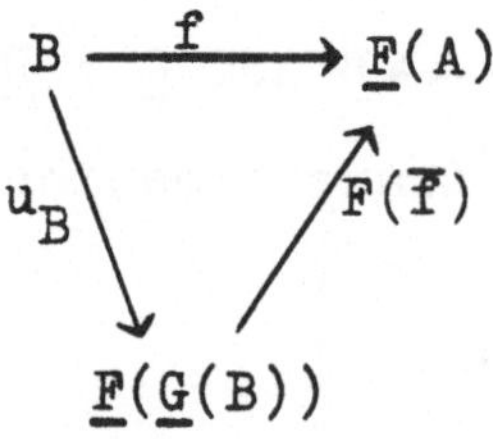

kommutiert. Ist $v = (v_A) : \underline{G} \circ \underline{F} \to \underline{I}_{\underline{A}}$ nach Voraussetzung existierende natürliche Transformation mit

(1) $\underline{F}(v_A) \circ u_{\underline{F}(A)} = 1_{\underline{F}(A)}$ für alle $A \in |\underline{A}|$

und

(2) $v_{\underline{G}(B)} \circ \underline{G}(u_B) = 1_{\underline{G}(B)}$ für alle $B \in |\underline{B}|$,

so setze man $v_A \circ \underline{G}(f) = \bar{f}$. Dann gilt

$$\underline{F}(\bar{f}) \circ u_B = \underline{F}(v_A) \circ \underline{F}(\underline{G}(f)) \circ u_B = \underline{F}(v_A) \circ u_{\underline{F}(A)} \circ f =$$

$$= 1_{\underline{F}(A)} \circ f = f$$ wegen der Funktoreigenschaft

von $\underline{F}$, der natürlichen Transformationseigenschaft von u und der Formel (1). Damit ist also ein Morphismus $\bar{f}$ der genannten Art gefunden. Es bleibt nur noch seine Eindeutigkeit zu zeigen. Ist $\bar{\bar{f}} : \underline{G}(B) \longrightarrow A$ ein Morphismus mit $\underline{F}(\bar{\bar{f}}) \circ u_B = f$, so gilt $\underline{G}(\underline{F}(\bar{\bar{f}})) \circ \underline{G}(u_B) = \underline{G}(f)$ und weil außerdem $v : \underline{G} \circ \underline{F} \longrightarrow \underline{I}_{\underline{A}}$ eine natürliche Transformation ist, ist das Diagramm

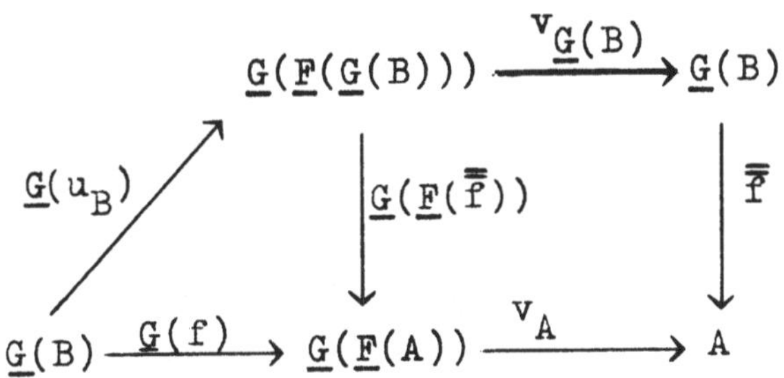

kommutativ. Also gilt $\bar{\bar{f}} \circ v_{\underline{G}(B)} \circ \underline{G}(u_B) = v_A \circ \underline{G}(f) = \bar{f}$, woraus wegen (2) folgt $\bar{\bar{f}} = \bar{f}$.

7.4.17. Bemerkungen: (1) Zu jedem Funktor $\underline{H} : \underline{C} \longrightarrow \underline{D}$ gibt es in natürlicher Weise einen dualen Funktor $\underline{H}^* : \underline{C}^* \longrightarrow \underline{D}^*$; man erhält $\underline{H}^*$, indem man zunächst den Dualisierungsfunktor $\underline{C}^* \longrightarrow (\underline{C}^*)^* = \underline{C}$ ausführt, dann

$\underline{H} : \underline{C} \longrightarrow \underline{D}$ und schließlich den Dualisierungsfunktor $\underline{D} \longrightarrow \underline{D}^*$. Es gilt: $(\underline{H}^*)^* = \underline{H}$. Ist $(\underline{G} : \underline{B} \longrightarrow \underline{A}, \underline{F} : \underline{A} \longrightarrow \underline{B})$ adjungiertes Funktorpaar vermöge $((u_B) : \underline{I}_{\underline{B}} \longrightarrow \underline{F} \circ \underline{G}, (v_A) : \underline{G} \circ \underline{F} \longrightarrow \underline{I}_{\underline{A}})$, so ist $(\underline{F}^* : \underline{A}^* \longrightarrow \underline{B}^*, \underline{G}^* : \underline{B}^* \longrightarrow \underline{A}^*)$ adjungiertes Funktorpaar vermöge $((v_A^*) : \underline{I}_{\underline{A}^*} \longrightarrow \underline{G}^* \circ \underline{F}^*, (u_B^*) : \underline{F}^* \circ \underline{G}^* \longrightarrow \underline{I}_{\underline{B}^*})$, wie man leicht sieht. Insbesondere ist $\underline{G}$ linksadjungiert zu $\underline{F}$ genau dann, wenn $\underline{G}^*$ rechtsadjungiert zu $\underline{F}^*$ ist. (<u>Dualitätsprinzip für adjungierte Funktoren</u>).

(2) Aufgrund der vorangegangenen Sätze besitzt ein Funktor $\underline{F} : \underline{A} \longrightarrow \underline{B}$ genau dann einen Linksadjungierten $\underline{G} : \underline{B} \longrightarrow \underline{A}$, wenn jedes $B \in |\underline{B}|$ ein universelles Paar bez. $\underline{F}$ besitzt. Aufgrund der Bemerkung 7.4.15.(1) ist dann bei vorgegebenem Funktor $\underline{F} : \underline{A} \longrightarrow \underline{B}$ ein Funktor $\underline{G} : \underline{B} \longrightarrow \underline{A}$ durch die Eigenschaft zu $\underline{F}$ linksadjungiert zu sein bereits bis auf natürliche Äquivalenz eindeutig bestimmt. Aufgrund des Dualitätsprinzips für adjungierte Funktoren ist dann aber auch ein Funktor $\underline{F} : \underline{A} \longrightarrow \underline{B}$ durch die Eigenschaft zu einem vorgegebenen Funktor $\underline{G} : \underline{B} \longrightarrow \underline{A}$ rechtsadjungiert zu sein bis auf natürliche Äquivalenz eindeutig bestimmt. Also gilt:

<u>Bei einem adjungierten Funktorpaar $(\underline{G}, \underline{F})$ bestimmt jeder der beiden Funktoren den anderen bis auf natürliche Äquivalenz eindeutig.</u>

(3) Sind $\underline{F}, \underline{G}, \underline{H} : \underline{C} \longrightarrow \underline{D}$ Funktoren und $s = (s_X) : \underline{F} \longrightarrow \underline{G}$, $t = (t_X) : \underline{G} \longrightarrow \underline{H}$ natürliche

Transformationen, so wird durch $t \circ s = (t_x \circ s_x)_{x \in |\underline{C}|}$ eine natürliche Transformation von $\underline{F}$ nach $\underline{H}$ definiert.

Ist $(\underline{G} : \underline{B} \longrightarrow \underline{A}, \underline{F} : \underline{A} \longrightarrow \underline{B})$ ein adjungiertes Funktorpaar, so gibt es natürliche Transformationen

$$u = (u_B) : \underline{I}_B \longrightarrow \underline{F} \circ \underline{G}$$

$$v = (v_A) : \underline{G} \circ \underline{F} \longrightarrow \underline{I}_A$$

derart, daß

(1) $\underline{F}(v_A) \circ u_{\underline{F}(A)} = 1_{\underline{F}(A)}$ für alle $A \in |\underline{A}|$

und

(2) $v_{\underline{G}(B)} \circ \underline{G}(u_B) = 1_{\underline{G}(B)}$ für alle $B \in |\underline{B}|$

gelten. Ist $(u' : \underline{I}_B \longrightarrow \underline{F} \circ \underline{G}, v' : \underline{G} \circ \underline{F} \longrightarrow \underline{I}_A)$ ein zweites Paar natürlicher Transformationen, für die die (1) und (2) entsprechenden Beziehungen gelten, so sind $(u_B, \underline{G}(B)), (u'_B, \underline{G}(B))$ nach dem vorigen Satz universelle Paare bez. $\underline{F}$ für jedes $B \in |\underline{B}|$ und nach einem früheren Lemma (7.4.12.) gibt es einen Isomorphismus $i_B : \underline{G}(B) \longrightarrow \underline{G}(B)$ für jedes $B \in |\underline{B}|$, so daß $\underline{F}(i_B) \circ u_B = u'_B$ gilt. $j = (\underline{F}(i_B))_{B \in |\underline{B}|} : \underline{F} \circ \underline{G} \longrightarrow \underline{F} \circ \underline{G}$ ist dann eine natürliche Äquivalenz mit $j \circ u = u'$ (vgl. das erste Diagramm in 7.4.15.(1) und setze $\underline{G} = \underline{G}'$), d.h. u und u' stimmen bis auf eine natürliche Äquivalenz überein. Genauso schließt man, daß (v_A^*) bis auf natürliche Äquivalenz mit $(v_A'^*)$ übereinstimmt (s.(1)) und damit $(v_A) = v$ bis auf natürliche Äquivalenz mit $(v'_A) = v'$ übereinstimmt. Die Transformationen u,v sind also durch (1) und (2) bis auf natürliche Äquivalenz eindeutig bestimmt. Es hat also einen Sinn, von den zu einem adjungierten Funktorpaar $(\underline{G},\underline{F})$ gehörigen natürlichen Transformationen u,v zu sprechen. $(\underline{G},\underline{F},u,v)$ wird dann auch adjungierte Situation genannt.

(4) a) Speziell besitzt der Einbettungsfunktor $\underline{F}_e : \underline{K} \longrightarrow \underline{V}$ einen Linksadjungierten $\beta : \underline{V} \longrightarrow \underline{K}$. Damit ist die Bedeutung des Zeichens „β" in der Stone-Čech-Kompaktifizierung $(e', \beta(X))$ eines vollständig regulären Raumes $(X,\underline{X})$ geklärt.

b) Der Vergißfunktor $\underline{F}_v : \underline{T} \longrightarrow \underline{M}$ besitzt einen Linksadjungierten (vgl. Beispiel (2) unter 7.4.11.) $\underline{D} : \underline{M} \longrightarrow \underline{T}$, den diskreten Topologiefunktor (also $\underline{D}(M) = (M,\underline{P}(M))$ für alle $M \in |\underline{M}|$ und $\underline{D}(f) = f$ für alle $f \in \operatorname{Mor} \underline{M}$).

7.4.18. $\underline{K}$ läßt sich in naheliegender Weise als „Unterkategorie" von $\underline{V}$ auffassen: Eine Kategorie $\underline{A}$ heißt Unterkategorie einer Kategorie $\underline{C}$, wenn $|\underline{A}| \subset |\underline{C}|$, $[A,B]_{\underline{A}} \subset [A,B]_{\underline{C}}$ für alle $(A,B) \in |\underline{A}| \times |\underline{A}|$, wenn die Komposition von Morphismen in $\underline{A}$ mit der Komposition dieser Morphismen in $\underline{C}$ übereinstimmt und wenn für jedes $A \in |\underline{A}|$ die Identität 1_A in $\underline{A}$ und in $\underline{C}$ die gleiche ist. Ist $\underline{A}$ Unterkategorie einer Kategorie $\underline{C}$, so läßt sich in naheliegender Weise ein Einbettungsfunktor $\underline{F}_e : \underline{A} \longrightarrow \underline{C}$ definieren ($\underline{F}_e(A) = A$ für alle $A \in |\underline{A}|$ und $\underline{F}_e(f) = f$ für alle $f \in \operatorname{Mor} \underline{A}$). Eine Unterkategorie $\underline{A}$ einer Kategorie $\underline{C}$ heißt voll, wenn $[A,B]_{\underline{A}} = [A,B]_{\underline{C}}$ für alle $(A,B) \in |\underline{A}| \times |\underline{A}|$ gilt.

Mit diesen Bezeichnungen gilt:

7.4.19. Satz: Es sei $\underline{A}$ eine volle Unterkategorie einer Kategorie $\underline{C}$; $\underline{F}_e : \underline{A} \to \underline{C}$ sei der Einbettungsfunktor. Besitzt $\underline{F}_e$ einen Linksadjungierten $\underline{R} : \underline{C} \to \underline{A}$, so gilt $\underline{R} \circ \underline{F}_e \approx I_{\underline{A}}$.

Korollar: $(\underline{F}_e \circ \underline{R})^2 \approx \underline{F}_e \circ \underline{R}$.

Beweis: Da $\underline{R}$ zu $\underline{F}_e$ linksadjungiert ist, existiert eine natürliche Transformation $(u_X)_{X \in |\underline{C}|} : \underline{I}_{\underline{C}} \to \underline{F}_e \circ \underline{R}$ so daß $(u_X, \underline{R}(X))$ für $X \in |\underline{C}|$ universelles Paar bez. $\underline{F}_e$ ist (s.7.4.16.). Da $\underline{A}$ voll ist, ist $(1_A, A)$ für jedes $A \in |\underline{A}|$ universelles Paar bez. $\underline{F}_e$. Nach Lemma 7.4.12. gibt es für jedes $A \in |\underline{A}|$ dann einen $\underline{A}$-Isomorphismus $i_A : A \to \underline{R}(A)$ mit $i_A \circ 1_A = u_A$, d.h. $u_A = i_A$. $(u_A)_{A \in |\underline{A}|} : \underline{I}_A \to \underline{R} \circ \underline{F}_e$ ist dann eine natürliche Äquivalenz (und damit auch $(u_A^{-1})_{A \in |\underline{A}|} : \underline{R} \circ \underline{F}_e \to \underline{I}_{\underline{A}}$).

7.4.20. Bemerkung: Wählt man im vorangegangenen Satz speziell $\underline{A} = \underline{K}$ und $\underline{C} = \underline{V}$, so ist $\underline{R} = \beta$ und man erhält:

Für jeden kompakten Raum X gilt: $X \cong \beta(X)$.

Da die Umkehrung trivialerweise erfüllt ist, erhält man:

7.4.21. Satz: Für einen topologischen Raum $(X,\underline{X})$ sind folgende Aussagen äquivalent:

(1) $(X,\underline{X})$ ist kompakt

(2) $(X,\underline{X}) \cong \beta((X,\underline{X}))$.

(3) $(X,\underline{X})$ ist homöomorph zu einem abgeschlossenen Unterraum von $[0,1]^I$ für geeignetes I.

<u>Beweis</u>: (1) $\Leftrightarrow$ (2): schon bewiesen (s.7.4.20.).

(2) $\Rightarrow$ (3): trivial nach Konstruktion von $\beta(X)$ nach Stone und Čech.

(3) $\Rightarrow$ (1): Nach Tychonoff ist $[0,1]^I$ kompakt und $(X,\underline{X})$ ist als abgeschlossener Unterraum (bis auf Homöomorphie) eines kompakten Raumes kompakt.

Kapitel 8: Epireflexionen und Monocoreflexionen

(in der allgemeinen Topologie und sonstwo.)

8.1. Definitionen und Charakterisierungssätze

8.1.1. Vorbemerkung: Im vorangegangenen Kapitel haben wir gesehen, daß der Einbettungsfunktor $\underline{F}_e : \underline{K} \to \underline{V}$ einen Linksadjungierten besitzt, nämlich den Funktor $\beta : \underline{V} \to \underline{K}$. Wir wollen jetzt die Situation, daß ein Einbettungsfunktor einen Linksadjungierten besitzt, allgemein studieren. Genauer wollen wir unter geeigneten Voraussetzungen für eine Kategorie $\underline{C}$ Bedingungen für eine Unterkategorie $\underline{A}$ von $\underline{C}$ angeben derart, daß der Einbettungsfunktor $\underline{F}_e : \underline{A} \to \underline{C}$ einen Linksadjungierten $\underline{R}$ besitzt. Zusätzlich werden wir fordern, daß die zugehörige natürliche Transformation $u = (u_X)_{X \in |\underline{C}|} : \underline{I}_{\underline{C}} \to \underline{F}_e \circ \underline{R}$ nur aus Epimorphismen besteht. Das ist nämlich bei dem Beispiel $\underline{C} = \underline{V}$ und $\underline{A} = \underline{K}$ erfüllt, an dem wir uns orientieren wollen (denn ist $X \in |\underline{V}|$ und sind $\gamma, \delta \in [\beta(X), Z]_{\underline{V}}$ mit $\gamma \circ \beta_X = \delta \circ \beta_X$ und setzt man $h = \beta_Z \circ \gamma \circ \beta_X = \beta_Z \circ \delta \circ \beta_X$, so gibt es genau ein $\overline{h} : \beta(X) \to \beta(Z)$ mit $\overline{h} \circ \beta_X = h$, also ist $\overline{h} = \beta_Z \circ \gamma = \beta_Z \circ \delta$, woraus $\gamma = \delta$ folgt, weil β_Z ein Monomorphismus in $\underline{T}$ ist; infolgedessen ist $\beta_X : X \to \beta(X)$ für jedes $X \in |\underline{V}|$ ein Epimorphismus).

Außerdem sollen alle Begriffe dualisiert werden. (Ist $\underline{A}$ Unterkategorie von $\underline{C}$, so ist $\underline{A}^*$ Unterkategorie von $\underline{C}^*$ und der zum Einbettungsfunktor $\underline{F}_e : \underline{A} \longrightarrow \underline{C}$ duale Funktor $\underline{F}_e^* : \underline{A}^* \longrightarrow \underline{C}^*$ ist der zugehörige Einbettungsfunktor).

8.1.2. Definitionen: Es seien $\underline{A}$ eine Unterkategorie einer Kategorie $\underline{C}$ und $\underline{F}_e : \underline{A} \longrightarrow \underline{C}$ der Einbettungsfunktor. Dann heißt $\underline{A}$

a) reflektiv in $\underline{C}$, wenn eine der beiden folgenden (äquivalenten) Bedingungen erfüllt ist:

(1) $\underline{F}_e$ besitzt einen Linksadjungierten $\underline{R}$.

(2) Jedes $X \in |\underline{C}|$ besitzt ein universelles Paar bez. $\underline{F}_e$, d.h. zu jedem $X \in |\underline{C}|$ existieren ein $\underline{A}$-Objekt $X_{\underline{A}}$ und ein $\underline{C}$-Morphismus $r_x : X \longrightarrow X_{\underline{A}}$ derart, daß zu jedem $\underline{A}$-Objekt Y und jedem $\underline{C}$-Morphismus $f : X \longrightarrow Y$ genau ein $\underline{A}$-Morphismus $\overline{f} : X_{\underline{A}} \longrightarrow Y$ existiert mit

a') coreflektiv in $\underline{C}$, wenn $\underline{A}^*$ reflektiv in $\underline{C}^*$ ist, d.h. wenn eine der beiden folgenden (äquivalenten) Bedingungen erfüllt ist:

(1') $\underline{F}_e$ besitzt einen Rechtsadjungierten $\underline{R}_c$ (d.h. $\underline{F}_e^*$ besitzt einen Linksadjungierten $\underline{R}_c^*$).

(2') Jedes $X \in |\underline{C}^*| = |\underline{C}|$ besitzt ein universelles Paar bez. $\underline{F}_e^*$, d.h. zu jedem $X \in |\underline{C}|$ existieren ein $\underline{A}$-Objekt $X_{\underline{A}}$ und ein $\underline{C}$-Morphismus $m_x : X_{\underline{A}} \rightarrow X$ derart, daß zu jedem $\underline{A}$-Objekt Y und jedem $\underline{C}$-Morphismus $f : Y \longrightarrow X$ genau ein $\underline{A}$-Morphismus $\overline{f} : Y \longrightarrow X_{\underline{A}}$ existiert mit

$\overline{f} \circ r_X = f$:

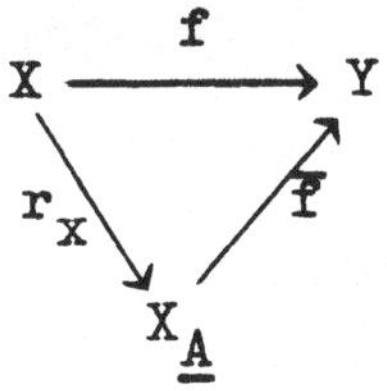

$$\begin{array}{ccc} X & \xrightarrow{f} & Y \\ & {\scriptstyle r_X}\searrow \quad \nearrow{\scriptstyle \overline{f}} & \\ & X_{\underline{A}} & \end{array}$$

(Der Funktor $\underline{R}$ heißt Reflektor).

b) epireflektiv in $\underline{C}$, wenn $\underline{A}$ reflektiv in $\underline{C}$ ist und für jedes $X \in |\underline{C}|$ die $\underline{C}$-Morphismen $r_X : X \to X_{\underline{A}}$ Epimorphismen sind (Der Funktor $\underline{R}$ heißt dann Epireflektor).

$m_X \circ \overline{f} = f$:

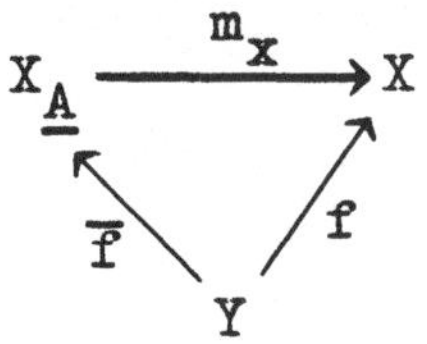

$$\begin{array}{ccc} X_{\underline{A}} & \xrightarrow{m_X} & X \\ & {\scriptstyle \overline{f}}\nwarrow \quad \nearrow{\scriptstyle f} & \\ & Y & \end{array}$$

(Der Funktor $\underline{R}_c$ heißt Coreflektor).

b') monocoreflektiv in $\underline{C}$, wenn $\underline{A}$ coreflektiv in $\underline{C}$ ist und für jedes $X \in |\underline{C}|$ die $\underline{C}$-Morphismen $m_X : X_{\underline{A}} \to X$ Monomorphismen sind, d.h. wenn $\underline{A}^*$ epireflektiv in $\underline{C}^*$ ist (Der Funktor $\underline{R}_c$ heißt dann Monocoreflektor).

Die Morphismen

$r_X : X \to X_{\underline{A}}$ heißen im Falle a) Reflexionen für $X \in |\underline{C}|$ bez. $\underline{A}$ und im Falle b) Epireflexionen für $X \in |\underline{C}|$ bez. $\underline{A}$.

$m_X : X_{\underline{A}} \to X$ heißen im Falle a') Coreflexionen für $X \in |\underline{C}|$ bez. $\underline{A}$ und im Falle b') Monocoreflexionen für $X \in |\underline{C}|$ bez. $\underline{A}$.

8.1.3. Bemerkung: Der Fall $\underline{A} = \underline{K}$ und $\underline{C} = \underline{V}$ legt uns zwei weitere natürliche Bedingungen auf, nämlich zu fordern:

(1) $\underline{A}$ ist volle Unterkategorie von $\underline{C}$

(2) $\underline{A}$ ist <u>isomorphie-abgeschlossene</u> Unterkategorie von $\underline{C}$, d.h. jedes $X \in |\underline{C}|$, das zu einem $A \in |\underline{A}|$ isomorph ist, gehört zu $|\underline{A}|$.

Offenbar gilt:

a) Jede Unterklasse $|\underline{A}|$ der Objektklasse $|\underline{C}|$ einer Kategorie $\underline{C}$ läßt sich in natürlicher Weise zu einer vollen Unterkategorie $\underline{A}$ von $\underline{C}$ machen (man setze $[A,B]_{\underline{A}} = [A,B]_{\underline{C}}$ für alle $(A,B) \in |\underline{A}| \times |\underline{A}|$).

b) Volle Unterkategorien $\underline{A}$ einer Kategorie $\underline{C}$ die durch

$$|\underline{A}| = \{X \mid X \in |\underline{C}| \text{ hat die Eigenschaft } E\}$$

für jede Eigenschaft E an Objekte von $\underline{C}$, die $\underline{C}$-Invariante ist, definiert sind (s. a)), sind offenbar isomorphie-abgeschlossen (z.B. ist für $\underline{C} = \underline{T}$ die Eigenschaft „zusammenhängend" eine $\underline{T}$-Invariante, auch topologische Invariante genannt).

<u>8.1.4</u>. Bevor wir den Charakterisierungssatz beweisen können, wollen wir noch „vernünftige" Bedingungen für die Kategorie $\underline{C}$ studieren:

<u>Definition</u>: Eine Kategorie $\underline{C}$ heißt

1) <u>lokal klein</u>, wenn es zu jedem $X \in |\underline{C}|$ eine Menge $\{m_i : X_i \to X\}$ von Monomorphismen gibt, die im folgenden Sinn <u>repräsentativ</u> ist: Zu jedem Monomorphismus $m : Y \to X$ gibt es ein

1') <u>colokal klein</u>, wenn $\underline{C}^*$ lokal klein ist, d.h. wenn es zu jedem $X \in |\underline{C}|$ eine Menge $\{e_i : X \to X_i\}$ von Epimorphismen gibt, die im folgenden Sinne <u>repräsentativ</u> ist: Zu jedem Epimorphismus

m_i und einen Isomorphismus $h_m : Y \longrightarrow X_i$ mit $m = m_i \circ h_m$.

$e : X \longrightarrow Y$ gibt es ein e_i und einen Isomorphismus $h_e : X_i \longrightarrow Y$ mit $h_e \circ e_i = e$.

2) (**epi, extrem-mono**)-**faktorisierbar**, wenn es zu jedem $\underline{C}$-Morphismus f einen $\underline{C}$-Epimorphismus e und einen extremen Monomorphismus m in $\underline{C}$ gibt mit $f = m \circ e$.

2') (**extrem-epi, mono**)-**faktorisierbar**, wenn $\underline{C}^*$ (epi, extrem-mono)-faktorisierbar ist, d.h. wenn es zu jedem $\underline{C}$-Morphismus f einen extremen Epimorphismus h in $\underline{C}$ und einen $\underline{C}$-Monomorphismus m gibt mit $f = m \circ h$.

8.1.5. Beispiele:

(1) a) Die Kategorie $\underline{T}$ ist lokal klein.

b) Die Kategorie $\underline{H}$ ist lokal klein.

(2) a) Die Kategorie $\underline{T}$ ist colokal klein.

b) Die Kategorie $\underline{H}$ ist colokal klein.

(3) a) Die Kategorie $\underline{T}$ ist (epi, extrem-mono)-faktorisierbar.

b) Die Kategorie $\underline{H}$ ist (epi, extrem-mono)-faktorisierbar.

(4) a) Die Kategorie $\underline{T}$ ist (extrem-epi, mono)-faktorisierbar.

b) Die Kategorie $\underline{H}$ ist (extrem-epi, mono)-faktorisierbar.

Beweis: A) Ist k eine Kardinalzahl, so gibt es eine Menge $\underline{Q}$ topologischer Räume, so daß jeder topologische

Raum $(Y,\underline{Y})$ mit $|Y| \leqq k$ zu einem Raum aus $\underline{Q}$ homöomorph ist:

Ist $Z \in |\underline{M}|$ mit $|Z| = k$ und $(Y,\underline{Y})$ ein topologischer Raum mit $|Y| \leqq k$, so ist Y $\underline{M}$-isomorph zu einer Teil-Menge X von Z, d.h. es gibt eine bijektive Abbildung $f : X \longrightarrow Y$. Erklärt man auf X eine Topologie $\underline{X}$ durch

$$O \in \underline{X} \Longleftrightarrow f\,[O] \in \underline{Y},$$

so ist $(X,\underline{X}) \cong (Y,\underline{Y})$. Wählt man $\underline{Q} = \{(X,\underline{X}) \mid (X,\underline{X}) \in |\underline{T}|$ und $X \subset Z\}$, so ist $\underline{Q}$ eine Menge wegen

$$\underline{Q} \subset \underline{P}(Z) \times \underline{P}(\underline{P}(Z)).$$

B) (1) Ist $(X,\underline{X}) \in |\underline{T}|$ (bzw. $(X,\underline{X}) \in |\underline{H}|$) und ist $f : (Y,\underline{Y}) \longrightarrow (X,\underline{X})$ ein Monomorphismus in $\underline{T}$ (bzw.in $\underline{H}$), so ist $|Y| \leqq |X| = k$ (f ist ja injektiv!). Zusammen mit A) folgt daraus, daß es zu $(X,\underline{X})$ eine repräsentative Menge von Monomorphismen nach $(X,\underline{X})$ gibt.

(2) a) Ist $f : (X,\underline{X}) \longrightarrow (Y,\underline{Y})$ ein Epimorphismus in $\underline{T}$ (d.h. eine surjektive stetige Abbildung), so ist $|Y| \leqq |X| = k$ (denn wählt man aus jedem $f^{-1}(y)$ mit $y \in Y$ genau ein x aus, so wird durch $h(y) = x$ für alle $y \in Y$ eine injektive Abbildung $h : Y \longrightarrow X$ definiert). Zusammen mit A) folgt, daß es zu $(X,\underline{X})$ eine repräsentative Menge von Epimorphismen, die von $(X,\underline{X})$ ausgehen, gibt.

b) Ist $f : (X,\underline{X}) \longrightarrow (Y,\underline{Y})$ ein Epimorphismus in $\underline{H}$, so ist f stetig und dicht (d.h. $\overline{f[X]} = Y$). Für jedes $y \in Y$ besitzt dann der Umgebungsfilter $\underline{U}(y)$ eine Spur auf $f[X]$, d.h. $i^{-1}(\underline{U}(y))$ existiert

($i : f[X] \longrightarrow Y$ Inklusionsabbildung). Durch $g(y) = i^{-1}(\underline{U}(y))$ für alle $y \in Y$ wird dann eine Abbildung $g : Y \longrightarrow \underline{P}(\underline{P}(f[X]))$ definiert, die offenbar injektiv ist; denn ist $g(y_1) = g(y_2)$ für $y_1, y_2 \in Y$, also $i^{-1}(\underline{U}(y_1)) = i^{-1}(\underline{U}(y_2))$, so ist

$$\underline{U}(y_1) \subset i(i^{-1}(\underline{U}(y_1)) = i(i^{-1}(\underline{U}(y_2)) \supset \underline{U}(y_2)$$

womit ein Filter auf Y gefunden ist, der gegen y_1 und gegen y_2 konvergiert, woraus aufgrund der T_2-Eigenschaft von Y $y_1 = y_2$ folgt. Da sich $f[X]$ injektiv in X abbilden läßt (vgl. a)), gibt es eine injektive Abbildung $h : \underline{P}(\underline{P}(f[X])) \longrightarrow \underline{P}(\underline{P}(X))$ (aus jeder injektiven Abbildung j von einer Menge M in eine Menge N läßt sich eine injektive Abbildung $j^* : \underline{P}(M) \longrightarrow \underline{P}(N)$ konstruieren durch $j^*(A) = j[A]$ für alle $A \in \underline{P}(M)$). Die Abbildung

$$h \circ g : Y \longrightarrow \underline{P}(\underline{P}(X))$$

ist dann injektiv, d.h. $|Y| \leq k = |\underline{P}(\underline{P}(X))| := 2^{2^{|X|}}$.
Zusammen mit A) folgt, daß es zu $(X,\underline{X})$ eine repräsentative Menge von Epimorphismen, die von $(X,\underline{X})$ ausgehen, gibt.

(3) a) Ist $f : (X,\underline{X}) \longrightarrow (Y,\underline{Y})$ ein $\underline{T}$-Morphismus, so ist $f = i \circ f'$ mit $f' : X \longrightarrow f[X]$ definiert durch $f'(x) = f(x)$ für alle $x \in X$ und $i : f[X] \longrightarrow Y$ Inklusionsabbildung die gesuchte (epi, extrem-mono)-Faktorisierung von f.

b) Ist $f : (X,\underline{X}) \longrightarrow (Y,\underline{Y})$ ein $\underline{H}$-Morphismus, so ist $f = i \circ \hat{f}$ mit $\hat{f} : X \longrightarrow \overline{f[X]}$ definiert durch $\hat{f}(x) = f(x)$ für alle $x \in X$ und $i : \overline{f[X]} \longrightarrow Y$ Inklusionsabbildung die gesuchte (epi, extrem-mono)-Faktorisierung von f.

④ Ist $f : (X,\underline{X}) \longrightarrow (Y,\underline{Y})$ ein $\underline{T}$-Morphismus (bzw. $\underline{H}$-Morphismus), so liefert das kommutative Diagramm

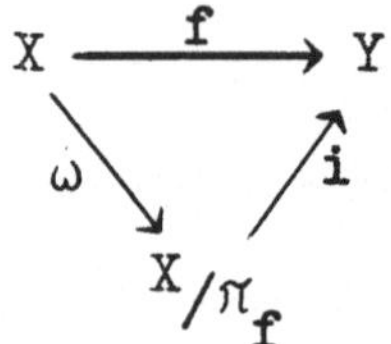

die gesuchte (extrem-epi, mono)-Faktorisierung von f (Ist $(Y,\underline{Y})$ ein T_2-Raum, so ist auch X/π_f versehen mit der Quotiententopologie bzgl. ω ein T_2-Raum, weil Y T_2-Raum und i injektiv und stetig ist).

8.1.6. Eine volle Unterkategorie $\underline{A}$ einer Kategorie $\underline{C}$ heißt abgeschlossen bez. Bildung von Produkten (Unterobjekten) in $\underline{C}$, wenn das in $\underline{C}$ gebildete Produkt einer Familie von Objekten aus $\underline{A}$ stets zu $\underline{A}$ gehört (das in $\underline{C}$ gebildete Unterobjekt eines Objektes aus $\underline{A}$ stets zu $\underline{A}$ gehört). Mit dieser Sprechweise gilt:

Satz (Freyd, Isbell, Kennison, Herrlich):

Ist $\underline{A}$ eine volle und isomorphie-abgeschlossene Unter-Kategorie einer

colokal kleinen, (epi, extrem-mono)-faktorisierbaren Kategorie $\underline{C}$ mit Produkten, so sind folgende Aussagen äquivalent:	lokal kleinen, (extrem-epi, mono)-faktorisierbaren Kategorie $\underline{C}$ mit Coprodukten, so sind folgende Aussagen äquivalent:

(1) $\underline{A}$ ist epireflektiv in $\underline{C}$.

(1') $\underline{A}$ ist monocoreflektiv in $\underline{C}$.

(2) $\underline{A}$ ist abgeschlossen bez. Bildung von Produkten und Unterobjekten[60] in $\underline{C}$.

(2') $\underline{A}$ ist abgeschlossen bez. Bildung von Coprodukten und Quotientenobjekten[60] in $\underline{C}$.

Beweis: Aus Dualitätsgründen braucht nur der linke Teil des obigen Satzes bewiesen zu werden.

(2)$\Longrightarrow$(1): Es sei $X \in |\underline{C}|$ und $\{e_i : X \longrightarrow A_i\}$ eine repräsentative Menge von $\underline{C}$-Epimorphismen, die Objekte aus $\underline{A}$ als Ziel haben. Ist $(P,(p_i))$ das Produkt der Familie (A_i), so gilt $P \in |\underline{A}|$ nach Voraussetzung. Nach Definition des Produkts gibt es genau ein $f : X \longrightarrow P$, so daß alle Diagramme

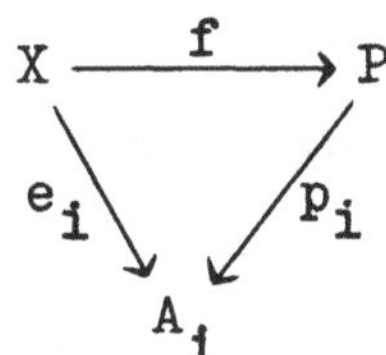

kommutieren. Durch

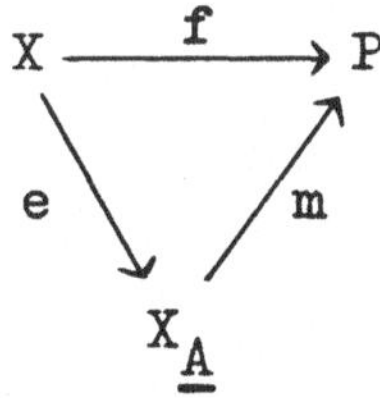

sei eine (epi, extrem-mono-)-Faktorisierung von f gegeben. Nach Voraussetzung über $\underline{A}$ gilt $X_{\underline{A}} \in |\underline{A}|$, weil

60) im hier definierten Sinne

$X_{\underline{A}}$ Unterobjekt von P ist. Es bleibt zu zeigen, daß e eine Epireflexion ist. Es sei $g \in [X,Y]_{\underline{C}}$ mit $Y \in |\underline{A}|$.

Durch $X \xrightarrow{e'} A \xrightarrow{m'} Y$ sei eine (epi, extrem-mono)-Faktorisierung von g gegeben; insbesondere ist also $A \in |\underline{A}|$. O.B.d.A. kann angenommen werden, daß $e' = e_i$ und $A = A_i$ für ein geeignetes i gilt. Das folgende Diagramm ist dann kommutativ:

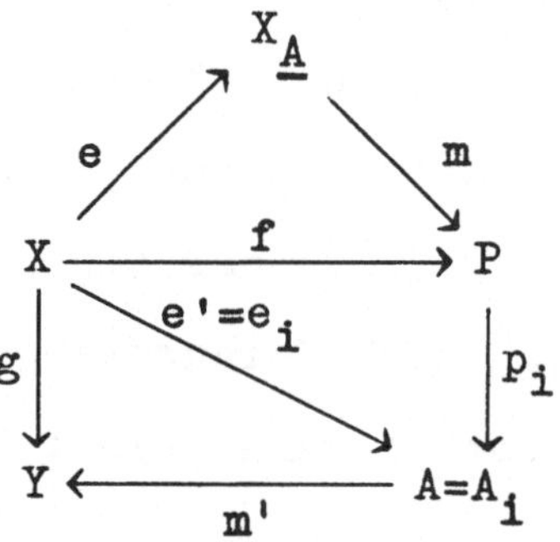

Setzt man $\overline{g} = m' \circ p_i \circ m$, so gilt $\overline{g} \circ e = g$ und $\overline{g}$ ist der einzige Morphismus mit dieser Eigenschaft, weil e ein Epimorphismus ist. Damit ist alles gezeigt.

(1)$\Longrightarrow$(2): a) Es sei $(A_i)_{i \in I}$ eine Familie von Objekten aus $\underline{A}$ und $(P,(p_i))$ das Produkt dieser Familie in $\underline{C}$. Bezeichnet $r_P : P \longrightarrow P_{\underline{A}}$ die Epireflexion für P bez. $\underline{A}$, so gibt es genau ein $\overline{p_i}$: $P_{\underline{A}} \longrightarrow A_i$ mit $\overline{p_i} \circ r_P = p_i$ für jedes $i \in I$. Nach Definition des Produkts gibt es genau ein s_P: $P_{\underline{A}} \longrightarrow P$ mit $\overline{p_i} = p_i \circ s_P$ für alle $i \in I$. Also gilt:

$$p_i \circ 1_P = p_i = \overline{p_i} \circ r_P = p_i \circ (s_P \circ r_P) \text{ für alle } i \in I,$$

woraus $s_P \circ r_P = 1_P$ folgt, weil nach Definition des Produkts es nur genau ein $h : P \longrightarrow P$ gibt mit $p_i \circ h = p_i$

für alle $i \in I$. Andererseits gilt $r_p \circ s_p = 1_{P_{\underline{A}}}$, weil r_p Reflexion für P bez. $\underline{A}$ ist und es infolgedessen nur genau ein $k : P_{\underline{A}} \longrightarrow P_{\underline{A}}$ geben kann mit $k \circ r_p = r_p$. Damit ist gezeigt, daß r_p ein Isomorphismus ist; also gilt $P \in |\underline{A}|$, weil $\underline{A}$ isomorphie-abgeschlossen ist.

b) Es sei $f \in [X,Y]_{\underline{C}}$ ein extremer Monomorphismus und $Y \in |\underline{A}|$. Bezeichnet $r_x : X \longrightarrow X_{\underline{A}}$ die Epireflexion von X bez. $\underline{A}$, so gibt es, da $Y \in |\underline{A}|$ ist, genau ein $\overline{f} : X_{\underline{A}} \longrightarrow Y$ mit $\overline{f} \circ r_x = f$. Da r_x ein Epimorphismus ist und f ein extremer Monomorphismus ist, muß r_x ein Isomorphismus sein. Da $\underline{A}$ isomorphie-abgeschlossen ist, folgt $X \in |\underline{A}|$.

8.1.7. Bemerkungen: (1) Die Implikation (1)$\Longrightarrow$(2) in 8.1.6. gilt auch ohne Voraussetzungen an $\underline{C}$, wie der eben geführte Beweis gezeigt hat.

(2) Die Kategorien $\underline{T}$ und $\underline{H}$ besitzen Produkte und Coprodukte (die in $\underline{T}$ gebildeten Produkte und Coprodukte aus Objekten von $\underline{H}$ sind gerade die Produkte und Coprodukte dieser Objekte in $\underline{H}$, weil $\underline{H}$ abgeschlossen ist gegenüber Bildung von Produkten und Coprodukten in $\underline{T}$ und voll ist); außerdem erfüllen sie die übrigen Voraussetzungen des Satzes von Freyd, Isbell und Kennison für eine Kategorie $\underline{C}$, wie die Beispiele unter 8.1.5. zeigen. Wählt man $\underline{C} = \underline{H}$, so ist zu beachten, daß aufgrund von 4.3.12. die Unterobjekte in $\underline{H}$ von Objekten aus $\underline{H}$ gerade die abgeschlossenen Unterräume sind. Insbesondere ist eine volle und isomorphie-abgeschlossene Unterkategorie $\underline{A}$ von $\underline{H}$ epireflektiv in $\underline{H}$, wenn sie abgeschlossen ist gegenüber Bildung abgeschlossener Unterräume und Produkte.

8.1.8. Beispiele: (1) Die im folgenden definierten vollen und isomorphie-abgeschlossenen Unterkategorien $\underline{A}$ von $\underline{T}$ sind epireflektiv in $\underline{T}$:

a) $|\underline{A}| = \{T_0$ - Räume$\}$

b) $|\underline{A}| = \{T_1$ - Räume$\}$

c) $|\underline{A}| = \{T_2$ - Räume$\}$

d) $|\underline{A}| = \{T_{2a}$ - Räume$\}$

e) $|\underline{A}| = \{T_3$ - Räume$\}$ bzw. $|\underline{A}| = \{$reguläre Räume$\}$

f) $|\underline{A}| = \{T_{3a}$ - Räume$\}$ bzw. $|\underline{A}| = \{$vollständig reguläre Räume$\}$

g) $|\underline{A}| = \{$total unzusammenhängende Räume$\}$

h) $|\underline{A}| = \{$total zusammenhangslose Räume$\}$

i) $|\underline{A}| = \{$nulldimensionale Räume$\}$

j) $|\underline{A}| = \{$vollständig Hausdorff'sche Räume$\}$.

Allgemeiner:

k) $|\underline{A}| = U\underline{E}$

l) $|\underline{A}| = Q\underline{E}$

m) $|\underline{A}| = R\underline{E}$, falls $\underline{E}$ eine Klasse von T_1-Räumen mit der endlichen Durchschnittseigenschaft ist.

(2) Die im folgenden definierte volle und isomorphie-abgeschlossene Unterkategorie $\underline{A}$ von $\underline{H}$ ist epireflektiv in $\underline{H}$:

$|\underline{A}| = \{$kompakte Räume$\}$

(3) Die im folgenden definierten vollen und isomorphie-abgeschlossenen Unterkategorien $\underline{A}_K$ von $\underline{T}$

sind für jede disjunkte Komponentenklasse $\underline{K}$ monocoreflektiv in $\underline{T}$ (sogar bicoreflektiv in $\underline{T}$ [s.u.]):

$$|\underline{A}_{\underline{K}}| = \{\text{lokale } \underline{K}\text{-Räume}\}$$

8.1.9. Definition: Ein Objekt G einer Kategorie $\underline{C}$ heißt Generator, wenn es für jedes Paar verschiedener Morphismen $f, g : A \longrightarrow B$ mit gleicher Quelle und gleichem Ziel einen Morphismus $h : G \longrightarrow A$ gibt mit $f \circ h \neq g \circ h$.

8.1.10. Beispiel: In $\underline{T}$ bzw. $\underline{H}$ ist jeder nicht leere Raum Generator.

8.1.11. Satz: Es sei G ein Generator einer Kategorie $\underline{C}$. Dann gilt: Jede coreflektive Unterkategorie $\underline{A}$ von $\underline{C}$ mit $G \in |\underline{A}|$ ist epicoreflektiv, d.h. die Coreflexionen sind Epimorphismen.

Beweis: Es seien $m : A \longrightarrow X$ Coreflexion von $X \in |\underline{C}|$ bez. $\underline{A}$ und $\alpha, \beta : X \longrightarrow Y$ $\underline{C}$-Morphismen mit $\alpha \circ m = \beta \circ m$.
Zu jedem $\underline{C}$-Morphismus $h : G \longrightarrow X$ existiert genau ein $\underline{A}$-Morphismus $\overline{h} : G \longrightarrow A$ mit $m \circ \overline{h} = h$. Dann ist $\alpha \circ h = \alpha \circ m \circ \overline{h} = \beta \circ m \circ \overline{h} = \beta \circ h$, woraus $\alpha = \beta$ folgt, weil G Generator ist. m ist also ein Epimorphismus.

8.1.12. Satz: Jede epicoreflektive volle Unterkategorie $\underline{A}$ einer Kategorie $\underline{C}$ ist bicoreflektiv, d.h. die Coreflexionen sind Bimorphismen (Dual: Jede monoreflektive volle Unterkategorie $\underline{A}$ einer Kategorie $\underline{C}$ ist bireflektiv, d.h. die Reflexionen sind Bimorphismen).

Korollar: Es sei G Generator einer Kategorie $\underline{C}$. Dann gilt: Jede coreflektive volle Unterkategorie $\underline{A}$ von $\underline{C}$ mit $G \in |\underline{A}|$ ist bicoreflektiv.

Beweis: Es seien $e_x : A_x \longrightarrow X$ Epicoreflexion von $X \in |\underline{C}|$ bez. $\underline{A}$ und $\alpha, \beta: Y \longrightarrow A_x$ $\underline{C}$-Morphismen mit $e_x \circ \alpha = e_x \circ \beta$. Ist $e_y : A_y \longrightarrow Y$ Epicoreflexion von Y bez. $\underline{A}$, so gilt

$$(*) \quad e_x \circ \alpha \circ e_y = e_x \circ \beta \circ e_y.$$

Da $\underline{A}$ voll ist, sind $\alpha \circ e_y$ und $\beta \circ e_y$ $\underline{A}$-Morphismen. Unter Ausnutzung der Coreflexionseigenschaft von e_x folgt aus (*)

$$\alpha \circ e_y = \beta \circ e_y,$$

woraus sofort $\alpha = \beta$ folgt, weil e_y Epimorphismus ist. Also ist e_x ein Monomorphismus. Damit ist der Satz bewiesen. Das Korollar ist nur eine Anwendung dieses Satzes in Verbindung mit 8.1.11.

8.1.13. Bemerkung: Aufgrund der vorangegangenen Überlegungen ist jede coreflektive volle und isomorphie-abgeschlossene Unterkategorie $\underline{A}$ von $\underline{T}$ bereits bicoreflektiv. Ist $m_x : (Y_A, \underline{Y}_A) \longrightarrow (X, \underline{X})$ Coreflexion von $(X, \underline{X})$ bez. $\underline{A}$, so ist m_x bijektiv. Vermöge m_x kann dann X mit einer Topologie $\underline{X}_{\underline{A}}$ so versehen werden, daß $(X, \underline{X}_{\underline{A}}) \cong (Y_{\underline{A}}, \underline{Y}_{\underline{A}})$ ist.

Offenbar ist $\underline{X}_{\underline{A}}$ die gröbste unter allen Topologien $\underline{X}'$ auf X, die feiner als $\underline{X}$ sind und für die $(X, \underline{X}') \in |\underline{A}|$ gilt

(Aus der Stetigkeit von m_x folgt: $\underline{X} \subset \underline{X}_A$. Ist $\underline{X}'$ eine Topologie auf X mit $\underline{X}' \supset \underline{X}$ und $(X,\underline{X}') \in |\underline{A}|$, so ist $1_x : (X,\underline{X}') \longrightarrow (X,\underline{X})$ stetig und es existiert genau ein stetiges $\overline{1_x} : (X,\underline{X}') \longrightarrow (Y_{\underline{A}},\underline{Y}_{\underline{A}})$, so daß das Diagramm

$$(*) \qquad \begin{array}{ccccc} (X,\underline{X}_{\underline{A}}) & \cong & (Y_{\underline{A}},\underline{Y}_{\underline{A}}) & \xrightarrow{m_x} & (X,\underline{X}) \\ & & \nwarrow{\scriptstyle \overline{1_x}} & & \nearrow{\scriptstyle 1_x} \\ & & & (X,\underline{X}') & \end{array}$$

kommutiert. Da $O \in \underline{X}_{\underline{A}}$ genau dann gilt, wenn $m_x^{-1}[O] \in \underline{Y}_{\underline{A}}$ ist, so folgt aus $O \in \underline{X}_{\underline{A}}$ wegen der Stetigkeit von $\overline{1_x}$ und der Kommutativität von (*) sofort $\overline{(1_x)}^{-1}[m_x^{-1}[O]] = O \in \underline{X}'$; also gilt $\underline{X}_{\underline{A}} \subset \underline{X}'$).

$1_x : (X,\underline{X}_{\underline{A}}) \longrightarrow (X,\underline{X})$ ist dann Coreflexion von $(X,\underline{X})$ bez. $\underline{A}$, d.h. man erhält jede Coreflexion (bis auf Isomorphie) durch Modifizierung der Topologie bei festgehaltener Trägermenge.

8.2. Epireflektive und monocoreflektive Hüllen.

8.2.1. Vorbemerkung: Sind $\underline{A},\underline{B}$ volle Unterkategorien einer Kategorie $\underline{C}$, so heißt $\underline{A}$ kleiner als $\underline{B}$ (bzw. $\underline{B}$ größer als $\underline{A}$), falls $|\underline{A}| \subset |\underline{B}|$ gilt. Oft sagt man statt „$\underline{A}$ kleiner als $\underline{B}$" auch „$\underline{A}$ enthalten in $\underline{B}$"

(bzw. statt „B größer als A" auch „B umfaßt A") und schreibt

$$\underline{A} \subset \underline{B}.$$

Es soll nun die Frage untersucht werden, ob es zu jeder vollen Unterkategorie A einer Kategorie C eine kleinste A umfassende (volle und isomorphie-abgeschlossene) epireflektive bzw. monocoreflektive Unterkategorie von C gibt, d.h. eine epireflektive bzw. monocoreflektive „Hülle", und wie diese gegebenenfalls charakterisiert werden kann. Dazu dienen die folgenden Vorbereitungen.

8.2.2. Definition: Eine Kategorie C heißt

(epi, extrem-mono)-Bikategorie, wenn gilt:

(1) C ist (epi, extrem-mono)-faktorisierbar.

(2) Zu jedem Morphismus f und je zwei (epi, extrem-mono)-Faktorisierungen $f = m \circ e = m' \circ e'$ gibt es einen Isomorphismus j, so daß das Diagramm

(extrem-epi, mono)-Bikategorie, wenn C* (epi, extrem-mono)-Bikategorie ist, d.h. wenn gilt:

(1') C ist (extrem-epi,mono)-faktorisierbar.

(2') Zu jedem C-Morphismus f und je zwei (extrem-epi, mono)-Faktorisierungen $f = m \circ e = m' \circ e'$ gibt es einen Isomorphismus j, so daß das Diagramm

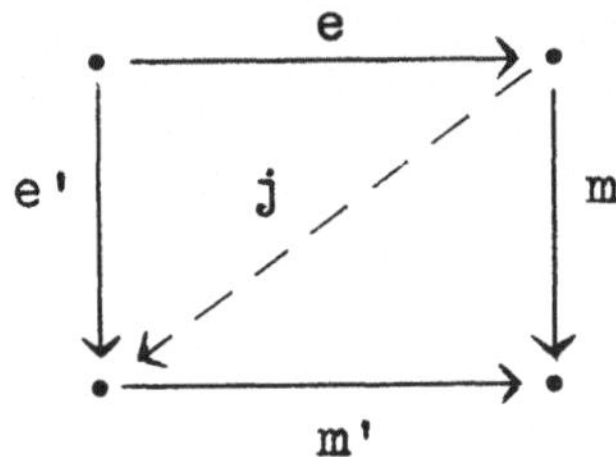

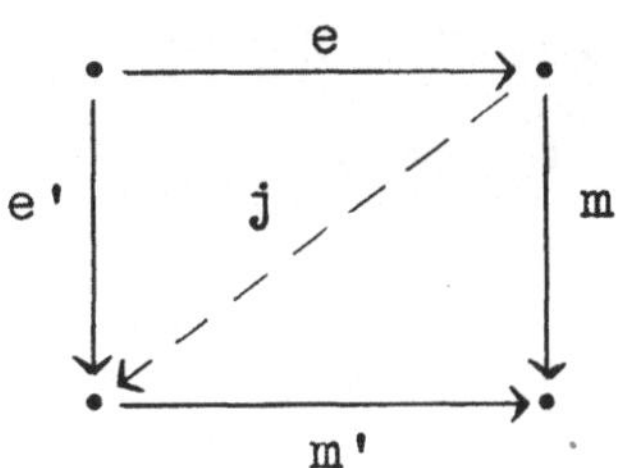

kommutiert, d.h. jeder C-Morphismus ist eindeutig (epi, extrem-mono)-faktorisierbar.

(3) Sind f,g extreme Monomorphismen, so ist auch f ∘ g ein extremer Monomorphismus, falls dieses Kompositum erklärt ist.

kommutiert, d.h. jeder C-Morphismus ist eindeutig (extrem-epi, mono)-faktorisierbar.

(3') Sind f,g extreme Epimorphismen, so ist auch f ∘ g ein extremer Epimorphismus, falls dieses Kompositum erklärt ist.

8.2.3. Beispiele: (1) a) Die Kategorie T ist (epi, extrem-mono)-Bikategorie (Ist f : X ⟶ Y ein T-Morphismus und f = i ∘ f' die im Beweis zu 8.1.5.(3) a) angegebene (epi, extrem-mono)-Faktorisierung von f und f = m ∘ e eine andere, so kann aufgrund von 1.5.14. m : e[X] ⟶ Y als Inklusionsabbildung angesehen werden, also gilt f[X] = e[X], d.h. o.B.d.A. ist m = i. Aus i ∘ f' = i ∘ e folgt dann f' = e, weil i ein Monomorphismus ist. Die Faktorisierung ist also eindeutig. Da die Nacheinanderausführung von zwei Einbettungen wieder eine Einbettung liefert, ist alles gezeigt).

b) Die Kategorie H ist (epi, extrem-mono)-Bikategorie (man beachte Beweis zu 8.1.5. (4) a) sowie 4.3.12. und schließe entsprechend wie bei 8.2.3. (1) a)).

(2) a) Die Kategorie $\underline{T}$ ist (extrem-epi, mono)-Bikategorie (Ist $f : X \longrightarrow Y$ ein $\underline{T}$-Morphismus und $f = i \circ \omega$ die im Beweis zu 8.1.5. (4) a) angegebene (extrem-epi, mono)-Faktorisierung von f und $f = m \circ e$ eine andere, so kann aufgrund von Teil a) des Beweises zu 1.5.18. $e : X \longrightarrow e[X] \cong X/\pi_e$ als natürliche Abbildung auf einen Quotientenraum angesehen werden. Da m injektiv ist, gilt $X/\pi_e = X/\pi_f$; denn $x \pi_e y$, d.h. $e(x) = e(y)$, ist äquivalent mit $m(e(x)) = f(x) = m(e(y)) = f(y)$, d.h. $x \pi_f y$. Also ist o.B.d.A. $e = \omega$. Aus $m \circ e = i \circ e$ folgt dann $m = i$, weil e ein Epimorphismus ist. Die Faktorisierung ist also eindeutig. Da die Nacheinanderausführung von zwei extremen Epimorphismen, d.h. zwei Quotientenabbildungen wieder eine Quotientenabbildung liefert, also einen extremen Epimorphismus, ist alles gezeigt).

b) Die Kategorie $\underline{H}$ ist (extrem-epi, mono)-Bikategorie (analog zu a)).

8.2.4. Bemerkung: Man kann zeigen, daß jede lokal kleine und vollständige Kategorie $\underline{C}$ sowohl (epi, extrem-mono)-Bikategorie als auch (extrem-epi, mono)-Bikategorie ist.

8.2.5. **Lemma:** Ist eine Kategorie $\underline{C}$

(epi, extrem-mono)-faktorisierbar, so sind äquivalent:

(1) $\underline{C}$ ist (epi, extrem-mono)-Bikategorie.

(2) Jedes kommutative Diagramm

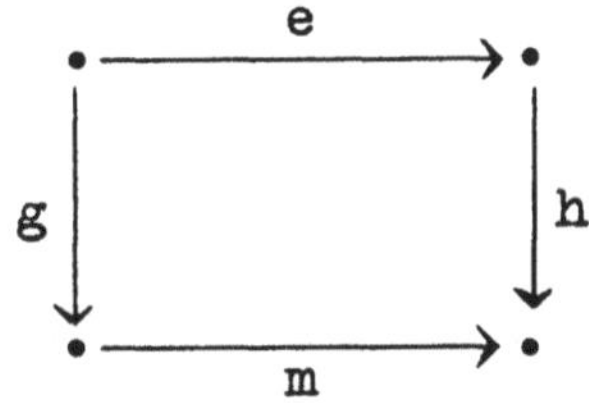

mit einem Epimorphismus e und einem extremen Monomorphismus m läßt sich kommutativ ergänzen zu

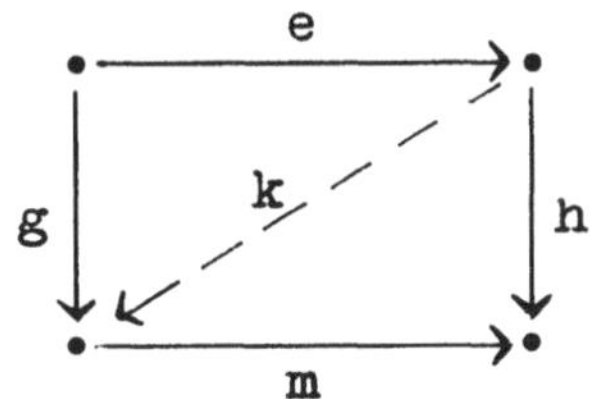

(„(epi, extrem-mono)-Diagonalbedingung")

(extrem-epi, mono)-faktorisierbar, so sind äquivalent:

(1') $\underline{C}$ ist (extrem-epi, mono)-Bikategorie.

(2') Jedes kommutative Diagramm

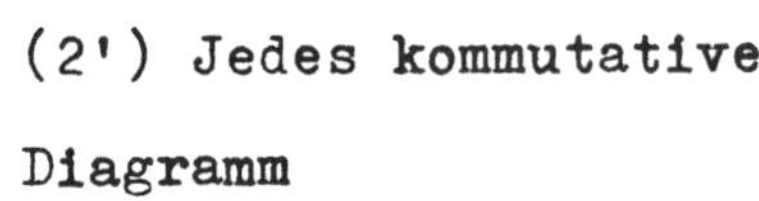

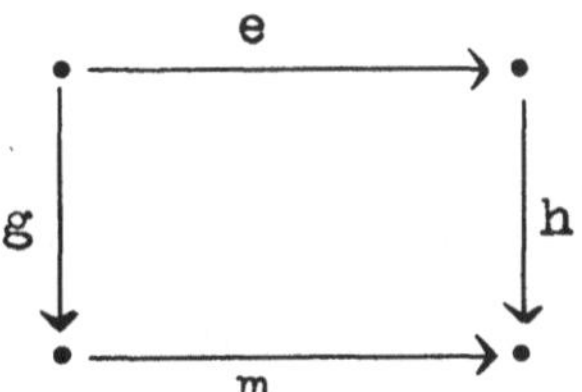

mit einem extremen Epimorphismus e und einem Monomorphismus m läßt sich kommutativ ergänzen zu

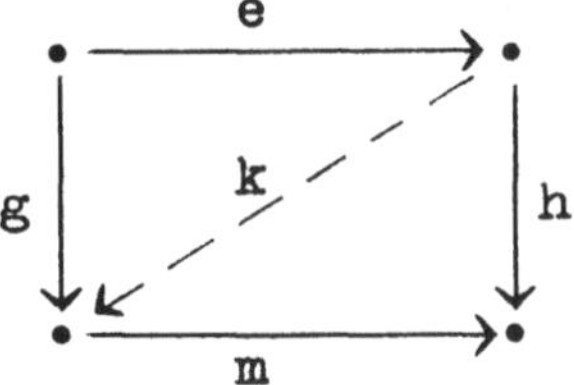

(„(extrem-epi, mono)-Diagonalbedingung")

Beweis: Aus Dualitätsgründen genügt es, den linken Teil des obigen Lemmas zu beweisen.

(1) $\Rightarrow$ (2): Sind $g = m' \circ e'$ und $h = m'' \circ e''$ (epi, extrem-mono)-Faktorisierungen von g und h und setzt man $f = h \circ e = m \circ g$, so sind $f = m'' \circ (e'' \circ e)$ und $f = (m \circ m') \circ e'$

(epi, extrem-mono)-Faktorisierungen von f. Mithin existiert ein Isomorphismus j, so daß das Diagramm

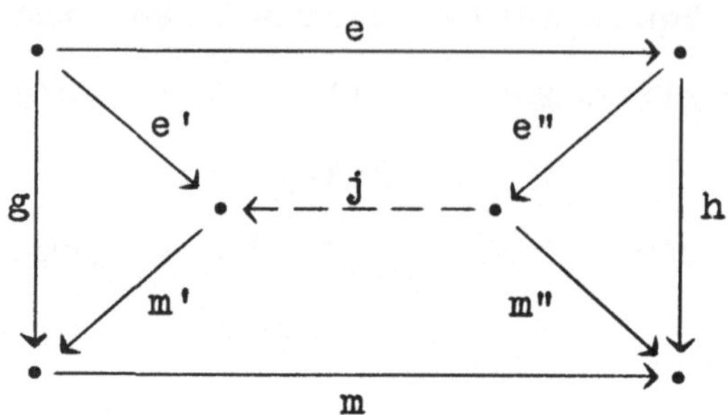

kommutiert. $k = m' \circ j \circ e''$ ergänzt dann das äußere Rechteck kommutativ.

(2) ⟹ (1): a) Sind $f = m \circ e = m' \circ e'$ (epi, extrem-mono)-Faktorisierungen von $f \in \text{Mor}\,\underline{C}$, so existieren $\underline{C}$-Morphismen k und k', so daß die Diagramme

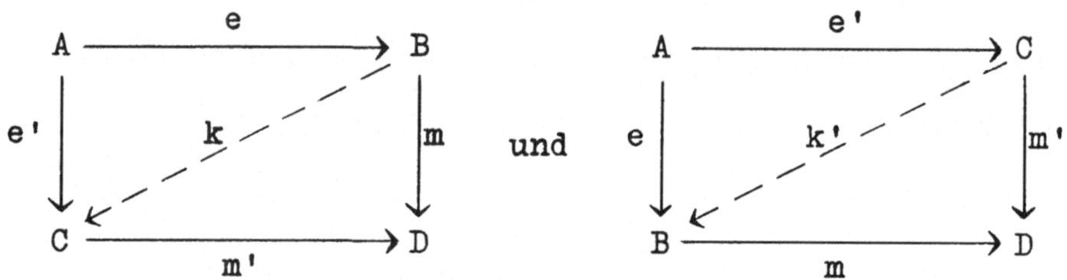

kommutieren. Dann ist k ein Isomorphismus; denn $1_B \circ e = e = (k' \circ k) \circ e$ impliziert $1_B = k' \circ k$, weil e ein Epimorphismus ist, und $1_C \circ e' = e' = (k \circ k') \circ e'$ impliziert $k \circ k' = 1_C$, weil e' ein Epimorphismus ist. Die Faktorisierung von f ist also eindeutig.

b) Sind m_1, m_2 extreme Monomorphismen in $\underline{C}$ mit Ziel (m_1) = Quelle (m_2) und $m_2 \circ m_1 = m \circ e$ eine (epi, extrem-mono)-Faktorisierung von $m_2 \circ m_1$, so existiert ein $\underline{C}$-Morphismus k, so daß

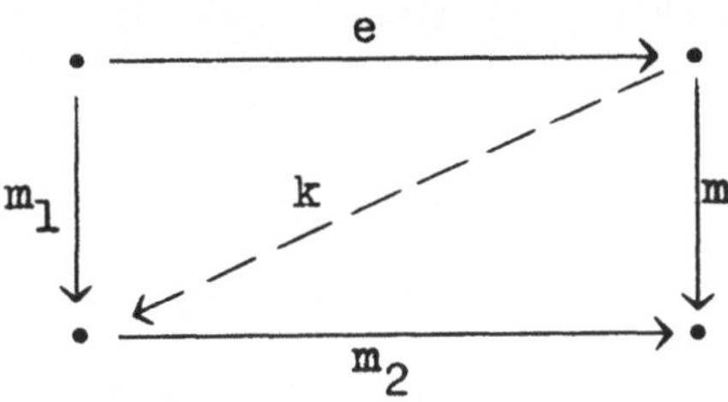

kommutiert. Außerdem existiert ein $k' \in \mathrm{Mor}\ \underline{C}$, so daß

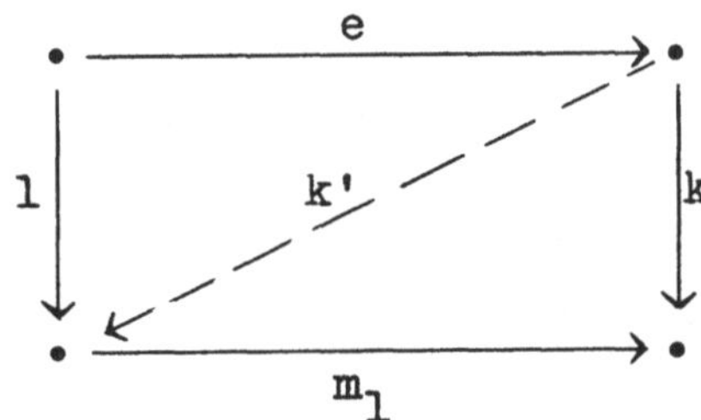

kommutiert. Aus $k' \circ e = 1$ und e Epimorphismus folgt, daß e ein Isomorphismus ist (denn $(e \circ k') \circ e = e \circ 1 = e = 1 \circ e$ impliziert $e \circ k' = 1$). Also ist mit m auch $m \circ e = m_2 \circ m_1$ ein extremer Monomorphismus.

<u>8.2.6</u>. <u>Satz:</u> Es sei $\underline{A}$ eine volle Unterkategorie einer

colokal kleinen (epi,extrem-mono)-faktorisierbaren Kategorie $\underline{C}$ mit Produkten. Dann gibt es eine kleinste $\underline{A}$ umfassende[61] epireflektive volle und isomorphie-abgeschlossene Unterkategorie $R_{\underline{C}}\underline{A}$ von $\underline{C}$. Ist $\underline{C}$ außerdem	lokal kleinen (extrem-epi, mono)-faktorisierbaren Kategorie $\underline{C}$ mit Coprodukten. Dann gibt es eine kleinste $\underline{A}$ umfassende[61] monocoreflektive volle und isomorphie-abgeschlossene Unterkategorie $C_{\underline{C}}\underline{A}$ von $\underline{C}$. Ist $\underline{C}$ außerdem

61) s. 8.2.1.

(epi, extrem-mono)-Bikategorie, so besteht $|R_{\underline{C}}\underline{A}|$ aus genau allen $X \in |\underline{C}|$, die Unterobjekt eines Produktes von $\underline{A}$-Objekten sind. (Die Bildung von Unterobjekten und Produkten erfolgt in $\underline{C}$!)	(extrem-epi, mono)-Bikategorie, so besteht $|C_{\underline{C}}\underline{A}|$ aus genau allen $X \in |\underline{C}|$, die Quotientenobjekt eines Coproduktes von $\underline{A}$-Objekten sind. (Die Bildung von Quotientenobjekten und Coprodukten erfolgt in $\underline{C}$!)

__Beweis__: Aus Dualitätsgründen genügt es, den linken Teil des obigen Satzes zu beweisen:

a) Eine volle Unterkategorie $R_{\underline{C}}\underline{A}$ von $\underline{C}$ wird durch

$$|R_{\underline{C}}\underline{A}| = \{X \mid X \in \underline{B} \text{ für alle vollen und isomorphie-abgeschlossenen epireflektiven Unterkategorien } \underline{B} \text{ von } \underline{C} \text{ mit } |\underline{A}| \subset |\underline{B}|\}$$

definiert. Diese ist offenbar isomorphie-abgeschlossen und epireflektiv in $\underline{C}$ aufgrund des Charakterisierungssatzes von Freyd, Isbell und Kennison. Außerdem gilt $|\underline{A}| \subset |R_{\underline{C}}\underline{A}|$ und für jede volle und isomorphie-abgeschlossene epireflektive Unterkategorie $\underline{B}$ von $\underline{C}$ mit $|\underline{A}| \subset |\underline{B}|$ gilt $|R_{\underline{C}}\underline{A}| \subset |\underline{B}|$ (nach Konstruktion!).

b) Es sei $\underline{C}$ zusätzlich (epi, extrem-mono)-Bikategorie. Eine volle Unterkategorie $\underline{D}$ von $\underline{C}$ wird durch

$$|\underline{D}| = \{X \mid X \in |\underline{C}| \text{ ist Unterobjekt eines Produktes von } \underline{A}\text{-Objekten}\}$$

definiert. $\underline{D}$ ist offenbar isomorphie-abgeschlossen.

Zu zeigen: $\underline{D} = R_{\underline{C}}\underline{A}$.

b_1) $|\underline{A}| \subset |\underline{D}|$: Da jedes $X \in |\underline{A}| \subset |\underline{C}|$ Produkt von sich selbst ist (1_X ist die zugehörige Projektion) und $1_X : X \longrightarrow X$ ein extremer Monomorphismus (sogar Isomorphismus) ist, ist diese Aussage trivial.

b_2) $|\underline{D}| \subset |R_{\underline{C}}\underline{A}|$ gilt, weil jedes $X \in |\underline{D}|$ zu jeder (vollen und isomorphie-abgeschlossenen) Unterkategorie $\underline{B}$ von $\underline{C}$ gehört, die abgeschlossen ist gegenüber Bildung von Unterobjekten und Produkten in $\underline{C}$ (also nach 8.1.6. epireflektiv in $\underline{C}$ ist) und für die $|\underline{A}| \subset |\underline{B}|$ gilt.

b_3) $|R_{\underline{C}}\underline{A}| \subset |\underline{D}|$ ist wegen b_1) erfüllt, falls gezeigt werden kann, daß $\underline{D}$ epireflektiv in $\underline{C}$ ist. Zu diesem Zweck wenden wir den Satz von Freyd, Isbell und Kennison an:

α) Ist $X \in |\underline{D}|$ und $Y \in |\underline{C}|$ Unterobjekt von X, so ist mit X auch Y Unterobjekt eines Produktes von $\underline{A}$-Objekten, weil die Nacheinanderausführung zweier extremer Monomorphismen wieder einen extremen Monomorphismus liefert.

β) Es sei $(X_i)_{i \in I}$ eine Familie von Objekten aus $\underline{D}$, d.h. jedes X_i ist Unterobjekt eines Produktes P_i von $\underline{A}$-Objekten. Für jedes $i \in I$ sei also etwa $P_i = \prod_{k \in K_i} A_k$, wobei angenommen werden kann, daß für jedes $(i,j) \in I \times I$ mit $i \neq j$ gilt $K_i \cap K_j = \emptyset$ (andernfalls ersetze man K_i durch $K_i \times \{i\}$ für jedes $i \in I$). Setzt man $K = \bigcup_{i \in I} K_i$, so ist offenbar (bis auf Isomorphie) $\prod_{i\in I} P_i = \prod_{k\in K} A_k$ (die zugehörigen Projektionen $q_k : \prod_{i\in I} P_i \to A_k$ erhält man, indem man zu jedem $k \in K$ das zugehörige $i \in I$ bestimmt mit $k \in K_i$ und dann $p_i \circ p'_k = q_k$ setzt, wobei unter $p_i : \prod_{i\in I} P_i \to P_i$ und $p'_k : P_i \to A_k$ die Projektionen zu verstehen sind).

Ferner existieren zu jedem $i \in I$ extreme Monomorphismen $m_i : X_i \to P_i$. Ist $(\prod_{i\in I} X_i, (\tilde{p}_i))$ Produkt von $(X_i)_{i\in I}$, so existiert genau ein $f : \prod_{i\in I} X_i \to \prod_{i\in I} P_i = \prod_{k\in K} A_k$, so daß

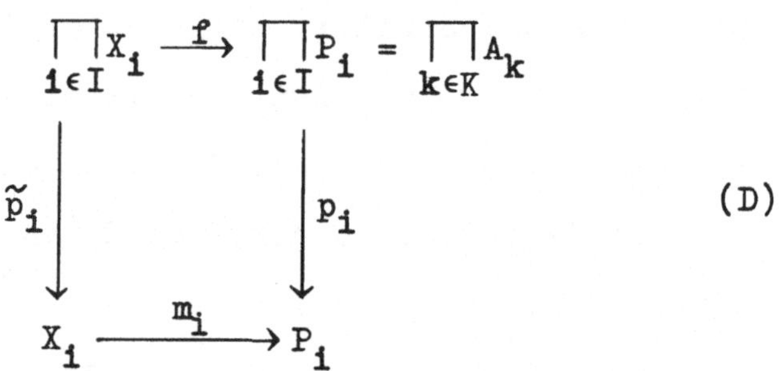

für alle $i \in I$ kommutiert, weil $(\prod_{i\in I} P_i, (p_i))$ ein Produkt ist. Wenn gezeigt werden kann, daß f ein extremer Monomorphismus ist, so gilt $\prod_{i\in I} X_i \in |\underline{D}|$:

β_1) Sind $\alpha, \beta : Y \to \prod_{i\in I} X_i$ $\underline{C}$-Morphismen mit $f \circ \alpha = f \circ \beta$, so folgt $p_i \circ f \circ \alpha = p_i \circ f \circ \beta$ für alle $i \in I$ und wegen der Kommutativität von (D) gilt $m_i \circ \tilde{p}_i \circ \alpha = m_i \circ \tilde{p}_i \circ \beta$, woraus $\tilde{p}_i \circ \alpha = \tilde{p}_i \circ \beta$ für alle $i \in I$

folgt, weil alle m_i Monomorphismen sind. Da $(\prod_{i\in I} X_i, (\tilde{p}_i))$ Produkt ist, folgt daraus $\alpha = \beta$.

β_2) Es sei $f = h \circ e$ mit einem Epimorphismus e. Da $\underline{C}$ (epi, extrem-mono)-Bikategorie ist, genügt $\underline{C}$ der (epi, extrem-mono)-Diagonalbedingung und folglich existieren $\underline{C}$-Morphismen $h_i : Z \to X_i$, so daß das Diagramm

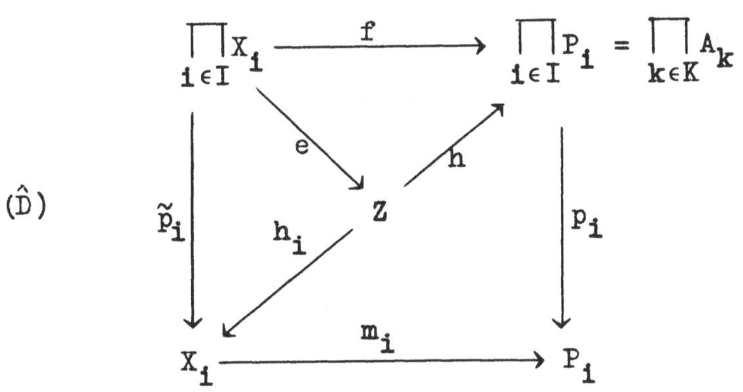

für alle $i \in I$ kommutiert. Da $(\prod_{i\in I} X_i, (\tilde{p}_i))$ Produkt ist, existiert genau ein $\underline{C}$-Morphismus $e' : Z \to \prod_{i\in I} X_i$, so daß $\tilde{p}_i \circ e' = h_i$ gilt für alle $i \in I$. Aus $\tilde{p}_i \circ 1_{\prod X_i} = \tilde{p}_i =$ $= h_i \circ e = \tilde{p}_i \circ e' \circ e$ für alle $i \in I$ folgt $e' \circ e = 1_{\prod X_i}$. Da e ein Epimorphismus ist, muß dann e sogar ein Isomorphismus sein(d.h. es gilt auch $e \circ e' = 1_Z$).

Aus b_2) und b_3) folgt $|\underline{D}| = |R_{\underline{C}}\underline{A}|$ und daraus $\underline{D} = R_{\underline{C}}\underline{A}$.

<u>8.2.7.</u> <u>Definition</u>: Die in 8.2.6. erklärte (volle und isomorphie-abgeschlossene) Unterkategorie $R_{\underline{C}}\underline{A}$ bzw. $C_{\underline{C}}\underline{A}$

von $\underline{C}$ heißt epireflektive bzw. monocoreflektive Hülle von $\underline{A}$ in $\underline{C}$.

8.2.8.1. Korollar: Es sei $\underline{A}$ eine volle und isomorphie-abgeschlossene Unterkategorie einer

colokal kleinen, (epi,extrem-mono)-faktorisierbaren Kategorie $\underline{C}$ mit Produkten. Dann sind äquivalent:

(1) $\underline{A}$ ist epireflektiv in $\underline{C}$

(2) $\underline{A} = R_{\underline{C}}\underline{A}$

lokal kleinen, (extrem-epi, mono)-faktorisierbaren Kategorie $\underline{C}$ mit Coprodukten. Dann sind äquivalent:

(1') $\underline{A}$ ist monocoreflektiv in $\underline{C}$

(2') $\underline{A} = C_{\underline{C}}\underline{A}$

Beweis: Ist $\underline{A}$ epireflektiv in $\underline{C}$, so gilt nach Konstruktion von $R_{\underline{C}}\underline{A}$ automatisch $R_{\underline{C}}\underline{A} \subset \underline{A}$ und wegen $\underline{A} \subset R_{\underline{C}}\underline{A}$ folgt $\underline{A} = R_{\underline{C}}\underline{A}$. Die Umkehrung ist völlig trivial.

8.2.8.2. Korollar: Sind $\underline{A}$, $\underline{B}$ volle Unterkategorien einer

colokal kleinen, (epi,extrem-mono)-faktorisierbaren Kategorie $\underline{C}$ mit Produkten. Dann gilt:

(1) $\underline{A} \subset R_{\underline{C}}\underline{A}$

(2) $\underline{A} \subset \underline{B} \Rightarrow R_{\underline{C}}\underline{A} \subset R_{\underline{C}}\underline{B}$

(3) $R_{\underline{C}}R_{\underline{C}}\underline{A} = R_{\underline{C}}\underline{A}$

lokal kleinen, (extrem-epi, mono)-faktorisierbaren Kategorie $\underline{C}$ mit Coprodukten. Dann gilt:

(1') $\underline{A} \subset C_{\underline{C}}\underline{A}$

(2') $\underline{A} \subset \underline{B} \Rightarrow C_{\underline{C}}\underline{A} \subset C_{\underline{C}}\underline{B}$

(3') $C_{\underline{C}}C_{\underline{C}}\underline{A} = C_{\underline{C}}\underline{A}$

<u>Beweis</u>: (1) ist definitionsgemäß erfüllt.

(2) folgt aus $\underline{A} \subset \underline{B} \subset R_{\underline{C}}\underline{B}$ und der Definition von $R_{\underline{C}}\underline{A}$.

(3) folgt aus 8.2.8.1.

<u>8.2.9. Beispiele</u>: ① Es sei $\underline{E}$ eine Unterklasse von $|\underline{T}|$. Durch $|\underline{A}| = \underline{E}$ wird eine volle Unterkategorie $\underline{A}$ von $\underline{T}$ definiert. Die Objektklasse $|R_{\underline{T}}\underline{A}|$ der epireflektiven Hülle $R_{\underline{T}}\underline{A}$ von $\underline{A}$ (in $\underline{T}$) besteht dann aus genau allen topologischen Räumen $(X,\underline{X})$, die Unterobjekt eines Produktes von Objekten aus $\underline{E}$ sind, d.h. die zu einem Unterraum eines Produktraumes aus Räumen von $\underline{E}$ homöomorph sind (die Unterobjekte in $\underline{T}$ sind ja nur bis auf Homöomorphie Unterräume!). Statt $|R_{\underline{T}}\underline{A}|$ schreibt man kurz $R\underline{E}$:

a) $\underline{E} = \{[0,1]\}$: $R\underline{E} = \{$vollständig reguläre Räume$\}$
(vgl. 4.6.4.)

b) $\underline{E} = \{\mathbb{R}\}$: $R\underline{E} = \{$vollständig reguläre Räume$\}$
(vgl. 4.6.4.)

c) $\underline{E} = \{D_2\}$: $R\underline{E} = \{$nulldimensionale T_1-Räume$\}$
(vgl. 6.4.10.①)

d) Falls $\underline{E}$ eine Klasse von nicht leeren T_1-Räumen mit der endlichen Durchschnittseigenschaft ist, die einen mindestens zweipunktigen Raum enthält, so gilt (vgl.6.4.9.):

$$\underline{R_1}\underline{E} = R\underline{E}$$

<u>Definition</u> (Mrowka, Engelking, Herrlich):

Es sei $\underline{E}$ eine Klasse von T_2-Räumen. Ein topologischer Raum $(X,\underline{X})$ heißt <u>$\underline{E}$-regulär</u>, wenn er zu einem Unterraum eines Produktraumes von Räumen aus $\underline{E}$ homöomorph ist, d.h. wenn $(X,\underline{X}) \in R\underline{E}$ gilt.

Bemerkungen:

1) Definitionsgemäß ist jeder $\underline{E}$-reguläre Raum ein T_2-Raum.

2) Aus 8.2.6. und dem Charakterisierungssatz von Freyd, Isbell, Kennison und Herrlich folgt insbesondere, daß ein Produkt $\underline{E}$-regulärer Räume wieder $\underline{E}$-regulär ist und jeder Unterraum eines $\underline{E}$-regulären Raumes ebenfalls $\underline{E}$-regulär ist.

(2) Es sei $\underline{E}$ eine Unterklasse von $|\underline{H}|$. Durch $|\underline{A}| = \underline{E}$ wird eine volle Unterkategorie $\underline{A}$ von $\underline{H}$ definiert. Die Objektklasse $|R_{\underline{H}}\underline{A}|$ der epireflektiven Hülle $R_{\underline{H}}\underline{A}$ von $\underline{A}$ (in $\underline{H}$) besteht dann aus genau allen Hausdorff-Räumen, die Unterobjekt (in $\underline{H}$) eines Produktes (in $\underline{H}$) von Objekten aus $\underline{E}$ sind, d.h. die zu einem abgeschlossenen Unterraum eines Produktraumes aus Räumen von $\underline{E}$ homöomorph sind (die Unterobjekte in $\underline{H}$ sind ja gerade bis auf Homöomorphie die abgeschlossenen Unterräume in $\underline{T}$!). Statt $|R_{\underline{H}}\underline{A}|$ schreibt man kurz $K\underline{E}$:

a) $\underline{E} = \{[0,1]\}$: $K\underline{E} = \{$kompakte Räume$\}$ (vgl. 7.4.21. (3)).

b) Ist $\underline{E} = \{\mathbb{R}\}$, so gilt nicht $K\underline{E} = \{$kompakte Räume$\}$, sondern nur $\{$kompakte Räume$\} \subset K\underline{E}$; denn $\mathbb{R} \in K\underline{E}$ ist nicht kompakt. $K\underline{E}$ besteht offenbar aus allen T_2-Räumen, die zu einem abgeschlossenen Unterraum von $\mathbb{R}^I$ für geeignetes I homöomorph sind. Solche Räume nennt man reellkompakt;

also gilt definitionsgemäß:

$\underline{E} = \{\mathbb{R}\}$: $K\underline{E} = \{$reellkompakte Räume$\}$

c) $\underline{E} = \{D_2\}$: $K\underline{E} = \{$nulldimensionale kompakte Räume$\}$

Definition(Mrowka, Herrlich): Es sei $\underline{E}$ eine Klasse von T_2-Räumen. Ein topologischer Raum $(X,\underline{X})$ heißt $\underline{E}$-kompakt, wenn er zu einem abgeschlossenen Unterraum eines Produktraumes von Räumen aus $\underline{E}$ homöomorph ist, d.h. wenn $(X,\underline{X}) \in K\underline{E}$ gilt.

Bemerkungen: 1) Definitionsgemäß ist jeder $\underline{E}$-kompakte Raum ein T_2-Raum.

2) Aus 8.2.6. und dem Charakterisierungssatz von Freyd, Isbell, Kennison und Herrlich folgt insbesondere, daß ein Produkt $\underline{E}$-kompakter Räume wieder $\underline{E}$-kompakt ist und jeder abgeschlossene Unterraum eines $\underline{E}$-kompakten Raumes ebenfalls $\underline{E}$-kompakt ist.

(3) Es sei $\underline{A}$ eine volle Unterkategorie von $\underline{T}$. Dann besteht die Objektklasse $|C_{\underline{T}}\underline{A}|$ der monocoreflektiven Hülle $C_{\underline{T}}\underline{A}$ von $\underline{A}$ (in $\underline{T}$) aus genau allen topologischen Räumen, die zu einem Quotientenraum eines Summenraumes aus Räumen von $|\underline{A}|$ homöomorph sind (die Quotientenobjekte in $\underline{T}$ sind ja gerade bis auf Homöomorphie Quotientenräume!):

$|\underline{A}| = \{$lokale $\underline{K}$-Räume$\} \cap \underline{K}$: $|C_{\underline{T}}\underline{A}| = \{$lokale $\underline{K}$-Räume$\}$.

(Wegen 5.3.9.(1) gilt $|C_{\underline{T}}\underline{A}| \subset \{$lokale $\underline{K}$ - Räume$\}$ und wegen 5.3.7. (2) , 5.3.7. (1) und 5.3.10. gilt auch $\{$lokale $\underline{K}$-Räume$\} \subset |C_{\underline{T}}\underline{A}|$).

④ Es sei $\underline{A}$ eine volle Unterkategorie von $\underline{H}$. Dann besteht die Objektklasse $|C_{\underline{H}}\underline{A}|$ der monocoreflektiven Hülle $C_{\underline{H}}\underline{A}$ von $\underline{A}$ (in $\underline{H}$) aus genau allen Hausdorff-Räumen, die zu einem Quotientenraum eines Summenraumes aus Räumen von $|\underline{A}|$ homöomorph sind (die Quotientenobjekte in $\underline{H}$ sind ja gerade bis auf Homöomorphie diejenigen Quotientenräume von T_2-Räumen (in $\underline{T}$), die T_2-Räume sind!):

$|\underline{A}| = \{\text{kompakte Räume}\}$: $|C_{\underline{H}}\underline{A}| = \{\text{k - Räume}\}$

(1) $|C_{\underline{H}}\underline{A}| \subset \{\text{k-Räume}\}$:

a) $\{\text{kompakte Räume}\} \subset \{\text{k-Räume}\}$ nach 7.3.14.

b) Der Summenraum einer Familie von k-Räumen ist trivialerweise ein k-Raum (man beachte, daß die T_2-Eigenschaft summentreu ist!).

c) Sind $(X,\underline{X})$, $(Y,\underline{Y}) \in |\underline{H}|$ und $f : X \longrightarrow Y$ Quotientenabbildung sowie $(X,\underline{X})$ ein k-Raum, so ist auch $(Y,\underline{Y})$ ein k-Raum: Es sei $O \subset Y$ derart, daß $O \cap K^*$ offen in K^* ist für jede kompakte Teilmenge K^* von Y. Zu zeigen: $O \in \underline{Y}$, d.h. $f^{-1}[O] \in \underline{X}$. Ist K irgend eine kompakte Teilmenge von X, so ist $f[K]$ kompakte Teilmenge von Y und $O \cap f[K]$ ist offen in $f[K]$, also ist $f^{-1}[f[K] \cap O] = f^{-1}[f[K]] \cap f^{-1}[O]$ offen in $f^{-1}[f[K]]$. Mithin ist $f^{-1}[f[K]] \cap f^{-1}[O] = O' \cap f^{-1}[f[K]]$ für ein $O' \in \underline{X}$. Wegen $K \cap f^{-1}[O] = (K \cap f^{-1}[f[K]]) \cap f^{-1}[O] = K \cap O' \cap f^{-1}[f[K]] = K \cap O'$ ist $K \cap f^{-1}[O]$ offen in K für jedes kompakte $K \subset X$, also ist nach Voraussetzung über X gerade $f^{-1}[O] \in \underline{X}$, d.h. $O \in \underline{Y}$. $(Y,\underline{Y})$ ist also ein k-Raum.

d) Die Eigenschaft „k-Raum" ist offenbar eine topologische Invariante.

2) $\{k\text{-Räume}\} \subset |C_{\underline{H}}\underline{A}|$:

Ist $(X,\underline{X}) \in |\underline{H}|$ ein k-Raum, so bilde man die Familie $(K_\ell)_{\ell \in L}$ der kompakten Teilmengen von X. $(\coprod_{\ell\in L} K_\ell, (j_\ell)_{\ell\in L})$ sei das Coprodukt dieser Familie in $\underline{H}$ (oder, was auf dasselbe hinausläuft, in $\underline{T}$). Bezeichnet man mit $i_\ell : K_\ell \longrightarrow X$ die Inklusionsabbildungen für jedes $\ell \in L$, so wird durch $f \circ j_\ell = i_\ell$ für alle $\ell \in L$ eine Abbildung

$$f : \coprod_{\ell\in L} K_\ell \longrightarrow X$$

definiert, die stetig und surjektiv ist. Außerdem ist f Quotientenabbildung; denn ist $O \subset X$ derart, daß $f^{-1}[O]$ offen in $\coprod_{\ell\in L} K_\ell$ ist, d.h. ist $j_\ell^{-1}[f^{-1}[O]] = (f \circ j_\ell)^{-1}[O] = i_\ell^{-1}[O] = K_\ell \cap O$ offen in K_ℓ für jedes $\ell \in L$, so ist $O \in \underline{X}$, weil $(X,\underline{X})$ ein k-Raum ist. Somit ist $(X,\underline{X})$ Quotientenobjekt (in $\underline{H}$) eines Coproduktes (in $\underline{H}$) von Objekten aus $\underline{A}$, also $(X,\underline{X}) \in |C_{\underline{H}}\underline{A}|$.)

<u>8.2.10.</u> <u>Satz</u>: Es sei $\underline{A}$ eine volle Unterkategorie einer colokal kleinen (epi, extrem-mono)-Bikategorie $\underline{C}$ mit Produkten. Dann sind folgende Aussagen äquivalent:

(1) $X \in |R_{\underline{C}}\underline{A}|$.

(2) Jeder $\underline{C}$-Morphismus $f : X \longrightarrow Y$ mit der Eigenschaft, daß zu jedem $g : X \longrightarrow A$ mit $A \in |\underline{A}|$ ein $\bar{g} : Y \longrightarrow A$ existiert mit $g = \bar{g} \circ f$ ist ein extremer Monomorphismus.

Beweis: (1)$\Longrightarrow$(2): Es sei $f = m \circ e$ (epi, extrem-mono)-Faktorisierung von f. Der Beweis ist beendet, wenn gezeigt werden kann, daß e ein Isomorphismus ist. Da $X \in |R_{\underline{C}}\underline{A}|$ gilt, existiert eine Familie $(A_i)_{i \in I}$ von Objekten aus $\underline{A}$ und ein extremer Monomorphismus $m' : X \to \prod_{i \in I} A_i$; dabei ist $(\prod_{i \in I} A_i, (p_i)_{i \in I})$ Produkt der Familie $(A_i)_{i \in I}$ in $\underline{C}$.

Nach Voraussetzung über f existiert zu jedem $i \in I$ ein $\underline{C}$-Morphismus g_i, so daß das Diagramm

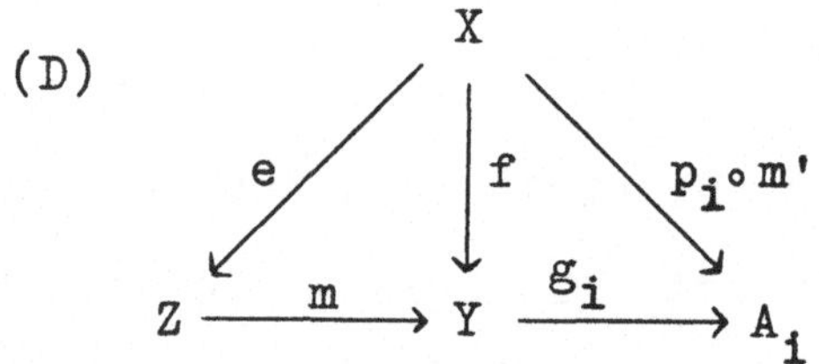

kommutiert. Da $(\prod_{i \in I} A_i, (p_i)_{i \in I})$ Produkt ist, gibt es zu $(g_i \circ m : Z \to A_i)_{i \in I}$ genau ein $h : Z \to \prod_{i \in I} A_i$ mit $p_i \circ h = g_i \circ m$ für alle $i \in I$. Daraus und aus der Kommutativität von (D) folgt $p_i \circ h \circ e = g_i \circ m \circ e = p_i \circ m'$ für alle $i \in I$, also gilt $h \circ e = m' = 1_X \circ m'$. Aufgrund der (epi, extrem-mono)-Diagonalbedingung existiert dann ein $\underline{C}$-Morphismus k, so daß das Diagramm

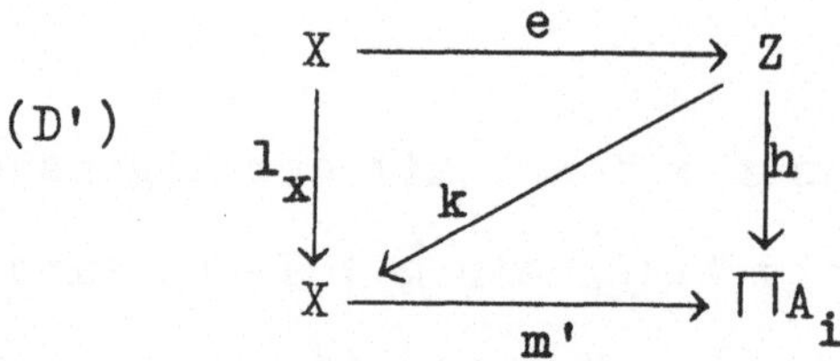

kommutiert. Also gilt $k \circ e = 1_X$ und weil e ein

Epimorphismus ist, gilt auch $e \circ k = 1_Z$, d.h. e ist ein Isomorphismus.

(2) $\Rightarrow$ (1): Die Epireflexion $r_x : X \longrightarrow X_{\underline{R}_C \underline{A}}$ erfüllt offenbar die Voraussetzung, ist also ein extremer Monomorphismus und damit ein Isomorphismus. Da $\underline{R}_C \underline{A}$ isomorphie-abgeschlossen ist, folgt $X \in |\underline{R}_C \underline{A}|$.

8.2.11. Definitionen: 1) Es seien $(X,\underline{X})$, $(Y,\underline{Y})$ topologische Räume, M eine dichte Teilmenge von Y. Ist $(Y,\underline{Y})$ $\underline{E}$-kompakt und gibt es eine topologische Abbildung $f : (X,\underline{X}) \longrightarrow (M,\underline{Y}_M)$, so heißt das Paar $(f,(Y,\underline{Y}))$ $\underline{E}$-Kompaktifizierung von $(X,\underline{X})$.

2) Ein topologischer Raum $(X,\underline{X})$ heißt $\underline{E}$-kompaktifizierbar, wenn es eine $\underline{E}$-Kompaktifizierung von $(X,\underline{X})$ gibt.

8.2.12. Satz: Es sei $(X,\underline{X})$ ein $\underline{E}$-regulärer Raum. Dann gibt es (bis auf Isomorphie) genau eine $\underline{E}$-Kompaktifizierung $(e'_{\underline{E}}, \beta_{\underline{E}} X)$ von X mit folgender Eigenschaft:

Zu jedem $\underline{E}$-kompakten Raum $(Y,\underline{Y})$ und jeder stetigen Abbildung $f : X \longrightarrow Y$ gibt es genau eine stetige Abbildung $\overline{f} : \beta_{\underline{E}} X \longrightarrow Y$ mit $\overline{f} \circ e_{\underline{E}} = f$, wobei $e_{\underline{E}} : X \longrightarrow \beta_{\underline{E}} X$ definiert ist durch $e_{\underline{E}}(x) = e'_{\underline{E}}(x)$ für alle $x \in X$.

Beweis: Es sei $r_x^{\underline{E}} : X \longrightarrow X_{K\underline{E}}$ die Epireflexion in $\underline{H}$ von X bez. $K\underline{E}$; also ist $r_x^{\underline{E}}$ eine dichte stetige Abbildung von X in einen $\underline{E}$-kompakten Raum mit der Eigenschaft, daß zu jedem $\underline{E}$-kompakten Raum $(Y,\underline{Y})$ und jeder stetigen Abbildung $f : X \longrightarrow Y$ genau eine stetige Abbildung $\bar{f} : X_{K\underline{E}} \longrightarrow Y$ existiert mit $\bar{f} \circ r_x^{\underline{E}} = f$. Damit ist wegen $\underline{E} \subset K\underline{E}$ (d.h. jedes $E \in \underline{E}$ ist $\underline{E}$-kompakt) und weil $X \in R\underline{E}$ ist (d.h. für die durch $|\underline{A}| = \underline{E}$ definierte volle Unter-Kategorie $\underline{A}$ von $\underline{T}$ gilt $X \in |R_{\underline{T}}\underline{A}|$) der Satz 8.2.10. anwendbar: $r_x^{\underline{E}}$ ist also ein extremer Monomorphismus in $\underline{T}$, d.h. eine Einbettung. Setzt man $r_x^{\underline{E}} = e_{\underline{E}}$ und $X_{K\underline{E}} = \beta_{\underline{E}} X$, so ist alles bewiesen ($e'_{\underline{E}} : X \longrightarrow e_{\underline{E}}[X]$ ist durch $e'_{\underline{E}}(x) = e_{\underline{E}}(x)$ für alle $x \in X$ definiert!).

8.2.13. Bemerkungen: (1) Der eben geführte Beweis macht von einer fundamentalen Wechselwirkung zwischen den Kategorien $\underline{T}$ und $\underline{H}$ Gebrauch, nämlich von der Tatsache, daß eine stetige Abbildung f von einem Hausdorff-Raum $(X,\underline{X})$ in einen Hausdorff-Raum $(Y,\underline{Y})$ genau dann eine dichte Einbettung ist, wenn f ein Epimorphismus in $\underline{H}$ und ein extremer Monomorphismus in $\underline{T}$ ist.

(2) Für $\underline{E} = \{[0,1]\}$ ist $(e'_{\underline{E}}, \beta_{\underline{E}} X)$ gerade die Stone-Čech-Kompaktifizierung von $X \in R\{[0,1]\} = \{$vollständig reguläre Räume$\}$. Für $\underline{E} = \{\mathbb{R}\}$ heißt $(e'_{\underline{E}}, \beta_{\underline{E}} X)$ Hewitt'sche Reellkompaktifizierung von $X \in R\{\mathbb{R}\} = \{$vollständig reguläre Räume$\}$. Für $\underline{E} = \{D_2\}$ heißt $(e'_{\underline{E}}, \beta_{\underline{E}} X)$ Banaschewski'sche (nulldimensionale) Kompaktifizierung von $X \in R\{D_2\} = \{$nulldimensionale T_1-Räume$\}$.

(3) 8.2.12. ist also die Verallgemeinerung des Satzes von Stone und Čech (7.4.7.).

8.2.14. Korollar: Ein topologischer Raum $(X,\underline{X})$ ist genau dann $\underline{E}$-kompaktifizierbar, wenn er $\underline{E}$-regulär ist.

Beweis: „$\Leftarrow$" : 8.2.12.

„$\Rightarrow$" : trivial.

8.2.15. Es soll nun noch die Frage untersucht werden, für welche $X \in |\underline{C}|$ in der Bedingung (2) in 8.2.10. der Begriff „extremer Monomorphismus" durch „Monomorphismus" ersetzt werden kann. Dazu dient folgende Definition:

Definition: Ist $\underline{A}$ eine (volle) Unterkategorie einer Kategorie $\underline{C}$, so wird eine volle Unterkategorie $Q_{\underline{C}}\underline{A}$ von $\underline{C}$ definiert durch

$|Q_{\underline{C}}\underline{A}| = \{X \mid X \in |\underline{C}|$ und zu je zwei verschiedenen $\underline{C}$-Morphismen $\alpha, \beta : Z \longrightarrow X$ existiert ein $A \in |\underline{A}|$ und ein $f \in [X,A]_{\underline{C}}$ mit $f \circ \alpha \neq f \circ \beta\}$

8.2.16. Bemerkungen: (1) Ist $\underline{E}$ eine Klasse nicht leerer topologischer Räume, die einen mindestens zweipunktigen Raum enthält, so wird eine volle Unterkategorie $\underline{A}$ von $\underline{T}$ definiert durch $|\underline{A}| = \underline{E}$, und es gilt:

a) $|Q_{\underline{T}}\underline{A}| = Q\underline{E}$
(vgl. 6.3.1.);

denn $X \in Q\underline{E}$ ist damit äquivalent, daß zu je zwei verschiedenen Punkten $x,y \in X$ ein $E \in \underline{E}$ und ein $f \in C(X,E)$ existieren mit $f(x) \neq f(y)$, und bei der kategoriellen Verallgemeinerung sind Punkte von X zu ersetzen durch Morphismen nach X. Insbesondere gilt dann:

b) $\underline{E} = \{\mathbb{R}\}$ oder $\underline{E} = \{[0,1]\}$: $|Q_{\underline{T}}\underline{A}| = Q\underline{E} =$ {vollständig Hausdorff'sche Räume}

und

c) $\underline{E} = \{D_2\}$: $|Q_{\underline{T}}\underline{A}| = Q\underline{E} =$ {total zusammenhanglose Räume}.

(2) $Q_{\underline{C}}\underline{A}$ ist trivialerweise isomorphie-abgeschlossen sowie abgeschlossen gegenüber Bildung von Produkten und Unterobjekten, sogar schwachen Unterobjekten (ein Objekt U in einer Kategorie $\underline{C}$ heißt <u>schwaches Unterobjekt</u> eines Objektes X in $\underline{C}$, wenn es einen Monomorphismus $m : U \longrightarrow X$ gibt [62]). Exemplarisch sei gezeigt: Ist $(P,(p_i)_{i \in I})$ Produkt in $\underline{C}$ der Familie $(B_i)_{i \in I}$ mit $B_i \in |Q_{\underline{C}}\underline{A}|$ für alle $i \in I$ und sind $\alpha, \beta : Z \longrightarrow P$ verschiedene $\underline{C}$-Morphismen, so gibt es ein $j \in I$ mit $p_j \circ \alpha \neq p_j \circ \beta$ (sonst wäre $\alpha = \beta$!). Nach Voraussetzung existiert ein $A_j \in |\underline{A}|$ und ein $\underline{C}$-Morphismus $h_j : B_j \longrightarrow A_j$ mit
$h_j \circ (p_j \circ \alpha) = (h_j \circ p_j) \circ \alpha \neq h_j \circ (p_j \circ \beta) = (h_j \circ p_j) \circ \beta$.
Also gilt $P \in |Q_{\underline{C}}\underline{A}|$.

(3) Ist $\underline{C}$ eine colokal kleine (epi, extrem-mono)-faktorisierbare Kategorie mit Produkten, so gilt (wegen (2) ist dann $Q_{\underline{C}}\underline{A}$ nach dem Charakte-

---

62) Statt schwaches Unterobjekt wird heute leider noch Unterobjekt gesagt, obwohl für $\underline{C} = \underline{T}$ keine richtigen Unterobjekte, d.h. Unterräume, herauskommen.

risierungssatz von Freyd, Isbell, Kennison und Herrlich epireflektiv in $\underline{C}$ und offenbar ist $\underline{A} \subset Q_{\underline{C}}\underline{A}$) :

$$\underline{A} \subset R_{\underline{C}}\underline{A} \subset Q_{\underline{C}}\underline{A}.$$

8.2.17. Satz: Es seien $\underline{C}$ eine colokal kleine (epi, extrem-mono)-Bikategorie mit Produkten und $\underline{A}$ eine volle Unterkategorie von $\underline{C}$. Dann sind äquivalent:

(1) $X \in |Q_{\underline{C}}\underline{A}|$.

(2) Jeder $\underline{C}$-Morphismus $f : X \longrightarrow Y$ mit der Eigenschaft, daß zu jedem $g : X \longrightarrow A$ mit $A \in |\underline{A}|$ ein $\overline{g} : Y \longrightarrow A$ existiert mit $g = \overline{g} \circ f$ ist ein Monomorphismus.

(3) Die Epireflexion $r_x : X \longrightarrow X_{R_{\underline{C}}\underline{A}}$ für X bez. $R_{\underline{C}}\underline{A}$ ist ein Monomorphismus.

(4) Es gibt ein $Y \in |R_{\underline{C}}\underline{A}|$ und einen Bimorphismus $f : X \longrightarrow Y$.

(5) X ist schwaches Unterobjekt eines Produktes von $\underline{A}$-Objekten (in $\underline{C}$).

Beweis: (1) $\Rightarrow$ (2): Es seien $\alpha, \beta : Z \longrightarrow X$ zwei verschiedene $\underline{C}$-Morphismen. Da $X \in |Q_{\underline{C}}\underline{A}|$ ist, existieren ein $A \in |\underline{A}|$ und ein $g : X \longrightarrow A$ mit $g \circ \alpha \neq g \circ \beta$. Nach Voraussetzung über $f : X \longrightarrow Y$ existiert ein $\overline{g} : Y \longrightarrow A$ mit $g = \overline{g} \circ f$, woraus sofort $f \circ \alpha \neq f \circ \beta$ folgt (sonst wäre $g \circ \alpha = g \circ \beta$!). Also ist f ein Monomorphismus.

(2) $\Rightarrow$ (3): Da $r_x : X \longrightarrow X_{R_{\underline{C}}\underline{A}}$ ein $\underline{C}$-Morphismus

mit der in (2) genannten Eigenschaft ist, folgt, daß r_x ein Monomorphismus ist.

(3) $\Rightarrow$ (4): Wählt man $Y = X_{R_{\underline{C}}\underline{A}}$ und $f = r_x$, so ist $Y \in |R_{\underline{C}}\underline{A}|$ und $f : X \to Y$ ein Bimorphismus.

(4) $\Rightarrow$ (5): Ist $Y \in |R_{\underline{C}}\underline{A}|$ und $f : X \to Y$ ein Bimorphismus, so ist Y Unterobjekt (also erst recht schwaches Unterobjekt) eines Produktes von $\underline{A}$-Objekten und damit X als schwaches Unterobjekt von Y (f ist Monomorphismus!) auch schwaches Unterobjekt eines Produktes von $\underline{A}$-Objekten (das Kompositum zweier Monomorphismen ist ein Monomorphismus!).

(5) $\Rightarrow$ (1): Nach Voraussetzung gibt es eine Familie $(A_i)_{i \in I}$ von $\underline{A}$-Objekten und einen Monomorphismus $m : X \to \prod_{i \in I} A_i$, wobei $(\prod_{i \in I} A_i, (p_i)_{i \in I})$ Produkt der Familie $(A_i)_{i \in I}$ in $\underline{C}$ ist. Sind nun $\alpha, \beta : Z \to X$ verschiedene $\underline{C}$-Morphismen, so gilt $m \circ \alpha \neq m \circ \beta$, weil m ein Monomorphismus ist. Da $(\prod_{i \in I} A_i, (p_i)_{i \in I})$ Produkt ist, existiert ein $j \in I$ mit $p_j \circ m \circ \alpha \neq p_j \circ m \circ \beta$ (sonst müßte $m \circ \alpha = m \circ \beta$ sein!). $f = p_j \circ m : X \to A_j$ ist dann der gesuchte $\underline{C}$-Morphismus mit $f \circ \alpha \neq f \circ \beta$. Also gilt $X \in |Q_{\underline{C}}\underline{A}|$.

<u>8.2.18</u>. <u>Korollar</u>: Vor. wie 8.2.17. Dann gilt: $Q_{\underline{C}}\underline{A}$ ist die kleinste $\underline{A}$ umfassende volle und isomorphie-abgeschlossene Unterkategorie von $\underline{C}$, die abgeschlossen ist gegenüber

Bildung von schwachen Unterobjekten und Produkten.

Beweis: $Q_{\underline{C}}\underline{A}$ ist eine volle und isomorphie-abgeschlossene Unterkategorie von $\underline{C}$, die abgeschlossen ist gegenüber Bildung von schwachen Unterobjekten und Produkten (vgl.8.2.16 (2)) und $\underline{A}$ umfaßt (vgl. 8.2.17. (5)). Ist $\underline{B}$ eine andere $\underline{A}$ umfassende Unterkategorie von $\underline{C}$ mit den gleichen Eigenschaften, so muß nach 8.2.17 (5) gelten: $Q_{\underline{C}}\underline{A} \subset \underline{B}$.

8.2.19. Korollar: Vor. wie 8.2.17. Darüber hinaus sei $\underline{C}$ balanciert. Dann gilt:

$$Q_{\underline{C}}\underline{A} = R_{\underline{C}}\underline{A}$$

Beweis: Die Behauptung folgt unmittelbar aus 8.2.17 (4), weil in einer balancierten Kategorie jeder Bimorphismus ein Isomorphismus ist.

8.2.20. Bemerkung: Die Äquivalenz der Aussagen (1) - (4) in 8.2.17. ist auch erfüllt, wenn in der Voraussetzung der Begriff „(epi, extrem-mono)-Bikategorie" ersetzt wird durch „(epi, extrem-mono)-faktorisierbar" ; denn „(1) $\Rightarrow$ (2) $\Rightarrow$ (3) $\Rightarrow$ (4)" ist bereits unter der einschränkenden Voraussetzung durch den geführten Beweis gezeigt und „(4) $\Rightarrow$ (1)" folgt daraus, daß $Y \in |Q_{\underline{C}}\underline{A}|$ ist (wegen $R_{\underline{C}}\underline{A} \subset Q_{\underline{C}}\underline{A}$) und $Q_{\underline{C}}\underline{A}$ abgeschlossen ist gegenüber Bildung schwacher Unterobjekte. Entsprechend kann dann die Voraussetzung in 8.2.19. eingeschränkt werden.

<u>8.2.21</u>. <u>Satz</u>: Es sei $\underline{E}$ eine Klasse nicht leerer T_2-Räume, die einen mindestens zweipunktigen Raum enthält. Für $X \in |\underline{H}|$ sind folgende Aussagen äquivalent:

(1) $X \in Q\underline{E}$

(2) X läßt sich bijektiv und stetig auf einen $\underline{E}$-regulären Raum abbilden.

(3) X läßt sich bijektiv und stetig auf einen dichten Unterraum eines $\underline{E}$-kompakten Raumes abbilden.

<u>Beweis</u>: Definiert man eine volle Unterkategorie $\underline{A}$ von $\underline{H}$ durch $|\underline{A}| = \underline{E}$, so gilt offenbar $|Q_{\underline{T}}\underline{A}| = |Q_{\underline{H}}\underline{A}| = Q\underline{E}$, weil $\underline{E}$ eine Klasse von T_2-Räumen ist. Die Äquivalenz von (1) und (2) ergibt sich aus der Äquivalenz von (1) und (4) in 8.2.17. für $\underline{C} = \underline{T}$ und die Äquivalenz von (1) und (3) aus der Äquivalenz von (1) und (4) in 8.2.17. für $\underline{C} = \underline{H}$; denn die Bimorphismen in $\underline{T}$ sind gerade die bijektiven stetigen Abbildungen, während eine stetige Abbildung zwischen zwei Hausdorff-Räumen genau dann ein Bimorphismus in $\underline{H}$ ist, wenn sie injektiv und dicht ist.

<u>8.2.22</u>. <u>Bemerkung:</u> Die Voraussetzung $X \in |\underline{H}|$ in 8.2.21. kann formal ersetzt werden durch $X \in |\underline{T}|$, weil $\underline{E}$ eine Klasse von T_2-Räumen ist ($Q\underline{E}$ besteht dann automatisch aus T_2-Räumen und auch in (2) und (3) ist X automatisch ein T_2-Raum).

<u>8.2.23</u>. <u>Korollare</u>: 1) Für $X \in |\underline{T}|$ sind folgende Aussagen äquivalent:

(a) X ist total zusammenhangslos.

(b) X läßt sich bijektiv und stetig auf einen dichten Unterraum eines nulldimensionalen kompakten Raumes abbilden.

(c) X läßt sich bijektiv und stetig auf einen nulldimensionalen T_1-Raum abbilden.

2) Für $X \in |\underline{T}|$ sind folgende Aussagen äquivalent:

(a) X ist vollständig Hausdorff'sch.

(b) X läßt sich bijektiv und stetig auf einen dichten Unterraum eines reellkompakten Raumes abbilden.

(c) X läßt sich bijektiv und stetig auf einen dichten Unterraum eines kompakten Raumes abbilden.

(d) X läßt sich bijektiv und stetig auf einen vollständig regulären Raum abbilden.

Beweis: Man wende 8.2.21. an und setze für 1) $\underline{E} = \{D_2\}$ und für 2) $\underline{E} = \{\mathbb{R}\}$ bzw. $\underline{E} = \{[0,1]\}$.

8.2.24. Bemerkungen: (1) Das Korollar 8.2.19. besitzt eine interessante topologische Deutung. Die Kategorie $\underline{K}$ der kompakten Räume (und stetigen Abbildungen) ist balanciert (vgl.7.1.13.(1)). Die Epimorphismen in $\underline{K}$ sind gerade die surjektiven stetigen Abbildungen (a) Ist $f:(X,\underline{X}) \to (Y,\underline{Y})$ mit $(X,\underline{X})$, $(Y,\underline{Y}) \in \underline{K}$ surjektiv und stetig, so schließe man analog zum Teil b) β) des Beweises zu 1.5.11., daß f ein Epimorphismus in $\underline{H}$ ist.

b) Ist $f:(X,\underline{X}) \to (Y,\underline{Y})$ ein $\underline{K}$-Epimorphismus, so ist $f[X] = U \subset Y$ als kompakte Teilmenge in einem T_2-Raum abgeschlossen. Der in Teil 2) A) des Beweises zu 4.3.10. konstruierte Raum $(Z,\underline{Z})$ ist kompakt als Hausdorff'scher Quotientenraum des Summenraumes $Y_1 + Y_2$ mit $Y_1 = Y_2 = Y$ und hat die Eigenschaft, daß stetige Abbildungen $\alpha, \beta : Y \longrightarrow Z$ existieren mit $U = \{ y | \; y \in Y \text{ und } \alpha(y) = \beta(y) \}$. Also gilt $\alpha \circ f = \beta \circ f$, woraus $\alpha = \beta$ folgt, weil f ein Epimorphismus ist. Daraus folgt $Y = f\,[X]$, d.h. f ist surjektiv.)

Ferner sind die extremen Monomorphismen in $\underline{K}$ gerade die Einbettungen (Beweis in Analogie zu 1.5.14.). Infolgedessen ist die Kategorie $\underline{K}$ in Analogie zu $\underline{T}$ (epi, extremmono)-Bikategorie (vgl. 8.2.3.(1) a)). Weiter besitzt $\underline{K}$ Produkte, nämlich die in $\underline{T}$ gebildeten (aufgrund des Satzes von Tychonoff!). Daß $\underline{K}$ schließlich colokal klein ist, wird analog zu $\underline{T}$ bewiesen (vgl. Beweis zu 8.1.5. (2) a)). Damit sind die Voraussetzungen von 8.2.19. für $\underline{C} = \underline{K}$ erfüllt. Wählt man $|\underline{A}| = \{D_2\}$, so besteht $|R_{\underline{K}}\underline{A}|$ aus genau allen kompakten Räumen, die zu einem Unterraum eines Produktes von $\underline{A}$-Objekten, also zu einem Unterraum von $D_2{}^I$ für jeweils geeignetes I, isomorph sind (vgl. 8.2.6.), d.h. aus genau allen nulldimensionalen kompakten Räumen (vgl. 6.4.10.(1)), und $|Q_{\underline{K}}\underline{A}|$ besteht aus genau allen kompakten Räumen, die sich bijektiv und stetig auf einen nulldimensionalen kompakten Raum abbilden lassen (vgl. 8.2.17. (4) und beachte, daß ein $\underline{K}$-Morphismus genau dann ein Bimorphismus ist, wenn er als Abbildung bijektiv ist), also nach 8.2.23.1) (c) aus genau allen total zusammenhangslosen kompakten Räumen.

Damit enthält 8.2.19. als Spezialfall den folgenden

Satz: Ein kompakter topologischer Raum ist genau dann total zusammenhangslos, wenn er nulldimensional ist.

(2) Ist $\underline{E}$ eine Klasse nicht leerer T_2-Räume, die einen mindestens zweipunktigen Raum enthält, so besteht nach 8.2.9. (1) d) zwischen den Klassen $K\underline{E}$ der $\underline{E}$-kompakten Räume und $R\underline{E}$ der $\underline{E}$-regulären Räume folgender Zusammenhang:

$$\boxed{\underline{R}_1 K\underline{E} \; = \; R\underline{E}}$$

(denn $K\underline{E}$ ist abgeschlossen gegenüber Bildung von endlichen Produkten [vgl. 8.2.9. 2 Bem.2)] und erfüllt somit nach 6.4.5. b) die endliche Durchschnittseigenschaft und ist eine Klasse von T_2-Räumen, die $\underline{E}$ umfaßt, und es gilt $RK\underline{E} = R\underline{E}$, wie aus

$$\underline{E} \subset K\underline{E} \subset R\underline{E} \Rightarrow R\underline{E} \subset RK\underline{E} \subset RR\underline{E} = R\underline{E}$$

ersichtlich ist.)

(3) Ist $\underline{E}$ eine Klasse nicht leerer T_2-Räume (die einen mindestens zweipunktigen Raum enthält) so gilt:

$$\boxed{\underline{E} \subset K\underline{E} \subset R\underline{E} \subset Q\underline{E} \subset U\underline{E}}$$

woraus sofort aufgrund der Rechenregeln unter 6.2.9. (2) b) folgt

$$Z\underline{E} \supset ZK\underline{E} \supset ZR\underline{E} \supset ZQ\underline{E} \supset ZU\underline{E} \; = \; Z\underline{E}$$

und

$$U\underline{E} \subset UK\underline{E} \subset UR\underline{E} \subset UQ\underline{E} \subset UU\underline{E} = U\underline{E}$$

d.h.

$$Z\underline{E} = ZK\underline{E} = ZR\underline{E} = ZQ\underline{E} = ZU\underline{E}$$

und

$$U\underline{E} = UK\underline{E} = UR\underline{E} = UQ\underline{E} = UU\underline{E}.$$

Also „erzeugt" jede der Klassen $K\underline{E}$, $R\underline{E}$, $Q\underline{E}$ und $U\underline{E}$ die Klasse $Z\underline{E}$ (und damit die Klasse $U\underline{E}$).
Insbesondere ist durch die Formel

$$\boxed{Z\underline{E} = ZK\underline{E}}$$

eine Beziehung zwischen „Kompaktheit" und „Zusammenhang" hergestellt.

8.3. Reflektoren als Kompositum von Epireflektoren

8.3.1. Vorbemerkung: Wir haben bereits gesehen, daß die Kategorie $\underline{K}$ der kompakten Räume (und stetigen Abbildungen) epireflektiv in der Kategorie $\underline{V}$ der vollständig regulären Räume (und stetigen Abbildungen) ist (vgl. 8.1.1.):
$\beta : \underline{V} \longrightarrow \underline{K}$ ist der zugehörige Epireflektor, β_X bezeichnet die Epireflexion für $X \in |\underline{V}|$ bez. $\underline{K}$. Die Untersuchungen über epireflektive Unterkategorien haben gezeigt, daß $\underline{V}$ epireflektiv in $\underline{T}$ ist; $\alpha : \underline{T} \longrightarrow \underline{V}$ sei der zugehörige Epireflektor, α_X bezeichne die Epireflexion für $X \in |\underline{T}|$ bez. $\underline{V}$. Das Kompositum $\gamma = \beta \circ \alpha : \underline{T} \longrightarrow \underline{K}$ ist dann ein Reflektor, jedoch kein Epireflektor (die Abbildungen

$\gamma_X = \beta_{\alpha(X)} \circ \alpha_X : X \longrightarrow \beta(\alpha(X)) = \gamma(X)$ für $X \in |\underline{T}|$ sind nicht surjektiv i.a.!), also ist $\underline{K}$ nur reflektiv in $\underline{T}$, d.h. zu jedem $X \in |\underline{T}|$ gibt es einen kompakten Raum $\gamma(X)$ und eine stetige Abbildung $\gamma_X : X \longrightarrow \gamma(X)$, so daß zu jedem kompakten Raum Y und jeder stetigen Abbildung $f : X \longrightarrow Y$ genau eine stetige Abbildung $\overline{f} : \gamma(X) \longrightarrow Y$ existiert derart, daß das Diagramm

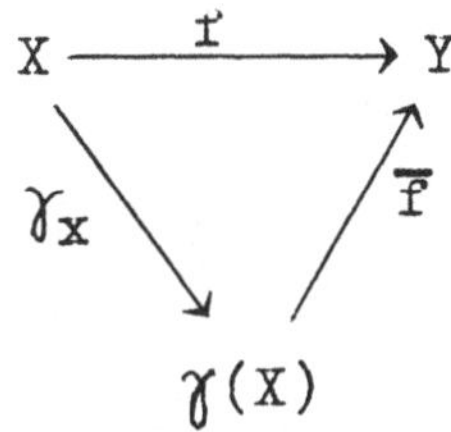

kommutiert. Die Zerlegung von γ in zwei Epireflektoren ist jedoch nicht eindeutig; denn $\underline{K}$ ist auch epireflektiv in $\underline{H}$ und $\underline{H}$ epireflektiv in $\underline{T}$ (vgl. 8.1.8. ② und 8.1.8. ① c)).

Jedoch ist $\underline{V}$ offenbar die kleinste derjenigen (vollen und isomorphie-abgeschlossenen) Unterkategorien $\underline{D}$ von $\underline{T}$, für die $\underline{K} \subset \underline{D} \subset \underline{T}$ gilt und $\underline{K}$ epireflektiv in $\underline{D}$ sowie $\underline{D}$ epireflektiv in $\underline{T}$ ist; denn jedes solche $\underline{D}$ enthält $\underline{K}$ und ist abgeschlossen gegenüber Bildung von Unterobjekten in $\underline{T}$, enthält also $\underline{V}$ ($|\underline{V}|$ besteht ja gerade aus genau allen Unterobjekten in $\underline{T}$ von $\underline{K}$-Objekten).

Die Frage, ob jeder Reflektor $\underline{R} : \underline{C} \longrightarrow \underline{A}$ über eine kleinste Zwischenkategorie $\underline{B}$ in zwei Epireflektoren zerlegt werden kann, soll nun allgemein untersucht werden.

8.3.2. Satz (Kennison, Baron): Es sei $\underline{C}$ eine (epi, extrem-mono)-Bikategorie und $\underline{A}$ eine reflektive (volle und isomorphie-abgeschlossene) Unterkategorie von $\underline{C}$. Definiert man eine (volle und isomorphie-abgeschlossene) Unterkategorie $\underline{B}$ von $\underline{C}$ durch

$$|\underline{B}| = \{X \mid X \in |\underline{C}| \text{ und es existiert ein extremer Monomorphismus } m : X \to A \text{ mit } A \in |\underline{A}|\}$$

so ist $\underline{B}$ die kleinste derjenigen (vollen und isomorphie-abgeschlossenen) Unterkategorien $\underline{D}$ von $\underline{C}$, für die $\underline{A} \subset \underline{D} \subset \underline{C}$ gilt und $\underline{A}$ epireflektiv in $\underline{D}$ sowie $\underline{D}$ epireflektiv in $\underline{C}$ ist.

Beweis: 1) $\underline{A} \subset \underline{B}$ ist trivialerweise erfüllt, weil $1_A: A \to A$ für jedes $A \in |\underline{A}|$ ein extremer Monomorphismus (sogar Isomorphismus) in $\underline{C}$ ist.

2) $\underline{A}$ ist epireflektiv in $\underline{B}$: Da $\underline{A}$ reflektiv in $\underline{C}$ ist, ist $\underline{A}$ auch reflektiv in $\underline{B}$. Ist $X \in |\underline{B}|$ und $r_X : X \to X_{\underline{A}}$ die Reflexion für X bez. $\underline{A}$ und $m : X \to A$ mit $A \in |\underline{A}|$ der nach Konstruktion von $\underline{B}$ existierende extreme Monomorphismus in $\underline{C}$, so gibt es genau ein $\bar{m} : X_{\underline{A}} \to A$ mit $\bar{m} \circ r_X = m$. Da m als Monomorphismus in $\underline{C}$ auch Monomorphismus in $\underline{B}$ ist, folgt, daß auch r_X Monomorphismus in $\underline{B}$ ist. Also ist $\underline{A}$ monoreflektiv in $\underline{B}$ und damit epireflektiv in $\underline{B}$ (s. 8.1.12.).

3) $\underline{B}$ ist epireflektiv in $\underline{C}$: Für $X \in |\underline{C}|$ sei $r_X : X \to X_{\underline{A}}$ Reflexion für X bez. $\underline{A}$ und durch das kommutative Diagramm

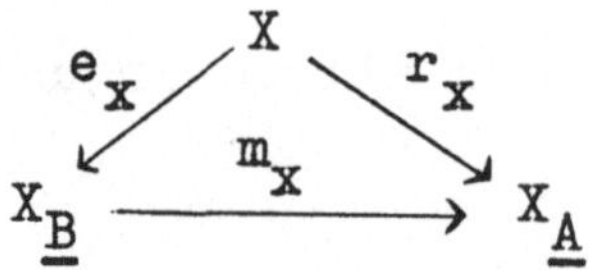

sei die (epi, extrem-mono)-Faktorisierung von r_X gegeben. Nach Konstruktion von $\underline{B}$ gilt $X_{\underline{B}} \in |\underline{B}|$, weil m_X extremer Monomorphismus und $X_{\underline{A}} \in |\underline{A}|$ ist. Es ist $e_X : X \longrightarrow X_{\underline{B}}$ dann die gesuchte Epireflexion für X bez. $\underline{B}$: Es sei $f : X \longrightarrow B$ ein $\underline{C}$-Morphismus mit $B \in |\underline{B}|$. Nach Konstruktion von $\underline{B}$ gibt es einen extremen Monomorphismus $m : B \longrightarrow A$ mit $A \in |\underline{A}|$. Da r_X Reflexion für X bez. $\underline{A}$ ist, gibt es genau ein $f' : X_{\underline{A}} \longrightarrow A$ mit $f' \circ r_X = f' \circ m_X \circ e_X = m \circ f$. Aufgrund der (epi, extrem-mono)-Diagonalbedingung existiert ein $\overline{f} : X_{\underline{B}} \longrightarrow B$, so daß das Diagramm

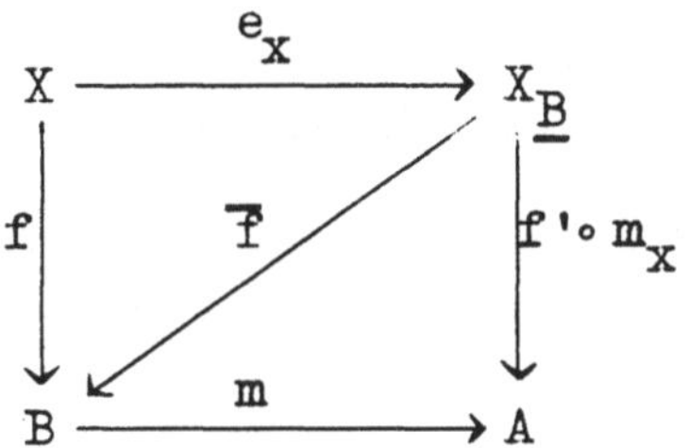

kommutiert. Insbesondere ist also $\overline{f} \circ e_X = f$. Da e_X ein Epimorphismus ist, folgt aus $\overline{\overline{f}} \circ e_X = f$ für ein $\overline{\overline{f}} : X_{\underline{B}} \longrightarrow B$ sofort $\overline{\overline{f}} = \overline{f}$.

4) Es sei $\underline{D}$ eine volle und isomorphie-abgeschlossene Unterkategorie von $\underline{C}$ mit $\underline{A} \subset \underline{D}$ derart, daß $\underline{A}$ epireflektiv in $\underline{D}$ und $\underline{D}$ epireflektiv in $\underline{C}$ ist. Da $\underline{D}$ abgeschlossen ist gegenüber Bildung von Unterobjekten (vgl. 8.1.7.(1)) und $\underline{A}$ umfaßt, muß $\underline{B} \subset \underline{D}$ gelten.

<u>8.3.3.</u> <u>Bemerkung</u>: Der Satz von Kennison und Baron ist ein Grund dafür, den Epireflexionen eine größere Bedeutung als den Reflexionen einzuräumen.

Kapitel 9: Uniforme Räume

9.1. Definitionen und einfache Folgerungen

9.1.1. Vorbemerkung: Begriffe wie „gleichmäßige Stetigkeit" und „Cauchy-Folge", die aus der Analysis bekannt sind, können im Rahmen der Theorie der topologischen Räume nicht erfaßt werden. Dazu wäre es nötig, Umgebungen verschiedener Punkte der „Größe" nach zu vergleichen. In metrischen Räumen ist so etwas möglich; ε-Umgebungen verschiedener Punkte zu gleichem $\varepsilon > 0$ können als „gleich groß" angesehen werden. Es liegt also auf der Hand einen neuen Raumtyp einzuführen, der nicht so speziell ist wie ein metrischer Raum, der es aber gestattet, einen solchen Größenvergleich durchzuführen. Das hat A. Weil 1937 getan (Sur les espaces à structures uniformes et sur la topologie générale, Act.Sci.Ind.551) durch Einführung der uniformen Räume. Um viele schöne Eigenschaften der metrischen Räume zu retten, wird so vorgegangen, daß man zu einer vorgegebenen Menge X die Teilmengen von $X \times X$ (nicht wie zur Definition einer Topologie Teilmengen von X) auszeichnet, die den Axiomen $U_1)$- $U_3)$, entsprechend den Axiomen $M_1)$- $M_3)$ einer Metrik $d : X \times X \longrightarrow \mathbb{R}$, genügen. Für solche Teilmengen (die bekanntlich Relationen heißen) wollen wir zunächst einige „Rechenregeln" zusammenstellen:

9.1.1.1. Definitionen: Es sei X eine Menge; A,B,C,... seien Teilmengen von $X \times X$:

a) $A^{-1} = \{(x,y) \mid (y,x) \in A\}$. Gilt $A = A^{-1}$, so heißt A <u>symmetrisch</u>.

b) $\Delta = \{(x,x) \mid x \in X\}$ („Diagonale")

c) $A \circ B = \{(x,y) \mid \exists\, z \in X$ derart, daß $(x,z) \in B$ und $(z,y) \in A\}$

d) $A^1 = A$, $A^2 = A \circ A$, $A^{n+1} = A^n \circ A$ $(n = 1,2,\ldots)$

e) $M \subset X$: $A[M] = \{y \mid y \in X$ und es existiert ein $x \in M$ mit $(x,y) \in A\}$.

Falls $M = \{x\}$ wird statt $A[\{x\}]$ auch $A(x)$ geschrieben.

9.1.1.2. „<u>Rechenregeln</u>":

(1) a) $A \circ (B \circ C) = (A \circ B) \circ C$; b) $A^n \circ A^m = A^{n+m}$ für $n,m \in \mathbb{N}$

c) $(A \circ B)[M] = A[B[M]]$ für $M \subset X$

(2) $A \circ \Delta = \Delta \circ A = A$

(3) a) $(A \circ B)^{-1} = B^{-1} \circ A^{-1}$; b) $(A^{-1})^{-1} = A$

(4) $(A^{-1})^n = (A^n)^{-1}$, ausgeschrieben:

$$\underbrace{A^{-1} \circ \ldots \circ A^{-1}}_{n\text{-mal}} = (\underbrace{A \circ \ldots \circ A}_{n\text{-mal}})^{-1}$$

(5) $A \cap A^{-1}$ ist symmetrisch (vgl. (10) a) und (3) b)).

(6) $A \subset B$ impliziert $A^{-1} \subset B^{-1}$ und $A^n \subset B^n$

(7) $A^n \subset A^{n+m}$ für $\Delta \subset A$

(Beweis: $\Delta \subset A$ impliziert $\Delta^m \subset A^m$. Da aus $A \subset B$ stets $A \circ C \subset B \circ C$ und $C \circ A \subset C \circ B$ folgt, gilt $A^n = A^n \circ \Delta = A^n \circ \Delta^m \subset A^n \circ A^m = A^{n+m}$).

(8) Es sei $R \subset X \times X$ eine Äquivalenzrelation. Dann gilt

a) $\Delta \subset R$ (Reflexivität: $x\,R\,x$)

b) $R = R^{-1}$ (Symmetrie: $x\,R\,y \Rightarrow y\,R\,x$)

c) $R^2 \subset R$ (Transitivität: $x\,R\,y$ und $y\,R\,z \Rightarrow x\,R\,z$), sogar $R^2 = R$ wegen (7) und (8) a).

Sind umgekehrt a), b), c) für $R \subset X \times X$ erfüllt, so ist R eine Äquivalenzrelation.

(9) a) $M, N \subset X$:

$A\,[M \cup N] = A\,[M] \cup A\,[N]$

$A\,[M \cap N] \subset A\,[M] \cap A\,[N]$

(Entsprechend für beliebige Vereinigungen und Durchschnitte.)

b) $M \subset N \subset X$:

$A\,[M] \subset A\,[N]$

(10) a) $(A \cap B)^{-1} = A^{-1} \cap B^{-1}$; b) $(A \cup B)^{-1} = A^{-1} \cup B^{-1}$

(Beweis: a) α) $(x,y) \in (A \cap B)^{-1} \Leftrightarrow (y,x) \in A \cap B \Leftrightarrow (y,x) \in A$ und $(y,x) \in B \Leftrightarrow (x,y) \in A^{-1}$ und $(x,y) \in B^{-1} \Leftrightarrow (x,y) \in A^{-1} \cap B^{-1}$

β) $(A \cap B)^{-1} = \emptyset \Leftrightarrow A^{-1} \cap B^{-1} = \emptyset$

b) analog)

(11) a) $(A \cap B)^2 \subset A^2 \cap B^2$; b) $A^2 \cup B^2 \subset (A \cup B)^2$

(12) Für jedes $x \in X$ gilt:

a) $(A \cap B)\,(x) = A(x) \cap B(x)$

b) $(A \cup B)\,(x) = A(x) \cup B(x)$

c) $A \subset B \Rightarrow A(x) \subset B(x)$

9.1.2. Definition: a) Es seien X eine Menge und $\underline{W}$ ein Filter auf $X \times X$, der folgenden Bedingungen genügt:

U_1) $W \in \underline{W} \Longrightarrow \Delta \subset W$

U_2) $W \in \underline{W} \Longrightarrow W^{-1} \in \underline{W}$

U_3) Zu jedem $W \in \underline{W}$ existiert ein $W^* \in \underline{W}$ mit $W^{*2} \subset W$.

Dann heißt $\underline{W}$ Uniformität für X und das Paar $(X,\underline{W})$ heißt uniformer Raum. Die Elemente von $\underline{W}$ heißen Nachbarschaften des uniformen Raumes $(X,\underline{W})$ (gelegentlich wird $\underline{W}$ auch Nachbarschaftsfilter genannt).

b) Ist W eine Nachbarschaft und sind $x, y \in X$, so heißen x und y von der Ordnung W benachbart, wenn $(x,y) \in W$ gilt.

c) $\underline{B} \subset \underline{P}(X \times X)$ heißt Basis von $\underline{W}$, wenn $\underline{B}$ Filterbasis ist und $(\underline{B}) = \underline{W}$ gilt.

9.1.3. Lemma: Es sei X eine Menge. Ein nichtleeres Mengensystem $\underline{B} \subset \underline{P}(X \times X)$ ist Basis einer Uniformität $\underline{W}$ für X genau dann, wenn gilt:

BU_1) $W \in \underline{B} \Longrightarrow \Delta \subset W$

BU_2) $W \in \underline{B} \Longrightarrow \exists\, W' \in \underline{B}$ mit $W' \subset W^{-1}$

BU_3) $W \in \underline{B} \Longrightarrow \exists\, W^* \in \underline{B}$ mit $W^{*2} \subset W$

BU_4) $W_1, W_2 \in \underline{B} \Longrightarrow \exists\, W_3 \in \underline{B}$ mit $W_3 \subset W_1 \cap W_2$.

Beweis: trivial.

9.1.4. Satz: Es sei (X,d) ein metrischer Raum. Für jedes $\varepsilon > 0$ sei $V_\varepsilon = \{(x,y) \mid d(x,y) < \varepsilon\}$. Dann ist $\underline{B} = \{V_\varepsilon \mid \varepsilon > 0\}$ Basis einer Uniformität für X.

Beweis: BU_1) Ist $V_\varepsilon \in \underline{B}$ und $(x,x) \in \Delta$, so ist $d(x,x) = 0 < \varepsilon$, also $(x,x) \in V_\varepsilon$; daraus folgt: $\Delta \subset V_\varepsilon$ (<u>Ausnutzung von</u> M_1)).

BU_2) Ist $V_\varepsilon = \{(x,y) \mid d(x,y) < \varepsilon\} \in \underline{B}$, so gilt $V_\varepsilon^{-1} = \{(x,y) \mid (y,x) \in V_\varepsilon\} = V_\varepsilon$ wegen $d(x,y) = d(y,x)$.

(<u>Ausnutzung von</u> M_2)).

BU_3) Ist $V_\varepsilon \in \underline{B}$, so wähle man $\delta = \frac{\varepsilon}{2}$. Dann ist

$V_\delta^2 \subset V_\varepsilon$; denn ist $(x,y) \in V_\delta^2$, so existiert ein $z \in X$

mit $(x,z) \in V_\delta$ und $(z,y) \in V_\delta$, d.h. $d(x,z) < \frac{\varepsilon}{2}$ und

$d(z,y) < \frac{\varepsilon}{2}$, also $d(x,y) \leqq d(x,z) + d(z,y) < 2 \cdot \frac{\varepsilon}{2} = \varepsilon$,

d.h. $(x,y) \in V_\varepsilon$. (<u>Ausnutzung von</u> M_3)).

BU_4) Sind V_ε, $V_\delta \in \underline{B}$, so ist $V_\gamma \in \underline{B}$ gesucht mit $V_\gamma \subset V_\varepsilon \cap V_\delta$. Man wähle $\gamma = \min(\varepsilon, \delta)$. Dann gilt für jedes $(x,y) \in V_\gamma$: $d(x,y) < \varepsilon$, d.h. $(x,y) \in V_\varepsilon$ und $d(x,y) < \delta$, d.h. $(x,y) \in V_\delta$.

<u>9.1.5</u>. <u>Bemerkung</u>: BU_1) - BU_3) und damit U_1) - U_3) sind den Axiomen M_1) - M_3) für metrische Räume nachgebildet. BU_4) bzw. die Aussage „$\underline{W}$ ist Filter" wird dafür verwandt, eine Topologie aus einer Uniformität zu konstruieren. Das soll jetzt geschehen. Als Modell für diesen Konstruktionsprozeß können uns wieder die metrischen Räume dienen. Offene Mengen konnten dort mit Hilfe von ε-Umgebungen eingeführt werden. Einer ε-Umgebung eines Punktes x, d.h. einer Menge von Punkten y, die zu x von der Ordnung V_ε benachbart sind, entspricht in einem uniformen Raum $(X,\underline{W})$ eine Menge $V(x) = \{y \mid (x,y) \in V\}$ für $V \in \underline{W}$. Damit ist klar, wie die Topologie konstruiert werden muß:

9.1.6. Satz: Es sei $(X,\underline{W})$ ein uniformer Raum. Für jedes $x \in X$ und jedes $V \in \underline{W}$ sei $V(x) = \{y \mid (x,y) \in V\}$. Dann ist

$$\underline{X}_{\underline{W}} = \{O \mid O \subset X \text{ und zu jedem } x \in O \text{ existiert ein } V \in \underline{W} \text{ mit } V(x) \subset O\}$$

eine Topologie auf X.

Beweis: Top_1): $\emptyset \in \underline{X}$; $X \in \underline{X}$, weil für jedes $x \in X$ und jedes $V \in \underline{W}$ gilt $V(x) \subset X$.

Top_2): Es seien O_1, $O_2 \in \underline{X}$ und $O_1 \cap O_2 \neq \emptyset$ (der Fall $O_1 \cap O_2 = \emptyset$ ist trivial). Ist $x \in O_1 \cap O_2$, so existieren V_1, $V_2 \in \underline{W}$ mit $V_1(x) \subset O_1$ und $V_2(x) \subset O_2$. Da $\underline{W}$ Filter ist, gilt $V = V_1 \cap V_2 \in \underline{W}$. Außerdem gilt $V(x) = (V_1 \cap V_2)(x) = V_1(x) \cap V_2(x) \subset O_1 \cap O_2$. Also: $O_1 \cap O_2 \in \underline{X}$.

Top_3): ist trivialerweise erfüllt.

9.1.7. Definition: Die in 9.1.6. erklärte Topologie $\underline{X}_{\underline{W}}$ heißt die von der Uniformität $\underline{W}$ induzierte Topologie.

9.1.8. Bemerkung: Eine Topologie auf einer Menge X kann von verschiedenen Uniformitäten für X herrühren, wie das folgende Beispiel zeigt:

Es sei $X = \mathbb{R}^+ \setminus \{0\}$. Durch $d(x,y) = |x - y|$ für alle $x,y \in X$ wird eine Metrik d auf X definiert. Eine weitere Metrik d' auf X wird durch $d'(x,y) = |\log x - \log y|$ für alle $x,y \in X$ definiert. Die beiden Metriken erzeugen dieselbe Topologie auf X, wie man leicht nachrechnet.

Es sind

$$\underline{W} = (\{V_\varepsilon = \{(x,y) \mid d(x,y) < \varepsilon\} \mid \varepsilon > 0\})$$

und

$$\underline{W}' = (\{V'_\varepsilon = \{(x,y) \mid d'(x,y) < \varepsilon\} \mid \varepsilon > 0\})$$

die zu d und d' gehörigen Uniformitäten für X.

$d(x,y) < \varepsilon$ bedeutet: $x - \varepsilon < y < x + \varepsilon$. Da es zu jedem $\varepsilon > 0$ genau ein $\delta > 1$ gibt mit $\varepsilon = \log \delta$ bedeutet $d'(x,y) < \varepsilon = \log \delta$: $\log x - \log \delta < \log y < \log x + \log \delta$, woraus aufgrund der „Rechenregeln" für die e-Funktion sofort

$$\frac{1}{\delta} \cdot x < y < \delta \cdot x$$

folgt. Die folgende Skizze veranschaulicht den Sachverhalt:

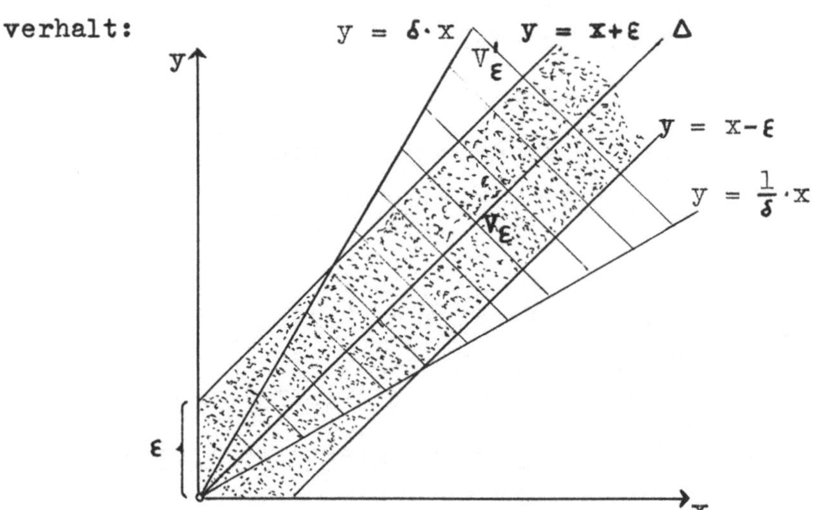

Da kein „ Sektor " in einem „Streifen" und kein „Streifen" in einem „ Sektor " enthalten ist, gilt $\underline{W} \neq \underline{W}'$.

9.1.9. Satz: Es sei $(X,\underline{W})$ ein uniformer Raum, $A \subset X$. Für das Innere von A (bez. $\underline{X}_{\underline{W}}$) gilt: $A^\circ = \{x \mid x \in X$ und es existiert $V \in \underline{W}$ mit $V(x) \subset A\}$.

Beweis: Es sei $B = \{x \mid x \in X$ und es existiert $V \in \underline{W}$ mit $V(x) \subset A\}$. Zu zeigen: $B = \bigcup_{\substack{O \in \underline{X}_{\underline{W}} \\ O \subset A}} O = A^\circ$.

Trivialerweise gilt:

a) Jede in A enthaltene offene Menge ist Teilmenge von B (nach Definition von $\underline{X}_W$ und B), also $\overset{\circ}{A} \subset B$.

b) $B \subset A$ (wegen $\Delta \subset V$ ist $x \in V(x)$).

Es bleibt zu zeigen:

c) B ist offen (dann gilt $B \subset \overset{\circ}{A} = \bigcup_{\substack{O \in \underline{X}_W \\ O \subset A}} O$ wegen b)

und zusammen mit a) folgt die Behauptung): Ist $x \in B$, so existiert ein $V \in \underline{W}$ mit $V(x) \subset A$. Zu V gibt es ein $V^* \in \underline{W}$ mit $V^* \circ V^* \subset V$. Dann gilt: $V^*(x) \subset B$; denn ist $y \in V^*(x)$, also $\{y\} \subset V^*(x)$, so ist $V^*(y) \subset V^*[V^*(x)] = (V^* \circ V^*)(x) \subset V(x) \subset A$, also $y \in B$. Folglich ist B offen.

<u>9.1.10</u>. <u>Satz</u>: Ist $(X, \underline{W})$ ein uniformer Raum und $\underline{B}$ Basis von $\underline{W}$, so ist für jedes $x \in X$

$$\underline{B}_x = \{V(x) \mid V \in \underline{B}\}$$

Umgebungsbasis von x (bez. $\underline{X}_W$).

<u>Korollar</u>: Für jedes $x \in X$ ist $\underline{U}(x) = \{W(x) \mid W \in \underline{W}\}$.

<u>Beweis:</u> 1) Jedes $V(x)$ mit $x \in X$ und $V \in \underline{B}$ ist Umgebung von x; denn in $V(x)$ ist die offene Menge $(V(x))^\circ$ enthalten und es ist $x \in (V(x))^\circ$ aufgrund des eben bewiesenen Satzes $(V(x) \subset V(x))$. Ist U_x Umgebung von $x \in X$, so gibt es eine offene Menge O_x mit $x \in O_x \subset U_x$ und nach Definition von $\underline{X}_W$ existiert ein $W \in \underline{W}$ mit $W(x) \subset O_x$. Da $\underline{B}$ Basis von $\underline{W}$ ist, gibt es ein $V \in \underline{B}$ mit $V \subset W$; also gilt

$$x \in V(x) \subset W(x) \subset O_x \subset U_x.$$

Damit ist der Satz bewiesen.

2) Nach 1) ist $\{W(x) \mid W \in \underline{W}\} \subset \underline{U}(x)$, weil $\underline{W}$ Basis von $\underline{W}$ ist. Ist $U_x \in \underline{U}(x)$, so ist in U_x eine x enthaltende offene Menge enthalten und folglich gibt es ein $V \in \underline{W}$ mit $x \in V(x) \subset U_x$. Man setze $V' = \{(x,y) \mid y \in U_x \setminus V(x)\}$. Dann ist $V \cup V' = W \in \underline{W}$, weil $\underline{W}$ Filter ist und $V \in \underline{W}$ gilt, und $W(x) = (V \cup V')(x) = V(x) \cup V'(x) = V(x) \cup (U_x \setminus V(x)) = U_x$. Damit ist das Korollar bewiesen.

<u>9.1.11</u>. Die Frage, ob man zu einer vorgegebenen Uniformität geeignete Basen finden kann, beantwortet der

<u>Satz</u>: Es sei $(X,\underline{W})$ ein uniformer Raum. Dann gilt:

a) $\underline{B} = \{V \mid V \in \underline{W} \text{ und } V = V^{-1}\}$ ist Basis von $\underline{W}$, d.h. die symmetrischen Nachbarschaften bilden eine Basis des Nachbarschaftsfilters $\underline{W}$.

b) Für jedes natürliche $n \geqq 1$ und jede Basis $\underline{B}$ von $\underline{W}$ ist $\underline{B}_n = \{V^n \mid V \in \underline{B}\}$ Basis von $\underline{W}$.

<u>Beweis</u>: Um zu zeigen, daß ein Mengensystem $\underline{M} \subset \underline{P}(X \times X)$ Basis von $\underline{W}$ ist, genügt es zu zeigen:

α) Alle $V \in \underline{M}$ sind Nachbarschaften.

β) In jeder Nachbarschaft ist eine zu $\underline{M}$ gehörige enthalten. (Dann ist $\underline{M}$ Filterbasis und $(\underline{M}) = \underline{W}$).

a) α) Trivial.

β) Ist $W \in \underline{W}$, so ist $W^{-1} \in \underline{W}$ nach U_2) und $W \cap W^{-1} \in \underline{W}$, weil $\underline{W}$ Filter ist. Da $W \cap W^{-1}$ symmetrisch ist und in W enthalten ist, so ist alles gezeigt.

b) α) Für jedes natürliche $n \geqq 1$ ist V^n Nachbarschaft für jedes $V \in \underline{B} \subset \underline{W}$; denn weil $\Delta \subset V$ ist, gilt $V \subset V^n$ und damit ist $V^n \in \underline{W}$, weil $\underline{W}$ Filter ist.

β) Für jedes natürliche $n \geqq 1$ gilt: Zu jedem $W \in \underline{W}$ gibt es ein $V \in \underline{B}$ mit $V^n \subset W$. Diese Behauptung ist für $n = 1$ trivialerweise erfüllt und ist wegen BU_3) auch für $n = 2$ richtig. Durch vollständige Induktion nach m (m : natürliche Zahl) folgt ihre Richtigkeit für jedes $n = 2^m$. Damit ist sie aber auch für ein beliebiges natürliches $n \geqq 1$ richtig, weil für jedes solche n gilt $n < 2^n$, woraus die Existenz einer natürlichen Zahl k folgt mit $n + k = 2^n$, also gilt $V^n \subset V^{n+k} = V^{2^n}$ (wegen $\Delta \subset V$!).

<u>9.1.12.</u> Ist $(X,\underline{W})$ ein uniformer Raum, $A \subset X$, so ist für jedes $W \in \underline{W}$ offenbar $W[A]$ eine Umgebung von A; denn es ist nach 9.1.9. $A \subset (W[A])^\circ \subset W[A]$. $W[A]$ heißt <u>gleichmäßige Umgebung</u> von A. Mit Hilfe dieses Begriffes läßt sich die abgeschlossene Hülle von A (bez. $\underline{X}_{\underline{W}}$) wie folgt darstellen:

<u>Satz</u>: Ist $(X,\underline{W})$ ein uniformer Raum und $A \subset X$, so gilt für die abgeschlossene Hülle von A (bez. $\underline{X}_{\underline{W}}$):

$$\overline{A} = \bigcap_{W \in \underline{W}} W[A] = \bigcap_{W \in \underline{W}} \Big(\bigcup_{x \in A} W(x)\Big)$$

d.h. $\overline{A}$ ist der Durchschnitt der gleichmäßigen Umgebungen von A.

<u>Korollar</u>: $(X,\underline{X}_{\underline{W}})$ ist ein T_3-Raum.

<u>Beweis</u>: Da die symmetrischen Nachbarschaften eine Basis bilden, gilt $\bigcap_{W \in \underline{W}} W[A] = \bigcap_{\substack{W \in \underline{W} \\ W=W^{-1}}} W[A]$.

a) Ist $y \in \bar{A}$ und $W = W^{-1} \in \underline{W}$, so gilt $W(y) \cap A \neq \emptyset$

Es sei $x \in W(y) \cap A$. Dann ist $(y,x) \in W$ und weil $W = W^{-1}$ gilt auch $(x,y) \in W$, also $y \in W(x)$, woraus wegen $x \in A$ folgt $y \in W[A]$. Folglich gilt $y \in \bigcap_{\substack{W \in \underline{W} \\ W = W^{-1}}} W[A]$.

b) Ist $y \in \bigcap_{\substack{W \in \underline{W} \\ W = W^{-1}}} W[A]$ und W irgendeine symmetrische Nachbarschaft, so ist $y \in W[A] = \bigcup_{x \in A} W(x)$, also gibt es ein $x \in A$ mit $y \in W(x)$. Da W symmetrisch ist, gilt auch $x \in W(y)$, also $W(y) \cap A \neq \emptyset$. Daraus folgt bereits, daß $y \in \bar{A}$ gilt, weil $\{W(y) \mid W = W^{-1} \in \underline{W}\}$ Umgebungsbasis von y ist (vgl. 9.1.10. und 9.1.11. a)).

Durch a) und b) ist der Satz bewiesen. Um das Korollar zu beweisen, beachte man, daß $\{V^2(x) \mid V \in \underline{W}\}$ eine Umgebungsbasis von $x \in X$ ist. Andererseits ist

$$\overline{V(x)} = \bigcap_{W \in \underline{W}} W[V(x)] \subset V[V(x)] = (V \circ V)(x) = V^2(x).$$

Daraus folgt, daß in jeder Umgebung von $x \in X$ eine abgeschlossene Umgebung von x enthalten ist. $(X, \underline{X}_{\underline{W}})$ ist also ein T_3-Raum.

<u>9.1.13</u>. <u>Satz</u>: Ist $(X, \underline{W})$ ein uniformer Raum, so sind folgende Aussagen äquivalent:

(1) $(X, \underline{X}_{\underline{W}})$ ist ein T_o-Raum.

(2) $(X, \underline{X}_{\underline{W}})$ ist ein T_1-Raum.

(3) $(X, \underline{X}_{\underline{W}})$ ist ein T_2-Raum.

(4) $(X,\underline{X}_{\underline{W}})$ ist ein T_{2a}-Raum.

(5) $(X,\underline{X}_{\underline{W}})$ ist regulär.

(6) $\bigcap_{W \in \underline{W}} W = \Delta$. [63]

Beweis: Die Aussagen (1) - (5) sind äquivalent, weil $(X,\underline{X}_{\underline{W}})$ stets ein T_3-Raum ist. Es bleibt also die Äquivalenz von (5) und (6) zu zeigen.

(5) $\Rightarrow$ (6)(indirekt): Ist (6) nicht erfüllt, so gibt es Punkte $x,y \in X$ mit $x \neq y$ und $(x,y) \in \bigcap_{W \in \underline{W}} W$. In jeder Umgebung von x, d.h. in jedem $W(x)$ mit $W \in \underline{W}$, liegt dann y. $(X,\underline{X}_{\underline{W}})$ ist also nicht einmal T_1-Raum; (5) ist infolgedessen nicht erfüllt.

(6) $\Rightarrow$ (5): Es genügt zu zeigen, daß $(X,\underline{X}_{\underline{W}})$ ein T_0-Raum ist (wegen der T_3-Raum-Eigenschaft ist $(X,\underline{X}_{\underline{W}})$ dann regulär). Sind $x,y \in X$ mit $x \neq y$, so ist $(x,y) \notin \bigcap_{W \in \underline{W}} W$, also existiert ein $W \in \underline{W}$ mit $(x,y) \notin W$, d.h. $y \notin W(x) \in \underline{U}(x)$. $(X,\underline{X}_{\underline{W}})$ ist also ein T_0-Raum.

9.1.14. Definition: Ein uniformer Raum $(X,\underline{W})$ mit der Eigenschaft

$$\bigcap_{W \in \underline{W}} W = \Delta$$

heißt separiert.

---

63) Eine weitere äquivalente Bedingung, nämlich „$(X,\underline{X}_{\underline{W}})$ ist vollständig regulär" können wir erst später zeigen (9.4.5.)

9.2. Gleichmäßige Stetigkeit

9.2.1. Definition: Es seien $(X,\underline{W})$, $(X',\underline{W}')$ uniforme Räume. Eine Abbildung $f : X \to X'$ heißt gleichmäßig stetig, wenn gilt: Zu jedem $W' \in \underline{W}'$ existiert ein $W \in \underline{W}$, so daß für je zwei Punkte $x,y \in X$ aus $(x,y) \in W$ stets $(f(x), f(y)) \in W'$ folgt.

9.2.2. Lemma: Es seien $(X,\underline{W})$, $(X',\underline{W}')$ uniforme Räume und $\underline{B}$ bzw. $\underline{B}'$ Basis von $\underline{W}$ bzw. $\underline{W}'$. Eine Abbildung $f : X \to X'$ ist gleichmäßig stetig genau dann, wenn gilt: Zu jedem $B' \in \underline{B}'$ existiert ein $B \in \underline{B}$, so daß für je zwei Punkte $x,y \in X$ aus $(x,y) \in B$ stets $(f(x), f(y)) \in B'$ folgt.

Beweis: 1) $f : X \to X'$ sei gleichmäßig stetig. Da $\underline{B}' \subset \underline{W}'$ ist, existiert zu jedem $B' \in \underline{B}'$ ein $W \in \underline{W}$, so daß für $x,y \in X$ aus $(x,y) \in W$ stets $(f(x), f(y)) \in B'$ folgt. Zu W existiert ein $B \in \underline{B}$ mit $B \subset W$; also gilt für $x,y \in X$: $(x,y) \in B$ impliziert $(f(x), f(y)) \in B'$.

2) Die obengenannte Bedingung sei erfüllt. Zu $W' \in \underline{W}'$ existiert ein $B' \in \underline{B}$ mit $B' \subset W'$. Nach Voraussetzung existiert zu B' ein $B \in \underline{B} \subset \underline{W}$, so daß aus $(x,y) \in B$ folgt $(f(x), f(y)) \in B'$ für $x,y \in X$. Also gilt für $x,y \in X$: $(x,y) \in B \in \underline{W}$ impliziert $(f(x), f(y)) \in W'$. f ist also gleichmäßig stetig.

9.2.3. Beispiel: Es seien (X,d), (X',d') metrische Räume. $f : X \to X'$ ist gleichmäßig stetig genau dann, wenn gilt: Zu jedem $\varepsilon > 0$ existiert ein $\delta > 0$, so daß für je zwei Punkte $x,y \in X$ aus $d(x,y) < \delta$ stets $d'(f(x), f(y)) < \varepsilon$ folgt.

<u>Begründung</u>: d und d' erzeugen Uniformitäten $\underline{W}$ und $\underline{W}'$, die $\underline{B} = \{V_\delta = \{(x,y) \mid d(x,y) < \delta\} \mid \delta > 0\}$ und

$\underline{B}' = \{V'_\varepsilon = \{(x',y') \mid d'(x',y') < \varepsilon\} \mid \varepsilon > 0\}$

als Basen besitzen. Anwendung von 9.2.2. liefert die Behauptung.

<u>Speziell</u>: Ist $X = X' = \mathbb{R}$ und $d = d'$ definiert durch $d(x,y) = |x - y|$ für alle $x,y \in \mathbb{R}$, so ist eine Abbildung $f : \mathbb{R} \to \mathbb{R}$ gleichmäßig stetig genau dann, wenn es zu jedem $\varepsilon > 0$ ein $\delta > 0$ so gibt, daß für je zwei Punkte $x,y \in \mathbb{R}$ aus $|x - y| < \delta$ stets $|f(x) - f(y)| < \varepsilon$ folgt.

<u>9.2.4</u>. <u>Satz</u>: Es seien $(X,\underline{W})$, $(X',\underline{W}')$ uniforme Räume. Eine Abbildung $f : X \to X'$ ist gleichmäßig stetig genau dann, wenn für die durch $(f \times f)(x,y) = (f(x), f(y))$ für alle $(x,y) \in X \times X$ definierte Abbildung $f \times f : X \times X \to X' \times X'$ gilt: Für jedes $W' \in \underline{W}'$ ist $(f \times f)^{-1}[W'] \in \underline{W}$.

<u>Beweis</u>: 1) Ist $f : X \to X'$ gleichmäßig stetig und $W' \in \underline{W}'$, so existiert ein $W \in \underline{W}$ mit $W \subset (f \times f)^{-1}[W'] = \{(x,y) \mid (f(x), f(y)) \in W'\}$. Da $\underline{W}$ Filter ist, folgt $(f \times f)^{-1}[W'] \in \underline{W}$.

2) Ist die Bedingung des Satzes erfüllt und $W' \in \underline{W}'$, so existiert ein $W \in \underline{W}$, nämlich $W = (f \times f)^{-1}[W']$, derart daß aus $(x,y) \in W$ stets $(f(x), f(y)) \in W'$ folgt, d.h. f ist gleichmäßig stetig.

<u>9.2.5</u>. <u>Satz</u>: Jede gleichmäßig stetige Abbildung ist stetig (bez. der induzierten Topologien).

<u>Beweis</u>: Es sei $f : (X,\underline{W}) \to (X',\underline{W}')$ gleichmäßig stetig. Ist $x_0 \in X$ und $V_{f(x_0)}$ eine Umgebung von $f(x_0)$,

so existiert ein $W' \in \underline{W}'$ mit $W'(f(x_0)) = V_{f(x_0)}$.

Zu W' existiert ein $W \in \underline{W}$, so daß aus $(x_0,y) \in W$, d.h. aus $y \in W(x_0)$, folgt $(f(x_0), f(y)) \in W'$, d.h. $f(y) \in W'(f(x_0))$. Also gilt: $f[W(x_0)] \subset W'(f(x_0))$. Da $W(x_0) \in \underline{U}(x_0)$ und $x_0 \in X$ beliebig war, ist damit die Stetigkeit von f nachgewiesen.

<u>9.2.6.</u> <u>Satz:</u> Die uniformen Räume bilden zusammen mit den gleichmäßig stetigen Abbildungen eine Kategorie $\underline{U}$. (Komposition ist die Komposition von Abbildungen).

<u>Beweis:</u> Da die Identität trivialerweise gleichmäßig stetig ist und das Assoziativgesetz für Abbildungen allgemein gilt, ist offenbar nur zu zeigen, daß das Kompositum gleichmäßig stetiger Abbildungen gleichmäßig stetig ist. Es seien also $(X,\underline{W})$, $(X',\underline{W}')$, $(X'',\underline{W}'')$ uniforme Räume und $f : X \longrightarrow X'$, $g : X' \longrightarrow X''$ gleichmäßig stetige Abbildungen. Ist $W'' \in \underline{W}''$, so ist $(g \times g)^{-1}[W''] \in \underline{W}'$ wegen der gleichmäßigen Stetigkeit von g und $(f \times f)^{-1}[(g \times g)^{-1}[W'']]$ $= ((g \circ f) \times (g \circ f))^{-1}[W''] \in \underline{W}$ wegen der gleichmäßigen Stetigkeit von f $\Big((x,y) \in (f \times f)^{-1}[(g \times g)^{-1}[W'']]$ $\Longleftrightarrow (f(x), f(y)) \in (g \times g)^{-1}[W''] \Longleftrightarrow (g(f(x)), g(f(y))) \in W''$ $\Longleftrightarrow (x,y) \in ((g \circ f) \times (g \circ f))^{-1}[W'']\Big)$. Daraus folgt: $g \circ f$ ist gleichmäßig stetig.

<u>9.2.7.</u> Setzt man $\underline{F}((X,\underline{W})) = (X,\underline{X}_{\underline{W}})$ für jeden uniformen Raum $(X,\underline{W})$ und bezeichnet $\underline{F}(f)$ den zu jedem $\underline{U}$-Morphismus f gehörigen $\underline{T}$-Morphismus (vgl.9.2.5.), so wird ein Funktor $\underline{F} : \underline{U} \longrightarrow \underline{T}$ definiert. Dieser soll <u>Quasi-Vergiß-Funktor</u> heißen.

Korollar: Jeder $\underline{U}$-Isomorphismus liefert einen $\underline{T}$-Isomorphismus (vermöge des Quasi-Vergiß-Funktors $\underline{F} : \underline{U} \longrightarrow \underline{T}$).

9.2.8. Satz: Es seien $(X,\underline{W})$, $(X',\underline{W}')$ uniforme Räume. Eine Abbildung $f : X \longrightarrow X'$ ist ein $\underline{U}$-Isomorphismus genau dann, wenn f bijektiv ist und f sowie f^{-1} gleichmäßig stetig sind.

Beweis: 1) Ist $f : X \longrightarrow X'$ ein $\underline{U}$-Isomorphismus, so existiert ein $\underline{U}$-Morphismus $g : X' \longrightarrow X$ mit $f \circ g = 1_{X'}$ und $g \circ f = 1_X$. Aus der ersten der beiden Beziehungen folgt, daß f surjektiv ist, aus der zweiten, daß f injektiv ist. Also existiert f^{-1} und es ist $f^{-1} = g$ gleichmäßig stetig. Da jeder $\underline{U}$-Isomorphismus ein $\underline{U}$-Morphismus ist, ist damit alles gezeigt.

2) Man setze $f^{-1} = g$. Dann ist g der gesuchte $\underline{U}$-Morphismus mit $g \circ f = 1_X$ und $f \circ g = 1_{X'}$. Der $\underline{U}$-Morphismus f ist also ein $\underline{U}$-Isomorphismus.

9.2.9. Bemerkung: Aufgabe der Theorie der uniformen Räume ist das Aufsuchen von $\underline{U}$-Invarianten (vgl. 1.5.7. (2))

9.2.10. Genauso wie für Topologien auf einer vorgegebenen Menge X ein Vergleich derselben möglich ist, ist auch für Uniformitäten für X ein Vergleich sinnvoll.

Definition: Es seien $\underline{W}_1$, $\underline{W}_2$ Uniformitäten für eine Menge X. $\underline{W}_1$ heißt feiner als $\underline{W}_2$ bzw. $\underline{W}_2$ gröber als $\underline{W}_1$, wenn

$$1_X : (X,\underline{W}_1) \longrightarrow (X,\underline{W}_2)$$

gleichmäßig stetig ist.

9.2.11. Lemma: Sind $\underline{W}_1$, $\underline{W}_2$ Uniformitäten für eine Menge X, so ist $\underline{W}_1$ feiner als $\underline{W}_2$ (bzw. $\underline{W}_2$ gröber als $\underline{W}_1$) genau dann, wenn $\underline{W}_1 \supset \underline{W}_2$ gilt.

Beweis: trivial.

9.2.12. Ist X eine nicht leere Menge, so gibt es eine feinste Uniformität für X. Für diese ist $\{\Delta\}$ eine Basis. Ferner gibt es eine gröbste Uniformität für X, nämlich die, e $X \times X$ als einzige Nachbarschaft besitzt.

finition: Es sei X eine nicht leere Menge. Dann heißt die inste Uniformität für X diskrete Uniformität, und die röbste Uniformität für X heißt indiskrete Uniformität.

9.2.13. Satz: Es seien $\underline{W}_1$, $\underline{W}_2$ Uniformitäten für eine Menge X. $\underline{W}_1 \subset \underline{W}_2$ impliziert $\underline{X}_{\underline{W}_1} \subset \underline{X}_{\underline{W}_2}$. Ist $\underline{W}_1$ diskret bzw. indiskret, so ist auch $\underline{X}_{\underline{W}_1}$ diskret bzw. indiskret.

Beweis: 1) Es gelte $\underline{W}_1 \subset \underline{W}_2$. Ist $O \in \underline{X}_{\underline{W}_1}$ und $x \in O$, so existiert ein $V \in \underline{W}_1 \subset \underline{W}_2$ mit $V(x) \subset O$; daraus folgt: $O \in \underline{X}_{\underline{W}_2}$.

2) a) Ist $\underline{W}_1$ diskret und $x \in X$, so ist $\{x\}$ offen; denn es existiert $\Delta \in \underline{W}_1$ mit $\Delta(x) = \{x\} \subset \{x\}$. $\underline{X}_{\underline{W}_1}$ ist also diskret.

b) Es sei $\underline{W}_1$ indiskret, $O \subset X$ ist offen bez. $\underline{X}_{\underline{W}_1}$ genau dann, wenn für jedes $x \in O$ ein $V \in \underline{W}_1 = \{X \times X\}$ existiert mit $V(x) \subset O$. Da $V(x) = X$ gilt, muß $O = X$ oder $O = \emptyset$ sein. $\underline{X}_{\underline{W}_1}$ ist also indiskret.

<u>9.2.14</u>. <u>Bemerkungen</u>: ① Es seien $(X,\underline{W})$, $(X',\underline{W}')$ uniforme Räume, $f : X \longrightarrow X'$ eine gleichmäßig stetige Abbildung. f bleibt gleichmäßig stetig, wenn man $\underline{W}$ verfeinert bzw. $\underline{W}'$ vergröbert.

② Eine bijektive gleichmäßig stetige Abbildung braucht kein $\underline{U}$-Isomorphismus zu sein, d.h. $\underline{U}$ ist nicht balanciert (man überzeugt sich leicht davon, daß die $\underline{U}$-Bimorphismen gerade die bijektiven, gleichmäßig stetigen Abbildungen sind), wie das folgende Beispiel zeigt: Es sei X eine mindestens zweielementige Menge, $\underline{W}_D$ die diskrete Uniformität für X, $\underline{W}_I$ die indiskrete.

$$1_X : (X,\underline{W}_D) \longrightarrow (X,\underline{W}_I)$$

ist gleichmäßig stetig und bijektiv, jedoch kein $\underline{U}$-Isomorphismus.

9.3. Allgemeine Konstruktionen

<u>9.3.1</u>. In Analogie zu den initialen Topologien gilt der

<u>Satz</u>: Es seien X eine Menge, $((Y_i,\underline{W}_i))_{i \in I}$ eine Familie uniformer Räume und $f_i : X \longrightarrow Y_i$ Abbildungen für jedes $i \in I$. Setzt man $g_i = f_i \times f_i$ für jedes $i \in I$, so bilden die endlichen Durchschnitte von Mengen der Form $g_i^{-1}[V_i]$ mit $V_i \in \underline{W}_i$ eine Basis $\underline{B}$ einer Uniformität $\underline{W}$ für X, genauer der gröbsten Uniformität für X bez. der alle f_i gleichmäßig stetig sind.

<u>Beweis</u>: BU_1) Ist $V \in \underline{B}$, also etwa $V = \bigcap_{k=1}^{n} g_{i_k}^{-1} [V_{i_k}]$ mit $i_1,\dots,i_n \in I$, so gilt für die Diagonale Δ_{i_k} in $X_{i_k} \times X_{i_k}$ gerade $\Delta_{i_k} \subset V_{i_k}$ und für die Diagonale Δ in $X \times X$ gilt dann $\Delta \subset g_{i_k}^{-1}[\Delta_{i_k}] \subset g_{i_k}^{-1}[V_{i_k}]$ für jedes $k \in \{1,\dots,n\}$, also $\Delta \subset V$.

BU_2) Ist $V = \bigcap_{k=1}^{n} g_{i_k}^{-1}[V_{i_k}] \in \underline{B}$, so ist

$$V^{-1} = (\bigcap_{k=1}^{n} g_{i_k}^{-1}[V_{i_k}])^{-1} = \bigcap_{k=1}^{n} (g_{i_k}^{-1}[V_{i_k}])^{-1} =$$

$$= \bigcap_{k=1}^{n} g_{i_k}^{-1}[V_{i_k}^{-1}] \in \underline{B},$$ weil für jedes $k \in \{1,\dots n\}$ mit V_{i_k} auch $V_{i_k}^{-1}$ zu $\underline{W}_{i_k}$ gehört.

BU_3) Es sei $V = \bigcap_{k=1}^{n} g_{i_k}^{-1}[V_{i_k}] \in \underline{B}$. Es existiert zu jedem V_{i_k} ein $W_{i_k} \in \underline{W}_{i_k}$ mit $W_{i_k}^2 \subset V_{i_k}$. Setzt man $W = \bigcap_{k=1}^{n} g_{i_k}^{-1}[W_{i_k}]$, so ist $W \in \underline{B}$ und $W^2 \subset \bigcap_{k=1}^{n} (g_{i_k}^{-1}[W_{i_k}])^2$.

Offenbar gilt $(g_{i_k}^{-1}[W_{i_k}])^2 \subset g_{i_k}^{-1}[W_{i_k}^2]$ für jedes $k \in \{1,\dots n\}$

($(x,y) \in (g_{i_k}^{-1}[W_{i_k}])^2 \Rightarrow$ Es gibt ein $z \in X$ mit $(x,z) \in g_{i_k}^{-1}[W_{i_k}]$ und $(z,y) \in g_{i_k}^{-1}[W_{i_k}] \Rightarrow (f_{i_k}(x), f_{i_k}(z)) \in W_{i_k}$ und $(f_{i_k}(z), f_{i_k}(y)) \in W_{i_k} \Rightarrow (f_{i_k}(x), f_{i_k}(y)) \in W_{i_k}^2 \Rightarrow (x,y) \in g_{i_k}^{-1}[W_{i_k}^2]$).

Also gilt: $W^2 \subset \bigcap_{k=1}^{n} g_{i_k}^{-1}[W_{i_k}^2] \subset \bigcap_{k=1}^{n} g_{i_k}^{-1}[V_{i_k}] = V$.

BU_4) ist trivialerweise erfüllt nach Konstruktion von $\underline{B}$.

Durch BU_1)-BU_4) ist gezeigt, daß $\underline{B}$ Basis einer Uniformität $\underline{W}$ für X ist. Nach Konstruktion sind offenbar alle f_i gleichmäßig stetig. Ist $\underline{W}'$ eine Uniformität für X, so daß alle

$$f_i : (X,\underline{W}') \longrightarrow (Y_i,\underline{W}_i)$$

gleichmäßig stetig sind, so gilt $\underline{W} \subset \underline{W}'$; denn ist $W \in \underline{W}$, so gibt es ein $V \subset W$ mit $V = \bigcap_{k=1}^{n} g_{i_k}^{-1}[V_{i_k}]$ ($V_{i_k} \in \underline{W}_{i_k}$, $\{i, \ldots i_n\} \subset I$), und da alle f_{i_k} auch bez. $\underline{W}'$ gleichmäßig stetig sind, gilt $g_{i_k}^{-1}[V_{i_k}] \in \underline{W}'$ für $k \in \{1,\ldots,n\}$, also $W \in \underline{W}'$ (weil $\underline{W}'$ Filter ist).

<u>9.3.2.</u> <u>Satz:</u> Es seien X eine Menge, $((Y_i,\underline{W}_i))_{i \in I}$ eine Familie uniformer Räume, $f_i : X \rightarrow Y_i$ Abbildungen für jedes $i \in I$ und $\underline{W}$ die gröbste Uniformität für X bez. der alle f_i gleichmäßig stetig sind. Eine Abbildung f eines uniformen Raumes $(X',\underline{W}')$ in $(X,\underline{W})$ ist gleichmäßig stetig genau dann, wenn alle $f_i \circ f$ gleichmäßig stetig sind.

<u>Beweis:</u> 1) Ist f gleichmäßig stetig, so ist für jedes $i \in I$ auch $f_i \circ f$ gleichmäßig stetig, weil $\underline{U}$ eine Kategorie ist.

2) Es seien alle $f_i \circ f$ gleichmäßig stetig. Ist $W \in \underline{W}$, so gilt $W \supset V = \bigcap_{k=1}^{n} g_{i_k}^{-1}[V_{i_k}]$ mit $V_{i_k} \in \underline{W}_{i_k}$ für alle

$k \in \{1,\dots,n\}$ und $\{i_1,\dots,i_n\} \subset I$. Da für jedes $k \in \{1,\dots,n\}$ nach Voraussetzung $f_{i_k} \circ f$ gleichmäßig stetig ist, gilt

$$W'_k = (f \times f)^{-1}[g_{i_k}^{-1}[V_{i_k}]] = ((f_{i_k} \circ f) \times (f_{i_k} \circ f))^{-1}[V_{i_k}] \in \underline{W}'$$

für jedes $k \in \{1,\dots,n\}$. Wegen

$$(f \times f)^{-1}[W] \supset (f \times f)^{-1}[\bigcap_{k=1}^{n} g_{i_k}^{-1}[V_{i_k}]] = \bigcap_{k=1}^{n} W'_k$$

ist $(f \times f)^{-1}[W] \in \underline{W}'$, weil $\underline{W}'$ Filter ist.

<u>9.3.3.</u> <u>Definition</u>: Es seien X eine Menge, $((Y_i, \underline{W}_i))_{i \in I}$ eine Familie uniformer Räume und $f_i : X \to Y_i$ Abbildungen für jedes $i \in I$. Dann heißt die gröbste Uniformität für X, bez. der alle f_i gleichmäßig stetig sind, <u>initiale Uniformität für</u> X <u>bez.</u> $\underline{(f_i)_{i \in I}}$ (vgl. 9.3.1. und 9.3.2.).

<u>9.3.4.</u> <u>Korollar</u>: Die initiale Uniformität für X bez. $(f_i)_{i \in I}$ induziert die initiale Topologie auf X bez. $(f_i)_{i \in I}$.

<u>Beweis</u>: Es bezeichne $\underline{W}_{in}$ die initiale Uniformität für X bez. $(f_i)_{i \in I}$ und $\underline{X}_{in}$ die initiale Topologie auf X bez. $(f_i)_{i \in I}$. Zu zeigen: $\underline{X}_{\underline{W}_{in}} = \underline{X}_{in}$.

1) $\underline{X}_{in} \subset \underline{X}_{\underline{W}_{in}}$ gilt trivialerweise, weil $\underline{X}_{\underline{W}_{in}}$ <u>eine</u> Topologie ist bez. der alle f_i stetig sind.

2) Es sei $O \in \underline{X}_{\underline{W}_{in}}$, d.h. zu jedem $x \in O$ existiert ein $W \in \underline{W}_{in}$ mit $W(x) \subset O$. Zu W existiert $V = \bigcap_{k=1}^{n} g_{i_k}^{-1}[V_{i_k}]$ mit $V_{i_k} \in \underline{W}_{i_k}$ für jedes $k \in \{1,\dots,n\}$ und $\{i_1,\dots i_n\} \subset I$, so daß $W \supset V$ gilt. Daraus folgt:

$$(*)\ W(x) \supset V(x) = \bigcap_{k=1}^{n}((g_{i_k}^{-1}[V_{i_k}])(x)) = \bigcap_{k=1}^{n} f_{i_k}^{-1}[V_{i_k}(f_{i_k}(x))]$$

$$(\text{denn: } (g_{i_k}^{-1}[V_{i_k}])(x) = \{y \mid (x,y) \in g_{i_k}^{-1}[V_{i_k}]\} =$$

$$= \{y \mid (f_{i_k}(x), f_{i_k}(y)) \in V_{i_k}\} = \{y \mid f_{i_k}(y) \in V_{i_k}(f_{i_k}(x))\}$$

$$= \{y \mid y \in f_{i_k}^{-1}[V_{i_k}(f_{i_k}(x))]\} = f_{i_k}^{-1}[V_{i_k}(f_{i_k}(x))])$$

Für jedes $k \in \{1,\dots,n\}$ ist $V_{i_k}(f_{i_k}(x))$ Umgebung von $f_{i_k}(x)$ in Y_{i_k} und $f_{i_k}^{-1}[V_{i_k}(f_{i_k}(x))]$ Umgebung von x in $(X,\underline{X}_{in})$ (wegen der Stetigkeit von f_{i_k}). Aus (*) folgt dann, daß $W(x)$ Umgebung von x in $(X,\underline{X}_{in})$ ist. Also gilt: $O \in \underline{X}_{in}$.

<u>9.3.5. Beispiele:</u> ① Es sei $(X,\underline{W})$ ein uniformer Raum, $A \subset X$ und $i : A \to X$ die Inklusionsabbildung. $\underline{W}_A$ sei die gröbste Uniformität für A bez. der i gleichmäßig stetig ist. Dann heißt $(A,\underline{W}_A)$ <u>(uniformer) Unterraum</u> von $(X,\underline{W})$. Nach 9.3.1. besitzt $\underline{W}_A$ das Mengensystem

$\underline{B} = \{(i \times i)^{-1}[W] = (A \times A) \cap W \mid W \in \underline{W}\}$ als Basis. Da $\underline{B}$ offenbar abgeschlossen ist gegenüber Bildung von Obermengen in $A \times A$, gilt sogar:

$$\boxed{\underline{W}_A = \{(A \times A) \cap W \mid W \in \underline{W}\}}$$

② Es sei $((X_i, \underline{W}_i))_{i \in I}$ eine Familie uniformer Räume. $X = \prod_{i \in I} X_i$ sei die Produktmenge. Bezeichnet $\underline{W}$ die gröbste Uniformität bez. der alle Projektionsabbildungen $p_i : X \to X_i$ gleichmäßig stetig sind, so heißt $(X, \underline{W})$ (<u>uniformer) Produktraum</u> der Familie $((X_i, \underline{W}_i))_{i \in I}$

③ Jede Familie $(\underline{W}_i)_{i \in I}$ von Uniformitäten für eine Menge X besitzt ein <u>Supremum</u> in der durch „$\subset$" geordneten Menge aller Uniformitäten für X, d.h. es existiert eine gröbste Uniformität $\underline{W}$ für X, die feiner als alle $\underline{W}_i$ ist (Man nehme für $\underline{W}$ die gröbste Uniformität für X bez. der alle Identitäten $1_x^i : X \to (X, \underline{W}_i)$ gleichmäßig stetig sind).

<u>9.3.6</u>. <u>Bemerkungen</u>: ① Ist P Produktraum der Familie $((X_i, \underline{W}_i))_{i \in I}$, so ist $(P, (p_i)_{i \in I})$ gerade das Produkt in $\underline{U}$ der Familie $((X_i, \underline{W}_i))_{i \in I}$, wie man leicht nachprüft (in völliger Analogie zu $\underline{T}$), d.h. $\underline{U}$ besitzt Produkte.

Sind $(X, \underline{W})$, $(X', \underline{W}')$ uniforme Räume und $f, g : X \to X'$ gleichmäßig stetige Abbildungen sowie $K = \{x \mid x \in X$ und $f(x) = g(x)\}$, so ist die Inklusionsabbildung

$i : (K, \underline{W}_K) \to (X, \underline{W})$ Differenzkern von f und g (Beweis analog wie für $\underline{T}$), d.h. $\underline{U}$ besitzt auch Differenzkerne. Infolgedessen ist $\underline{U}$ <u>vollständig</u>.

(2) Der Quasi-Vergiß-Funktor $\underline{F} : \underline{U} \to \underline{T}$ bewahrt wegen 9.3.4. insbesondere Differenzkerne und Produkte (d.h. ist $(P, (p_i)_{i \in I})$ Produkt in $\underline{U}$, so ist $(\underline{F}(P), (\underline{F}(p_i))_{i \in I})$ Produkt in $\underline{T}$ und ist $k = DK(f,g)$ in $\underline{U}$, so ist $\underline{F}(k) = DK(\underline{F}(f), \underline{F}(g))$ in $\underline{T}$).

(3) Die <u>Covollständigkeit</u> von $\underline{U}$ kann in völliger Analogie zu $\underline{T}$ nachgewiesen werden, wenn es gelingt, analog zu den finalen Topologien <u>finale Uniformitäten</u> einzuführen, d.h. wenn gezeigt werden kann:

A) Es sei X eine Menge, $((X_i, \underline{W}_i))_{i \in I}$ eine Familie uniformer Räume und $f_i : X_i \to X$ Abbildungen für jedes $i \in I$. Dann gibt es eine feinste Uniformität $\underline{W}$ für X bez. der alle f_i gleichmäßig stetig sind ($\underline{W}$ heißt dann finale Uniformität für X bez. $(f_i)_{i \in I}$).

B) Es seien $((X_i, \underline{W}_i))_{i \in I}$ eine Familie uniformer Räume, $(X', \underline{W}')$ ein uniformer Raum und X eine Menge sowie $f_i : X_i \to X$ Abbildungen für jedes $i \in I$. $\underline{W}$ sei die finale Uniformität für X bez. $(f_i)_{i \in I}$. Eine Abbildung $f : (X, \underline{W}) \to (X', \underline{W}')$ ist gleichmäßig stetig genau dann, wenn alle Abbildungen $f \circ f_i$ gleichmäßig stetig sind.

<u>Konstruktion</u> von $\underline{W}$:

$$\underline{W}_h = \{ W \mid \Delta \subset W \subset X \times X, \ (f_i \times f_i)^{-1} [W] \in \underline{W}_i \text{ für alle } i \in I \}$$

ist eine <u>Halbuniformität</u> für X (d.h. $\underline{W}_h$ ist Filter auf $X \times X$ und U_1) sowie U_2) der Uniformitätsaxiome sind erfüllt).

Es sei $\underline{M} = \{ \underline{W}^* \mid \underline{W}^* \subset \underline{W}_h$ Uniformität für $X\}$. Dann ist $\underline{M} \neq \emptyset$ (denn die indiskrete Uniformität für X gehört zu $\underline{M}$). $\underline{W} = \sup \underline{M}$ (vgl. 9.3.5. ③) ist dann die feinste Uniformität für X bez. der alle f_i gleichmäßig stetig sind (Setzt man $\underline{S} = \bigcup_{\underline{W}^* \in \underline{M}} \underline{W}^*$, so ist $\underline{B} = \{ \bigcap_{S' \in \underline{S}'} S' \mid \underline{S}' \subset \underline{S}$ endlich$\}$ Basis von $\underline{W}$). Außerdem erfüllt $(X,\underline{W})$ die Eigenschaft B) (vgl. Übungsaufgabe 68)).

Mit dieser Konstruktion können nun genau wie bei topologischen Räumen (uniforme) Summenräume und (uniforme) Quotientenräume eingeführt werden, indem man in den entsprechenden Definitionen die Worte „topologisch" durch „uniform" und „stetig" durch „gleichmäßig stetig" ersetzt. Man überzeugt sich leicht davon, daß der zum uniformen Summenraum gehörige topologische Raum gerade der topologische Summenraum ist. Für Quotientenräume ist diese Aussage jedoch falsch, d.h. die zur finalen Uniformität gehörige Topologie braucht nicht die finale Topologie zu sein. (Beispiel: Auf X=[0,1] werde durch die Zerlegung $\{[0,\frac{1}{2}),[\frac{1}{2},1]\}$ eine Äquivalenzrelation R eingeführt. Der zum uniformen Quotientenraum X/R gehörige topologische Raum ist ein T_3-Raum, der topologische Quotientenraum X/R ist es jedoch nicht [X/R ist homöomorph zum Sierpinski-Raum!].)

<u>9.4. Uniformisierbarkeit eines topologischen Raumes und Metrisierbarkeit eines uniformen Raumes.</u>

<u>9.4.1. Vorbemerkung:</u> Genauso wie eine Metrik auf einer Menge X führt auch eine <u>Pseudometrik</u> d auf X zu einer

Uniformität für X (zur Erinnerung: eine Abbildung $d : X \times X \to \mathbb{R}$, die den Axiomen M_2) und M_3) für eine Metrik genügt und für die statt M_1) die schwächere Bedingung „M_1') $d(x,x)=0$ für alle $x \in X$" gilt, heißt Pseudometrik). $\underline{B} = \left\{ V_\varepsilon = \{(x,y) \mid d(x,y) < \varepsilon\} \mid \varepsilon > 0 \right\}$ ist Basis der von d induzierten Uniformität $\underline{W}$. Meistens gelangt man durch einen Integralbegriff zu einer Pseudometrik, z.B. wird auf $X = \left\{ x \mid x : [-1,+1] \to \mathbb{R} \text{ und } x \text{ eigentlich Riemann-integrierbar in } [-1,+1] \right\}$ durch $d(x,y) = \left\{ \int_{-1}^{+1} (x(t)-y(t))^2 dt \right\}^{\frac{1}{2}}$

für alle $(x,y) \in X \times X$ eine Pseudometrik $d : X \times X \to \mathbb{R}$ definiert (verschiedene Punkte $x,y \in X$ können den „Abstand" null haben; das ist nicht mehr möglich, wenn die Bedingung „eigentlich Riemann-integrierbar" durch „stetig" ersetzt wird). Ist d eine Pseudometrik auf X, so erfüllt $(X, \underline{X}_{\underline{W}})$, d.h. der von der zugehörigen Uniformität $\underline{W}$ erzeugte topologische Raum das 1.Abzählbarkeitsaxiom. Es gibt aber offensichtlich uniforme Räume $(X, \underline{W})$, so daß $(X, \underline{X}_{\underline{W}})$ nicht das 1.Abzählbarkeitsaxiom erfüllt, z.B. $[0,1]^I$ für eine nichtabzählbare Menge I (vgl. frühere Übungsaufgabe). Deren Uniformität kann also nicht von einer Pseudometrik herrühren. Wir werden jedoch sehen, daß jede Uniformität für X von einer Familie von Pseudometriken auf X herrührt. Gleichzeitig werden wir eine notwendige und hinreichende Bedingung dafür angeben, wann eine Topologie auf einer Menge X von einer Uniformität für X induziert wird. Außerdem werden wir ein Kriterium angeben, wann eine Uniformität von einer Pseudometrik bzw. einer Metrik herrührt.

9.4.2. Satz: Zu jeder Uniformität $\underline{W}$ für eine Menge X gibt es eine Familie $(d_V)_{V\in\underline{W}}$ von Pseudometriken auf X derart, daß für die zugehörigen Uniformitäten $\underline{D}_V$ gilt:

$$\underline{W} = \sup\{\underline{D}_V \mid V\in\underline{W}\}.$$

Beweis: I) Zu $V = V_o \in \underline{W}$ existiert eine symmetrische Nachbarschaft $V_1 \subset V$ (vgl.9.1.11.). Zu V_1 läßt sich eine symmetrische Nachbarschaft V_2 bestimmen mit $V_2{}^3 \subset V_1$ (vgl.9.1.11.) usw. Also wird eine Folge $(V_n)_{n\in\mathbb{N}}$ symmetrischer Nachbarschaften bestimmt mit

$$V_{n+1}^3 \subset V_n \qquad (n=1,2,\ldots).$$

(diese ist absteigend wegen $V_{n+1} \subset V_{n+1}^3$).

$h_V : X\times X \to [0,1]$ sei definiert durch

$$h_V(x,y) = \begin{cases} 0 \text{ für } (x,y)\in \bigcap\limits_{n\in\mathbb{N}} V_n \\ 1 \text{ für } (x,y)\in CV_1 \\ 2^{-k} \text{ für } (x,y)\in (\bigcap\limits_{n=1}^{k} V_n)\cap CV_{k+1} \end{cases}$$

für alle $(x,y)\in X\times X$.

Offenbar gilt $0 \leqq h_V(x,y) \leqq 1$ und $h_V(x,x) = 0$. Außerdem ist stets $h_V(x,y) = h_V(y,x)$, weil alle V_n symmetrisch sind (z.B.impliziert $h_V(x,y) = 1$ sofort $h_V(y,x) = 1$, denn aus $(x,y)\in CV_1$ folgt $(x,y)\notin V_1 = V_1^{-1}$, also $(y,x)\notin V_1$, d.h. $(y,x)\in CV_1$). Es braucht aber nicht die Dreiecksungleichung zu gelten.

Bei einer Pseudometrik d auf X gilt für jede endliche Folge $(z_o, \ldots z_p)$ von Punkten aus X

$$d(z_o, z_p) \leqq \sum_{i=1}^{p} d\,(z_{i-1}, z_i).$$

Setzt man

$$M_{xy} = \left\{ \sum_{i=1}^{p} h_V(z_{i-1}, z_i) \;\middle|\; (z_o, \ldots, z_p) \text{ endliche Folge von Elementen aus X mit } z_o = x \text{ und } z_p = y,\ p \in \mathbb{N} \setminus \{0\} \right\}$$

für jedes $(x,y) \in X \times X$, so definiert man sinnvollerweise eine Pseudometrik d_V auf X für jedes $V \in \underline{W}$ durch

$$\boxed{d_V(x,y) = \inf M_{xy}}$$

Es ist $d_V(x,y) \geqq 0$ wegen $h_V(x,y) \geqq 0$. Die Axiome für eine Pseudometrik müssen im einzelnen nachgeprüft werden:

M_1') $d_V(x,x) = 0$ für alle $x \in X$, weil $h_V(x,x) = 0 \in M_{xx}$ ist.

M_2) $d_V(x,y) = d_V(y,x)$ für alle $(x,y) \in X \times X$:

Ist $a \in M_{xy}$, so gilt

$$a = \sum_{\substack{i=1 \\ z_o=x \\ z_p=y}}^{p} h_V(z_{i-1}, z_i) = \sum_{\substack{i=1 \\ z_o=x \\ z_p=y}}^{p} h_V(z_i, z_{i-1}) = \sum_{\substack{i=1 \\ z_o'=y \\ z_p'=x}}^{p} h_V(z_{i-1}', z_i')$$

mit $z_i' = z_{p-i}$ für alle $i \in \{1, \ldots p\}$ also $a \in M_{yx}$; daraus folgt $M_{xy} \subset M_{yx}$. Analog zeigt man $M_{yx} \subset M_{xy}$, woraus dann

$M_{xy} = M_{yx}$ folgt. Damit ist alles gezeigt.

M_3) „Dreiecksungleichung": Es seien x, y, z drei Elemente von X. Aufgrund der Infimumseigenschaft von $d_V(x,y)$ existiert zu jedem $\varepsilon > 0$ eine endliche Folge $(z_0 = x, z_1, \ldots z_{p-1}, z_p = y)$ von Elementen aus X derart, daß

$$\sum_{i=1}^{p} h_V(z_{i-1}, z_i) < d_V(x,y) + \varepsilon$$

gilt. Entsprechend existiert eine endliche Folge $(z_{p+1} = y, z_{p+2}, \ldots z_{p+q} = z)$ von Elementen aus X derart, daß

$$\sum_{i=p+1}^{p+q} h_V(z_{i-1}, z_i) < d_V(y,z) + \varepsilon$$

gilt. Beide Ungleichungen zusammen ergeben wegen der Infimumseigenschaft von $d_V(x,z)$:

$$d_V(x,z) \leqq \sum_{\substack{i=1 \\ z_0=x \\ z_{p+q}=z}}^{p+q} h_V(z_{i-1}, z_i) < d_V(x,y) + d_V(y,z) + 2\,\varepsilon$$

woraus sofort (man setze $\varepsilon = \frac{1}{n}$ und gehe zum Limes $n \to \infty$ über)

$$d_V(x,z) \leqq d_V(x,y) + d_V(y,z)$$

folgt.

II) Für jedes $(x,y) \in X \times X$ gilt sogar:

$\frac{1}{2} h_V(x,y) \leqq d_V(x,y) \leqq h_V(x,y)$:

1) $d_v(x,y) \leq h_v(x,y)$ trivial (weil unter allen endlichen Folgen ($z_o = x$, $z_1 \ldots z_{p-1}$, $z_p = y$) auch die Folge (x,y) vorkommt, also gilt $h_v(x,y) \in M_{xy}$, woraus wegen der Infimumseigenschaft von $d_v(x,y)$ die Behauptung folgt).

2) Falls für alle natürlichen Zahlen p und beliebige Punkte $z_o, \ldots z_p$ aus X

$$(*)\ \frac{1}{2}\, h_v(z_o,z_p) \leq \sum_{i=1}^{p} h_v(z_{i-1},z_i)$$

gilt, folgt $\frac{1}{2}\, h_v(x,y) \leq \sum_{i=1}^{p} h_v(z_{i-1},z_i)$ für

$$z_o = x$$
$$z_p = y$$

jede endliche Folge $(z_o, \ldots z_p)$, also ist $\frac{1}{2}\, h_v\ (x,y)$ für diese Summen eine untere Schranke und da das Infimum die größte untere Schranke ist, gilt

$$\frac{1}{2}\, h_v(x,y) \leq d_v(x,y).$$

Es bleibt also (*) zu zeigen (vollständige Induktion nach p):

a) (*) ist richtig für p = 1:

$h_v(z_o,z_1) \geq 0$ impliziert $\frac{1}{2}\, h_v(z_o,z_1) \leq h_v(z_o,z_1)$

b) Es sei $q > 1$ eine natürliche Zahl und es gelte (*) für alle $p < q$. Zu zeigen: (*) gilt für $p = q$. Es seien $z_o, \ldots, z_q$ beliebig gewählte Punkte. Man setze

$$a = \sum_{i=1}^{q} h_v\ (z_{i-1},z_i).$$

1.Fall: $a \geqq \frac{1}{2}$

Wegen $h_V(z_o,z_q) \leqq 1$ folgt dann

$$\frac{1}{2}\, h_V(z_o,z_q) \leqq \frac{1}{2} \leqq \sum_{i=1}^{q} h_V(z_{i-1},z_i) = a$$

2.Fall: $0 < a < \frac{1}{2}$

($a = 0$ uninteressant, weil trivial; denn dann ist $h_V(z_{i-1},z_i) = 0$ für alle $i \in \{1,\ldots q\}$, also gilt nach Definition von h_V für alle $i \in \{1,\ldots q\}$ und alle $n \in \mathbb{N}$

$(z_{i-1},z_i) \in V_n$, woraus $(z_o,z_q) \in \bigcap_{n\in\mathbb{N}} V_n$ folgt

$[(z_o,z_1),(z_1,z_2) \in V_{n+1}$ impliziert $(z_o,z_2) \in V_{n+1}^2 \subset V_{n+1}^3 \subset V_n$ usw.], also gilt $h_V(z_o,z_q) = 0$ und (*) ist trivialerweise erfüllt).

Es gibt nun ein minimales $j \leqq q$, so daß

$$\alpha) \qquad \sum_{i=1}^{j} h_V(z_{i-1},z_i) > \frac{a}{2}$$

ist. Falls $j > 1$ ist, gilt dann also

$$\beta) \qquad \sum_{i=1}^{j-1} h_V(z_{i-1},z_i) \leqq \frac{a}{2}\,.$$ Für dieses j gilt:

(1) $h_V(z_o,z_{j-1}) \leqq a$;

denn nach Induktionsvoraussetzung und wegen β) gilt

$$\frac{1}{2}\, h_V(z_o,z_{j-1}) \leqq \sum_{i=1}^{j-1} h_V(z_{i-1},z_i) \leqq \frac{a}{2} \text{ für } j > 1,$$

woraus

$$h_V(z_o,z_{j-1}) \leqq a \text{ für } j \geqq 1$$

folgt, (denn für $j = 1$ ist $h_V(z_o,z_o) = 0$ und $a \geqq 0$ ist richtig). Weiter gilt für dieses j:

(2) $h_v(z_j,z_q) < a$;

denn ist $j < q$, so gilt für die $q-j < q$ Punkte $z_j,\ldots z_q$ nach Induktionsvoraussetzung

$$\frac{1}{2}\, h_v(z_j,z_q) \leqq \sum_{i=j+1}^{q} h_v(z_{i-1},z_i) = B$$

wobei $B < \frac{a}{2}$ gilt wegen $a = \sum_{i=1}^{j} h_v(z_{i-1},z_i) + B$

und $\sum_{i=1}^{j} h_v(z_{i-1},z_i) > \frac{a}{2}$ nach α), d.h. (2) ist erfüllt (der Fall $j = q$ ist trivial).

Nun wird $k \in \mathbb{N}$ so bestimmt, daß

$$\frac{1}{2^k} = 2^{-k} \leqq a < 2^{-k+1} = \frac{2}{2^k}$$

gilt. Wegen $a < \frac{1}{2}$ ist $k \geqq 2$.

Offenbar ist

$$h_v(z_o,z_{j-1}) \leqq a < 2^{-k+1} \quad \text{(wegen (1))}$$

$$h_v(z_{j-1},z_j) \leqq a < 2^{-k+1} \quad \text{(trivial, weil } h_v(z_{j-1},z_j) \text{ als Summand von a vorkommt)}$$

$$h_v(z_j,z_q) < a < 2^{-k+1} \quad \text{(wegen (2)).}$$

Nach Definition von h_v gilt dann $h_v(z_o,z_{j-1}) \leqq 2^{-k}$, $h_v(z_{j-1},z_j) \leqq 2^{-k}$ und $h_v(z_j,z_q) \leqq 2^{-k}$, woraus

$(z_o, z_{j-1}) \in V_k$, $(z_{j-1}, z_j) \in V_k$ und $(z_j, z_q) \in V_k$ folgt, also $(z_o, z_q) \in V_k^3 \subset V_{k-1}$. Mithin ist

$$h_V(z_o, z_q) \leqq 2^{-(k-1)} = 2^{-k} \, 2 \leqq 2a,$$

was zu zeigen war.

III) Ist $\underline{D}_V$ die von d_V induzierte Uniformität für X, so gilt $\underline{W} = \sup \{ \underline{D}_V \mid V \in \underline{W} \}$:

a) Für jedes $V \in \underline{W}$ gilt $\underline{D}_V \subset \underline{W}$:

Ist $W \in \underline{D}_V$, so existiert ein $\varepsilon > 0$ derart, daß $V_\varepsilon = \{(x,y) \mid d_V(x,y) < \varepsilon\} \subset W$ ist. Wählt man eine natürliche Zahl k, so daß $2^{-k} < \varepsilon$ gilt, dann ist $V_k \subset V_\varepsilon$; denn $(x,y) \in V_k$ impliziert $h_V(x,y) \leqq 2^{-k} < \varepsilon$ und damit $d_V(x,y) \leqq h_V(x,y) < \varepsilon$, also $(x,y) \in V_\varepsilon$. Da $V_k \in \underline{W}$ und $\underline{W}$ Filter ist, gilt $W \in \underline{W}$.

b) Aus a) folgt sofort $\underline{D} = \sup \{ \underline{D}_V \mid V \in \underline{W}\} \subset \underline{W}$.

Es bleibt also $\underline{W} \subset \underline{D}$ zu zeigen:

Ist $V \in \underline{W}$, so ist $\left\{W_\varepsilon = \{(x,y) \mid d_V(x,y) < \varepsilon\} \mid \varepsilon > 0\right\}$ Basis von $\underline{D}_V$. Wählt man $\varepsilon = \frac{1}{2}$, so ist $W_{\frac{1}{2}} \subset V_1 \subset V$, denn ist $(x,y) \in W_{\frac{1}{2}}$, also $d_V(x,y) < \frac{1}{2}$, so ist wegen $\frac{1}{2} h_V(x,y) \leqq d_V(x,y)$ gerade $h_V(x,y) < 1$, also $(x,y) \in V_1 \subset V$. Da $\underline{D}_V$ ein Filter ist, folgt daraus $V \in \underline{D}_V$ und, weil $\underline{D}$ feiner ist als jedes $\underline{D}_V$, ist auch $V \in \underline{D}$.

<u>9.4.3. Definition:</u> Ein topologischer Raum $(X,\underline{X})$ heißt <u>uniformisierbar</u>, wenn es eine Uniformität $\underline{W}$ für X gibt, so daß

$$\underline{X}_{\underline{W}} = \underline{X}$$

gilt.

<u>9.4.4. Satz</u>: Ein topologischer Raum $(X,\underline{X})$ ist genau dann uniformisierbar, wenn er ein T_{3a}-Raum ist.

<u>Beweis:</u> 1) Es sei $(X,\underline{X})$ ein T_{3a}-Raum. $\underline{W}$ sei die gröbste Uniformität für X bez. der alle $f \in C(X,[0,1])$ gleichmäßig stetig sind. $\underline{X}_{\underline{W}}$ ist dann die gröbste Topologie auf X bez. der alle $f \in C(X,[0,1])$ stetig sind (die Abbildungen f sind zunächst nur bez. $\underline{X}$ stetig!); also gilt

$$\underline{X}_{\underline{W}} \subset \underline{X}$$

Ist $O \in \underline{X}$, so ist $CO = A$ eine bez. $\underline{X}$ abgeschlossene Teilmenge von X. Nach Voraussetzung über $(X,\underline{X})$ existiert zu jedem $x \in CA = O$ eine stetige Abbildung $f_x : X \longrightarrow [0,1]$ mit $f_x(x) = 0$ und $f_x[A] = \{1\}$. Daraus folgt $x \in f_x^{-1}[[0,1)] \subset O$ für alle $x \in O$, also gilt

$$O = \bigcup_{x \in O} f_x^{-1}\,[[0,1)],$$

woraus $O \in \underline{X}_{\underline{W}}$ folgt, weil alle f_x auch bez. $\underline{X}_{\underline{W}}$ stetig sind. Damit ist auch $\underline{X} \subset \underline{X}_{\underline{W}}$ gezeigt, also gilt $\underline{X} = \underline{X}_{\underline{W}}$.

2) Es sei $\underline{W}$ eine Uniformität für X mit $\underline{X}_{\underline{W}} = \underline{X}$. Ein topologischer Raum $(X,\underline{X})$ ist offenbar genau dann ein T_{3a}-Raum, wenn es zu jedem $x \in X$ und jedem $U_x \in \underline{U}(x)$ eine stetige Abbildung $f : X \to [0,1]$ gibt mit $f(x) = 0$ und $f[CU_x] = \{1\}$. Ist $x \in X$ und $V \in \underline{W}$ vorgegeben, so ist ein stetiges $f : X \to [0,1]$ gesucht mit $f(x) = 0$ und $f[C(V(x))] = \{1\}$ (denn es ist $\underline{U}(x) = \{V(x) \mid V \in \underline{W}\}$ für jedes $x \in X$). Zur Konstruktion von f bietet sich die Pseudometrik d_V an; denn wegen $\frac{1}{2} h_V(x,y) \leq d_V(x,y) \leq h_V(x,y)$ und $0 \leq h_V(x,y) \leq 1$ gilt $d_V : X \times X \to [0,1]$ und

$$d_V^x : X \to [0,1]$$

definiert durch $d_V^x(y) = d_V(x,y)$ für alle $y \in X$ ist stetig bez. $\underline{X}_{\underline{D}_V}$ und wegen $\underline{D}_V \subset \underline{W}$ ist nach 9.2.13. $\underline{X}_{\underline{D}_V} \subset \underline{X}_{\underline{W}}$ und damit d_V^x auch stetig bez. $\underline{X}_{\underline{W}} = \underline{X}$.

$$f : X \to [0,1]$$

sei definiert durch $f(y) = \min(2\, d_V^x(y), 1)$ für alle $y \in X$. Dann ist f stetig und es ist $f(x) = 0$ wegen $d_V^x(x) = d_V(x,x) = 0$. Außerdem gilt $f[C(V(x))] = \{1\}$; denn ist $y \in C(V(x))$, so ist $(x,y) \in CV \subset CV_1$, also $h_V(x,y) = 1$ und wegen $d_V(x,y) \geq \frac{1}{2} \cdot h_V(x,y) = \frac{1}{2}$ ist $2\, d_V^x(y) \geq 1$, woraus $f(y) = \min(2\, d_V^x(y), 1) = 1$ folgt. $(X,\underline{X})$ ist also ein T_{3a}-Raum.

9.4.5. Korollar: Ein uniformer Raum $(X,\underline{W})$ ist genau dann separiert, wenn $(X,\underline{X}_{\underline{W}})$ vollständig regulär ist.
Beweis: 1) Ist $(X,\underline{X}_{\underline{W}})$ vollständig regulär, so erfüllt $(X,\underline{X}_{\underline{W}})$ jede der Bedingungen von 9.1.13. Also ist $(X,\underline{W})$ nach 9.1.14. separiert.

2) Ist $(X,\underline{W})$ separiert, so ist nach 9.1.13. und 9.1.14. $(X,\underline{X}_{\underline{W}})$ ein T_1-Raum und nach 9.4.4. ein T_{3a}-Raum, also ist $(X,\underline{X}_{\underline{W}})$ vollständig regulär.

9.4.6. Definition: Ein uniformer Raum $(X,\underline{W})$ heißt pseudometrisierbar (metrisierbar), wenn es eine Pseudometrik (Metrik) d auf X gibt, die die Uniformität $\underline{W}$ induziert (im Sinne von 9.4.1.).

9.4.7. Satz: Ein uniformer Raum $(X,\underline{W})$ ist genau dann pseudometrisierbar, wenn sein Nachbarschaftsfilter $\underline{W}$ eine abzählbare Basis besitzt.
Beweis: 1) Es sei d eine Pseudometrik auf X, die $\underline{W}$ induziert. Setzt man für jedes $n \in \mathbb{N}$

$$B_n = \{ (x,y) \mid d(x,y) < 2^{-n} \}$$

so ist $\underline{B} = \{ B_n \mid n \in \mathbb{N} \}$ eine abzählbare Basis von $\underline{W}$; denn zu jedem $W \in \underline{W}$ existiert ein $\varepsilon > 0$ mit $V_\varepsilon = \{(x,y) \mid d(x,y) < \varepsilon\} \subset W$ sowie ein $n \in \mathbb{N}$ mit $2^{-n} < \varepsilon$, also ist $B_n \subset V_\varepsilon \subset W$ ($B_n \in \underline{W}$ für alle $n \in \mathbb{N}$, weil $\underline{W}$ von d induziert ist).

2) Es sei $\{W_n \mid n \in \mathbb{N} \setminus \{0\}\}$ eine Basis von $\underline{W}$. Zu W_1 wähle man eine symmetrische Nachbarschaft V_1 mit $V_1 \subset W_1$

und dann symmetrische Nachbarschaften V_n für n = 2,3,... derart, daß

$$V_n^3 \subset V_{n-1} \cap \bigcap_{i=1}^{n} W_i$$

(das ist nach 9.1.11. möglich, weil $V_{n-1} \cap \bigcap_{i=1}^{n} W_i \in \underline{W}$ gilt).

Offenbar ist $V_n \subset V_n^3 \subset W_n$; also ist auch $\{V_n \mid n \in \mathbb{N}\}$ eine Basis von $\underline{W}$. Setzt man

$$V = W_1,$$

so gibt es aufgrund des Beweises von 9.4.2. zur Folge $(V_n)_{n\in\mathbb{N}}$ eine Pseudometrik $d_v : X \times X \longrightarrow [0,1]$, die eine Uniformität $\underline{D}_v$ induziert. Setzt man

$$U_n = \{(x,y) \mid d_v(x,y) \leqq 2^{-n}\}$$

für jedes $n \in \mathbb{N}$, so ist

(a) $\{U_n \mid n \in \mathbb{N}\}$ Basis von $\underline{D}_v$.

Weiter gilt

$$V_n \subset U_n \subset V_{n-1};$$

denn ist $(x,y) \in V_n$, so ist $h_v(x,y) \leqq 2^{-n}$ und wegen $d_v(x,y) \leqq h_v(x,y)$ folgt $d_v(x,y) \leqq 2^{-n}$, d.h. $(x,y) \in U_n$, und ist $(x',y') \in U_n$, also $d_v(x',y') \leqq 2^{-n}$, so ist wegen $\frac{1}{2} h_v(x',y') \leqq d_v(x',y')$ gerade $h_v(x',y') \leqq 2 \cdot 2^{-n} = 2^{-(n-1)}$, also $(x',y') \in V_{n-1}$. Wegen $V_n \subset U_n$ ist $U_n \in \underline{W}$ und wegen $U_n \subset V_{n-1}$ ist

(b) $\{U_n \mid n \in \mathbb{N}\}$ Basis von $\underline{W}$.

Aus (a) und (b) folgt $\underline{W} = \underline{D}_V$.

9.4.8. Satz: Ein uniformer Raum $(X,\underline{W})$ ist genau dann metrisierbar, wenn er separiert ist und sein Nachbarschaftsfilter $\underline{W}$ eine abzählbare Basis besitzt.

Beweis: Es sei d eine Pseudometrik auf einer Menge Y und $\underline{W}$ die von d induzierte Uniformität für Y. Dann gilt

$$(x,y) \in \bigcap_{V \in \underline{W}} V \iff d(x,y) < \varepsilon \text{ für jedes } \varepsilon > 0 \iff d(x,y) = 0.$$

Also ist $\bigcap_{V \in \underline{W}} V = \Delta$ damit äquivalent, daß für alle $(x,y) \in Y \times Y$ aus $d(x,y) = 0$ folgt $x = y$. D.h. $(Y,\underline{W})$ ist genau dann separiert, wenn d eine Metrik ist. Dieses Ergebnis liefert zusammen mit 9.4.7. die Behauptung.

9.4.9. Bemerkung: Eine Pseudometrik d, die keine Metrik ist (s. z.B. 9.4.1.) liefert einen topologischen Raum, der nicht einmal T_0-Raum ist (andernfalls wäre d eine Metrik aufgrund des Beweises von 9.4.8.). Jedoch ist ein solcher Raum stets T_{3a}-Raum (9.4.4.).

9.5. Gruppenuniformitäten

9.5.1. Vorbemerkung: Der Grund für die Einführung und Untersuchung uniformer Räume war historisch gesehen das Studium topologischer Gruppen. Zum Begriff der topologischen Gruppen gelangt man, wenn auf einer Menge neben einer Topologie auch eine Gruppenstruktur gegeben ist, die beide gewissen Verträglichkeitsbedingungen (s.u.) genügen. Wir werden sehen, daß die einer topologischen Gruppe zugrundeliegende Topologie stets von einer Uniformität herrührt und infolgedessen nicht willkürlich sein kann, d.h. nicht jeder topologische Raum läßt sich in eine topologische Gruppe verwandeln. Auch werden wir eine einfache Bedingung dafür angeben können, wann eine topologische Gruppe metrisierbar ist, d.h. wann die zugrundeliegende Topologie von einer Metrik herrührt.

9.5.2. Definition: Es sei $(G,\circ)$ eine Gruppe und $(G,\underline{X})$ ein topologischer Raum sowie $\underline{X}\times\underline{X}$ die Produkttopologie von $G\times G$. Dann heißt $(G,\circ,\underline{X})$ eine topologische Gruppe, wenn gilt:

TG_1) Die Abbildung $m : (G\times G,\ \underline{X}\times\underline{X}) \to (G,\underline{X})$ definiert durch $m(x,y) = x\circ y$ für alle $(x,y)\in G\times G$ ist stetig.

TG_2) Die Abbildung $s : (G,\underline{X}) \to (G,\underline{X})$ definiert durch $s(x) = x^{-1}$ für alle $x\in G$, d.h. die Symmetrie der Gruppe $(G,\circ)$, ist stetig.

9.5.3. Lemma: Die Bedingungen TG_1) und TG_2) zusammen sind äquivalent zu

TG) Die Abbildung $q_r : (G\times G,\ \underline{X}\times\underline{X}) \to (G,\underline{X})$ definiert durch $q_r(x,y) = x\circ y^{-1}$ für alle $(x,y)\in G\times G$ ist stetig.

Beweis: 1) Sind TG_1) und TG_2) erfüllt, so ist

$$1_G\times s : G\times G \to G\times G$$
$$(x,y) \to (x,y^{-1})$$

stetig und damit ist auch $q_r = m \circ (1_G \times s) : G\times G \longrightarrow G$ stetig, d.h. TG) ist erfüllt.

2) Es sei TG) erfüllt:

a) $h : G \longrightarrow G\times G$ definiert durch $h(x) = (e,x)$ für alle $x \in G$ (e Einheitselement von $(G,\circ)$) ist stetig, weil sie „koordinatenweise" stetig ist. Daraus folgt, daß $q_r \circ h = s$ stetig ist, d.h. TG_2) ist erfüllt.

b) $1_G \times s : G\times G \longrightarrow G\times G$ ist stetig unter Verwendung von a) und $q_r : G\times G \longrightarrow G$ ist stetig nach Voraussetzung. Also ist $q_r \circ (1_G \times s) = m$ stetig, d.h. TG_1) ist erfüllt.

9.5.4. Bemerkung: TG) bedeutet: Zu jeder Umgebung W von $x \circ y^{-1}$ existiert eine Umgebung W* von (x,y) mit $q_r[W^*] \subset W$. Zu W* existiert eine Umgebung U von x und V von y, so daß $U\times V \subset W^*$ (nach Definition der Produkttopologie), also ist

$$q_r[U\times V] = \{q_r(x,y) \mid x \in U, y \in V\} = \{x \circ y^{-1} \mid x \in U, y \in V\}$$

$$= U \circ V^{-1} \subset W.$$

Also existiert zu jeder Umgebung W von $x \circ y^{-1}$ eine Umgebung U von x und eine Umgebung V von y mit $U \circ V^{-1} \subset W$, falls TG) erfüllt ist. Offenbar gilt aber auch die Umkehrung.

Entsprechende Überlegungen sind für TG_1) und TG_2) zu machen, was dem Leser überlassen sei.

9.5.5. Beispiele: (1) Es sei $G = \mathbb{R}$; als Verknüpfung werde die Addition gewählt. $\underline{X}$ sei die natürliche Topologie auf $\mathbb{R}$. $(G,\circ,\underline{X})$ ist dann eine topologische Gruppe.

(2) Es sei $G = \mathbb{R} \setminus \{0\}$; als Verknüpfung $\circ$ werde die Multiplikation gewählt. $\underline{X}_G$ sei die Relativtopologie der natürlichen Topologie auf $\mathbb{R}$. $(G,\circ, \underline{X}_G)$ ist dann eine topologische Gruppe.

(3) Es sei $G = \mathbb{R}^+ \setminus \{0\}$; als Verknüpfung werde die Multiplikation gewählt. $\underline{X}_G$ sei die Relativtopologie der natürlichen Topologie auf $\mathbb{R}$. $(G,\circ, \underline{X}_G)$ ist dann eine topologische Gruppe.

(4) Es sei $(G,\circ)$ die Faktorgruppe von $(\mathbb{R},+)$ nach der Untergruppe $\mathbb{Z}$ der ganzen Zahlen. $\underline{X}$ sei die Quotiententopologie bez. der kanonischen Abbildung $\omega : (\mathbb{R}, \text{nat.Top.}) \to \mathbb{R}/_{\mathbb{Z}}$. Dann ist $(G,\circ,\underline{X})$ eine topologische Gruppe. Diese heißt eindimensionale Torusgruppe und wird mit T bezeichnet; denn T ist als topologischer Raum homöomorph zum Einheitskreis in der komplexen Ebene $\mathbb{C}$: Definiert man $f : \mathbb{R}/_{\mathbb{Z}} \to \mathbb{C}$ durch $f(\omega(x)) = e^{2\pi ix}$ mit $x \in \mathbb{R}$, so ist $f' : \mathbb{R}/_{\mathbb{Z}} \to f[\mathbb{R}/_{\mathbb{Z}}]$ definiert durch $f'(\omega(x)) = f(\omega(x))$ mit $x \in \mathbb{R}$ der gesuchte Homöomorphismus. T ist insbesondere eine kompakte, zusammenhängende und lokal zusammenhängende topologische Gruppe (d.h. $(G,\underline{X})$ hat diese Eigenschaften), die abelsch ist (d.h. $(G,\circ)$ hat diese Eigenschaft).

(5) Es sei $G = \mathbb{R}^n$; eine Verknüpfung $\circ$ wird erklärt durch

$x \circ y = (x_i + y_i)_{i \in \{1,\ldots n\}}$ für alle $x = (x_i)_{i \in \{1,\ldots n\}}$, $y = (y_i)_{i \in \{1,\ldots n\}}$ aus $\mathbb{R}^n$. $\underline{X}$ sei die von der Euklidischen Metrik herrührende Topologie. Dann ist $(G,\circ,\underline{X})$ eine topologische Gruppe, die nicht kompakt, aber lokal kompakt, zusammenhängend und lokal zusammenhängend ist sowie dem II.Abzählbarkeitsaxiom genügt und abelsch ist.

⑥ Es sei $(G,\circ,\underline{X}) = T$, also $G = \mathbb{R}/\mathbb{Z}$. Auf G^n wird durch

$$x \circ' y = (x_i \circ y_i)_{i \in \{1,\ldots n\}}$$

für alle $x = (x_i)_{i \in \{1,\ldots n\}}$, $y = (y_i)_{i \in \{1,\ldots n\}}$ aus G^n eine Verknüpfung definiert. Bezeichnet $\underline{X}^n$ die Produkttopologie von G^n, so ist $(G^n, \circ', \underline{X}^n)$ eine topologische Gruppe, das n-fache Produkt von T mit sich selbst, die mit T^n bezeichnet wird und <u>n-dimensionale</u> <u>Torusgruppe</u> heißt. Speziell ist T^2 aufgefaßt als topologischer Raum homöomorph zum Torus im dreidimensionalen Euklidischen Raum (T^2 ist aufzufassen als Produkt zweier Kreislinien nach ④):

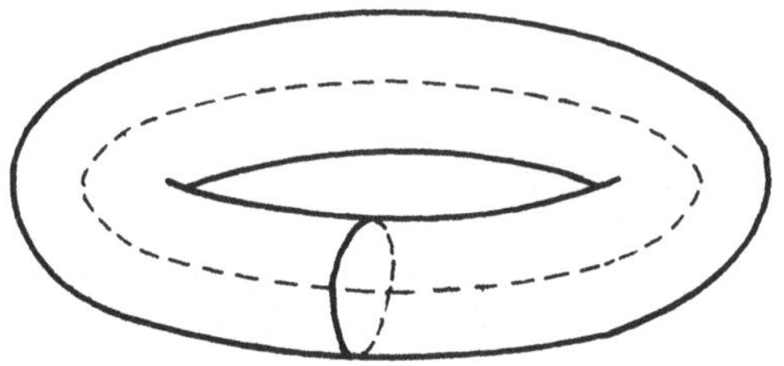

⑦ a) Es sei $(G,\circ)$ eine beliebige Gruppe und $\underline{X}$ die indiskrete Topologie. Dann ist $(G,\circ,\underline{X})$ eine topologische Gruppe (sogar jede Abbildung von $G \times G$ in G ist stetig!).

b) Es sei $(G,\circ)$ eine beliebige Gruppe und $\underline{X}$ die diskrete Topologie. Dann ist $(G,\circ,\underline{X})$ eine topologische Gruppe (sogar jede Abbildung von $G\times G$ in G ist stetig, weil ein endliches Produkt diskreter topologischer Räume ein diskreter topologischer Raum ist).

(8) Es seien $(X,\underline{X})$ ein topologischer Raum, $(Y,\circ,\underline{Y})$ eine topologische Gruppe. $G = C(X,Y)$ sei die Menge der stetigen Abbildungen von X nach Y. Es sei

$$\Box : G\times G \longrightarrow G$$
$$(f,g) \longmapsto f\Box g$$

mit $(f\Box g)(x) = f(x)\circ g(x)$ für alle $x\in G$. Dann ist $(G,\Box)$ eine Gruppe. Bezeichnet $\underline{Z}$ die von der Produkttopologie von Y^X induzierte Topologie, d.h. die Relativtopologie, auf $C(X,Y)$, so ist $(G,\Box,\underline{Z})$ eine topologische Gruppe.

<u>9.5.6</u>. <u>Satz:</u> Es sei $(G,\circ,\underline{X})$ eine topologische Gruppe, $g\in G$. Die Abbildungen

(1) $r_g : G\longrightarrow G$ definiert durch $r_g(x) = x\circ g$ für alle $x\in G$ (<u>Rechtstranslation</u>)

(2) $l_g : G\longrightarrow G$ definiert durch $l_g(x) = g\circ x$ für alle $x\in G$ (<u>Linkstranslation</u>)

(3) $s : G\longrightarrow G$ definiert durch $s(x) = x^{-1}$ für alle $x\in G$ (<u>Symmetrie</u>)

(4) $i_g : G\longrightarrow G$ definiert durch $i_g(x) = g\circ x\circ g^{-1}$ für alle $x\in G$ (<u>innerer Automorphismus</u>)

sind topologische Abbildungen von $(G,\underline{X})$ auf $(G,\underline{X})$.

<u>Beweis</u>: (1) r_g ist offenbar bijektiv. Da $m : G\times G \to G$ nach Voraussetzung stetig ist und $f_g : G \to G\times G$, definiert durch $f_g(x) = (x,g)$ für alle $x \in G$ stetig ist (weil f_g „koordinatenweise" stetig ist und $G\times G$ Produkttopologie trägt), ist auch $r_g = m \circ f_g$ stetig. $r_g^{-1} = r_{g^{-1}}$ ist dann ebenfalls stetig, also ist r_g topologisch.

(2) analog zu (1).

(3) s ist bijektiv und stetig (letzteres nach Definition der topologischen Gruppe). Da $s = s^{-1}$ gilt, ist s topologisch.

(4) Wegen $i_g = l_g \circ r_{g^{-1}}$ ist i_g als Kompositum zweier Homöomorphismen selbst ein Homöomorphismus.

<u>9.5.7</u>. <u>Satz</u>: Es seien $(G,\circ,\underline{X})$ eine topologische Gruppe und e das Einheitselement von $(G,\circ)$. Für den Umgebungsfilter $\underline{U}(e)$ gilt dann:

(1) $U \in \underline{U}(e) \implies U^{-1} \in \underline{U}(e)$

(2) $U \in \underline{U}(e) \implies$ Es existiert ein $V \in \underline{U}(e)$ mit $V\circ V \subset U$

(3) Für jedes $g \in G$ gilt $\{g U g^{-1} \mid U \in \underline{U}(e)\} = \underline{U}(e)$.

<u>Korollar</u>: Für jedes $g \in G$ gilt für den Umgebungsfilter $\underline{U}(g)$

$$\underline{U}(g) = \{gU \mid U \in \underline{U}(e)\} = \{Ug \mid U \in \underline{U}(e)\}$$

<u>Beweis:</u> (1) ist trivial, weil s topologisch ist und $s(e) = e^{-1} = e$ gilt.

(2) Nach Voraussetzung ist $m : G\times G \to G$ insbesondere in (e,e) stetig und es ist $m(e,e) = e$. Also existiert zu jedem $U \in \underline{U}(e)$ eine Umgebung W von e und

eine Umgebung W^* von e mit $W \circ W^* \subset U$. Für $V = W \cap W^* \in \underline{U}(e)$ gilt dann $V \circ V \subset W \circ W^* \subset U$.

(3) a) Für jedes $U \in \underline{U}(e)$ ist $g U g^{-1} = (l_g \circ r_{g^{-1}})[U]$. Da $l_g \circ r_{g^{-1}}$ topologisch ist und $l_g \circ r_{g^{-1}}(e) = g \circ e \circ g^{-1} = e$ ist, ist $g U g^{-1} \in \underline{U}(e)$.

b) Es sei $U \in \underline{U}(e)$. Man setze $V = g^{-1} U g$. Dann ist $V \in \underline{U}(e)$ nach a) und es gilt $g V g^{-1} = U$.

Korollar: Für jedes $g \in G$ ist $\underline{U}(g) = \{gU \mid U \in \underline{U}(e)\}$, weil l_g topologisch ist und e in g transformiert. Analog ist $\underline{U}(g) = \{Ug \mid U \in \underline{U}(e)\}$.

<u>9.5.8.</u>: Das Korollar in 9.5.7. zeigt, daß die einer topologischen Gruppe zugrundeliegende Topologie vollständig durch den Umgebungsfilter des Einheitselementes (und die Gruppenstruktur) bestimmt ist. Der folgende Satz charakterisiert diejenigen Filter auf einer Gruppe, die als Umgebungsfilter des Einheitselementes bei einer geeigneten (mit der Gruppenstruktur verträglichen) Topologie auftreten können.

<u>Satz</u>: Es sei $(G,\circ)$ eine Gruppe und $\underline{F}$ ein Filter auf G, der den folgenden (in 9.5.7. angegebenen Bedingungen (1),(2),(3) analogen) Bedingungen

(1') $F \in \underline{F} \Rightarrow F^{-1} \in \underline{F}$

(2') $F \in \underline{F} \Rightarrow$ Es existiert ein $F' \in \underline{F}$ mit $F' \circ F' \subset F$

(3') Für jedes $g \in G$ ist $\{g F g^{-1} \mid F \in \underline{F}\} = \underline{F}$.

genügt. Dann existiert genau eine Topologie $\underline{X}$ auf G derart, daß $\underline{F}$ der Umgebungsfilter des Einheitselementes e von $(G,\circ)$ ist und $(G,\circ,\underline{X})$ eine topologische Gruppe ist.

<u>Beweis</u>: a) $F \in \underline{F}$ impliziert $e \in F$:

Nach (2') existiert zu $F \in \underline{F}$ ein $F' \in \underline{F}$ mit $F' \circ F' \subset F$ und nach (1') gilt auch $F'^{-1} \in \underline{F}$. Da $\underline{F}$ ein Filter ist, gilt $F' \cap F'^{-1} \neq \emptyset$, also gibt es ein $g \in F' \cap F'^{-1}$, d.h. $g \in F'$ und $g^{-1} \in F'$. Folglich ist $e = g \circ g^{-1} \in F' \circ F' \subset F$.

b) $\underline{U} : G \longrightarrow \underline{P}(\underline{P}(G))$ definiert durch $\underline{U}(g) = \{gF \mid F \in \underline{F}\}$ für jedes $g \in G$ ist ein vollständiges Umgebungssystem auf G:

U_1) Offenbar ist $\underline{U}(g) \neq \emptyset$ für jedes $g \in G$ und es ist $g \in gF$, weil $e \in F$ nach a) gilt.

U_2) Es sei $gF \subset A \subset G$. Zu zeigen: $A \in \underline{U}(g)$. Multipliziert man in $gF \subset A$ von links mit g^{-1}, so erhält man $g^{-1} A = F' \supset F$, woraus $F' \in \underline{F}$ folgt, weil $\underline{F}$ ein Filter ist. Also ist $A = gF' \in \underline{U}(g)$.

U_3) Es seien $gF, gF' \in \underline{U}(g)$. Dann ist $gF \cap gF' = g(F \cap F') \in \underline{U}(g)$, weil mit $F \in \underline{F}$ und $F' \in \underline{F}$ auch $F \cap F' \in \underline{F}$ gilt.

U_4) Es sei $gF \in \underline{U}(g)$. Zu F existiert ein $F' \in \underline{F}$ mit $F' \circ F' \subset F$, woraus wegen $F' \subset F' \circ F' \subset F$ ($e \in F'$ nach a)!) sofort $gF' \subset gF$ folgt. Aus $\{a\} \subset gF'$ folgt $\{a\} \circ F' = aF' \subset gF' \circ F' \subset gF$, also gilt $gF \in \underline{U}(a)$ wegen U_2) für jedes $a \in gF' \in \underline{U}(g)$.

c) α) $m : G \times G \longrightarrow G$ ist stetig:

Sind $a, b \in G$, so ist zu $V \in \underline{F}$ ein $U \in \underline{F}$ und $W \in \underline{F}$ zu finden, so daß $(aU) \circ (bW) \subset (a \circ b)V$ gilt.

Zu $V \in \underline{F}$ existiert nach (2') ein $W \in \underline{F}$ mit $W \circ W \subset V$.

Setzt man $bWb^{-1} = U$, so ist $U \in \underline{F}$ nach (3') und es gilt $(aU) \circ (bW) = (abWb^{-1}) \circ bW = ((a \circ b)W) \circ (eW) = (a \circ b)W \circ W \subset abV$.

β) $s : G \longrightarrow G$ ist stetig: Zu $a \in G$ und $U \in \underline{F}$ ist ein $V \in \underline{F}$ zu finden, so daß

$$(*) \quad (aV)^{-1} \subset a^{-1} U$$

gilt. Setzt man $V = a^{-1} U^{-1} a$, so ist $V \in \underline{F}$ nach (1') und (3'), und (*) ist erfüllt.

d) Bezeichnet man mit $\underline{X}$ die durch $\underline{U}$ eindeutig bestimmte Topologie (vgl.1.1.9.), so ist nach c) $(G,\circ,\underline{X})$ eine topologische Gruppe und damit ist $\underline{U}$ und folglich auch $\underline{X}$ durch Vorgabe von $\underline{U}(e) = \underline{F}$ bereits eindeutig bestimmt (s.9.5.7. Kor.).

<u>9.5.9</u>. <u>Satz</u>: Es sei $(G,\circ,\underline{X})$ eine topologische Gruppe, e das Einheitselement von $(G,\circ)$. Für jedes $V \in \underline{U}(e)$ sei

$$L_V = \{(x,y) \mid (x,y) \in G \times G,\ x^{-1} \circ y \in V\}$$

und

$$R_V = \{(x,y) \mid (x,y) \in G \times G,\ y \circ x^{-1} \in V\}.$$

Dann ist $\underline{B}_L = \{L_V \mid V \in \underline{U}(e)\}$ Basis einer Uniformität $\underline{U}_L$ für G, der sog. <u>Linksuniformität</u>, und $\underline{B}_R = \{R_V \mid V \in \underline{U}(e)\}$ ist Basis einer Uniformität $\underline{U}_R$ für G, der sog. <u>Rechtsuniformität</u>. $\underline{U}_L$ und $\underline{U}_R$ induzieren die Topologie $\underline{X}$.

<u>Beweis</u>: 1) $\underline{B}_L$ ist Basis einer Uniformität:

BU_1) $\Delta \subset L_V$ für alle $V \in \underline{U}(e)$; denn ist $(x,x) \in \Delta$, so ist $x^{-1} \circ x = e \in V$ für alle $V \in \underline{U}(e)$.

BU_2) Für jedes $V \in \underline{U}(e)$ gilt:

$$(x,y) \in (L_V)^{-1} \Leftrightarrow (y,x) \in L_V \Leftrightarrow y^{-1} \circ x \in V \Leftrightarrow (y^{-1} \circ x)^{-1} =$$
$$= x^{-1} \circ y \in V^{-1} \Leftrightarrow (x,y) \in L_{V^{-1}}.$$

Also ist $(L_V)^{-1} = L_{V^{-1}} \in \underline{B}_L$, weil wegen $V \in \underline{U}(e)$ auch $V^{-1} \in \underline{U}(e)$ ist.

BU_3) Es sei $L_V \in \underline{B}_L$. Zu $V \in \underline{U}(e)$ existiert ein $W \in \underline{U}(e)$ mit $W \circ W \subset V$. Daraus folgt $L_W \circ L_W \subset L_V$ (denn ist $(x,z) \in L_W \circ L_W$, so existiert ein $y \in G$ mit $(x,y) \in L_W$ und $(y,z) \in L_W$, d.h. $x^{-1} \circ y \in W$ und $y^{-1} \circ z \in W$, also gilt $x^{-1} \circ z = x^{-1} \circ y \circ y^{-1} \circ z \in W \circ W \subset V$, woraus $(x,z) \in L_V$ folgt).

BU_4) Sind V, $W \in \underline{U}(e)$, so gilt trivialerweise

$$L_V \cap L_W = L_{V \cap W}$$

2) Analog zu 1) zeigt man: $\underline{B}_R$ ist Basis einer Uniformität.

3) $\underline{X}_{\underline{U}_L} = \underline{X}$ folgt daraus, daß für jedes $x \in X$ und jedes $V \in \underline{U}(e)$

$$L_V(x) = \{y \mid (x,y) \in L_V\} = \{y \mid y \in xV\} = xV$$

gilt und $\underline{U}(x) = \{xV \mid V \in \underline{U}(e)\}$ ist. Entsprechend ist $\underline{X}_{\underline{U}_R} = \underline{X}$.

<u>9.5.10</u>. <u>Korollar</u>: Es sei $(G,\circ,\underline{X})$ eine topologische Gruppe. Dann ist $(G,\underline{X})$ ein T_{3a}-Raum.

<u>Beweis:</u> Nach 9.5.9. ist $(G,\underline{X})$ uniformisierbar, also nach 9.4.4. ein T_{3a}-Raum.

<u>9.5.11</u>. <u>Korollar</u>: Es sei $(G,\circ,\underline{X})$ eine topologische Gruppe, e das Einheitselement von $(G,\circ)$. Dann sind folgende Aussagen äquivalent:

(1) $(G,\underline{X})$ ist ein T_0-Raum

(2) $(G,\underline{X})$ ist ein T_1-Raum

(3) $(G,\underline{X})$ ist ein T_2-Raum

(4) $(G,\underline{X})$ ist ein T_{2a}-Raum

(5) $(G,\underline{X})$ ist regulär

(6) $(G,\underline{X})$ ist vollständig regulär

(7) $\bigcap_{V \in \underline{U}(e)} V = \{e\}$.

Beweis: Wegen 9.1.13., 9.1.14. und 9.4.5. ist jede der Aussagen (1) - (6) äquivalent zu

$$(7') \quad \bigcap_{W \in \underline{U}_L} W = \bigcap_{V \in \underline{U}(e)} L_V = \Delta$$

Es genügt also die Äquivalenz von (7) und (7') zu zeigen:

(7') $\Rightarrow$ (7): Ist $x \in \bigcap_{V \in \underline{U}(e)} V$, so gilt $(e,x) \in L_V$ für alle $V \in \underline{U}(e)$, weil $e^{-1} \circ x = x \in V$ ist für alle $V \in \underline{U}(e)$; also gilt nach (7') $x = e$, d.h. $\bigcap_{V \in \underline{U}(e)} V \subset \{e\}$, woraus sofort (7) folgt.

(7) $\Rightarrow$ (7'): Ist $(x,y) \in \bigcap_{V \in \underline{U}(e)} L_V$, so ist $x^{-1} \circ y \in V$ für alle $V \in \underline{U}(e)$ und folglich ist $x^{-1} \circ y = e$ nach (7), also ist $x = y$, woraus $\bigcap_{V \in \underline{U}(e)} L_V \subset \Delta$ folgt und damit sofort (7').

9.5.12. Bemerkungen: ① Ist $(G,\circ,\underline{X})$ eine topologische Gruppe und $(G,\circ)$ abelsch, so ist $\underline{U}_L = \underline{U}_R$.

② Es gibt topologische Gruppen derart, daß $\underline{U}_L \neq \underline{U}_R$ ist, wie das folgende Beispiel zeigt:

$GL(2,\mathbb{R})$ sei die multiplikative Gruppe der nicht-singulären (2,2)-Matrizen reeller Zahlen (nicht-singulär bedeutet, daß die zugehörige Determinante von null verschieden ist).

$$G = \left\{ \begin{pmatrix} x & y \\ 0 & 1 \end{pmatrix} \middle| \; x,y \in \mathbb{R},\; x \neq 0 \right\}$$

ist dann versehen mit der Matrizenmultiplikation eine Untergruppe von $GL(2,\mathbb{R})$. $M(2,\mathbb{R}) = \{$Matrizen vom Typ (2,2) über $\mathbb{R}\}$ läßt sich in natürlicher Weise topologisieren:

Die durch $f\left(\begin{pmatrix} a_{11} & a_{12} \\ a_{21} & a_{22} \end{pmatrix}\right) = (a_{11}, a_{12}, a_{21}, a_{22})$

definierte Abbildung $f : M(2,\mathbb{R}) \longrightarrow \mathbb{R}^{2^2=4}$ ist bijektiv. Versieht man $\mathbb{R}^4$ mit der natürlichen Topologie (d.h. der von der Euklidischen Metrik induzierten), so wird definiert:

$$O \text{ offen in } M(2,\mathbb{R}) :\Longleftrightarrow f[O] \text{ offen in } \mathbb{R}^4.$$

Auf diese Weise wird $M(2,\mathbb{R})$ zu einem topologischen Raum und $GL(2,\mathbb{R})$ zu einer topologischen Gruppe (die Verträglichkeit von Topologie und Gruppenstruktur ist recht einfach mit Mitteln der reellen Analysis nachzuweisen) und damit auch G (bez. der Relativtopologie $\underline{X}$). Insbesondere ist $(G,\underline{X})$ ein T_2-Raum, weil $\mathbb{R}^4$ und jeder Unterraum diese Eigenschaft hat.

$(\underline{X}_m)_{m\in\mathbb{N}}$, $(\underline{Y}_m)_{m\in\mathbb{N}}$ seien Folgen in G, die durch

$$\underline{X}_m = \begin{pmatrix} m+1 & 1 \\ 0 & 1 \end{pmatrix} , \quad \underline{Y}_m = \begin{pmatrix} \frac{1}{m+1} & \frac{1}{(m+1)^2} \\ 0 & 1 \end{pmatrix}$$

für alle $m \in \mathbb{N}$ definiert sind.

Dann gilt:

$$(1)\ \lim_{m\to\infty} \underline{X}_m \underline{Y}_m = \lim_{m\to\infty} \begin{pmatrix} 1 & \frac{1}{m+1} + 1 \\ 0 & 1 \end{pmatrix} = \begin{pmatrix} 1 & 1 \\ 0 & 1 \end{pmatrix}$$

$$(2)\ \lim_{m\to\infty} \underline{Y}_m \underline{X}_m = \lim_{m\to\infty} \begin{pmatrix} 1 & \frac{1}{m+1} + \frac{1}{(m+1)^2} \\ 0 & 1 \end{pmatrix} = \begin{pmatrix} 1 & 0 \\ 0 & 1 \end{pmatrix}$$

also ist

$$\lim_{m\to\infty} \underline{Y}_m \underline{X}_m = \begin{pmatrix} 1 & 0 \\ 0 & 1 \end{pmatrix} \neq \lim_{m\to\infty} \underline{X}_m \underline{Y}_m = \begin{pmatrix} 1 & 1 \\ 0 & 1 \end{pmatrix}$$

Daraus folgt: $\underline{U}_L \neq \underline{U}_R$ (in bezug auf G);

denn es gilt folgendes

<u>Lemma:</u> Es sei $(G, \circ, \underline{X})$ eine topologische Gruppe derart, daß $(G, \underline{X})$ ein T_0-Raum ist. Existieren dann Folgen $(x_n)_{n\in\mathbb{N}}$, $(y_n)_{n\in\mathbb{N}}$ in G mit $\lim_{n\to\infty} x_n \circ y_n = e$ und $\lim_{n\to\infty} y_n \circ x_n = z \neq e$ (e: Einheitselement von $(G, \circ)$), so gilt:

$$(\{L_V \mid V \in \underline{U}(e)\}) = \underline{U}_L \neq (\{R_V \mid V \in \underline{U}(e)\}) = \underline{U}_R$$

<u>Beweis:</u> Der Beweis ist beendet, wenn gezeigt werden kann, daß ein $U \in \underline{U}(e)$ existiert mit $R_u \notin \underline{U}_L$ (d.h. für kein $V \in \underline{U}(e)$ gilt $L_V \subset R_u$).

Da $(G, \underline{X})$ T_0-Raum ist, ist $(G, \underline{X})$ nach 9.5.11. auch T_2-Raum, also existieren $U \in \underline{U}(e)$ und $W \in \underline{U}(z)$ mit $U \cap W = \emptyset$ weil $z \neq e$ gilt. Zu jedem $V \in \underline{U}(e)$ existiert ein $N_1 = N_1(V) \in \mathbb{N}$, so daß für alle $n \geqq N_1$ gilt $x_n \circ y_n \in V$, weil

$\lim_{n\to\infty} x_n \circ y_n = e$ ist. Da $\lim_{n\to\infty} y_n \circ x_n = z$ ist, gibt es ein

$N_2 = N_2(W)$, so daß für alle $n \geqq N_2(W)$ gilt $y_n \circ x_n \in W$. Setzt man $N = \max\{N_1, N_2\}$, so gilt

$(x_N^{-1})^{-1} \circ y_N = x_N \circ y_N \in V$ und $y_N \circ (x_N^{-1})^{-1} = y_N \circ x_N \in W$,

woraus sofort $(x_N^{-1}, y_N) \in L_V$ und wegen $U \cap W = \emptyset$

$y_N \circ (x_N^{-1})^{-1} \notin U$, d.h. $(x_N^{-1}, y_N) \notin R_U$, folgt. Also ist L_V für kein $V \in \underline{U}(e)$ in R_U enthalten.

<u>9.5.13.</u> Obwohl $\underline{U}_L$ und $\underline{U}_R$ bei einer topologischen Gruppe $(G, \circ, \underline{X})$ verschieden sein können, so ist $(G, \underline{U}_L)$ jedoch stets isomorph zu $(G, \underline{U}_R)$, wie der folgende Satz (s.(4)) zeigt:

<u>Satz</u>: Es sei $(G, \circ, \underline{X})$ eine topologische Gruppe. Dann gilt:

(1) Für jedes $g \in G$ ist sowohl $r_g : (G, \underline{U}_R) \to (G, \underline{U}_R)$ als auch $r_g : (G, \underline{U}_L) \to (G, \underline{U}_L)$ ein Isomorphismus.

(2) Für jedes $g \in G$ ist sowohl $l_g : (G, \underline{U}_R) \to (G, \underline{U}_R)$ als auch $l_g : (G, \underline{U}_L) \to (G, \underline{U}_L)$ ein Isomorphismus.

(3) Für jedes $g \in G$ ist sowohl $i_g : (G, \underline{U}_R) \to (G, \underline{U}_R)$ als auch $i_g : (G, \underline{U}_L) \to (G, \underline{U}_L)$ ein Isomorphismus

(4) Die Symmetrie

$s : (G, \underline{U}_R) \to (G, \underline{U}_L)$ ist ein Isomorphismus.

<u>Beweis:</u> (1) a) r_g ist trivialerweise bijektiv.

b) α) $r_g : (G, \underline{U}_R) \to (G, \underline{U}_R)$ ist gleichmäßig stetig: Es sei $R_V \in \underline{B}_R$. Dann gilt für $W = V \in \underline{U}(e)$, daß aus

$(x,y) \in R_W$, d.h. aus $y \circ x^{-1} \in W$, folgt $y \circ g \circ g^{-1} \circ x^{-1} =$ $= (y \circ g) \circ (x \circ g)^{-1} \in V$, d.h. $(x \circ g = r_g(x),\ y \circ g = r_g(y)) \in R_V$. Nach 9.2.2. ist damit alles gezeigt.

β) $r_g : (G, \underline{U}_L) \longrightarrow (G, \underline{U}_L)$ ist gleichmäßig stetig: Es sei $L_V \in \underline{B}_L$ vorgegeben. Da $V \in \underline{U}(e)$ gilt, existiert nach 9.5.7.(3) ein $W \in \underline{U}(e)$ mit $V = g^{-1} W g$.

Aus $(x,y) \in L_W$, d.h. aus $x^{-1} \circ y \in W$, folgt $g^{-1} \circ x^{-1} \circ y \circ g =$ $= (x \circ g)^{-1} \circ (y \circ g) \in V$, d.h. $(x \circ g = r_g(x),\ y \circ g = r_g(y)) \in L_V$. Nach 9.2.2. ist damit alles gezeigt.

c) Da $(r_g)^{-1} = r_{g^{-1}}$ ist, ist nach b) auch $(r_g)^{-1} : (G, \underline{U}_R) \longrightarrow (G, \underline{U}_R)$ sowie $(r_g)^{-1} : (G, \underline{U}_L) \longrightarrow (G, \underline{U}_L)$ gleichmäßig stetig.

(2) wird analog zu (1) bewiesen.

(3) $i_g = l_g \circ r_{g^{-1}}$ ist ein Isomorphismus als Kompositum zweier Isomorphismen.

(4) a) s ist trivialerweise bijektiv.

b) $s : (G, \underline{U}_R) \longrightarrow (G, \underline{U}_L)$ ist gleichmäßig stetig: Es sei $L_V \in \underline{B}_L$ vorgegeben. Da $V \in \underline{U}(e)$ gilt, ist auch $V^{-1} \in \underline{U}(e)$ nach 9.5.7.(1). Aus $(x,y) \in R_V^{-1}$, d.h. aus $y \circ x^{-1} \in V^{-1}$, folgt $(y \circ x^{-1})^{-1} = x \circ y^{-1} = (x^{-1})^{-1} \circ y^{-1} =$ $= (s(x))^{-1} \circ s(y) \in V$, d.h. $(s(x), s(y)) \in L_V$. Nach 9.2.2. ist damit alles gezeigt.

c) Analog zu b) zeigt man, daß $s = s^{-1}: (G,\underline{U}_L) \longrightarrow (G,\underline{U}_R)$ gleichmäßig stetig ist.

9.5.14. Definition: Ein topologischer Raum $(X,\underline{X})$ heißt pseudometrisierbar (metrisierbar), wenn es eine Pseudometrik (Metrik) d auf X gibt, die die Topologie $\underline{X}$ induziert.

9.5.15. Satz: Es sei $(G,\circ,\underline{X})$ eine topologische Gruppe. Dann sind folgende Aussagen äquivalent:

(1) $(G,\underline{X})$ ist pseudometrisierbar.

(2) $(G,\underline{X})$ erfüllt das 1.Abzählbarkeitsaxiom.

(3) Der Umgebungsfilter $\underline{U}(e)$ des Einheitselementes e von $(G,\circ)$ besitzt eine abzählbare Basis.

Korollar: Es sei $(G,\circ,\underline{X})$ eine topologische Gruppe. $(G,\underline{X})$ ist metrisierbar genau dann, wenn $(G,\underline{X})$ ein T_0-Raum ist und das 1.Abzählbarkeitsaxiom erfüllt.

Beweis: (1) $\Rightarrow$ (2): Analog wie für metrische Räume (s. 1.3.3.(2) b)).

(2) $\Rightarrow$ (3): Trivial.

(3) $\Rightarrow$ (1): Ist $\{V_n \mid n \in \mathbb{N}\}$ eine abzählbare Basis von $\underline{U}(e)$, so ist $\{L_{V_n} \mid n \in \mathbb{N}\}$ eine abzählbare Basis von $\underline{U}_L$.

Nach 9.4.7. gibt es dann eine Pseudometrik d auf G, die $\underline{U}_L$ induziert. $\underline{U}_L$ wiederum induziert nach 9.5.9. $\underline{X}$. Daraus folgt, daß d die Topologie $\underline{X}$ induziert; d.h. $(G,\underline{X})$ ist pseudometrisierbar.

Beweis des Korollars:

Ist $(G,\underline{X})$ metrisierbar, so erfüllt $(G,\underline{X})$ das 1.Abzählbarkeitsaxiom (s. 1.3.3.② b)) und ist ein T_o-Raum (sogar normal nach 4.5.3.). Ist umgekehrt $(G,\underline{X})$ ein T_o-Raum, also $(G,\underline{U}_L)$ separiert, und erfüllt $(G,\underline{X})$ das 1.Abzählbarkeitsaxiom, besitzt also $\underline{U}_L$ eine abzählbare Basis (s. (3) $\Rightarrow$ (1)), so gibt es nach 9.4.8. eine Metrik d auf G, die $\underline{U}_L$ induziert. Da $\underline{U}_L$ die Topologie $\underline{X}$ induziert, induziert d auch $\underline{X}$; d.h. $(G,\underline{X})$ ist metrisierbar. Damit ist das Korollar bewiesen.

9.5.16. Bemerkung: Zur Beschreibung topologischer Gruppen definiert man sich zulässige Abbildungen, also Morphismen, derart, daß eine Kategorie entsteht und ein sinnvoller Isomorphiebegriff herauskommt; das leisten die stetigen Homomorphismen. Sind zwei topologische Gruppen $(G,\circ,\underline{X})$ und $(G',\circ',\underline{X}')$ isomorph, dann sind $(G,\circ)$ und $(G',\circ')$ isomorph sowie $(G,\underline{X})$ und $(G',\underline{X}')$. Die Kategorie der topologischen Gruppen wird mit $\underline{TG}$ bezeichnet. Zwischen $\underline{TG}$ und $\underline{U}$ gibt es einen Quasi-Vergiß-Funktor $\underline{F}$, der folgendermaßen definiert ist: Für jedes $(G,\circ,\underline{X})\in|\underline{TG}|$ ist $\underline{F}((G,\circ,\underline{X})) = (G,\underline{U}_L)$ und $\underline{F}(f) = f$ für jedes $f\in \mathrm{Mor}\,\underline{TG}$; denn ist $f : (G,\circ,\underline{X})\longrightarrow(G',\circ,\underline{X}')$ ein stetiger Homomorphismus, so ist $f : (G,\underline{U}_L)\longrightarrow(G',\underline{U}_L')$ gleichmäßig stetig (Beweis: Es sei $L_V'\in\underline{B}_L'$ vorgegeben. Da $V\in\underline{U}(e')$ gilt und f stetig ist, ist $f^{-1}[V] = W\in\underline{U}(e)$. Aus $(x,y)\in L_W$, d.h. aus $x^{-1}\circ y\in W = f^{-1}[V]$ folgt $f(x^{-1}\circ y) = (f(x))^{-1}\circ f(y)\in V$ [Homomorphieeigenschaft von f!], d.h. $(f(x),f(y))\in L_V'$.

Nach 9.2.2. ist damit die gleichmäßige Stetigkeit von f gezeigt).
Es würde zu weit führen, näher auf die Kategorie TG einzugehen. Deshalb beenden wir den Exkurs und kehren zu den uniformen Räumen zurück.

9.6. Vollständige Räume und Vervollständigung.

9.6.1. Vorbemerkung: Wir wollen uns jetzt mit der Konvergenz in uniformen Räumen beschäftigen. Bekanntlich heißt eine Folge $(x_n)_{n \in \mathbb{N}}$ reeller Zahlen konvergent gegen $x_o \in \mathbb{R}$, wenn gilt: Zu jedem $\varepsilon > 0$ existiert ein $N(\varepsilon) \in \mathbb{N}$, so daß $|x_n - x_o| < \varepsilon$ gilt für alle natürlichen Zahlen $n \geq N(\varepsilon)$. Die Verallgemeinerung des Begriffes „Folge" ist der Begriff „Filter", wie wir bereits früher gesehen haben. Ein Filter $\underline{F}$ auf einem topologischen Raum X hieß konvergent gegen $x_o \in X$, wenn $\underline{F} \supset \underline{U}(x_o)$ gilt. Eine Folge $(x_n)_{n \in \mathbb{N}}$ in einem topologischen Raum X wurde dann als konvergent definiert, wenn der von der Folge erzeugte Elementarfilter konvergent ist (der Elementarfilter zur Folge $(x_n)_{n \in \mathbb{N}}$ besitzt $\underline{B} = \{ B_m \mid m \in \mathbb{N} \}$ mit $B_m = \{ x_n \mid n \geq m \}$ für alle $m \in \mathbb{N}$ als Basis).

Eine Konvergenzbedingung, die unabhängig vom Limes ist, ist das aus der Analysis bekannte Cauchy'sche Konvergenzkriterium. Dieses gilt es zu übertragen. Dazu ist zunächst der Begriff Cauchy-Folge zu verallgemeinern. Bekanntlich definiert man: Eine Folge $(x_n)_{n \in \mathbb{N}}$ reeller

Zahlen heißt C-Folge, wenn gilt: Zu jedem $\varepsilon > 0$ existiert ein $N(\varepsilon) \in \mathbb{N}$, so daß $|x_n - x_m| < \varepsilon$ gilt für alle natürlichen Zahlen $n, m \geqq N(\varepsilon)$. Die Übertragung stößt auf folgende Schwierigkeit: $|x_n - x_m| < \varepsilon$ ist dahingehend zu interpretieren, daß x_n in einer ε-Umgebung von x_m liegt und umgekehrt x_m in einer ε-Umgebung von x_n; d.h. die Übertragung basiert darauf, daß man ε-Umgebungen verschiedener Punkte der „Größe" nach vergleichen kann (hier durch „ε"). Diese Möglichkeit ist in jedem uniformen Raum $(X,\underline{W})$ gegeben; denn

$(x_n,x_m) \in V \in \underline{W}$ bedeutet $x_m \in V(x_n) \in \underline{U}(x_n)$

und, falls V symmetrisch ist (die symmetrischen Nachbarschaften bilden eine Basis!): $x_n \in V(x_m) \in \underline{U}(x_m)$.

In $\mathbb{R}$ bilden die Mengen $V_\varepsilon = \{(x,y) \mid |x - y| < \varepsilon\}$ für jedes $\varepsilon > 0$ eine Basis einer Uniformität und $\underline{B} = \{B_k = \{x_m \mid m \geqq k\} \mid k \in \mathbb{N}\}$ ist Basis des Elementarfilters der Folge $(x_n)_{n\in\mathbb{N}}$ reeller Zahlen. Dann gilt:

$$|x_n - x_m| < \varepsilon \text{ für } n,m \geqq N(\varepsilon) \Leftrightarrow B_{N(\varepsilon)} \times B_{N(\varepsilon)} \subset V_\varepsilon$$

(d.h. zu jeder Basismenge V der betrachteten Uniformität existiert eine Basismenge B des Elementarfilters, so daß $B \times B \subset V$ gilt).

Es ist also vernünftig, folgendes zu definieren (man beachte das nachfolgende Lemma!):

9.6.2. Definitionen: 1) Ein Filter $\underline{F}$ auf einem uniformen Raum $(X,\underline{W})$ heißt Cauchy-Filter oder kurz C-Filter, wenn zu jedem $V \in \underline{W}$ ein $F \in \underline{F}$ existiert, so daß $F \times F \subset V$ gilt.

2) Eine Folge $(x_n)_{n \in \mathbb{N}}$ auf einem uniformen Raum $(X,\underline{W})$ heißt Cauchy-Folge oder kurz C-Folge, wenn der zugehörige Elementarfilter ein Cauchy-Filter ist.

9.6.3. Lemma: Es sei $(X,\underline{W})$ ein uniformer Raum, $\underline{B}$ Basis von $\underline{W}$, $\underline{F}$ Filter auf X und $\underline{F}_B$ Basis von $\underline{F}$. Dann gilt: $\underline{F}$ ist Cauchy-Filter genau dann, wenn zu jedem $B \in \underline{B}$ ein $F_B \in \underline{F}_B$ existiert, so daß

$$F_B \times F_B \subset B$$

gilt.

Beweis: 1) Es sei $\underline{F}$ ein C-Filter. Zu jedem $B \in \underline{B} \subset \underline{W}$ existiert dann ein $F \in \underline{F}$ mit $F \times F \subset B$. Ferner existiert ein $F_B \in \underline{B}$ mit $F_B \subset F$, also gilt $F_B \times F_B \subset B$.

2) Ist die angegebene Bedingung erfüllt und $V \in \underline{W}$, so gibt es ein $B \in \underline{B}$ mit $B \subset V$ und zu diesem ein $F_B \in \underline{F}_B \subset \underline{F}$ mit $F_B \times F_B \subset B \subset V$. Damit ist alles gezeigt.

9.6.4. Bemerkung: Gelegentlich nennt man eine Teilmenge A eines uniformen Raumes $(X,\underline{W})$ klein von der Ordnung V ($V \in \underline{W}$), wenn $A \times A \subset V$ gilt. Weiter sagt man, daß ein System von Teilmengen beliebig kleine Mengen enthält, wenn es zu jeder Nachbarschaft V eine Menge des Systems gibt, die klein von der Ordnung V ist. Mit dieser

Sprechweise ist dann ein Cauchy-Filter ein Filter, der beliebig kleine Mengen enthält.

9.6.5. Die Aussage, daß jede konvergente Folge reeller Zahlen eine Cauchy-Folge ist, wird übertragen durch den folgenden

Satz: Auf einem uniformen Raum $(X,\underline{W})$ ist jeder konvergente Filter ein Cauchy-Filter.

Beweis: Es sei $\underline{F}$ Filter auf $(X,\underline{W})$ mit $\underline{F} \supset \underline{U}(x)$ für ein $x \in X$. Weiter sei $V \in \underline{W}$ vorgegeben. Dann existiert ein $U \in \underline{W}$ mit $U = U^{-1}$ und $U^2 \subset V$. Da $U(x)$ Umgebung von x ist, gilt $U(x) \in \underline{F}$. Weiter ist

$$U(x) \times U(x) \subset U^2 \subset V$$

(denn $(y,z) \in U(x) \times U(x)$ impliziert $(x,y) \in U$ und $(x,z) \in U$, also wegen der Symmetrie von U : $(y,x) \in U$ und $(x,z) \in U$, d.h. $(y,z) \in U^2$),
d.h. $U(x)$ ist klein von der Ordnung V.

9.6.6. Bemerkung: Die Umkehrung von 9.6.5. ist i.a. falsch, z.B. für den uniformen Raum der rationalen Zahlen. Es gilt jedoch eine abgeschwächte Umkehrung:

9.6.7. Satz: Jeder Cauchy-Filter, der Häufungspunkte besitzt, konvergiert gegen diese.

9.6.7.1. Bevor wir 9.6.7. beweisen, zeigen wir folgendes
Lemma: Es sei $(X,\underline{W})$ ein uniformer Raum. Dann bilden die (in $X \times X$, versehen mit der Produkttopologie) abgeschlossenen

symmetrischen Nachbarschaften eine Basis von $\underline{W}$.

Beweis des Lemmas: Es sei $U \in \underline{W}$. Dann existiert ein $V = V^{-1} \in \underline{W}$, so daß $V^3 \subset U$ gilt. Weiter ist

$$V \subset \bar{V} \subset V^3;$$

denn $(x,y) \in \bar{V}$ impliziert $(V(x) \times V(y)) \cap V \neq \emptyset$ ($V(x) \times V(y)$ ist offensichtlich Umgebung von (x,y) in $X \times X$!), also existiert $(x',y') \in X \times X$ mit $x' \in V(x)$, $y' \in V(y)$ und $(x',y') \in V$, d.h. $(x,x') \in V$, $(y,y') \in V$ und $(x',y') \in V$, woraus $(x,y') \in V^2$ und wegen der Symmetrie von V auch $(y',y) \in V$ folgt; also gilt $(x,y) \in V^3$.

$\bar{V}$ ist außerdem symmetrisch (d.h. $\bar{V} = \bar{V}^{-1}$):

a) $\bar{V}^{-1} \subset \bar{V}$: Ist $(x,y) \in \bar{V}^{-1}$, so ist $(y,x) \in \bar{V}$.

Für jede offene Umgebung O_x von x und O_y von y gilt dann $(O_y \times O_x) \cap V \neq \emptyset$, also ist auch

$((O_y \times O_x) \cap V)^{-1} = (O_x \times O_y) \cap V^{-1} = (O_x \times O_y) \cap V \neq \emptyset$,

d.h. $(x,y) \in \bar{V}$.

b) $\bar{V} \subset \bar{V}^{-1}$ wird analog zu a) bewiesen.

Wegen $V \subset \bar{V}$ ist $\bar{V}$ auch Nachbarschaft (Filtereigenschaft von $\underline{W}$!). Sie ist abgeschlossen, symmetrisch und in U enthalten. Damit ist alles gezeigt.

Beweis des Satzes: Es sei $\underline{F}$ Cauchy-Filter auf einem uniformen Raum $(X,\underline{W})$ und $x \in X$ sei Häufungspunkt von $\underline{F}$, d.h. $x \in \bigcap_{F \in \underline{F}} \bar{F}$. Zu zeigen: $\underline{F} \supset \underline{U}(x)$. Es sei $U_x \in \underline{U}(x)$.

Aufgrund des eben bewiesenen Lemmas und wegen 9.1.10. existiert eine abgeschlossene, symmetrische Nachbarschaft $V \in \underline{W}$ mit

$$(*) \quad V(x) \subset U_x.$$

Da $\underline{F}$ C-Filter ist, existiert ein $F \in \underline{F}$ mit $F \times F \subset V$, woraus $\overline{F \times F} = \overline{F} \times \overline{F} \subset \overline{V} = V$ folgt. Dann ist aber

$$(**) \quad F \subset \overline{F} \subset V(x),$$

weil x Häufungspunkt von $\underline{F}$ ist und folglich $x \in \overline{F}$ gilt; denn $y \in \overline{F}$ impliziert dann $(x,y) \in \overline{F} \times \overline{F} \subset V$, also $y \in V(x)$. Da $\underline{F}$ Filter ist, folgt aus (*) und (**) $U_x \in \underline{F}$. Damit ist alles gezeigt.

9.6.8. Satz: Es seien $(X,\underline{W})$, $(X',\underline{W}')$ uniforme Räume, $f : X \longrightarrow X'$ eine gleichmäßig stetige Abbildung sowie $\underline{F}$ ein C-Filter auf X. Dann ist $f(\underline{F})$ C-Filter auf X'.

Beweis: Es sei $W' \in \underline{W}'$ vorgegeben. Da f gleichmäßig stetig ist, ist $W = (f \times f)^{-1}[W'] \in \underline{W}$. Zu W existiert ein $F \in \underline{F}$ mit $F \times F \subset W$, weil $\underline{F}$ C-Filter auf X ist. Also ist

$(f \times f)[F \times F] = f[F] \times f[F] \subset (f \times f)[W] \subset W'$.

Da $f[F] \in f(\underline{F})$ ist, ist damit alles gezeigt.

9.6.9. Bemerkungen: (1) Aus 9.6.8. folgt unmittelbar: Vergröbert man die Uniformität auf einer Menge X, so bleibt jeder Filter, der C-Filter bez. der ursprünglichen Uniformität war, auch C-Filter bez. der neuen, vergröberten Uniformität, d.h.: Je feiner eine Uniformität ist, desto weniger Cauchy-Filter besitzt sie.

(2) Aus 9.6.8. folgt auch: Die Fortsetzung eines C-Filters ist wieder ein C-Filter.

(3) Eine Abbildung, die C-Filter in C-Filter überführt, ist stetig, braucht aber nicht

gleichmäßig stetig zu sein. Beispiel: e^x.

9.6.10. Satz: Es seien X eine Menge, $(X_i, \underline{W}_i)_{i \in I}$ eine Familie uniformer Räume und $f_i : X \to X_i$ Abbildungen für jedes $i \in I$. X werde versehen mit der initialen Uniformität $\underline{W}$ bez. $(f_i)_{i \in I}$. Dann gilt: Ein Filter $\underline{F}$ auf X ist C-Filter genau dann, wenn $f_i(\underline{F})$ C-Filter auf X_i ist für jedes $i \in I$.

Korollar: Es sei $(Y, \underline{W})$ ein uniformer Raum, $A \subset Y$ und $\underline{F}$ C-Filter auf Y. Existiert dann die Spur von $\underline{F}$ auf A, so ist sie ein C-Filter.

Beweis: 1) Es sei $\underline{F}$ C-Filter auf X. Nach 9.6.8. ist dann $f_i(\underline{F})$ C-Filter auf X_i für alle $i \in I$, weil alle f_i gleichmäßig stetig sind.

2) Es sei $\underline{F}$ Filter auf X und $f_i(\underline{F})$ C-Filter auf X_i für jedes $i \in I$. $U \in \underline{W}$ sei vorgegeben. Dann existiert $\{i_1, \dots i_n\} \subset I$ mit

$$U \supset \bigcap_{k=1}^{n} g_{i_k}^{-1} \; [V_{i_k}],$$

wobei $V_{i_k} \in \underline{W}_{i_k}$ und $g_{i_k} = f_{i_k} \times f_{i_k}$ gilt. Zu $V_{i_k} \in \underline{W}_{i_k}$

existiert $\hat{F}_{i_k} \in f_{i_k}(\underline{F})$ mit $\hat{F}_{i_k} \times \hat{F}_{i_k} \subset V_{i_k}$, weil $f_{i_k}(\underline{F})$ C-Filter auf Y_{i_k} ist. Andererseits gilt $\hat{F}_{i_k} \supset f_{i_k} \; [F_{i_k}]$ mit $F_{i_k} \in \underline{F}$, woraus dann

$$f_{i_k}[F_{i_k}] \times f_{i_k}[F_{i_k}] = (f_{i_k} \times f_{i_k})[F_{i_k} \times F_{i_k}] = g_{i_k}[F_{i_k} \times F_{i_k}]$$

$$\subset \hat{F}_{i_k} \times \hat{F}_{i_k} \subset V_{i_k}$$ folgt, also

$$F_{i_k} \times F_{i_k} \subset g_{i_k}^{-1}[V_{i_k}].$$

Da $\underline{F}$ Filter ist, gilt $F = \bigcap_{k=1}^{n} F_{i_k} \in \underline{F}$. Wegen

$$F \times F = \bigcap_{k=1}^{n} (F_{i_k} \times F_{i_k}) \subset \bigcap_{k=1}^{n} g_{i_k}^{-1}[V_{i_k}] \subset U$$

ist damit alles bewiesen.

Bezeichnet $i : A \longrightarrow Y$ die Inklusionsabbildung und existiert $i^{-1}(\underline{F})$, so ist $i(i^{-1}(\underline{F})) \supset \underline{F}$ als feinerer Filter ebenfalls ein C-Filter, woraus zusammen mit dem eben bewiesenen Satz das Korollar folgt.

9.6.11. Definition: Ein uniformer Raum $(X, \underline{W})$ heißt vollständig, wenn jeder Cauchy-Filter auf X konvergiert.

9.6.12. Bemerkungen: (1) Vollständige (uniforme) Räume gestatten die Übertragung des Cauchy'schen Konvergenzkriteriums: Auf einem vollständigen Raum ist ein Filter genau dann konvergent, wenn er ein Cauchy-Filter ist.

(2) a) In metrischen Räumen kann man sich bereits auf C-Folgen beschränken, wenn man Vollständigkeit nachweisen will. Es gilt:

Ein metrischer Raum (X,d) ist genau dann vollständig (bez. der von d induzierten Uniformität $\underline{W}$), wenn jede Cauchy-Folge in X konvergent ist.

(Beweis: 1) „$\Rightarrow$" : trivial.

2) „$\Leftarrow$" : Es sei $\underline{F}$ Cauchy-Filter auf X. Zu zeigen: $\underline{F}$ ist konvergent, d.h. es existiert ein $x \in X$ mit $\underline{F} \supset \underline{U}(x)$.

$\left\{ V_{\frac{1}{n+1}} = \left\{ (x,y) \mid d(x,y) < \frac{1}{n+1} \right\} \mid n \in \mathbb{N} \right\}$ ist Basis von $\underline{W}$.

Da $\underline{F}$ C-Filter ist, existiert zu jedem $n \in \mathbb{N}$ ein $F_n \in \underline{F}$ mit $F_n \times F_n \subset V_{\frac{1}{n+1}}$. Aus jedem F_n wähle man ein Element x_n aus [$F_n \neq \emptyset$, weil $\underline{F}$ Filter!]

Behauptung: $(x_n)_{n \in \mathbb{N}}$ ist eine C-Folge.

Beweis: Es genügt zu zeigen: Zu jedem $n \in \mathbb{N}$ gibt es ein $N(n) \in \mathbb{N}$, so daß für alle natürlichen Zahlen m,k mit $m > k \geq N(n)$ gilt $d(x_m, x_k) < \frac{1}{n+1}$. Man wähle $N(n) = 2n+1$.

Da $\frac{1}{m+1} < \frac{1}{k+1}$ ist, gilt $V_{\frac{1}{m+1}} \subset V_{\frac{1}{k+1}}$, also $F_m \times F_m \subset V_{\frac{1}{k+1}}$ und $F_k \times F_k \subset V_{\frac{1}{k+1}}$. Wegen $F_m \cap F_k \neq \emptyset$ ($\underline{F}$ Filter!) existiert ein $c \in F_m \cap F_k$, und es ist $(x_m, c) \in V_{\frac{1}{k+1}}$ sowie $(c, x_k) \in V_{\frac{1}{k+1}}$, also $d(x_m, x_k) \leq d(x_m, c) + d(c, x_k) < \frac{1}{k+1} + \frac{1}{k+1} = \frac{2}{k+1} \leq \frac{1}{n+1}$, weil $k \geq 2 \cdot n+1 = N(n)$ ist.

Nach Voraussetzung konvergiert $(x_n)_{n \in \mathbb{N}}$ gegen $x \in X$.

Behauptung: $\underline{F}$ konvergiert gegen x, d.h. $\underline{F} \supset \underline{U}(x)$.

Beweis: Es genügt zu zeigen: $\underline{F} \supset \underline{B}(x) = \left\{ V_{\frac{1}{n+1}}(x) \mid n \in \mathbb{N} \right\}$, weil $\underline{B}(x)$ Umgebungsbasis von x ist und $\underline{F}$ ein Filter ist (also abgeschlossen gegenüber Bildung von Obermengen).

Es sei $j \in \mathbb{N}$ vorgegeben. Da x Limes von $(x_n)_{n \in \mathbb{N}}$ ist, gibt es ein $n_0 \in \mathbb{N}$, so daß für alle natürlichen $n \geqq n_0$ gilt $d(x,x_n) < \frac{1}{2(j+1)}$. Setzt man $i = \max\{n_0, 2j+1\}$,

so ist $F_i \subset V_{\frac{1}{j+1}}(x)$, weil aus $y \in F_i$ folgt

$$d(x,y) \leqq d(x,x_i) + d(x_i,y) < \frac{1}{2(j+1)} + \frac{1}{i+1} \leqq \frac{1}{j+1},$$

also $y \in V_{\frac{1}{j+1}}(x)$. Daraus folgt $V_{\frac{1}{j+1}}(x) \in \underline{F}$, weil $\underline{F}$ Filter ist. Damit ist alles gezeigt, weil $j \in \mathbb{N}$ beliebig war.)

b) Wie aus der Analysis bekannt ist, bilden die reellen Zahlen ein Beispiel für einen vollständigen Raum.

(3) Jeder diskrete uniforme Raum ist vollständig.

(Da in einem diskreten uniformen Raum $(X,\underline{W})$ die Diagonale Δ eine Nachbarschaft ist, existiert zu jedem C-Filter $\underline{F}$ auf X ein $F \in \underline{F}$ mit $F \times F \subset \Delta$, d.h. F ist einelementig, etwa $F = \{x\}$ mit $x \in X$. Offenbar konvergiert $\underline{F}$ gegen x; denn jedes $U_x \in \underline{U}(x)$ gehört als Obermenge von $\{x\}$ zu $\underline{F}$).

9.6.13. Ein Unterraum eines vollständigen Raumes braucht nicht vollständig zu sein, wie $\mathbb{Q}$ als Unterraum von $\mathbb{R}$ zeigt. Jedoch gilt:

Satz: 1) Jeder abgeschlossene Unterraum eines vollständigen Raumes ist vollständig.

2) Jeder vollständige Unterraum eines separierten

uniformen Raumes ist abgeschlossen.

<u>Beweis</u>: 1) Es sei $(X,\underline{W})$ ein vollständiger uniformer Raum und $A = \overline{A} \subset X$ sowie $\underline{F}$ ein C-Filter auf A. Bezeichnet $i : A \to X$ die Inklusionsabbildung, so ist $i(\underline{F}) = \underline{F}'$ nach 9.6.8. ein C-Filter auf X, der nach Voraussetzung über X gegen $x \in X$ konvergiert. A gehört trivialerweise zu $\underline{F}$ und damit auch zu $\underline{F}'$, d.h. A ist abgeschlossene Teilmenge von $\underline{F}'$. Da x als Limes von $\underline{F}'$ auch Häufungspunkt von $\underline{F}'$ ist, d.h. $x \in \bigcap_{F \in \underline{F}} \overline{F}$ gilt, folgt $x \in A = \overline{A} \in \underline{F}'$. Daraus folgt, daß $\underline{F}$ gegen x konvergiert $\left(i(\underline{F}) \supset \underline{U}(x)\right.$ impliziert $i^{-1}(\underline{U}(x)) \subset i^{-1}(i(\underline{F})) \subset \underline{F}$, wobei $i^{-1}(\underline{U}(x))$ gerade der Umgebungsfilter von x auf A ist wegen $\left. x \in \overline{A} = A\right)$.

2) Es sei $(X,\underline{W})$ ein separierter uniformer Raum und $A \subset X$ (versehen mit der initialen Uniformität bez. der Inklusionsabbildung $i : A \to X$) vollständig. Zu zeigen: $\overline{A} \subset A$. Es sei $x \in \overline{A}$. $\underline{U}(x)$ besitzt dann eine Spur auf A, d.h. $i^{-1}(\underline{U}(x))$ existiert. Da $\underline{U}(x)$ als konvergenter Filter ein C-Filter ist, ist nach 9.6.10. Kor. auch $i^{-1}(\underline{U}(x))$ ein C-Filter. Da A vollständig ist, existiert ein $y \in A$ mit $i^{-1}(\underline{U}(x)) \to y$. Wegen der Stetigkeit von i konvergiert $i(i^{-1}(\underline{U}(x)))$ gegen $i(y) = y$ und wegen $i(i^{-1}(\underline{U}(x))) \supset \underline{U}(x)$ auch gegen x, woraus aufgrund der Separiertheit von X folgt $x = y$, d.h. $x \in A$. Damit ist alles gezeigt.

<u>9.6.14</u>. <u>Satz</u>: Es sei $(X_i,\underline{W}_i)_{i \in I}$ eine Familie nicht leerer

uniformer Räume. Dann gilt: $\prod_{i \in I} X_i$ ist vollständig genau dann, wenn alle X_i vollständig sind.

Beweis: 1) „$\Leftarrow$" : Es sei $\underline{F}$ ein C-Filter auf $\prod_{i \in I} X_i$. Bezeichnet $p_i : \prod_{i \in I} X_i \to X_i$ für jedes $i \in I$ die Projektionsabbildung, so ist nach 9.6.8. $p_i(\underline{F})$ ein C-Filter auf X_i, der nach Voraussetzung über X_i gegen $x_i \in X_i$ konvergiert, für jedes $i \in I$. Nach 3.3.9. konvergiert dann $\underline{F}$ gegen $x = (x_i)_{i \in I}$. $\prod_{i \in I} X_i$ ist also vollständig.

2) „$\Rightarrow$" : Für jedes $i \in I$ sei $\underline{F}_i$ ein C-Filter auf X_i. Das System $\underline{B} = \left\{ \prod_{i \in I} F_i \mid F_i \in \underline{F}_i \text{ für alle } i \in I \text{ und } F_i = X_i \text{ für fastalle } i \in I \right\}$ ist Filterbasis auf $\prod_{i \in I} X_i$ (denn: $\prod_{i \in I} F_i \cap \prod_{i \in I} F_i' \supset \prod_{i \in I} (F_i \cap F_i') \in \underline{B}$ und $\prod_{i \in I} F_i \neq \emptyset$). Für $(\underline{B}) = \underline{F}$ gilt[64]:

$$p_i(\underline{F}) = \underline{F}_i \text{ für alle } i \in I.$$

(denn: a) $A \in p_i(\underline{F})$ impliziert $A \supset p_i(F)$ mit $F \in \underline{F}$, wobei $F \supset B$ mit $B \in \underline{B}$ gilt, also gilt $A \supset p_i(B) = p_i\left(\prod_{i \in I} F_i\right) = F_i \in \underline{F}_i$, woraus $A \in \underline{F}_i$ folgt.

b) Ist $A \in \underline{F}_i$, so gehört $\prod_{j \in I} F_j$ mit $F_j = X_j$ für $j \neq i$ und $F_i = A$ zu $\underline{B} \subset \underline{F}$, und folglich ist $p_i\left(\prod_{j \in I} F_j\right) = A \in p_i(\underline{F})$.)

---

64) Der Filter $\underline{F}$ wird gelegentlich auch Produktfilter genannt und mit $\prod_{i \in I} \underline{F}_i$ bezeichnet.

Nach 9.6.10. ist dann $\underline{F}$ C-Filter auf $\prod_{i \in I} X_i$, der nach Voraussetzung über $\prod_{i \in I} X_i$ gegen $x = (x_i) \in \prod_{i \in I} X_i$ konvergiert. Nach 3.3.9. konvergiert dann $p_i(\underline{F}) = \underline{F}_i$ gegen x_i für jedes $i \in I$. Infolgedessen sind alle X_i vollständig.

9.6.15. Bemerkung: Bevor wir darangehen können, jedem uniformen Raum einen vollständigen uniformen Raum in geeigneter Weise zuzuordnen, also eine „Vervollständigung" zu konstruieren, weisen wir noch zwei Lemmata nach.

9.6.16. Lemma: Es seien $(X,\underline{R})$ ein uniformer Raum, $(Y,\underline{S})$ ein separierter vollständiger uniformer Raum, M eine dichte Teilmenge von X und $f : M \longrightarrow Y$ eine gleichmäßig stetige Abbildung. Dann existiert genau eine gleichmäßig stetige Abbildung $\bar{f} : X \longrightarrow Y$ mit $\bar{f}\,|\,M = f$ (d.h. eine gleichmäßig stetige Fortsetzung von f).

Beweis: Man definiere eine Abbildung $\bar{f} : X \longrightarrow Y$ durch:

$$\bar{f}(x) = \lim_{\substack{m \to x \\ m \in M}} f(m) \text{ für alle } x \in X.$$

⟨Aufgrund früherer Erklärungen bedeutet diese Symbolik:

a) $\underline{U}(x)$ besitzt eine Spur auf M, d.h. $i^{-1}(\underline{U}(x))$ existiert, wobei $i : M \longrightarrow X$ die Inklusionsabbildung bezeichnet.

b) $f(i^{-1}(\underline{U}(x)))$ ist konvergent und der Limes ist eindeutig bestimmt; er wird mit $\bar{f}(x)$ bezeichnet.

Die Definition ist sinnvoll:

a) ist erfüllt, weil M dicht in X ist, d.h. jede Umgebung U_x von x besitzt mit M einen nicht leeren Durchschnitt, also gilt $i^{-1}[U_x] = U_x \cap M \neq \emptyset$ und folglich existiert $i^{-1}(\underline{U}(x))$.

b) Nach 9.6.10.Kor. ist $i^{-1}(\underline{U}(x))$ als Spur des C-Filters $\underline{U}(x)$ ($\underline{U}(x)$ ist als konvergenter Filter ja ein C-Filter!) ein C-Filter. Nach 9.6.8. ist dann auch $f(i^{-1}(\underline{U}(x)))$ ein C-Filter (f ist gleichmäßig stetig!) auf Y, der wegen der Vollständigkeit von Y konvergent ist. Sein Limes ist eindeutig bestimmt, weil Y ein T_2-Raum ist.)

Wir zeigen zunächst: $\bar{f}$ ist gleichmäßig stetig.

Es sei $S \in \underline{S}$. Dann existiert eine symmetrische Nachbarschaft $S' \in \underline{S}$ mit $S'^3 \subset S$. Da f gleichmäßig stetig ist, gilt $(f \times f)^{-1}[S'] \in \underline{R}_M$, d.h. $(f \times f)^{-1}[S'] = (M \times M) \cap R$ für ein $R \in \underline{R}$, woraus

(0) $(f \times f)[(M \times M) \cap R] \subset S'$

folgt. Zu R existiert eine symmetrische Nachbarschaft $R' \in \underline{R}$ mit

(1) $R'^3 \subset R$.

Es sei nun $z \in X$: Wegen $f(i^{-1}(\underline{U}(z))) \longrightarrow \bar{f}(z)$, d.h. $f(i^{-1}(\underline{U}(z))) \supset \underline{U}(\bar{f}(z))$, existiert zu der Umgebung $S'(\bar{f}(z))$ von $\bar{f}(z)$ eine Umgebung $T(z)$ von z mit $T \in \underline{R}$ derart, daß gilt

(2) $f[T(z) \cap M] \subset S'(\bar{f}(z))$.

Da $T(z) \cap R'(z) \in \underline{U}(z)$ ist und M dicht in X ist, gilt

$T(z) \cap R'(z) \cap M \neq \emptyset$, d.h. es existiert ein $m_z \in T(z) \cap R'(z) \cap M$. Wegen (2) gilt $f(m_z) \in S'(\overline{f}(z))$, also

$$(3) \quad (\overline{f}(z),\ f(m_z)) \in S'$$

und wegen $m_z \in R'(z)$ außerdem

$$(4) \quad (z, m_z) \in R'.$$

Ist dann $(x,y) \in R'$, so gilt wegen $(x, m_x) \in R'$ und $(y, m_y) \in R'$ (vgl.(4)):

$$(m_x, m_y) \in R'^3, \text{ also}$$

unter Verwendung von (1)

$$(m_x, m_y) \in (M \times M) \cap R.$$

Wegen (0) ist dann $(f(m_x),\ f(m_y)) \in S'$, woraus wegen $(\overline{f}(x),\ f(m_x)) \in S'$ und $(\overline{f}(y),\ f(m_y)) \in S'$ (vgl.(3)) folgt $(\overline{f}(x),\ \overline{f}(y)) \in S'^3 \subset S$. Damit ist die gleichmäßige Stetigkeit von $\overline{f}$ bewiesen.

Da $\overline{f}$ genauso definiert worden ist wie im Beweis zu 4.4.5. und $(Y, \underline{Y}_{\underline{S}})$ regulär (sogar vollständig regulär!) ist, ist $\overline{f}$ die gesuchte eindeutig bestimmte Fortsetzung von f (man beachte: jede gleichmäßig stetige Abbildung ist stetig!), wie sofort aus 4.4.5. folgt.

<u>9.6.17</u>. <u>Korollar</u>: Es seien $(X, \underline{R})$, $(Y, \underline{S})$ separierte vollständige uniforme Räume und A dichte Teilmenge von X sowie B dichte Teilmenge von Y. Ist $f : (A, \underline{R}_A) \longrightarrow (B, \underline{S}_B)$ ein Isomorphismus, so setzt sich f zu einem Isomorphismus $\overline{f}' : (X, \underline{R}) \longrightarrow (Y, \underline{S})$ fort.

<u>Beweis</u>: Es sei $g = f^{-1}: B \longrightarrow A$. $g' : B \longrightarrow X$, definiert durch $g'(y) = g(y)$ für alle $y \in B$, ist dann gleichmäßig

stetig und besitzt nach dem oben bewiesenen Lemma eine gleichmäßig stetige Fortsetzung $\overline{g}'\colon Y \longrightarrow X$. Ebenso besitzt $f'\colon A \longrightarrow Y$, definiert durch $f'(x) = f(x)$ für alle $x \in X$, eine gleichmäßig stetige Fortsetzung $\overline{f}'\colon X \longrightarrow Y$. $\overline{g}' \circ \overline{f}'\colon X \longrightarrow X$ ist dann genauso wie $1_X\colon X \longrightarrow X$ gleichmäßig stetige Fortsetzung der Inklusionsabbildung $i : A \longrightarrow X$, woraus wegen der Eindeutigkeit der Fortsetzung folgt $\overline{g}' \circ \overline{f}' = 1_X$. Analog schließt man $\overline{f}' \circ \overline{g}' = 1_Y$; also ist $\overline{f}'$ ein Isomorphismus.

9.6.18. Bezeichnet man die minimalen Elemente in der durch „$\subset$" geordneten Menge aller C-Filter auf einem uniformen Raum als minimale Cauchy-Filter, so gilt das folgende

Lemma: Es sei $(X,\underline{W})$ ein uniformer Raum. Zu jedem C-Filter $\underline{F}$ auf X existiert genau ein minimaler C-Filter $\underline{F}_{min}$ mit $\underline{F}_{min} \subset \underline{F}$. Ist $\underline{B}$ Basis von $\underline{F}$ und $\underline{R}$ Basis von $\underline{W}$, so ist

$$\underline{B}_{min} = \left\{ V[M] \,\middle|\, M \in \underline{B} \text{ und } V \in \underline{R} \right\}$$

Basis von $\underline{F}_{min}$.

Beweis: 1) $\underline{B}_{min}$ ist Filterbasis.

FB_1) $\emptyset \notin \underline{B}_{min}$: trivial.

FB_2) Es seien $V[M]$, $V'[M'] \in \underline{B}_{min}$. Zu M, M' existiert ein $M'' \in \underline{B}$ mit $M'' \subset M \cap M'$, weil $\underline{B}$ Filterbasis ist, und zu V,V' existiert ein $V'' \in \underline{R}$ mit $V'' \subset V \cap V'$, weil $\underline{R}$ Filterbasis ist. Also gilt:

$V''[M''] \subset (V \cap V')[M''] \subset V[M''] \cap V'[M''] \subset V[M] \cap V[M'] \cap V'[M] \cap$ $\cap V'[M'] \subset V[M] \cap V'[M']$. Da $V''[M''] \in \underline{B}_{min}$ ist, ist alles gezeigt.

2) $\underline{F}_{min} = (\underline{B}_{min})$ ist ein C-Filter mit $\underline{F}_{min} \subset \underline{F}$: Es sei $V \in \underline{W}$. Dann existiert ein $V' = V'^{-1} \in \underline{W}$ mit $V'^3 \subset V$. Zu V' existiert ein $M \in \underline{B}$ mit $M \times M \subset V'$, weil $\underline{F}$ ein C-Filter ist und $\underline{B}$ Basis von $\underline{F}$ ist. Daraus folgt $V'[M] \times V'[M] \subset V'^3 \subset V$. Zu V' existiert ein $V'' \in \underline{R}$ mit $V'' \subset V'$. Für $V''[M] \in \underline{B}_{min}$ gilt dann $V''[M] \times V''[M] \subset V'[M] \times V'[M] \subset V$. $\underline{F}_{min}$ ist also ein C-Filter.

Ist $F \in \underline{F}_{min}$, so gilt $F \supset V[M]$ mit $M \in \underline{B} \subset \underline{F}$ und $V \in \underline{R} \subset \underline{W}$. Wegen $M \subset V[M] \subset F$ und der Filtereigenschaft von $\underline{F}$ folgt $F \in \underline{F}$. Also gilt: $\underline{F}_{min} \subset \underline{F}$.

3) Um zu zeigen, daß $\underline{F}_{min}$ ein minimaler C-Filter ist, muß für jeden C-Filter $\underline{G}$ mit $\underline{G} \subset \underline{F}_{min}$ gezeigt werden: $\underline{G} = \underline{F}_{min}$. Außerdem ist zur Vollendung des Beweises von 9.6.18. noch zu zeigen: Ist $\underline{G}$ C-Filter mit $\underline{G} \subset \underline{F}$ und $\underline{G}$ minimal, so folgt $\underline{G} = \underline{F}_{min}$. Zum Nachweis beider Aussagen genügt es jedoch zu beweisen:

(*) Ist $\underline{G}$ C-Filter mit $\underline{G} \subset \underline{F}$, so folgt $\underline{G} \supset \underline{F}_{min}$.

Beweis von (*): Es sei $V \in \underline{R}$ und $M \in \underline{B} \subset \underline{F}$, also $V[M] \in \underline{B}_{min}$. Da $\underline{G}$ ein C-Filter ist, existiert ein $N \in \underline{G} \subset \underline{F}$ mit $N \times N \subset V$. Wegen $M \cap N \neq \emptyset$ (Filtereigenschaft von $\underline{F}$!) folgt $N \subset V[M]$ (Es sei $x \in M \cap N$ fest. Ist $y \in N$, so ist wegen $x \in N$ und $N \times N \subset V$ gerade $(x,y) \in V$, also $y \in V(x) \subset V[M]$ wegen $x \in M$). Folglich ist $V[M] \in \underline{G}$, weil $\underline{G}$ Filter ist. Damit ist $\underline{B}_{min} \subset \underline{G}$ gezeigt, woraus $\underline{F}_{min} \subset \underline{G}$ folgt.

<u>9.6.19</u>. <u>Korollar</u>: Es sei $(X,\underline{W})$ ein uniformer Raum. Für jedes $x \in X$ ist der Umgebungsfilter $\underline{U}(x)$ von x ein

minimaler C-Filter.

Beweis: Man wähle in 9.6.18. für $\underline{F}$ den Filter der Obermengen von $\{x\}$ (das ist wegen $\underline{F} \supset \underline{U}(x)$ sogar ein konvergenter Filter) und $\underline{B} = \{\{x\}\}$.

9.6.20. Korollar: Es sei $(X,\underline{W})$ ein uniformer Raum und $\underline{F}$ ein minimaler C-Filter auf X. Für jedes $F \in \underline{F}$ gilt $F^{o} \in \underline{F}$, d.h. jedes $F \in \underline{F}$ besitzt ein zu $\underline{F}$ gehöriges nicht leeres Inneres.

Beweis: Nach 9.6.18. ist $\{V[F] \mid F \in \underline{F} \text{ und } V \in \underline{W}\}$ Basis von $\underline{F}$. Ist $F \in \underline{F}$, so gilt $F \supset V[F']$ mit $F' \in \underline{F}$ und $V \in \underline{W}$. Da $V[F']$ gleichmäßige Umgebung von F' ist (vgl. 9.1.12.) gilt

$$F' \subset V[F']^{o} \subset F^{o},$$

woraus $F^{o} \in \underline{F}$ folgt, weil $\underline{F}$ Filter ist.

9.6.21. Satz: Es sei $(X,\underline{W})$ ein uniformer Raum. Dann existiert ein separierter vollständiger uniformer Raum $(\hat{X},\hat{\underline{W}})$ und eine gleichmäßig stetige Abbildung $r_X: X \longrightarrow \hat{X}$ mit folgender Eigenschaft E: Für jede gleichmäßig stetige Abbildung f von $(X,\underline{W})$ in einen separierten vollständigen uniformen Raum $(Y,\underline{R})$ existiert genau eine gleichmäßig stetige Abbildung $g: \hat{X} \longrightarrow Y$, so daß das Diagramm

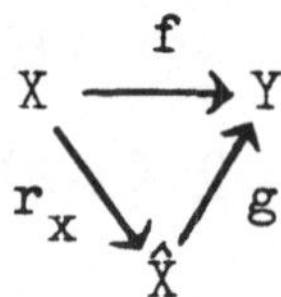

kommutiert. Durch diese Eigenschaft ist das Paar $(r_X, \hat{X})$

bis auf Isomorphie eindeutig bestimmt.

<u>Beweis</u>: 1) Definiton der Menge $\hat{X}$ und Definition einer Uniformität $\underline{\hat{W}}$ für $\hat{X}$:

$$\hat{X} = \{\underline{x} \mid \underline{x} \text{ minimaler C-Filter auf } X\}$$

Setzt man für jedes $V = V^{-1} \in \underline{W}$

$$\tilde{V} = \{(\underline{x},\underline{y}) \mid (\underline{x},\underline{y}) \in \hat{X} \times \hat{X} \text{ und es existiert } M \in \underline{x} \cap \underline{y} \text{ mit } M \times M \subset V\}$$

so ist

$$\underline{B} = \{\tilde{V} \mid V = V^{-1} \in \underline{W}\}$$

Basis einer Uniformität $\underline{\hat{W}}$ für $\hat{X}$:

BU_1) Es sei $\tilde{V} \in \underline{B}$. Aus $(\underline{x},\underline{x}) \in \Delta \subset \hat{X} \times \hat{X}$ folgt $(\underline{x},\underline{x}) \in \tilde{V}$, weil $\underline{x}$ C-Filter ist, also zu V ein $M \in \underline{x} = \underline{x} \cap \underline{x}$ existiert mit $M \times M \subset V$. Folglich gilt: $\Delta \subset \tilde{V}$.

BU_2) $\tilde{V} = \tilde{V}^{-1}$ gilt definitionsgemäß für jedes $V = V^{-1} \in \underline{W}$.

BU_3) Es sei $\tilde{V} \in \underline{B}$. Zu $V = V^{-1} \in \underline{W}$ existiert ein $W = W^{-1} \in \underline{W}$ mit $W^2 \subset V$. Ist $(\underline{x},\underline{y}) \in \tilde{W}^2$, so existiert ein $\underline{z} \in \hat{X}$ mit $(\underline{x},\underline{z}) \in \tilde{W}$ und $(\underline{z},\underline{y}) \in \tilde{W}$. Nach Definition von $\tilde{W}$ existieren dann $M_1 \in \underline{x} \cap \underline{z}$ und $M_2 \in \underline{z} \cap \underline{y}$ derart, daß für $i = 1,2$ gilt

$$(*) \quad M_i \times M_i \subset W.$$

Da M_1 und M_2 zum Filter $\underline{z}$ gehören, gilt $M_1 \cap M_2 \neq \emptyset$, woraus wegen (*) folgt

$$(**) \quad (M_1 \cup M_2) \times (M_1 \cup M_2) \subset W^2 \subset V$$

(denn sei $x \in M_1 \cap M_2$ fest und $(y,z) \in (M_1 \cup M_2) \times (M_1 \cup M_2)$, so folgt $y \in M_1$ oder $y \in M_2$ und $z \in M_1$ oder $z \in M_2$, also $(y,x) \in W$ sowie $(x,z) \in W$ und somit $(y,z) \in W^2$). Als Obermenge von M_1 und M_2 gehört $M_1 \cup M_2$ zu $\underline{x} \cap \underline{y}$, woraus wegen (**)

folgt $(\underline{x},\underline{y}) \in \tilde{V}$. Damit ist gezeigt: $\tilde{W}^2 \subset \tilde{V}$.

BU_4) Es seien $\tilde{V}, \tilde{V}' \in \underline{B}$. $W = V \cap V'$ ist dann symmetrisch und es gilt $\tilde{W} \subset \tilde{V} \cap \tilde{V}'$ (denn ist $(\underline{x},\underline{y}) \in \tilde{W}$, so existiert ein $M \in \underline{x} \cap \underline{y}$ mit $M \times M \subset W = V \cap V'$, also $M \times M \subset V$ und $M \times M \subset V'$ und somit $(\underline{x},\underline{y}) \in \tilde{V} \cap \tilde{V}'$).

2) $(\hat{X},\hat{\underline{W}})$ ist separiert:

Ist $(\underline{x},\underline{y}) \in \bigcap_{\hat{V} \in \hat{\underline{W}}} \hat{V}$, so ist $(\underline{x},\underline{y}) \in \bigcap_{V=V^{-1} \in \underline{W}} \tilde{V}$. Man setze $\underline{z} = \underline{x} \cap \underline{y}$.

Dann gilt $\underline{z} \subset \underline{x}$ und $\underline{z} \subset \underline{y}$. Ferner ist $\underline{z}$ ein C-Filter; denn ist $W \in \underline{W}$, so existiert $V = V^{-1} \in \underline{W}$ mit $V \subset W$ und zu V existiert ein $M \in \underline{x} \cap \underline{y} = \underline{z}$ mit $M \times M \subset V$, weil $(\underline{x},\underline{y}) \in \tilde{V}$ gilt. Da sowohl $\underline{x}$ als auch $\underline{y}$ minimaler C-Filter ist, muß $\underline{x} = \underline{y} = \underline{z}$ gelten. Daraus folgt:

$$\bigcap_{\hat{V} \in \hat{\underline{W}}} \hat{V} = \Delta.$$

3) Definition von r_X und Nachweis, daß $\underline{W}$ die initiale Uniformität für X bez. r_X ist:

Für jedes $x \in X$ ist der Umgebungsfilter $\underline{U}(x)$ ein minimaler C-Filter und man definiere r_X durch

$$r_X(x) = \underline{U}(x).$$

$\underline{B}' = \{(r_X \times r_X)^{-1} [\hat{V}] \mid \hat{V} \in \hat{\underline{W}}\}$ ist Basis der initialen Uniformität $\underline{W}'$ für X bez. r_X. Um $\underline{W} = \underline{W}'$ nachzuweisen genügt es zu zeigen:

(*) $(r_X \times r_X)^{-1} [\tilde{V}] \subset V \subset (r_X \times r_X)^{-1} [\widetilde{(V^3)}]$

für jedes $V = V^{-1} \in \underline{W}$

(denn ist (*) erfüllt, so gilt:

(a) $\underline{W} \subset \underline{W}'$: Ist $U \in \underline{W}$, so existiert $V = V^{-1} \in \underline{W}$

mit $V \subset U$. Zu V existiert $\tilde{V}$ und wegen $(r_x \times r_x)^{-1}[\tilde{V}] \subset V \subset U$ folgt $U \in \underline{W}'$.

(b) $\underline{W}' \subset \underline{W}$: Ist $U \in \underline{W}'$, so gilt $U \supset (r_x \times r_x)^{-1}[\tilde{V}]$ mit $V = V^{-1} \in \underline{W}$. Zu V existiert $V' \in \underline{W}$ mit $V' = V'^{-1}$ und $V'^3 \subset V$. Insbesondere ist dann $\widetilde{(V'^3)} \subset \tilde{V}$ und wegen (*)

$$V' \subset (r_x \times r_x)^{-1}[\widetilde{(V'^3)}] \subset (r_x \times r_x)^{-1}[\tilde{V}] \subset U,$$

woraus $U \in \underline{W}$ folgt.)

Nachweis von (*):

(1) Ist $(x,y) \in (r_x \times r_x)^{-1}[\tilde{V}]$, also $(r_x(x), r_x(y)) = (\underline{U}(x), \underline{U}(y)) \in \tilde{V}$, so existiert $M \in \underline{U}(x) \cap \underline{U}(y)$ mit $M \times M \subset V$. Wegen $x \in M$, $y \in M$ ist dann $(x,y) \in V$.

(2) Ist $(x,y) \in V$, so gilt $(V(x) \cup V(y)) \times (V(x) \cup V(y)) \subset V^3$ und weil $V(x) \cup V(y)$ Umgebung von x und y ist, also zu $\underline{U}(x) \cap \underline{U}(y)$ gehört, gilt ferner $(r_x(x), r_x(y)) = (\underline{U}(x), \underline{U}(y)) \in \widetilde{(V^3)}$; d.h. $(x,y) \in (r_x \times r_x)^{-1}[\widetilde{(V^3)}]$

4) Es gilt $\overline{r_x[X]} = \hat{X}$:

Ist $\underline{x} \in \hat{X}$, so ist zu zeigen, daß $\underline{x}$ Berührungspunkt von $r_x[X]$ ist. Dazu braucht nur

$$\tilde{V}(\underline{x}) \cap r_x[X] \neq \emptyset \text{ für alle } \tilde{V} \in \underline{B}$$

nachgewiesen zu werden (vgl. 9.1.10.).

Zu $V = V^{-1} \in \underline{W}$ existiert $N \in \underline{x}$ mit $N \times N \subset V$. Da $\underline{x}$ minimaler C-Filter ist, gilt $N^o \in \underline{x}$ und folglich $N^o \neq \emptyset$ (vgl. 9.6.20.).

Setzt man

$$M = \bigcup_{\substack{N \in \underline{x} \\ N \times N \subset V}} N^o, \text{ so ist}$$

$M \in \underline{x}$ (als Obermenge eines jeden N^o) und es gilt sogar

(*) $r_x[M] = \tilde{V}(\underline{x}) \cap r_x[X]$,

also erst recht $\tilde{V}(\underline{x}) \cap r_x[X] \neq \emptyset$.

Beweis von (*):

(1) Ist $\underline{z} \in r_x[M]$, also $\underline{z} = r_x(x) = \underline{U}(x)$ mit $x \in M$, etwa $x \in N^o \subset N \in \underline{x}$ mit $N \times N \subset V$, so ist $N \in \underline{U}(x) \cap \underline{x}$, d.h. $(\underline{x}, \underline{U}(x)) \in \tilde{V}$ und damit $\underline{U}(x) = r_x(x) = \underline{z} \in \tilde{V}(\underline{x})$, woraus wegen $r_x(x) \in r_x[M] \subset r_x[X]$ folgt $\underline{z} \in \tilde{V}(\underline{x}) \cap r_x[X]$.

(2) Ist $\underline{z} \in \tilde{V}(\underline{x}) \cap r_x[X]$, etwa $\underline{z} = r_x(x) = \underline{U}(x)$ mit $x \in X$, so folgt wegen $(\underline{x}, \underline{U}(x)) \in \tilde{V}$ die Existenz eines $N \in \underline{x} \cap \underline{U}(x)$ mit $N \times N \subset V$. Da N Umgebung von x ist, gilt $x \in N^o \subset N$, also $x \in M$, d.h. $r_x(x) = \underline{z} \in r_x[M]$.

5) $(\hat{X}, \underline{\hat{W}})$ ist vollständig:

a) Zunächst beweisen wir folgendes Lemma:

<u>Lemma:</u> Es sei X ein uniformer Raum, A eine dichte Teilmenge von X. Ist jeder C-Filter auf A in X konvergent, so ist X vollständig.

<u>Beweis</u>: Es sei $i : A \longrightarrow X$ die Inklusionsabbildung. Da es zu jedem C-Filter $\underline{G}$ auf X einen minimalen C-Filter $\underline{G}_{min}$ gibt mit $\underline{G}_{min} \subset \underline{G}$, genügt es zu zeigen, daß jeder minimale C-Filter auf X konvergiert. Ist $\underline{F}$ also minimaler C-Filter auf X, so hat jedes $F \in \underline{F}$ ein nicht leeres Inneres und weil A in X dicht ist, gilt $F^o \cap A \neq \emptyset$, also $F \cap A \neq \emptyset$ für jedes $F \in \underline{F}$. Folglich existiert $i^{-1}(\underline{F})$ und ist ein C-Filter. Nach Voraussetzung über A gilt

$$i(i^{-1}(\underline{F})) \longrightarrow x_o \in X.$$

Da x_o Häufungspunkt von $i(i^{-1}(\underline{F}))$ ist, ist x_o wegen

$i(i^{-1}(\underline{F})) \supset \underline{F}$ auch Häufungspunkt von $\underline{F}$. Als C-Filter konvergiert $\underline{F}$ gegen seinen Häufungspunkt x_o.

b) Nachweis der Vollständigkeit von $(\hat{X},\hat{\underline{W}})$.

Es sei $\underline{F}$ ein C-Filter auf $r_x[X]$. Aufgrund des Lemmas unter a) genügt es zu zeigen, daß $j(\underline{F})$ gegen ein $\underline{x} \in \hat{X}$ konvergiert ($j : r_x[X] \longrightarrow X$ Inklusionsabbildung!).

$r'_x : X \longrightarrow r_x[X]$, definiert durch $r'_x(x) = r_x(x)$ für alle $x \in X$, ist gleichmäßig stetig, weil $j \circ r'_x = r_x$ gleichmäßig stetig ist (initiale Uniformität!). Da r'_x surjektiv ist, existiert $r'^{-1}_x(\underline{F}) = \underline{G}$. $\underline{G}$ ist ein C-Filter (wegen 9.6.10. und wegen 3)). Zu $\underline{G}$ existiert ein minimaler C-Filter $\underline{G}_{min}$ mit $\underline{G}_{min} \subset \underline{G}$. Es ist

$$(*)\quad r'_x(\underline{G}_{min}) \subset r'_x(r'^{-1}_x(\underline{F})) = \underline{F},$$

weil r'_x surjektiv ist. Setzt man $\underline{x} = \underline{G}_{min} \in \hat{X}$, so gilt wegen (*)

$$(**)\quad j(\underline{F}) \supset j(r'_x(\underline{x})).$$

Ferner ist

$$(*^**)\quad j(r'_x(\underline{x})) \supset \underline{U}(\underline{x})$$

(denn ist $U_{\underline{x}} \in \underline{U}(\underline{x})$, so existiert ein $V = V^{-1} \in \underline{W}$ derart daß gilt [man beachte Formel (*) unter 4)]

$$U_{\underline{x}} \supset \tilde{V}(\underline{x}) \supset r_x[X] \cap \tilde{V}(\underline{x}) = r_x[M] = r'_x[M]$$

mit $M = \bigcup\limits_{\substack{N \in \underline{x} \\ N \times N \subset V}} N^o \in \underline{x}$, also ist $U_{\underline{x}} \in j(r'_x(\underline{x}))$).

Aus (**) und $(*^**)$ folgt $j(\underline{F}) \longrightarrow \underline{x}$.

6) Nachweis der im Satz 9.6.21. geforderten Eigenschaft E.

Es sei $f : X \longrightarrow Y$ eine gleichmäßig stetige Abbildung von

$(X,\underline{W})$ in einen separierten vollständigen uniformen Raum $(Y,\underline{R})$. Definiert man $g_o : r_x[X] \longrightarrow Y$ dadurch, daß das Diagramm

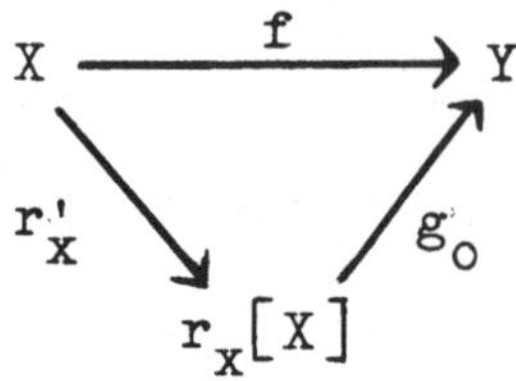

kommutiert, so ist g_o eine wohldefinierte Abbildung (denn sind $\underline{y}_1, \underline{y}_2 \in r_x[X]$ mit $\underline{y}_1 = r_x(x_1) = \underline{y}_2 = r_x(x_2)$, also $\underline{U}(x_1) = \underline{U}(x_2)$, so gilt wegen der Stetigkeit von f

$$f(\underline{U}(x_1)) = f(\underline{U}(x_2)) \longrightarrow f(x_1),\ f(x_2)$$

und aus der T_2-Eigenschaft von Y folgt dann $f(x_1) = f(x_2)$, also wegen $g_o(r_x(x)) = f(x)$ für alle $x \in X$ sofort $g_o(\underline{y}_1) = g_o(\underline{y}_2)$). Weiter ist g_o gleichmäßig stetig; denn zu $U \in \underline{R}$ existiert $V \in \underline{W}$ mit $V = V^{-1}$, so daß aus $(x,y) \in V$ folgt $(f(x), f(y)) \in U$, und für das zu V gehörige $\tilde{V}$ gilt nach 3) (*)

$$(r_x \times r_x)^{-1}[\tilde{V}] \subset V, \text{ also}$$

ist $\tilde{V}_* = (r_x[X] \times r_x[X]) \cap \tilde{V}$ eine Nachbarschaft in $r_x[X]$ derart daß aus $(\underline{y}_1,\underline{y}_2) \in \tilde{V}_*$, wobei etwa $\underline{y}_1 = r_x(x_1)$, $\underline{y}_2 = r_x(x_2)$ gilt, folgt $(x_1,x_2) \in (r_x \times r_x)^{-1}[\tilde{V}]$ und damit $(f(x_1), f(x_2)) = (g_o(\underline{y}_1), g_o(\underline{y}_2)) \in U$.

Nach 9.6.16. existiert zu g_o eine gleichmäßig stetige Fortsetzung $g : \hat{X} \longrightarrow Y$; für diese gilt $g(r_x(x)) = g(r'_x(x)) = g_o(r'_x(x)) = f(x)$ für alle $x \in X$, also $g \circ r_x = f$. Jede gleichmäßig stetige Abbildung $\hat{g} : \hat{X} \longrightarrow Y$ mit $\hat{g} \circ r_x = f$ ist wegen $\hat{g}(r_x(x)) = f(x) = g_o(r_x(x))$ für alle $x \in X$ Fortsetzung von g_o und stimmt nach 9.6.16. mit g überein.

7) Bezeichnet $\underline{F}_e : \underline{V}_{sep} \longrightarrow \underline{U}$ den Einbettungsfunktor von der Kategorie $\underline{V}_{sep}$ der vollständigen separierten uniformen Räume (und gleichmäßig stetigen Abbildungen) in die Kategorie $\underline{U}$ der uniformen Räume, so ist $(r_X, \hat{X})$ aufgrund der bereits bewiesenen Eigenschaft E universelles Paar für X bez. $\underline{F}_e$ und damit nach 7.4.12. bis auf Isomorphie eindeutig bestimmt.

<u>9.6.22.</u> Im Verlauf des Beweises von 9.6.21. ist bereits folgender Zusatz bewiesen worden (vgl. 4) und 3)):

<u>Zusatz</u>: a) Der Unterraum $r_X[X]$ ist dicht in $\hat{X}$.

b) Die Uniformität $\underline{W}$ für X ist die initiale Uniformität für X bez. r_X.

<u>9.6.23.</u> <u>Definition</u>: Der vollständig separierte uniforme Raum $(\hat{X}, \hat{\underline{W}})$ heißt <u>Hausdorff-Vervollständigung</u> von $(X, \underline{W})$ und $r_X : X \longrightarrow \hat{X}$ heißt kanonische Abbildung.

<u>9.6.24.</u> <u>Korollar</u>: Ist $(X, \underline{W})$ separiert, so ist $r'_X : X \longrightarrow r_X[X]$, definiert durch $r'_X(x) = r_X(x)$ für alle $x \in X$, ein Isomorphismus, d.h. X ist zu einem dichten Unterraum eines vollständigen separierten uniformen Raumes $\hat{X}$ isomorph. ($\hat{X}$ heißt dann auch <u>vollständige Hülle</u> von X und ist bis auf Isomorphie eindeutig bestimmt).

<u>Beweis</u>: r'_X ist injektiv, weil X ein T_2-Raum ist (für je zwei verschiedene Punkte $x, y \in X$ gilt $\underline{U}(x) \neq \underline{U}(y)$). Da r'_X trivialerweise surjektiv ist, ist r'_X bijektiv. Ferner ist r'_X gleichmäßig stetig und wegen 9.6.22. b) auch r'^{-1}_X, wie man leicht nachprüft.

Eindeutigkeit: Ist $(Z,\underline{S})$ ein vollständiger separierter uniformer Raum und $(X,\underline{W})$ dichter Unterraum von $(Z,\underline{S})$, so setzt sich nach 9.6.17. der Isomorphismus $1_X : X \longrightarrow X$ fort zu einem Isomorphismus $j : \hat{X} \longrightarrow Z$.

9.6.25. Bemerkungen: ① Die kanonische Abbildung $r_X : X \longrightarrow \hat{X}$ ist eine Reflexion (für $X \in |\underline{U}|$ bez. $\underline{V}_{sep}$), d.h. die volle und isomorphie-abgeschlossene Unterkategorie $\underline{V}_{sep}$ der vollständigen separierten uniformen Räume ist reflektiv in $\underline{U}$. Das ist gerade die Aussage des Satzes 9.6.21. Nach dem Satz von Kennison und Baron (8.3.2.) kann der Reflektor $\underline{R}:\underline{U} \longrightarrow \underline{V}_{sep}$ als Kompositum zweier Epireflektoren aufgefaßt werden. Um die kleinste Zwischenkategorie zu bestimmen, über der $\underline{R}$ in zwei Epireflektoren zerlegt werden kann, ist es nach 8.2.3. lediglich erforderlich, die extremen Monomorphismen in $\underline{U}$ zu bestimmen und zu prüfen, ob die Voraussetzungen des Satzes 8.3.2. erfüllt sind, nämlich ob $\underline{U}$ (epi, extrem-mono)-Bikategorie ist. Die Epimorphismen in $\underline{U}$ sind die surjektiven gleichmäßig stetigen Abbildungen (Beweis analog zu 1.5.11. b), wobei lediglich „stetig" durch „gleichmäßig stetig" und „indiskrete Topologie" durch „indiskrete Uniformität" zu ersetzen sind). Ebenfalls in Analogie zu 1.5.11. zeigt man, daß die Monomorphismen in $\underline{U}$ die injektiven gleichmäßig stetigen Abbildungen sind. Schließlich lassen sich die extremen Monomorphismen in $\underline{U}$ auf die gleiche Art bestimmen wie in $\underline{T}$ (vgl. 1.5.14. und beachte, daß die Unterraumuniformität eine initiale Uniformität ist), d.h. f: $(X,\underline{U}) \longrightarrow (Y,\underline{R})$

ist genau dann ein extremer Monomorphismus in $\underline{U}$, wenn $f' : X \longrightarrow f[X]$, definiert durch $f'(x) = f(x)$ für alle $x \in X$ ein Isomorphismus ist ($f[X]$ ist mit der Unterraumuniformität zu versehen!). Für jeden $\underline{U}$-Morphismus $f : X \longrightarrow Y$ gibt es dann eine (epi, extrem-mono)-Faktorisierung $f = i \circ f'$ mit $f' : X \longrightarrow f[X]$ definiert durch $f'(x) = f(x)$ für alle $x \in X$ und $i : f[X] \longrightarrow Y$ Inklusionsabbildung. In Analogie zu $\underline{T}$ (vgl. 8.2.3. (1) a)) wird $\underline{U}$ mit dieser Faktorisierung zur (epi, extrem-mono)-Bikategorie.

Aus 9.6.24. und der Tatsache, daß ein (uniformer) Unterraum eines separierten uniformen Raumes wieder separiert ist, folgt zusammen mit dem Satz von Kennison und Baron (nachdem die extremen Monomorphismen in $\underline{U}$ bestimmt sind), daß die Kategorie $\underline{U}_{sep}$ der separierten uniformen Räume (und gleichmäßig stetigen Abbildungen) die kleinste Zwischenkategorie ist, in der $\underline{V}_{sep}$ epireflektiv ist und die selbst in $\underline{U}$ epireflektiv ist ($\underline{V}_{sep} \subset \underline{U}_{sep} \subset \underline{U}$).

(2) Der Charakterisierungssatz für epireflektive Unterkategorien (8.1.6.) liefert eine Alternativkonstruktion der Hausdorff-Vervollständigung $\hat{X}$ eines uniformen Raumes X, d.h. einen neuen Beweis des Satzes 9.6.21. Dazu ist nachzuweisen (durch Anwendung von 8.1.6.), daß $\underline{V}_{sep}$ epireflektiv in $\underline{U}_{sep}$ (Alternativkonstruktion der vollständigen Hülle!) und $\underline{U}_{sep}$ epireflektiv in $\underline{U}$ ist. Um 8.1.6. anwenden zu können, müssen zuerst die Voraus-

setzungen nachgeprüft werden, ob $\underline{U}$ und $\underline{U}_{sep}$ colokal kleine, (epi, extrem-mono)-faktorisierbare Kategorien mit Produkten sind. Was $\underline{U}$ betrifft, so sind bereits unter (1) die Epimorphismen und extremen Monomorphismen bestimmt worden, und die (epi, extrem-mono)-Faktorisierbarkeit ist gezeigt worden. Daß $\underline{U}$ colokal klein ist, wird analog zu 8.1.5.(2)a) bewiesen. Schließlich besitzt $\underline{U}$ auch Produkte, wie unter 9.3.6.(1) bemerkt worden ist. Als nächstes sollen nun die Epimorphismen in $\underline{U}_{sep}$ bestimmt werden:

<u>Lemma</u> (R.Welk): $f \in \text{Mor}\, \underline{U}_{sep}$ ist ein Epimorphismus in $\underline{U}_{sep}$ genau dann, wenn f dicht ist (als Morphismus in $\underline{T}$).

<u>Beweis</u>: 1) „$\Leftarrow$": analog zu Teil 1) des Beweises von 4.3.10. (jede gleichmäßig stetige Abbildung ist stetig!).

2) „$\Rightarrow$" (indirekt): Ist $f \in [(X,\underline{W}),(Y,\underline{R})]_{\underline{U}_{sep}}$ nicht dicht, so gibt es ein $y_0 \in Y \setminus \overline{f[X]}$ und $V = V^{-1} \in \underline{R}$ mit $V(y_0) \cap f[X] = \emptyset$. Zu V gibt es nach Teil I) des Beweises zu 9.4.2. eine Pseudometrik d_V auf Y (wähle $V_1 = V$!). Setzt man $A = f[X]$, so wird durch $g_V(y) = d_V(y,A) = \inf \{ d_V(y,z) \mid z \in A \}$ für alle $y \in Y$ eine gleichmäßig stetige Abbildung $g_V: (Y,d_V) \longrightarrow ([0,1],d)$ [65] definiert (man beachte $| d_V(y',A) - d_V(y'',A) | \leq d_V(y',y'')$ für alle $(y',y'') \in Y \times Y$) mit der Eigenschaft $g_V[A] = \{0\}$ (vgl. Teil 1) des Beweises zu 4.5.3.). Da für die von d_V erzeugte Uniformität $\underline{D}_V$ gilt $\underline{D}_V \subset \underline{R}$ (vgl. 9 4.2. III a)), ist die identische Abbildung $i : (Y,\underline{R}) \longrightarrow (Y,\underline{D}_V)$ gleichmäßig stetig. Dann ist aber auch $\alpha = g_V \circ i : Y \longrightarrow [0,1]$

---

65) d ist die natürliche Metrik, d.h. die von der Euklidischen Metrik induzierte

gleichmäßig stetig. $\beta : Y \longrightarrow [0,1]$ definiert durch $\beta(y) = 0$ für alle $y \in Y$ ist eine gleichmäßig stetige Abbildung, die von α verschieden ist; denn es ist $\alpha(y_0) \neq \beta(y_0) = 0$, weil $\alpha(y_0) = g_V(y_0) = \inf \{d_V(y_0,z) \mid z \in A\} \neq 0$ ist wegen $\frac{1}{2} \leq d_V(y_0,z) \leq 1$ für alle $z \in A$ (man beachte $\frac{1}{2} h_V(y_0,z) \leq d_V(y_0,z) \leq h_V(y_0,z)$ und $h_V(y_0,z) = 1$ wegen $(y_0,z) \in CV$, d.h. $z \notin V(y_0)$, aufgrund von $A \cap V(y_0) = \emptyset$). Da die von der Euklidischen Metrik auf $[0,1]$ induzierte Uniformität separiert ist, sind α und β $\underline{U}_{sep}$-Morphismen, für die wegen $\alpha[A] = \beta[A] = \{0\}$ gilt $\alpha \circ f = \beta \circ f$.

f ist also kein Epimorphismus in $\underline{U}_{sep}$. q.e.d.

Die Monomorphismen in $\underline{U}_{sep}$ sind die gleichmäßig stetigen injektiven Abbildungen zwischen separierten uniformen Räumen (analog zu 1.5.11. a)). $f \in [X,Y]_{\underline{U}_{sep}}$ ist ein extremer Monomorphismus genau dann, wenn $f[X] = \overline{f[X]}$ gilt und $f' : X \longrightarrow f[X]$ definiert durch $f'(x) = f(x)$ für alle $x \in X$ ein Isomorphismus ist. (a) „$\Rightarrow$": Da f ein extremer Monomorphismus ist und die Faktorisierung $f = h \circ g$ gilt mit $g : X \longrightarrow \overline{f[X]}$ definiert durch $g(x) = f(x)$ für alle $x \in X$ und $h : \overline{f[X]} \longrightarrow Y$ Inklusionsabbildung, so ist der Epimorphismus g bereits ein Isomorphismus und folglich ist $f[X] = g[X] = \overline{f[X]}$. b) „$\Leftarrow$": Ist $i : f[X] \longrightarrow Y$ die Inklusionsabbildung, so ist $f = i \circ f'$ als Kompositum zweier Monomorphismen ein Monomorphismus. Ist eine Faktorisierung $f = h \circ g$ mit einem Epimorphismus $g : X \longrightarrow Z$

gegeben, so läßt sich wegen

$h[Z] = h[\overline{g[X]}] \subset \overline{(h \circ g)[X]} = \overline{f[X]} = f[X]$ [Stetigkeit von h!]

durch $i \circ h' = h$ ein Morphismus $h' : Z \longrightarrow f[X]$ definieren. Da offenbar $f' = h' \circ g$ gilt und f' ein extremer Monomorphismus ist, muß g ein Isomorphismus sein. Also ist f ein extremer Monomorphismus.). Ist $f \in [X,Y]_{\underline{U}_{sep}}$ und definiert man $g : X \longrightarrow \overline{f[X]}$ durch $g(x) = f(x)$ für alle $x \in X$ und bezeichnet $h : \overline{f[X]} \longrightarrow Y$ die Inklusionsabbildung, so ist $f = h \circ g$ die gesuchte (epi, extrem-mono)-Faktorisierung von f. Daß $\underline{U}_{sep}$ colokal klein ist, wird analog zu 8.1.5.(2)b) bewiesen. $\underline{U}_{sep}$ besitzt auch Produkte (weil die T_2-Eigenschaft sich auf Produkte überträgt!)

Damit sind für $\underline{C} = \underline{U}$ und $\underline{C} = \underline{U}_{sep}$ die Voraussetzungen des Charakterisierungssatzes für epireflektive Unterkategorien erfüllt. Nach 9.6.13. 1) und 9.6.14. sowie der Tatsache, daß die T_2-Eigenschaft sich auf Unterräume und Produkte überträgt, ist $\underline{V}_{sep}$ abgeschlossen gegenüber Bildung von Unterobjekten und Produkten in $\underline{U}_{sep}$ (die Unterobjekte in $\underline{U}_{sep}$ sind in Analogie zu $\underline{H}$ gerade die abgeschlossenen Unterräume), also nach 8.1.6. epireflektiv in $\underline{U}_{sep}$. $\underline{U}_{sep}$ wiederum ist abgeschlossen gegenüber Bildung von Unterobjekten und Produkten in $\underline{U}$, also epireflektiv in $\underline{U}$. Bezeichnet man mit $s_X : X \longrightarrow X'$ die Epireflexion für $X \in |\underline{U}|$ bez. $\underline{U}_{sep}$ und mit $r'_{X'} : X' \longrightarrow \hat{X}$ die Epireflexion für $X' \in |\underline{U}_{sep}|$ bez. $\underline{V}_{sep}$ ($\hat{X}$ ist dann gerade die vollständige Hülle von X'), so ist $r_X = r'_{X'} \circ s_X : X \longrightarrow \hat{X}$ die gesuchte Reflexion für $X \in |\underline{U}|$ bez. $\underline{V}_{sep}$ ($\hat{X}$ ist dann

gerade die Hausdorff-Vervollständigung von X).
Damit ist 9.6.21. mit Methoden der Kategorientheorie erneut bewiesen.

9.7. Beziehungen zwischen uniformen Räumen und kompakten Räumen

9.7.1. Aus der Analysis ist bekannt, daß eine auf einem kompakten Intervall der reellen Achse definierte stetige reellwertige Funktion gleichmäßig stetig ist. Diesen Sachverhalt gilt es auf uniforme Räume zu übertragen.
Wir zeigen:

Satz: Es seien $(X,\underline{W}),(Y,\underline{R})$ uniforme Räume und $(X,\underline{X}_{\underline{W}})$ sei quasikompakt ($\underline{X}_{\underline{W}}$ bezeichnet die von $\underline{W}$ induzierte Topologie auf X!). Ist $f : X \longrightarrow Y$ stetig (bez. der induzierten Topologien), so ist f gleichmäßig stetig.

Beweis: Es sei $R \in \underline{R}$. Es existiert $R' \in \underline{R}$ mit $R' = R'^{-1}$ und $R'^2 \subset R$. Da f stetig ist, gibt es zu jedem $x \in X$ ein $W_x \in \underline{W}$ mit $f[W_x(x)] \subset R'(f(x))$. Zu jedem W_x gibt es ein symmetrisches $W_x' \in \underline{W}$ mit $W_x'^2 \subset W_x$. $\{(W_x'(x))^o \mid x \in X\}$ ist dann eine offene Überdeckung von X. Da X quasikompakt ist, existieren endlich viele Punkte $x_1,\ldots x_n$ aus X derart, daß $X = \bigcup_{k=1}^{n} (W_{x_k}'(x_k))^o = \bigcup_{k=1}^{n} W_{x_k}'(x_k)$ gilt.

Man setze $W = \bigcap_{k=1}^{n} W_{x_k}'$. Weiter sei $(x',x'') \in W$. Da $x' \in X$ gilt, existiert ein $k \in \{1,\ldots n\}$ mit $x' \in W_{x_k}'(x_k)$, also $(x_k,x') \in W_{x_k}'$. Andererseits gilt $(x',x'') \in W_{x_k}' \supset W$. Also ist

$(x_k, x'') \in W'^{\,2}_{x_k} \subset W_{x_k}$, d.h. $x'' \in W_{x_k}(x_k)$. Aus $x', x'' \in W_{x_k}(x_k)$ und $f[W_{x_k}(x_k)] \subset R'(f(x_k))$ folgt $(f(x'), f(x_k)) \in R'$ und $(f(x_k), f(x'')) \in R'$, also wegen $R'^2 \subset R$ sofort $(f(x'), f(x'')) \in R$. f ist also gleichmäßig stetig.

<u>9.7.2.</u> Der weiteren Charakterisierung quasikompakter[66] uniformer Räume dient folgende

<u>Definition:</u> Ein uniformer Raum $(X, \underline{W})$ heißt <u>total beschränkt</u> (oder: <u>präkompakt</u>), wenn es zu jedem $W \in \underline{W}$ eine endliche Überdeckung von X gibt, deren Glieder klein von der Ordnung W sind.

<u>9.7.3.</u> <u>Bemerkung</u>: Definiert man in einem metrischen Raum (X,d) den <u>Durchmesser</u> $d(A)$ einer nicht leeren Teilmenge A von X durch

$$d(A) = \sup\left\{ d(x,y) \;\middle|\; x,y \in A \right\},$$

so ist (X,d) total beschränkt (bez. der von d induzierten Uniformität) genau dann, wenn sich X für jedes $\varepsilon > 0$ überdecken läßt durch endlich viele Teilmengen, deren Durchmesser kleiner als ε ist (man beachte, daß die Mengen $V_\varepsilon = \left\{ (x,y) \;\middle|\; d(x,y) < \varepsilon \right\}$ eine Basis des von d induzierten Nachbarschaftsfilters bilden!).

<u>9.7.4.</u> <u>Lemma:</u> Für einen uniformen Raum $(X, \underline{W})$ sind folgende Aussagen äquivalent:

---

66) bez. der induzierten Topologie

(1) $(X,\underline{W})$ ist total beschränkt.

(2) Zu jedem $W \in \underline{W}$ gibt es eine endliche Teilmenge E von X mit $W[E] = X$.

(3) Jeder Ultrafilter auf X ist ein Cauchy-Filter.

(4) Die Hausdorff-Vervollständigung $(\hat{X},\hat{\underline{W}})$ von $(X,\underline{W})$ ist kompakt.

Beweis: (4) $\Longrightarrow$ (3): Es sei $\underline{F}$ ein Ultrafilter auf X. Dann ist $r_x(\underline{F})$ ein Ultrafilter auf $\hat{X}$ (s.2.4.8.). Da $\hat{X}$ kompakt ist, ist $r_x(\underline{F})$ ein konvergenter Filter und somit ein Cauchy-Filter (9.6.5.). Weiter ist $\underline{W}$ die initiale Uniformität für X bez. r_x (s. 9.6.22. b)); folglich ist $r_x^{-1}(r_x(\underline{F})) \subset \underline{F}$ ein C-Filter (vgl. 9.6.10.) und damit auch $\underline{F}$.

(3) $\Longrightarrow$ (2) (indirekt): Ist (2) nicht erfüllt, so gibt es ein $W \in \underline{W}$ derart, daß für alle endlichen Teilmengen E von X gilt $W[E] = \bigcup_{x \in E} W(x) \neq X$, d.h. $C(W[E]) \neq \emptyset$.

$\underline{B} = \{ C(W[E]) \mid E \subset X \text{ endlich} \}$ ist dann Filterbasis $\left(C(W[E_1]) \cap C(W[E_2]) = C(W[E_1 \cup E_2]) \text{ für } E_1, E_2 \subset X\right)$.

Zu $\underline{F} = (\underline{B})$ gibt es einen feineren Ultrafilter $\underline{F}'$. Dieser ist jedoch kein Cauchy-Filter; denn wäre $F' \in \underline{F}'$ mit $F' \times F' \subset W$, so würde für $x \in F'$ ($F' \neq \emptyset$!) gelten $F' \subset W(x)$, also wäre $W(x) \in \underline{F}'$, während andererseits $C(W[\{x\}]) \in \underline{F} \subset \underline{F}'$ gilt, d.h. es müßte $W(x) \cap C(W(x)) = \emptyset \in \underline{F}'$ gelten im Widerspruch zur Filtereigenschaft von $\underline{F}'$. (3) ist also nicht erfüllt.

(2) $\Longrightarrow$ (1): Es sei $W \in \underline{W}$. Weiter sei $W' = W'^{-1} \in \underline{W}$ mit $W'^2 \subset W$. Nach Voraussetzung gibt es eine endliche Teilmenge E von X mit $W'[E] = X$. Setzt man $U_x = W'(x)$

für jedes $x \in E$, so gilt $\bigcup_{x \in E} U_x = X$ und $U_x \times U_x \subset W$ für alle $x \in E$; denn ist $(y,z) \in U_x \times U_x$, so ist $(x,y) \in W'$ und $(x,z) \in W'$, also $(y,z) \in W'^2 \subset W$ (W' ist symmetrisch!). $(X,\underline{W})$ ist folglich total beschränkt.

(1) $\Rightarrow$ (4): Es sei $\underline{F}$ ein Ultrafilter auf $\hat{X}$. Um die Konvergenz von $\underline{F}$ zu zeigen, genügt es nachzuweisen, daß $\underline{F}$ ein Cauchy-Filter ist (Vollständigkeit von $\hat{X}$!), d.h. daß es zu jeder abgeschlossenen (symmetrischen) Nachbarschaft $\hat{W} \in \underline{\hat{W}}$ ein $F \in \underline{F}$ gibt mit $F \times F \subset \hat{W}$ (vgl. 9.6.7.1.). Da X total beschränkt ist, gibt es zu $W = (r_x \times r_x)^{-1}[\hat{W}] \in \underline{W}$ (gleichmäßige Stetigkeit von r_x!) eine endliche Überdeckung $(A_i)_{i \in I}$ von X mit $A_i \times A_i \subset W$ für alle $i \in I$. Setzt man $B_i = r_x[A_i]$ für alle $i \in I$, so ist $(B_i)_{i \in I}$ eine endliche Überdeckung von $r_x[X]$ mit $B_i \times B_i \subset \hat{W}$ für alle $i \in I$ (denn sind $x', x'' \in r_x[A_i]$, also $x' = r_x(a_i')$, $x'' = r_x(a_i'')$ mit $a_i', a_i'' \in A_i$, so folgt aus $(a_i', a_i'') \in W = (r_x \times r_x)^{-1}[\hat{W}]$ sofort $(x',x'') \in \hat{W}$). Da $r_x[X]$ dicht in $\hat{X}$ ist, gilt $\hat{X} = \bigcup_{i \in I} \overline{B_i}$. Weiter ist $\overline{B_i} \times \overline{B_i} = \overline{B_i \times B_i} \subset \overline{\hat{W}} = \hat{W}$ für alle $i \in I$. Wenigstens eins der $\overline{B_i}$ gehört zu $\underline{F}$, weil $\hat{X} \in \underline{F}$ gilt und $\underline{F}$ ein Ultrafilter ist (vgl. 2.4.6. (2)). Damit ist alles gezeigt. $\hat{X}$ ist also quasikompakt bzw. kompakt.

9.7.5. Bemerkungen: (1) Aus 9.7.4. (3) und 9.6.10. folgt unmittelbar, daß sich die Eigenschaft "total beschränkt" auf alle initialen Uniformitäten überträgt;

insbesondere ist das Produkt (in $\underline{U}$) total beschränkter uniformer Räume wieder total beschränkt und auch jeder Unterraum eines total beschränkten Raumes ist total beschränkt. Die volle und isomorphie-abgeschlossene (isomorphe Räume besitzen isomorphe Hausdorff-Vervollständigungen, weil der Reflektor $\underline{R} : \underline{U} \longrightarrow \underline{V}_{sep}$ als Funktor Isomorphismen in Isomorphismen überführt) Unterkategorie $\underline{U}_{tb}$ der total beschränkten uniformen Räume ist folglich abgeschlossen gegenüber Bildung von Unterobjekten und Produkten in $\underline{U}$, also epireflektiv in $\underline{U}$ (die Voraussetzungen von 8.1.6. sind für $\underline{C} = \underline{U}$ erfüllt, wie unter 9.6.25. gezeigt ist).

(2) Bezeichnet man mit $\underline{R}_{tb}$ den Epireflektor von $\underline{U}$ in $\underline{U}_{tb}$ und ist $X \in |\underline{U}|$, so ist die Hausdorff-Vervollständigung von $\underline{R}_{tb}(X)$ nach 9.7.4.(4) kompakt; sie heißt Samuel-Kompaktifizierung von X.

9.7.6. Satz: Ein uniformer Raum $(X,\underline{W})$ ist quasikompakt genau dann, wenn er vollständig und total beschränkt ist.

Beweis: 1) „$\Leftarrow$": Es sei $\underline{F}$ ein Ultrafilter auf X. Da X total beschränkt ist, ist $\underline{F}$ ein Cauchy-Filter (9.7.4.(3)). $\underline{F}$ ist konvergent, weil X vollständig ist. $(X, \underline{X}_{\underline{W}})$ ist also quasikompakt.

2) „$\Rightarrow$": a) Es sei $\underline{F}$ ein Cauchy-Filter auf X. Da X quasikompakt ist, besitzt $\underline{F}$ einen Häufungspunkt $x \in X$. Nach 9.6.7. konvergiert $\underline{F}$ gegen x. X ist also vollständig.

b) Es sei $\underline{F}$ ein Ultrafilter auf X.

Da X quasikompakt ist, konvergiert $\underline{F}$ gegen $x \in X$. Nach 9.6.5. ist $\underline{F}$ ein Cauchy-Filter. X ist also total beschränkt.

<u>9.7.7</u>. <u>Satz</u>: Es sei $(X,\underline{X})$ ein kompakter topologischer Raum. Dann ist $(X,\underline{X})$ auf genau eine Weise uniformisierbar. Die Uniformität $\underline{W}^*$ für X besteht aus allen Umgebungen (in $X \times X$) der Diagonalen Δ. Der uniforme Raum $(X,\underline{W}^*)$ ist vollständig.

<u>Beweis</u>: 1) Für jeden uniformen Raum $(X,\underline{W})$ gilt:

$$W \in \underline{W} \Longrightarrow W^o \in \underline{W}.$$

Ist nämlich $V = V^{-1} \in \underline{W}$ mit $V^3 \subset W$, so folgt aus $(x,y) \in V$ sofort $V(x) \times V(y) \subset V^3 \subset W$; also ist in W die Umgebung $V(x) \times V(y)$ von $(x,y) \in V \subset W$ enthalten, d.h. es ist $(x,y) \in W^o$. Damit gilt $V \subset W^o$, also auch $W^o \in \underline{W}$.

2) Ist $(X,\underline{X})$ kompakter topologischer Raum, so ist $(X,\underline{X})$ vollständig regulär und nach 9.4.4. existiert eine Uniformität $\underline{W}^*$ für X mit $\underline{X}_{\underline{W}^*} = \underline{X}$. Nach 1) gilt für jedes $V \in \underline{W}^*$

$$\Delta \subset V^o \subset V,$$

d.h. die Nachbarschaften sind Umgebungen der Diagonalen Δ. Umgekehrt gehören alle Umgebungen von Δ zu $\underline{W}^*$; denn angenommen es sei U eine Umgebung von Δ, die nicht zu $\underline{W}^*$ gehört. Dann gehört auch $U^o \subset U$ nicht zu $\underline{W}^*$. Bezeichnet $i : C(U^o) \longrightarrow X \times X$ die Inklusionsabbildung, so existiert $\underline{F} = i^{-1}(\underline{W}^*)$, weil für jedes $V \in \underline{W}^*$ gilt $V \cap C(U^o) \neq \emptyset$ $\big(V \cap C(U^o) = \emptyset$ implizierte $V \subset U^o$ und damit $U^o \in \underline{W}^*\big)$.

Weiter ist $X \times X$ als Produkt kompakter Räume kompakt und ebenso ist $C(U^o)$ als abgeschlossener Unterraum von $X \times X$ kompakt. $\underline{F}$ besitzt folglich einen Häufungspunkt $(x,y) \in C(U^o)$

d.h. $(x,y) \in \bigcap_{V \in \underline{W}^*} \overline{i^{-1}[V]} = \bigcap_{V \in \underline{W}^*} \overline{(C(U^o) \cap V)} \subset \bigcap_{V \in \underline{W}^*} \overline{(C(U^o) \cap \overline{V})} =$

$= C(U^o) \cap (\bigcap_{V \in \underline{W}^*} \overline{V}) = C(U^o) \cap \Delta = \emptyset$ (man beachte, daß die abgeschlossenen Nachbarschaften eine Basis von $\underline{W}^*$ bilden [vgl. 9.6.7.1.] und $(X,\underline{W}^*)$ separiert ist, d.h. $\bigcap_{V \in \underline{W}^*} V = \bigcap_{V \in \underline{W}^*} \overline{V} = \Delta$ gilt).

Das ist ein Widerspruch.

3) Nach 9.7.6. ist $(X,\underline{W}^*)$ vollständig.

<u>9.7.8.</u> <u>Bemerkung</u>: Bezeichnet $\underline{F} : \underline{U} \to \underline{T}$ den Quasi-Vergiß-Funktor, so heißt $X \in |\underline{U}|$ kompakt (zusammenhängend usw.), wenn $\underline{F}(X)$ kompakt (zusammenhängend usw.) ist. Es liegt die Frage nahe, ob Begriffe wie „kompakt" oder „zusammenhängend" nicht bereits in der Kategorie $\underline{U}$ erklärt werden können ohne Verwendung von $\underline{T}$. In $\underline{T}$ ist ein Objekt X kompakt genau dann, wenn es zur epireflektiven Hülle $R_{\underline{H}}\underline{A}$ der durch $|\underline{A}| = \{[0,1]\}$ definierten vollen Unterkategorie $\underline{A}$ von $\underline{H}$ gehört. Analog kann man ein Objekt $X \in |\underline{U}|$ kompakt nennen, wenn es zur epireflektiven Hülle $R_{\underline{U}_{sep}}\underline{A}$ der durch $|\underline{A}| = \{[0,1]\}$ definierten vollen

Unterkategorie $\underline{A}$ von $\underline{U}_{sep}$ gehört ([0,1] ist als separierter uniformer Raum aufzufassen!). Das führt zu keinen neuen Ergebnissen, weil beide Begriffsbildungen offenbar übereinstimmen. Anders verhält es sich mit dem Zusammenhangsbegriff. Bekanntlich heißt ein topologischer Raum X zusammenhängend, wenn $[X,D_2]_{\underline{T}}$ nur aus konstanten Abbildungen besteht (D_2 : zweipunktiger diskreter topologischer Raum). Analog kann man einen uniformen Raum X <u>uniform zusammenhängend</u> nennen, wenn $[X,D_2]_{\underline{U}}$ nur aus konstanten Abbildungen besteht (D_2 steht hier für einen zweipunktigen diskreten uniformen Raum!). Für uniform zusammenhängende Räume gelten viele Sätze, die analog sind den entsprechenden Sätzen über zusammenhängende Räume (vgl.[33]). Ein uniform zusammenhängender Raum braucht jedoch nicht zusammenhängend zu sein; Beispiel: Der uniforme Raum $\mathbb{Q}$ der rationalen Zahlen.

Kapitel 10: Proximitätsräume

10.1. Definitionen und Beispiele

10.1.1. Vorbemerkung: Neben der Theorie der uniformen Räume gibt es noch eine andere Theorie, die es gestattet, den zunächst für metrische Räume erklärten Begriff der gleichmäßigen Stetigkeit zu verallgemeinern, nämlich die Theorie der Proximitätsräume (vgl. insbesondere 10.3.11.).

10.1.2. Definition (Efremovič): Eine Proximität auf einer Menge X ist eine Relation δ auf $\underline{P}(X)$, die folgenden Bedingungen genügt (statt $(A,B) \notin \delta$ schreibt man auch $A \not\delta B$):

Prox_1) $A \delta B \Rightarrow B \delta A$

Prox_2) $(A \cup B) \delta C \Leftrightarrow A \delta C$ oder $B \delta C$

Prox_3) $\{x\} \delta \{x\}$ für alle $x \in X$.

Prox_4) $\emptyset \not\delta X$

Prox_5) $A \not\delta B \Rightarrow \exists\, C, D \in \underline{P}(X)$ mit $A \subset C$, $B \subset D$ und $C \cap D = \emptyset$ derart, daß $A \not\delta (X \setminus C)$ und $B \not\delta (X \setminus D)$.

Das Paar (X,δ) heißt Proximitätsraum. Gilt anstelle von Prox_3)

$\text{Prox}_3{}'$) $\{x\} \delta \{y\} \Leftrightarrow x = y$, für alle $x, y \in X$,

so heißt der Proximitätsraum (X,δ) separiert. Gilt $A \delta B$ für $A, B \in \underline{P}(X)$, so sagt man: A ist nahe bei B.

10.1.3. Beispiele: (1) a) Es sei $(X,\underline{W})$ ein uniformer Raum. Definiert man eine Relation $\delta_{\underline{W}}$ auf $\underline{P}(X)$ durch

$A \,\delta_{\underline{W}} B \Leftrightarrow V[A] \cap V[B] \neq \emptyset$ für alle $V \in \underline{W}$,

so ist $(X,\delta_{\underline{W}})$ ein Proximitätsraum und $\delta_{\underline{W}}$ heißt die

<u>von der Uniformität $\underline{W}$ induzierte Proximität</u>.

$(X,\delta_{\underline{W}})$ ist genau dann separiert, wenn $(X,\underline{W})$ separiert ist.
(Prox$_1$), Prox$_3$) und Prox$_4$) sind trivialerweise erfüllt.
Prox$_2$) folgt sofort aus $V[A\cup B] = V[A]\cup V[B]$. Zum Nachweis von Prox$_5$) beachte man, daß $A \not\delta_{\underline{W}} B$ die Existenz eines $V\in \underline{W}$ impliziert mit $V[A]\cap V[B] = \emptyset$. Dann setze man $C = V[A]$ und $D = V[B]$. Offenbar ist $A\subset C$ und $B\subset D$. Weiter gilt $A \not\delta_{\underline{W}}(X\setminus C)$; denn zu V existiert ein symmetrisches $W\in \underline{W}$ mit $W^2\subset V$, und es ist $W[A]\cap W[X\setminus V[A]] = \emptyset$ [wäre $z\in W[A]\cap W[X\setminus V[A]]$, so wäre $(z,y)\in W^{-1}= W$ mit $y\in X\setminus V[A]$ und $(a,z)\in W$ mit $a\in A$, also $(a,y)\in W^2\subset V$ im Widerspruch zu $y\notin V[A]$]. Entsprechend gilt $B \not\delta_{\underline{W}}(X\setminus D)$.
Ist $(X,\underline{W})$ separiert, so folgt aus $\{x\}\ \delta_{\underline{W}}\ \{y\}$ stets $x = y$; denn ist $(x,y)\in X\times X$ mit $x\neq y$, so existiert ein $V\in\underline{W}$ mit $(x,y)\notin V$, und es ist $W(x)\cap W(y) = \emptyset$ für ein symmetrisches $W\in\underline{W}$ mit $W^2\subset V$, d.h. $\{x\} \not\delta_{\underline{W}} \{y\}$. $(X, \delta_{\underline{W}})$ ist folglich separiert.
Ist $(X,\delta_{\underline{W}})$ separiert, so gilt $\bigcap_{W\in\underline{W}} W = \Delta$, d.h. $(X,\underline{W})$ ist separiert; denn ist $(x,y)\in X\times X$ mit $x\neq y$, so gilt $\{x\}\not\delta_{\underline{W}}\{y\}$, d.h. es existiert ein $W\in\underline{W}$ mit $W(x)\cap W(y) = \emptyset$, also ist $(x,y)\notin W^2\in\underline{W}$.)

b) Es sei (X,d) ein metrischer Raum. Für je zwei nicht leere Teilmengen A und B von X ist der "Abstand" $D(A,B)$ von A und B erklärt durch

$$D(A,B) = \inf\{d(x,y)\mid x\in A,\ y\in B\}.$$

Definiert man eine Relation δ_d auf $\underline{P}(X)$ durch

$$A\ \delta_d B \iff D(A,B) = 0,$$

so ist (X, δ_d) ein separierter Proximitätsraum und δ_d heißt die <u>von der Metrik</u> d <u>induzierte Proximität</u>.

(δ_d ist identisch mit $\delta_{\underline{W}}$, wobei $\underline{W}$ die von d induzierte Uniformität ist, wie man leicht nachprüft. Es liegt also ein Spezialfall von a) vor.)

(2) Es sei $(X,\underline{X})$ ein topologischer Raum. Definiert man eine Relation δ auf $\underline{P}(X)$ durch

$$A\,\delta\,B \iff \nexists\, f \in C(X,[0,1]) \text{ mit } f(x) = 0 \text{ für alle } x \in A \text{ und } f(y) = 1 \text{ für alle } y \in B,$$

so ist (X,δ) ein Proximitätsraum.

(Prox_1), Prox_3) und Prox_4) sind unmittelbar evident.

Prox_2): 1) Ist $A \not\delta C$ und $B \not\delta C$, so existieren stetige Abbildungen $f,g : X \longrightarrow [0,1]$ derart, daß f auf A gleich null und auf C gleich eins ist und g auf B gleich null und auf C gleich eins ist. $h: X \rightarrow [0,1]$, definiert durch $h(x) = \min\{f(x), g(x)\}$ für alle $x \in X$, ist dann stetig und es gilt $h(x) = 0$ für alle $x \in A \cup B$ sowie $h(x) = 1$ für alle $x \in C$; also gilt $(A \cup B) \not\delta C$.

2) Ist $(A \cup B) \not\delta C$, so existiert ein stetiges $f : X \longrightarrow [0,1]$ mit $f(x) = 0$ für alle $x \in A \cup B$ und $f(y) = 1$ für alle $y \in C$. Daraus folgt sofort: $A \not\delta C$ und $B \not\delta C$.

Prox_5): $A \not\delta B$ impliziert die Existenz einer stetigen Abbildung $f : X \longrightarrow [0,1]$, die auf A gleich null und auf B gleich eins ist. $C = f^{-1}[[0,\frac{1}{4})]$ und $D = f^{-1}[(\frac{3}{4},1]]$ erfüllen die geforderten Bedingungen; denn $A \subset C$, $B \subset D$ und $C \cap D = \emptyset$ sind trivial und wird $g: [0,1] \longrightarrow [0,1]$ definiert durch

$$g(t) = \begin{cases} 4t & \text{für } 0 \leq t \leq \frac{1}{4} \\ 1 & \text{für } \frac{1}{4} \leq t \leq 1 \end{cases}$$

so ist g [und damit auch $g \circ f$] stetig und es gilt $g(f(x)) = 0$ für alle $x \in A$ sowie $g(f(y)) = 1$ für alle $y \in X \setminus C = f^{-1}[[\frac{1}{4},1]]$, d.h. $A \not\delta X \setminus C$ [analog: $B \not\delta (X \setminus D)$].)

<u>Bemerkung</u>: Im Sinne der hier unter (2) eingeführten Proximität ist A nahe bei B genau dann, wenn X zwischen A und B $\{\mathbb{R}\}$-zusammenhängend ist.

(3) Es sei X eine Menge:

a) Definiert man eine Relation δ_1 auf $\underline{P}(X)$ durch

$A \ \delta_1 B \iff A \neq \emptyset$ und $B \neq \emptyset$,

so ist (X, δ_1) ein Proximitätsraum und δ_1 heißt die <u>indiskrete Proximität auf</u> X (und (X, δ_1) indiskreter Proximitätsraum).

b) Definiert man eine Relation δ_2 auf $\underline{P}(X)$ durch

$A \ \delta_2 B \iff A \cap B \neq \emptyset$,

so ist (X, δ_2) ein Proximitätsraum und δ_2 heißt die <u>diskrete Proximität auf</u> X (und (X, δ_2) diskreter Proximitätsraum).

<u>10.1.4</u>. <u>Lemma</u>: Es sei (X,δ) ein Proximitätsraum.
Dann gelten:

(1) $A \subset C$, $B \subset D$ und $A \,\delta\, B \Rightarrow C \,\delta\, D$

(2) $A \cap B \neq \emptyset \Rightarrow A \,\delta\, B$

(3) $\emptyset \not\delta A$ für alle $A \in \underline{P}(X)$.

<u>Beweis</u>: (1) Wegen $A \subset C$ ist $A \cup C = C$ und wegen $A \,\delta\, B$ gilt nach $\text{Prox}_2)$ $C \,\delta\, B$. Daraus folgt sofort durch nochmalige

Anwendung von $Prox_2$) unter Berücksichtigung von $Prox_1$) und der Formel $B \cup D = D$ die Behauptung.

(2) Gilt $A \cap B \neq \emptyset$, so existiert ein $x \in A \cap B$. Nach $Prox_3$) gilt $\{x\}\ \delta\ \{x\}$, woraus zusammen mit (1) die Behauptung folgt.

(3) Ist $A \in \underline{P}(X)$, so gilt $\emptyset \not\delta A$; denn wäre $\emptyset\ \delta\ A$, so müßte nach (1) wegen $\emptyset \subset \emptyset$ und $A \subset X$ auch $\emptyset\ \delta\ X$ gelten, was nach $Prox_4$) ausgeschlossen ist.

<u>10.1.5.</u> <u>Definition</u> (Smirnov): Es seien (X,δ) ein Proximitätsraum und A,B Teilmengen von X. Gilt $A \not\delta (X \setminus B)$, so heißt B p-<u>Umgebung</u> von A (in Zeichen: $A \Subset B$).

<u>10.1.6.</u> <u>Lemma</u>: In einem Proximitätsraum (X,δ) genügt die Relation $\Subset$ folgenden Bedingungen:

pU_1) $X \Subset X$.

pU_2) $A \Subset B \Rightarrow A \subset B$.

pU_3) $A \subset B \Subset C \subset D \Rightarrow A \Subset D$.

pU_4) $A \Subset B_k$ für $k = 1,\dots n \Leftrightarrow A \Subset \bigcap_{k=1}^{n} B_k$

pU_5) $A \Subset B \Rightarrow (X \setminus B) \Subset (X \setminus A)$.

pU_6) $A \Subset B \Rightarrow \exists\, C \in \underline{P}(X)$ mit $A \Subset C \Subset B$.

Ist (X,δ) separiert, so gilt außerdem:

pU_7) $\{x\} \Subset (X \setminus \{y\}) \Leftrightarrow x \neq y$.

<u>Beweis</u>: pU_1) folgt aus $Prox_4$) und $Prox_1$).

pU_2) folgt aus 10.1.4. (2).

pU_3): Ist $A \not\Subset D$, so gilt $A\ \delta\ (X \setminus D)$ und wegen $A \subset B$ und $(X \setminus D) \subset (X \setminus C)$ folgt aus 10.1.4.(1) $B\ \delta\ (X \setminus C)$, d.h. $B \not\Subset C$.

$pU_4)$ folgt durch wiederholte Anwendung von $Prox_2)$ unter Beachtung von $Prox_1)$.

$pU_5)$ folgt aus $Prox_1)$.

$pU_6)$: Ist $A \Subset B$, d.h. $A \not\delta (X \setminus B)$, so gelten für die nach $Prox_5)$ existierenden Teilmengen C und D gerade $A \Subset C$ und $(X \setminus B) \Subset D$, also nach $pU_5)$ $(X \setminus D) \Subset B$, woraus wegen $C \subset (X \setminus D)$ nach $pU_3)$ sofort $C \Subset B$ folgt.

$pU_7)$ ist eine unmittelbare Folge von $Prox_3')$.

<u>10.1.7</u>. <u>Korollar</u>: Ist (X, δ) ein Proximitätsraum und $B_k \Subset A_k$ für $k = 1, \ldots, n$, so gilt

$$\bigcap_{k=1}^{n} B_k \Subset \bigcap_{k=1}^{n} A_k \quad \text{und} \quad \bigcup_{k=1}^{n} B_k \Subset \bigcup_{k=1}^{n} A_k.$$

Gilt außerdem $\bigcup_{k=1}^{n} B_k = X$, so ist

$$X \setminus \bigcup_{p=1}^{m} A_p \Subset \bigcup_{q=m+1}^{n} A_q \qquad (1 \leq m < n).$$

<u>Beweis</u>: Es ist $\bigcap_{k=1}^{n} B_k \subset B_k \Subset A_k$, woraus nach $pU_3)$ und $pU_4)$ sofort $\bigcap_{k=1}^{n} B_k \Subset \bigcap_{k=1}^{n} A_k$ folgt. Nach $pU_5)$ gilt $X \setminus A_k \Subset X \setminus B_k$;

daraus folgt aufgrund der bereits bewiesenen Formel unmittelbar $\bigcap_{k=1}^{n} (X \setminus A_k) \Subset \bigcap_{k=1}^{n} (X \setminus B_k)$.

Dann ist $\bigcup_{k=1}^{n} B_k = X \setminus \bigcap_{k=1}^{n} (X \setminus B_k) \Subset X \setminus \bigcap_{k=1}^{n} (X \setminus A_k) = \bigcup_{k=1}^{n} A_k$ wegen $pU_5)$.

Gilt außerdem $X = \bigcup_{p=1}^{m} B_p \cup \bigcup_{q=m+1}^{n} B_q$, so ist

$X \setminus \bigcup_{p=1}^{m} B_p \subset \bigcup_{q=m+1}^{n} B_q$. Zusammen mit den bereits

bewiesenen Formeln gilt dann

$$X \setminus \bigcup_{p=1}^{m} A_p \Subset X \setminus \bigcup_{p=1}^{m} B_p \subset \bigcup_{q=m+1}^{n} B_q \Subset \bigcup_{q=m+1}^{n} A_q,$$

woraus wegen pU_2) und pU_3) auch die letzte Behauptung folgt.

<u>10.1.8</u>. <u>Bemerkungen</u>: (1) Der Begriff der p-Umgebung gestattet es, das Axiom $Prox_5$) wie folgt zu formulieren:

$Prox_5$) <u>Gilt</u> $A \not\delta B$, <u>so existieren disjunkte</u> p-<u>Umgebungen</u> C <u>von</u> A <u>und</u> D <u>von</u> B.

(2) Auch die Relation $\Subset$ im Sinne von Smirnov kann dazu benutzt werden, Proximitätsräume einzuführen. Man fordert dann die Aussagen pU_1) - pU_6) in 10.1.6. als Axiome. Für einen separierten Proximitätsraum verlangt man zusätzlich pU_7) (vgl. Übungsaufgabe 78)).

<u>10.2</u>. <u>Konstruktion von topologischen Räumen und total beschränkten uniformen Räumen aus Proximitätsräumen</u>.

<u>10.2.1</u>. Wir zeigen zunächst, daß sich für jeden Proximitätsraum (X,δ) in natürlicher Weise ein Hüllenoperator $h : \underline{P}(X) \longrightarrow \underline{P}(X)$ einführen und somit eine Topologie $\underline{X}$ auf X erklären läßt (vgl. 1.2.7.(1)).

<u>Satz</u>: Es sei (X,δ) ein Proximitätsraum. Die Abbildung $h : \underline{P}(X) \rightarrow \underline{P}(X)$ definiert durch

$$x \in h(A) \Leftrightarrow \{x\} \delta A$$

genügt den Kuratowski'schen Hüllenaxiomen.

<u>Beweis</u>: 1) $h(\emptyset) = \emptyset$ folgt aus $\text{Prox}_1)$ und 10.1.4.(3).

2) $A \subset h(A)$; denn ist $a \in A$, so gilt $\{a\} \cap A \neq \emptyset$, also nach 10.1.4. (2) $\{a\} \delta A$, d.h. $a \in h(A)$.

3) a) Aus $A \Subset B$ folgt stets $h(A) \Subset B$: Nach $pU_6)$ existiert $C \subset X$ mit $A \Subset C \Subset B$. Wäre $h(A) \not\subset C$, so existierte ein $x \in (X \setminus C)$ mit $\{x\} \delta A$. Nach $\text{Prox}_1)$ und 10.1.4. (1) müßte dann $A \,\delta (X \setminus C)$ gelten im Widerspruch zu $A \Subset C$. Also gilt $h(A) \subset C \Subset B$ und nach $pU_3)$ auch $h(A) \Subset B$.

b) $h(h(A)) \subset h(A)$: Ist $x \in h(h(A))$, (also $\{x\} \delta h(A))$ und $\{x\} \not\delta A$ (d.h. $x \notin h(A)$), so gilt $A \Subset (X \setminus \{x\})$, woraus nach a) folgt $h(A) \Subset (X \setminus \{x\})$, d.h. $\{x\} \not\delta h(A)$. Also folgt aus $x \in h(h(A))$ stets $x \in h(A)$.

4) $h(A \cup B) = h(A) \cup h(B)$ folgt aus $\text{Prox}_2)$ (und $\text{Prox}_1)$).

<u>10.2.2</u>. <u>Definition</u>: Ist (X,δ) ein Proximitätsraum, so heißt die durch den in 10.2.1. eingeführten Hüllenoperator erklärte Topologie auf X p-<u>Topologie</u> und wird mit $\underline{X}_\delta$ bezeichnet.

<u>10.2.3</u>. <u>Beispiele</u>: (1) Es sei $(X,\underline{W})$ ein uniformer Raum. Dann gilt $\underline{X}_{\underline{W}} = \underline{X}_{\delta_{\underline{W}}}$.

($x \in \overline{A}^{\underline{X}_{\underline{W}}}$ ist äquivalent mit $W(x) \cap A \neq \emptyset$ für alle $W \in \underline{W}$. Das ist [vgl. Übungsaufgabe 77)] gültig genau dann, wenn

$W(x) \cap W[A] \neq \emptyset$ ist für alle $W \in \underline{W}$. Nach Definition von $\delta_{\underline{W}}$ ist diese Aussage jedoch gleichbedeutend mit $\{x\}\ \delta_{\underline{W}}\ A$, d.h. mit $x \in \overline{A}^{\underline{X}_{\delta_{\underline{W}}}}$. Folglich gilt $\underline{X}_{\underline{W}} = \underline{X}_{\delta_{\underline{W}}}$.)

② Es sei $(X,\underline{X})$ ein T_{3a}-Raum. Dann gilt für die in 10.1.3.② eingeführte Proximität δ

$$\underline{X} = \underline{X}_{\delta}\ .$$

(a) Es sei $O \in \underline{X}$. Dann ist $X \setminus O = A$ abgeschlossen bez. $\underline{X}$. Zu jedem $x \in O$ existiert ein stetiges $f_x\colon X \to [0,1]$ mit $f_x(x) = 0$ und $f_x(y) = 1$ für alle $y \in A$. Also gilt $\{x\} \not\delta A$, d.h. $x \notin \overline{A}^{\underline{X}_{\delta}}$. Daraus ergibt sich $A = \overline{A}^{\underline{X}_{\delta}}$ und somit $O \in \underline{X}_{\delta}$.

b) Ist $O \in \underline{X}_{\delta}$, so gilt $\{x\} \not\delta (X \setminus O)$ für alle $x \in O$, d.h. es existieren stetige Abbildungen $f_x : X \to [0,1]$ mit $f_x(x) = 0$ und $f_x(y) = 1$ für alle $y \in (X \setminus O)$. Dann ist $f_x^{-1}\ [[0,\frac{1}{2})]$ eine bez. $\underline{X}$ offene [Stetigkeit von f_x!] Umgebung von x, die in O enthalten ist. Folglich ist $O \in \underline{X}$.)

③ a) Ist (X,δ_1) ein indiskreter Proximitätsraum, so ist $\underline{X}_{\delta_1}$ die indiskrete Topologie auf X; denn für jede nicht leere abgeschlossene Teilmenge A von X gilt offenbar $A = X$.

b) Ist (X,δ_2) ein diskreter Proximitätsraum, so ist $\underline{X}_{\delta_2}$ die diskrete Topologie auf X (für jede Teilmenge A von X folgt aus $x \in \overline{A}^{\underline{X}_{\delta_2}}$ sofort $\{x\} \cap A \neq \emptyset$, d.h. $x \in A$; also ist jede Teilmenge abgeschlossen).

10.2.4. Satz: Es sei (X,δ) ein Proximitätsraum. Dann ist das System $\underline{B}_\delta$ von Mengen der Form

$$\bigcup_{i=1}^{n} A_i \times A_i$$

mit $A_i \supset B_i$ und $\bigcup_{i=1}^{n} B_i = X$ (für geeignete B_i) Basis einer total beschränkten Uniformität $\underline{W}_\delta$ für X. Weiter gilt

$$\delta_{\underline{W}_\delta} = \delta \ .$$

Beweis: 1) $\underline{B}_\delta$ ist Basis einer Uniformität für X: Es ist $\underline{B}_\delta \neq \emptyset$.

BU_1) Ist $V \in \underline{B}_\delta$, so gilt $V = \bigcup_{i=1}^{n} A_i \times A_i$ mit $A_i \supset B_i$ und $\bigcup_{i=1}^{n} B_i = X$. Für $x \in X$ gilt $x \in B_j$ für ein $j \in \{1,\dots,n\}$, woraus sofort $x \in A_j$, also $(x,x) \in A_j \times A_j \subset V$ folgt. Somit gilt $\Delta \subset V$.

BU_2) Offenbar sind die Elemente von $\underline{B}_\delta$ symmetrisch.

BU_3) Es sei $V \in \underline{B}_\delta$, also etwa $V = \bigcup_{i=1}^{n} A_i \times A_i$ mit $A_i \supset B_i$ und $\bigcup_{i=1}^{n} B_i = X$. Ist $\{I,J\}$ eine Zerlegung von $\{1,\dots,n\}$ und setzt man $A_I = \bigcup_{k \in I} A_k$, $A_J = \bigcup_{k \in J} A_k$ und $V_{IJ} = (A_I \times A_I) \cup (A_J \times A_J)$, so ist $V_{IJ} \in \underline{B}_\delta$, weil $A_I \supset B_I = \bigcup_{k \in I} B_k$ und $A_J \supset B_J = \bigcup_{k \in J} B_k$ [vgl. 10.1.7.] sowie $B_I \cup B_J = X$ gilt. Weiter ist $V = \bigcap_{\{I,J\}} V_{IJ}$, wobei $\{I,J\}$ alle zweielementigen Zerlegungen von $\{1,\dots,n\}$ durchläuft, wie man leicht nachprüft. Nach 10.1.7 gilt

$(X \setminus A_J) \Subset A_I$. Durch wiederholte Anwendung von $pU_6)$ folgt daraus die Existenz von Mengen $C_{IJ}^{(1)}$, $C_{IJ}^{(2)}$, $C_{IJ}^{(3)}$, $C_{IJ}^{(4)}$ mit $(X \setminus A_J) \Subset C_{IJ}^{(1)} \Subset C_{IJ}^{(2)} \Subset C_{IJ}^{(3)} \Subset C_{IJ}^{(4)} \Subset A_I$. Setzt man

$D_{IJ} = C_{IJ}^{(2)}$, $D'_{IJ} = C_{IJ}^{(4)} \setminus C_{IJ}^{(1)}$, $D''_{IJ} = X \setminus C_{IJ}^{(3)}$,

so erhält man

(*) $D_{IJ} \cap D''_{IJ} = \emptyset$, $D_{IJ} \cup D'_{IJ} \subset A_I$, $D'_{IJ} \cup D''_{IJ} \subset A_J$.

Die Mengen

$$W_{IJ} = (D_{IJ} \times D_{IJ}) \cup (D'_{IJ} \times D'_{IJ}) \cup (D''_{IJ} \times D''_{IJ})$$

gehören zu $\underline{B}_\delta$; denn nach $pU_6)$ existieren Mengen E_{IJ} und F_{IJ} mit $C_{IJ}^{(1)} \Subset E_{IJ} \Subset C_{IJ}^{(2)}$ und $C_{IJ}^{(3)} \Subset F_{IJ} \Subset C_{IJ}^{(4)}$, und es gilt $D_{IJ} \Supset E_{IJ}$, $D'_{IJ} = (X \setminus C_{IJ}^{(1)}) \cap C_{IJ}^{(4)} \Supset (X \setminus E_{IJ}) \cap F_{IJ} = F_{IJ} \setminus E_{IJ}$ [wegen $pU_5)$ und 10.1.7.] sowie $D''_{IJ} \Supset X \setminus F_{IJ}$, wobei trivialerweise $E_{IJ} \cup (F_{IJ} \setminus E_{IJ}) \cup (X \setminus F_{IJ}) = X$ ist.

Weiter ist

$$W_{IJ}{}^2 \subset V_{IJ} \quad \text{für jede Zerlegung } \{I, J\} \text{ von } \{1, \ldots, n\}.$$

wie man sofort unter Verwendung von (*) nachrechnet.

Für $W = \bigcap_{\{I,J\}} W_{IJ}$ gilt dann $W \in \underline{B}_\delta$, weil $\underline{B}_\delta$ abgeschlossen ist gegenüber Bildung endlicher Durchschnitte [vgl. $BU_4)$].

Schließlich ist $W^2 \subset \bigcap_{\{I,J\}} W_{IJ}{}^2 \subset \bigcap_{\{I,J\}} V_{IJ} = V$.

$BU_4)$ $\underline{B}_\delta$ ist (sogar) abgeschlossen gegenüber Bildung endlicher Durchschnitte: Es seien W_1, $W_2 \in \underline{B}_\delta$, also etwa

$W_1 = \bigcup_{i \in I} A_i^{(1)} \times A_i^{(1)}$, $W_2 = \bigcup_{j \in J} A_j^{(2)} \times A_j^{(2)}$ mit $I = \{i_1, \ldots i_n\}$,

$J = \{j_1, \ldots, j_m\}$, wobei $A_i^{(1)} \Supset B_i^{(1)}$, $A_j^{(2)} \Supset B_j^{(2)}$ gilt mit

$\bigcup_{i\in I} B_i^{(1)} = \bigcup_{j\in J} B_j^{(2)} = X.$

Dann ist $W_1 \cap W_2 = \bigcup_{(i,j)\in I\times J} ((A_i^{(1)} \times A_i^{(1)}) \cap (A_j^{(2)} \times A_j^{(2)})) =$

$= \bigcup_{(i,j)\in I\times J} ((A_i^{(1)} \cap A_j^{(2)}) \times (A_i^{(1)} \cap A_j^{(2)}))$, wobei

$A_i^{(1)} \cap A_j^{(2)} \supseteq B_i^{(1)} \cap B_j^{(2)}$ gilt [vgl. 10.1.7.] sowie

$\bigcup_{(i,j)\in I\times J} (B_i^{(1)} \cap B_j^{(2)}) = (\bigcup_{i\in I} B_i^{(1)}) \cap (\bigcup_{j\in J} B_j^{(2)}) = X \cap X = X.$

Also ist $W_1 \cap W_2 \in \underline{B}_\delta$.

2) $(X, \underline{W}_\delta)$ mit $\underline{W}_\delta = (\underline{B}_\delta)$ ist total beschränkt: Ist $W \in \underline{W}_\delta$, so gilt $W \supset \bigcup_{i=1}^{n} A_i \times A_i$ mit $A_i \supseteq B_i$ und $\bigcup_{i=1}^{n} B_i = X$. Daraus folgt sofort, daß (B_i) eine endliche Überdeckung von X ist, deren Glieder klein von der Ordnung W sind.

3) Um $\delta_{\underline{W}_\delta} = \delta$ nachzuweisen, zeigen wir:

$A \not\delta B \Leftrightarrow \exists W \in \underline{W}_\delta$ mit $W[A] \cap W[B] = \emptyset$.

a) „$\Rightarrow$": Es genügt die Existenz eines $V \in \underline{W}_\delta$ nachzuweisen mit $V[A] \cap B = \emptyset$, d.h. $X \setminus B \supset V[A]$; denn für ein symmetrisches $W \in \underline{W}_\delta$ mit $W^2 \subset V$ gilt dann $W[A] \cap W[B] = \emptyset$. Man setze $V = ((X\setminus B)\times(X\setminus B)) \cup ((X\setminus A)\times(X\setminus A))$. Nach pU_6) existiert ein C mit $A \Subset C \Subset (X\setminus B)$, und wegen pU_5) gilt auch $B \Subset (X\setminus C) \Subset (X\setminus A)$. Wegen $C \cup (X\setminus C) = X$ folgt daraus sofort $V \in \underline{W}_\delta$. Offenbar gilt $V[A] \subset X\setminus B$.

b) „$\Leftarrow$": Es sei $W \in \underline{W}_\delta$ mit $W[A] \cap W[B] = \emptyset$. Dann gilt $X\setminus B \supset W[A]$, und es existiert ein $W^* \subset W$ mit $W^* = \bigcup_{i=1}^{n} A_i \times A_i$, wobei $A_i \supseteq B_i$ und $\bigcup_{i=1}^{n} B_i = X$ ist.

Weiter sei $K = \{k \mid k \in \{1,\dots,n\}$ und $B_k \cap A \neq \emptyset\}$.

Dann gilt $A \subset \bigcup_{k\in K} B_k$ und $W^*[A] = \bigcup_{k\in K} A_k$, wie man sofort nachrechnet. Unter Verwendung von 10.1.7. erhält man

$$A \subset \bigcup_{k\in K} B_k \Subset \bigcup_{k\in K} A_k = W^*[A] \subset W[A] \subset X \setminus B,$$

woraus nach pU_3) sofort $A \Subset (X\setminus B)$, also $A \not\delta B$, folgt.

<u>10.2.5.</u> <u>Lemma</u>: Es seien $(X,\underline{W}')$ ein uniformer Raum und $\delta_{\underline{W}'}$ die von $\underline{W}'$ induzierte Proximität auf X.

Dann gilt: $\underline{W}_{\delta_{\underline{W}'}} \subset \underline{W}'$.

<u>Beweis</u>: Es genügt zu zeigen: $\underline{B}_{\delta_{\underline{W}'}} \subset \underline{W}'$. Es sei

also $U \in \underline{B}_{\delta_{\underline{W}'}}$, d.h. $U = \bigcup_{i=1}^{n} (A_i \times A_i)$ mit $A_i \supseteq B_i$ bez. $\delta_{\underline{W}'}$

und $\bigcup_{i=1}^{n} B_i = X$. $B_i \Subset A_i$ bez. $\delta_{\underline{W}'}$ bedeutet $B_i \not\delta_{\underline{W}'} (X\setminus A_i)$, d.h.

es existiert ein $W_i \in \underline{W}'$ mit $W_i[B_i] \cap W_i[X\setminus A_i] = \emptyset$. Daraus

folgt $A_i \supset W_i[B_i]$. Man setze $W = \bigcap_{i=1}^{n} W_i$. Dann ist $W \in \underline{W}'$, und

es gilt $A_i \supset W[B_i]$ und damit

$$(*)\quad U = \bigcup_{i=1}^{n} (A_i \times A_i) \supset \bigcup_{i=1}^{n} (W[B_i] \times W[B_i]) \supset W.$$

[Da (B_i) Überdeckung von X ist, folgt für $(x,y) \in W$ die Existenz eines $k \in \{1,\dots,n\}$ mit $x \in B_k \subset W[B_k]$ und somit ist $y \in W[B_k]$, also $(x,y) \in W[B_k] \times W[B_k]$.]

Aus (*) folgt $U \in \underline{W}'$.

10.2.6. Satz: Es seien (X,δ) ein Proximitätsraum und $\underline{W}'$ eine total beschränkte Uniformität[67] für X mit $\delta_{\underline{W}'} \supset \delta$. Dann gelten:

(1) $\underline{W}' \subset \underline{W}_\delta$.

(2) Die Menge $\Pi(\delta)$ aller Uniformitäten $\underline{W}^*$ für X mit $\delta_{\underline{W}^*} = \delta$ enthält genau eine total beschränkte Uniformität, und zwar $\underline{W}_\delta$.[68]

Beweis: (1) Es seien $W \in \underline{W}'$ und $V = V^{-1} \in \underline{W}'$ mit $V^3 \subset W$. Da $(X,\underline{W}')$ total beschränkt ist, existieren endlich viele Teilmengen $B_1,\ldots,B_n$ von X mit $\bigcup_{i=1}^{n} B_i = X$ und $B_i \times B_i \subset V$ für alle $i \in \{1,\ldots,n\}$. Man setze $A_i = V[B_i]$. Dann gilt $A_i \Supset B_i$ bez. δ, d.h. $B_i \not\delta (X \setminus A_i)$; denn $B_i \delta (X \setminus A_i)$ würde $B_i \, \delta_{\underline{W}'} (X \setminus A_i)$ implizieren, was wegen $V[B_i] \cap (X \setminus A_i) = \emptyset$ nicht möglich ist (für ein symmetrisches $V' \in \underline{W}'$ mit $V'^2 \subset V$ wäre sonst $V'[B_i] \cap V'[X \setminus A_i] = \emptyset$). $U = \bigcup_{i=1}^{n} A_i \times A_i$ gehört somit zu $\underline{W}_\delta$. Wegen $U \subset W$ ($(x,y) \in U$ impliziert die Existenz eines $i \in \{1,\ldots,n\}$ mit $(x,y) \in V[B_i] \times V[B_i]$; dann gibt es aber $(z,z') \in B_i \times B_i \subset V$ mit $(z,x) \in V$ und $(z',y) \in V$, woraus wegen $V = V^{-1}$ folgt $(x,y) \in V^3 \subset W$) ist auch $W \in \underline{W}_\delta$.

(2) Wegen 10.2.4. ist $\underline{W}_\delta$ total beschränkt und gehört zu $\Pi(\delta)$. Ist $\underline{W}' \in \Pi(\delta)$ total beschränkt, so gilt nach (1)

(a) $\underline{W}' \subset \underline{W}_\delta$

---

67) D.h. $(X,\underline{W})$ ist total beschränkt.

68) $\Pi(\delta)$ wird gelegentlich auch Proximitätsklasse bez. δ genannt.

und nach 10.2.5. wegen $\delta_{\underline{W}'} = \delta$

$$\text{(b)}\ \underline{W}_{\delta_{\underline{W}'}} = \underline{W}_{\delta} \subset \underline{W}'.$$

Aus (a) und (b) folgt $\underline{W}' = \underline{W}_{\delta}$.

10.3. p-stetige Abbildungen.

10.3.1. Definition: Es seien (X,δ) und (X',δ') Proximitätsräume. Eine Abbildung $f : X \to X'$ heißt p-stetig, wenn aus $A\,\delta\,B$ stets $f[A]\ \delta'\ f[B]$ folgt.

10.3.2. Bemerkung: Die Proximitätsräume als Objekte zusammen mit den p-stetigen Abbildungen als Morphismen bilden eine Kategorie $\underline{P}$.

10.3.3. Satz: Jede p-stetige Abbildung ist stetig (bez. der zugehörigen p-Topologien).

Beweis: Es sei $f : (X,\delta) \to (X',\delta')$ p-stetig. Zu zeigen: $f[\overline{A}] \subset \overline{f[A]}$. Ist $x \in \overline{A}$, so gilt $\{x\}\ \delta A$, woraus sofort $\{f(x)\}\ \delta'\ f[A]$, also $f(x) \in \overline{f[A]}$, folgt.

10.3.4. Bemerkung: Setzt man $\underline{G}((X,\delta)) = (X,\underline{X}_{\delta})$ für jeden Proximitätsraum (X,δ) und bezeichnet $\underline{G}(f)$ den zu jedem $\underline{P}$-Morphismus f gehörigen $\underline{T}$-Morphismus (vgl.10.3.3.), so wird ein Funktor $\underline{G} : \underline{P} \to \underline{T}$ definiert, ein sogenannter „Quasi-Vergiß-Funktor".

10.3.5. Satz: Jede gleichmäßig stetige Abbildung ist p-stetig.

Beweis: Es sei $f : (X,\underline{W}) \to (X',\underline{W}')$ gleichmäßig stetig, und es gelte $A\delta_{\underline{W}}B$. Ist dann $W' \in \underline{W}'$, so ist $W = (f\times f)^{-1}\ [W'] \in \underline{W}$

(weil f gleichmäßig stetig ist) und es ist $W[A] \cap W[B] \neq \emptyset$, d.h. es existiert ein $z \in W[A] \cap W[B]$ und somit existieren $x \in A$ und $y \in B$ mit $(x,z) \in W$ und $(y,z) \in W$. Nach Definition von W gilt $(f(x), f(z)) \in W'$ und $(f(y), f(z)) \in W'$, also ist $f(z) \in W'[f[A]] \cap W'[f[B]]$, d.h. $W'[f[A]] \cap W'[f[B]] \neq \emptyset$. Da $W' \in \underline{W}'$ beliebig war, folgt $f[A]\ \delta_{\underline{W}'}\ f[B]$.

<u>10.3.6</u>. <u>Bemerkung</u>: Setzt man $\underline{G}'((X,\underline{W})) = (X,\delta_{\underline{W}})$ für jeden uniformen Raum $(X,\underline{W})$ und bezeichnet $\underline{G}'(f)$ den zu jedem $\underline{U}$-Morphismus f gehörigen $\underline{P}$-Morphismus (vgl.10.3.5.), so wird ein Funktor $\underline{G}' : \underline{U} \to \underline{P}$ definiert („Quasi-Vergiß-Funktor"). Sind $\underline{G} : \underline{P} \to \underline{T}$ und $\underline{F} : \underline{U} \to \underline{T}$ Quasi-Vergiß-Funktoren, so gilt

$$\underline{G} \circ \underline{G}' = \underline{F},$$

wie man leicht nachprüft.

<u>10.3.7</u>. <u>Satz</u>: Es seien $f : X \to X'$ eine Abbildung, die bez. der Proximitäten δ auf X und δ' auf X' p-stetig ist, und $\underline{W}'$ eine Uniformität für X' mit $\delta_{\underline{W}'} = \delta'$. Dann existiert eine Uniformität $\underline{W}$ für X mit $\delta_{\underline{W}} = \delta$ derart, daß f gleichmäßig stetig bez. $\underline{W}$ und $\underline{W}'$ ist. Falls $(X',\underline{W}')$ total beschränkt ist, kann für $\underline{W}$ gerade $\underline{W}_{\delta}$ (s.10.2.4.) gewählt werden.

<u>Beweis</u>: Es sei $\underline{R}$ die initiale Uniformität für X bez. f (d.h. $\underline{B} = \{(f\times f)^{-1}[W'] \mid W' \in \underline{W}'\}$ ist Basis von $\underline{R}$).

Der Beweis gliedert sich nun in mehrere Teile:

a) $\delta \subset \delta_{\underline{R}}$: Ist $A \not\delta_{\underline{R}} B$, so existiert ein $V \in \underline{R}$ mit $V[A] \cap V[B] = \emptyset$. O.B.d.A. kann $V = (f\times f)^{-1}[W']$ mit $W' \in \underline{W}'$ angenommen werden. Es ist $V[A] = f^{-1}[W'[f[A]]]$, wie man sofort nachprüft. Weiter gilt $A \Subset V[A]$ bez. δ, d.h.

$A \not\delta (X \setminus V[A])$; denn wäre $A \delta (X \setminus V[A])$, so müßte auch $f[A] \delta_{\underline{W}'} f[X \setminus V[A]]$ gelten (f ist p-stetig!), was wegen $W'[f[A]] \cap f[X \setminus V[A]] = \emptyset$ nicht möglich ist. Daraus folgt wegen $V[A] \subset X \setminus B$ sofort $A \in X \setminus B$, d.h. $A \not\delta B$.

b) Für $\underline{W} = \sup\{\underline{R}, \underline{W}_\delta\}$ gilt $\delta_{\underline{W}} = \delta$:

α) Ist $\underline{S}$ eine Uniformität für X, so ist die Aussage $\delta_{\underline{S}} \supset \delta$ damit äquivalent, daß für alle $S \in \underline{S}$ und $A \subset X$ gilt $A \Subset S[A]$, d.h. $A \not\delta (X \setminus S[A])$.

(1. Wäre $A \delta (X \setminus S[A])$ gültig, so müßte $A \delta_{\underline{S}} (X \setminus S[A])$, also speziell $S[A] \cap (X \setminus S[A]) \neq \emptyset$ [s. Übungsaufgabe 77)] gelten, was nicht möglich ist.

2. $A \not\delta_{\underline{S}} B$ impliziert die Existenz eines $S \in \underline{S}$ mit $S[A] \cap B = \emptyset$. Folglich gilt $B \subset X \setminus S[A]$. Wegen $A \not\delta (X \setminus S[A])$ muß dann auch $A \not\delta B$ gelten.)

β) $\delta_{\underline{W}} \subset \delta$ gilt trivialerweise; denn $A \delta_{\underline{W}} B$ impliziert $W[A] \cap W[B] \neq \emptyset$ für alle $W \in \underline{W}$, also gilt wegen $\underline{W}_\delta \subset \underline{W}$ auch $V[A] \cap V[B] \neq \emptyset$ für alle $V \in \underline{W}_\delta$, d.h. $A \delta_{\underline{W}_\delta} B$, was wegen $\delta_{\underline{W}_\delta} = \delta$ mit $A \delta B$ äquivalent ist.

γ) Da $\underline{B} = \{R \cap U \mid R \in \underline{R}$ und $U \in \underline{W}_\delta\}$ Basis von $\underline{W}$ ist, genügt es zum Nachweis von $\delta_{\underline{W}} \supset \delta$ wegen α) zu zeigen: $A \Subset (R \cap U)[A]$ für alle $R \in \underline{R}$, $U \in \underline{W}_\delta$ und $A \subset X$. Ist $U \in \underline{W}_\delta$, so gilt $U \supset V = \bigcup_{i=1}^{n} A_i \times A_i$ mit $A_i \Supset B_i$ und $\bigcup_{i=1}^{n} B_i = X$.

Es genügt zu zeigen:

$$A \Subset (R \cap V)\ [A]$$

Sei $V = \bigcup_{i=1}^{n} A_i \times A_i$, $A_i \supseteq B_i$, $\bigcup_{i=1}^{n} B_i = X$.

Es ist $A = A \cap X = A \cap (\bigcup_{i=1}^{n} A_i) = \bigcup_{i=1}^{n} A \cap A_i$ und

$R \cap V[A] = \bigcup_{i=1}^{n} R \cap V [A \cap A_i]$. Ist $A \cap A_i \neq \emptyset$, so gilt

$V [A \cap A_i] \supset A_i$; es folgt $R \cap V [A \cap A_i] \supset R [A \cap A_i] \cap A_i$.

Nun ist $A \cap A_i \Subset R [A \cap A_i]$ und $B_i \Subset A_i$. Deshalb folgt

$A \cap B_i = A \cap A_i \cap B_i \Subset R [A \cap A_i] \cap A_i$ und $A = \bigcup_{i=1}^{n} A \cap B_i \Subset$

$\Subset \bigcup_{i=1}^{n} R [A \cap A_i] \cap A_i \subset R \cap V [A]$.

c) Da $f : (X,\underline{R}) \to (X',\underline{W}')$ gleichmäßig stetig ist (nach Definition von $\underline{R}$!) und $\underline{R} \subset \underline{W}$ gilt, ist auch $f : (X,\underline{W}) \to (X',\underline{W}')$ gleichmäßig stetig.

d) Ist $(X',\underline{W}')$ total beschränkt, so ist auch $(X,\underline{R})$ total beschränkt (vgl. 9.7.5.(1)). Wegen a) folgt dann aus 10.2.6.(1), daß $\underline{R} \subset \underline{W}_\delta$ gilt. Dann muß aber $\underline{W} = \underline{W}_\delta$ sein.

10.3.8. **Satz**: Es seien $(X,\underline{W})$ ein beliebiger und $(X',\underline{W}')$ ein total beschränkter uniformer Raum. Ist eine Abbildung $f : X \to X'$ p-stetig bez. $\delta_{\underline{W}}$ und $\delta_{\underline{W}'}$, so ist sie gleichmäßig stetig bez. $\underline{W}$ und $\underline{W}'$.

Beweis: Wählt man in 10.3.7. $\delta = \delta_{\underline{W}}$ und $\delta' = \delta_{\underline{W}'}$, so ist f gleichmäßig stetig bez. $\underline{W}_{\delta_{\underline{W}}}$ und $\underline{W}'$. Da nach 10.2.5. $\underline{W}_{\delta_{\underline{W}}} \subset \underline{W}$ gilt, ist f auch gleichmäßig stetig bez. $\underline{W}$ und $\underline{W}'$.

10.3.9. Lemma: Es sei $(X,\underline{W})$ ein pseudometrisierbarer uniformer Raum. Dann ist $\underline{W}$ das größte Element in der durch „$\subset$" geordneten Menge $\Pi(\delta_{\underline{W}})$ aller Uniformitäten $\underline{W}^*$ für X mit $\delta_{\underline{W}^*} = \delta_{\underline{W}}$.

Beweis: Ist $\underline{W}$ nicht das größte Element von $\Pi(\delta_{\underline{W}})$, so existiert ein $\underline{S} \in \Pi(\delta_{\underline{W}})$ mit $\underline{S} \not\subset \underline{W}$. Ist d eine Pseudometrik auf X, die $\underline{W}$ induziert, so bilden die Mengen $B_n = \{(x,y) \mid d(x,y) < \frac{1}{n}\}$ mit $n \in \mathbb{N} \setminus \{0\}$ eine Basis von $\underline{W}$. Wegen $\underline{S} \not\subset \underline{W}$ existiert dann ein $S \in \underline{S}$ derart, daß für jedes $n \in \mathbb{N} \setminus \{0\}$ gilt $S \not\supset B_n$. Für jedes $n \in \mathbb{N} \setminus \{0\}$ existiert also ein Paar $(x_n,y_n) \in B_n$ mit $(x_n,y_n) \notin S$.

Es sei $R = R^{-1} \in \underline{S}$ mit $R^3 \subset S$. Dann existiert eine unendliche Teilmenge K von $\mathbb{N} \setminus \{0\}$ derart, daß $(x_k,y_h) \notin R$ gilt für alle $k,h \in K$. (Beweis: Entweder gilt

(1) Für jedes $x \in X$ enthält $R(x)$ nur endlich viele der x_n und y_n,

oder

(2) Es existiert ein $x^* \in X$ derart, daß $R(x^*)$ unendlich viele der x_n und (oder) der y_n enthält.

Im Fall (2) kann man o.B.d.A. annehmen, daß für eine unendliche Teilmenge K von $\mathbb{N} \setminus \{0\}$ gilt $x_n \in R(x^*)$ für alle $n \in K$. Dann gilt $(x_k, y_h) \notin R$ für alle $k, h, \in K$; denn wäre $(x_k,y_h) \in R$ für ein $(k,h) \in K \times K$, so wäre wegen $(x_k,x^*) \in R$ und $(x^*,x_h) \in R$ gerade $(x_k,x_h) \in R^2$, also $(x_h,y_h) \in R^3$ im Widerspruch zu $(x_h,y_h) \notin S$.

Im Fall (1) ist nun gleichfalls die Menge K zu konstruieren. Für p = 1 setze man $n_p = 1$ und definiere $A_p = \{x_{n_1}\}$ sowie $B_p = \{y_{n_1}\}$. Dann ist $(x_{n_1}, y_{n_1}) \notin R \subset S$. Sei nun für eine natürliche Zahl $p \geqq 1$ definiert:
$A_p = \{x_{n_1}, \ldots, x_{n_p}\}$, $B_p = \{y_{n_1}, \ldots, y_{n_p}\}$
mit $(x_{n_r}, y_{n_s}) \notin R$ für $1 \leqq r \leqq p$, $1 \leqq s \leqq p$.

Dann wähle man ein natürliches $n_{p+1} > n_p$ aus derart, daß $\{x_{n_{p+1}}, y_{n_{p+1}}\} \cap (R(A_p) \cup R(B_p)) = \emptyset$ ist, was möglich ist, weil $R(A_p) \cup R(B_p)$ wegen (1) nur endlich viele der x_n und y_n enthalten kann. $K = \{n_p \mid p \in \mathbb{N} \setminus \{0\}\}$ ist dann die gesuchte unendliche Teilmenge von $\mathbb{N} \setminus \{0\}$.)
Man setze $A = \{x_k \mid k \in K\}$ und $B = \{y_k \mid k \in K\}$. Dann gilt $A \delta_{\underline{W}} B$ (Zu $W \in \underline{W}$ existiert ein $n \in \mathbb{N} \setminus \{0\}$, so daß $B_n \subset W$ gilt. Weiter existiert ein $k \in K$ mit $k > n$, weil K unendlich ist. Dann sind $x_k \in A$, $y_k \in B$ und $(x_k, y_k) \in B_k \subset B_n \subset W$, also $y_k \in W[A] \cap W[B]$, d.h. $W[A] \cap W[B] \neq \emptyset$). Ferner ist $R[A] \cap B = \emptyset$ (wäre etwa $y_k \in R[A]$ für ein $k \in K$, so existierte ein $h \in K$ mit $(x_h, y_k) \in R$, was nach Konstruktion von K nicht möglich ist), also gilt $A \not\delta_{\underline{S}} B$, d.h. $A \not\delta_{\underline{W}} B$ (wegen $\delta_{\underline{S}} = \delta_{\underline{W}}$). Damit ist ein Widerspruch konstruiert.

<u>10.3.10</u>. <u>Satz:</u> Es sei $(X, \underline{W})$ ein pseudometrisierbarer uniformer Raum und $(Y, \underline{R})$ ein beliebiger uniformer Raum. Ist die Abbildung $f : X \longrightarrow Y$ p-stetig bez. $\delta_{\underline{W}}$ und $\delta_{\underline{R}}$, dann ist sie gleichmäßig stetig bez. $\underline{W}$ und $\underline{R}$.

Beweis: Nach 10.3.7. existiert eine Uniformität $\underline{W}^*$ für X mit $\underline{W}^* \in \Pi(\delta_{\underline{W}})$, so daß f gleichmäßig stetig ist bez. $\underline{W}^*$ und $\underline{R}$. Da nach 10.3.9. $\underline{W}^* \subset \underline{W}$ gilt, ist f auch gleichmäßig stetig bez. $\underline{W}$ und $\underline{R}$.

10.3.11. Bemerkung: Aus 10.3.5. und 10.3.10. folgt insbesondere, daß im metrischen (pseudometrischen) Fall die p-stetigen Abbildungen identisch sind mit den gleichmäßig stetigen Abbildungen.

10.4. Isomorphie zwischen der Kategorie der Proximitätsräume und der Kategorie der total beschränkten uniformen Räume.

10.4.1. Ähnlich wie wir früher erklärt haben, wann zwei Objekte in einer Kategorie als isomorph anzusehen sind, d.h. als im wesentlichen nicht verschieden, erklären wir jetzt, wann zwei Kategorien als im wesentlichen nicht verschieden, d.h. als isomorph anzusehen sind:

Definition: Es seien $\underline{C}$ und $\underline{D}$ Kategorien. Ein Funktor $\underline{F} : \underline{C} \to \underline{D}$ heißt Isomorphismus, wenn es einen Funktor $\underline{G} : \underline{D} \to \underline{C}$ so gibt, daß

$$\underline{G} \circ \underline{F} = \underline{J}_{\underline{C}} \text{ und } \underline{F} \circ \underline{G} = \underline{J}_{\underline{D}}$$

($\underline{J}_{\underline{C}}$: identischer Funktor auf $\underline{C}$; $\underline{J}_{\underline{D}}$: identischer Funktor auf $\underline{D}$) gilt. Ist $\underline{F} : \underline{C} \to \underline{D}$ ein Isomorphismus, so heißen $\underline{C}$ und $\underline{D}$ isomorph.

10.4.2. Bevor wir eine nähere Charakterisierung eines Isomorphismus geben, definieren wir folgende Eigenschaften von Funktoren:

Definition: Ein Funktor $\underline{F} : \underline{C} \to \underline{D}$ heißt

1) Einbettung, wenn $\underline{F}_2 : \text{Mor } \underline{C} \to \text{Mor } \underline{D}$ injektiv ist,

2) surjektiv (injektiv) auf Objekten, wenn $\underline{F}_1 : |\underline{C}| \to |\underline{D}|$ surjektiv (injektiv) ist,

3) treu, wenn für jedes Paar $(A,B) \in |\underline{C}| \times |\underline{C}|$ die Abbildung

$$\begin{aligned}[A,B]_{\underline{C}} &\longrightarrow [\underline{F}(A), \underline{F}(B)]_{\underline{D}} \\ f &\longmapsto \underline{F}(f)\end{aligned}$$

injektiv ist,

4) voll, wenn für jedes Paar $(A,B) \in |\underline{C}| \times |\underline{C}|$ die Abbildung

$$\begin{aligned}[A,B]_{\underline{C}} &\longrightarrow [\underline{F}(A), \underline{F}(B)]_{\underline{D}} \\ f &\longmapsto \underline{F}(f)\end{aligned}$$

surjektiv ist.

10.4.3. Lemma: Ein Funktor $\underline{F} : \underline{C} \to \underline{D}$ ist eine Einbettung genau dann, wenn er injektiv auf Objekten und treu ist.

Beweis: 1) Es sei $\underline{F} : \underline{C} \to \underline{D}$ eine Einbettung:

a) Sind $A,B \in |\underline{C}|$ mit $A \neq B$, so gilt $1_A \neq 1_B$ (wegen der Disjunktheit der Morphismenmengen), woraus $\underline{F}(1_A) = 1_{\underline{F}(A)} \neq \underline{F}(1_B) = 1_{\underline{F}(B)}$ folgt. Dann ist aber $\underline{F}(A) \neq \underline{F}(B)$ (wäre $\underline{F}(A) = \underline{F}(B)$, so wäre

$1_{\underline{F}(A)} = 1_{\underline{F}(A)} \circ 1_{\underline{F}(B)} = 1_{\underline{F}(B)}$). $\underline{F}$ ist also injektiv auf Objekten.

b) Sind $f,g \in [A,B]_{\underline{C}}$ mit $f \neq g$, so gilt $\underline{F}(f) \neq \underline{F}(g)$, weil $\underline{F}$ eine Einbettung ist. $\underline{F}$ ist also trivialerweise treu.

2) Es sei $\underline{F} : \underline{C} \longrightarrow \underline{D}$ injektiv auf Objekten und treu: Sind $f : A \longrightarrow B$, $g : A' \longrightarrow B'$ $\underline{C}$-Morphismen mit $f \neq g$, so sind zu unterscheiden:

a) $A = A'$, $B = B'$

b) α) $A \neq A'$, $B = B'$; β) $A \neq A'$, $B \neq B'$;

γ) $A = A'$, $B \neq B'$.

Im Falle a) gilt $\underline{F}(f) \neq \underline{F}(g)$, weil $\underline{F}$ treu ist.
Im Falle b) gilt $\underline{F}(A) \neq \underline{F}(A')$ und (oder) $\underline{F}(B) \neq \underline{F}(B')$ weil $\underline{F}$ injektiv auf Objekten ist. Dann ist $[\underline{F}(A), \underline{F}(B)]_{\underline{D}} \cap [\underline{F}(A'), \underline{F}(B')]_{\underline{D}} = \emptyset$, also $\underline{F}(f) \neq F(g)$.
Damit ist gezeigt, daß $\underline{F}$ eine Einbettung ist.

<u>10.4.4</u>. <u>Lemma</u>: Ein Funktor $\underline{F} : \underline{C} \longrightarrow \underline{D}$ ist ein Isomorphismus genau dann, wenn $\underline{F}$ Einbettung, voll und surjektiv auf Objekten ist.

<u>Beweis</u>: 1) „$\Rightarrow$": Es existiert ein Funktor $\underline{G} : \underline{D} \longrightarrow \underline{C}$ mit $\underline{G} \circ \underline{F} = \underline{J}_{\underline{C}}$ und $\underline{F} \circ \underline{G} = \underline{J}_{\underline{D}}$.

a) $\underline{F}$ ist surjektiv auf Objekten: Ist $B \in |\underline{D}|$, so ist $\underline{G}(B) \in |\underline{C}|$ und $\underline{F}(\underline{G}(B)) = B$.

b) $\underline{F}$ ist voll: Sind $A, A' \in |\underline{C}|$ und $f \in [\underline{F}(A), \underline{F}(A')]_{\underline{D}}$, so ist $\underline{G}(f) \in [A,A']_{\underline{C}}$ und $\underline{F}(\underline{G}(f)) = f$.

c) $\underline{F}$ ist Einbettung: Sind $f \in [A,B]_{\underline{C}}$, $g \in [A',B']_{\underline{C}}$ und gilt $\underline{F}(f) = \underline{F}(g)$, so ist $\underline{G}(\underline{F}(f)) = f = \underline{G}(\underline{F}(g)) = g$.

2) „$\Leftarrow$": Ist $B \in |\underline{D}|$, so existiert $A \in |\underline{C}|$ mit $\underline{F}(A) = B$ Jedes $A' \in |\underline{C}|$ mit $\underline{F}(A') = B$ stimmt mit A überein, weil $\underline{F}$ eine Einbettung ist (wäre $A \neq A'$, so wäre $1_A \neq 1_{A'}$, also $\underline{F}(1_A) = 1_{\underline{F}(A)} \neq \underline{F}(1_{A'}) = 1_{\underline{F}(A')}$, was nicht möglich ist). Also kann man setzen $\underline{G}(B) = A$. Ist $f \in [B,B']_{\underline{D}}$, so existiert genau ein $A \in |\underline{C}|$ mit $\underline{F}(A) = B$ und genau ein $A' \in |\underline{C}|$ mit $\underline{F}(A') = B'$, weil $\underline{F}$ Einbettung und surjektiv auf Objekten ist. Da $\underline{F}$ voll ist, gibt es ein $g \in [A,A']_{\underline{C}}$ mit $\underline{F}(g) = f$. g ist eindeutig bestimmt durch $\underline{F}(g) = f$, weil $\underline{F}$ Einbettung ist. Setzt man $\underline{G}(f) = g$, so wird ein Funktor $\underline{G} : \underline{D} \longrightarrow \underline{C}$ definiert mit $\underline{G} \circ \underline{F} = \underline{J}_{\underline{C}}$ und $\underline{F} \circ \underline{G} = \underline{J}_{\underline{D}}$, wie man leicht nachprüft.

<u>10.4.5</u>. <u>Satz</u>: Die Kategorie $\underline{U}_{tb}$ der total beschränkten uniformen Räume (und gleichmäßig stetigen Abbildungen) ist isomorph zur Kategorie $\underline{P}$ der Proximitätsräume (und p-stetigen Abbildungen).

<u>Beweis</u>: Man definiere einen Funktor $\underline{F} : \underline{U}_{tb} \longrightarrow \underline{P}$ auf folgende Weise: Für jeden total beschränkten uniformen Raum $(X,\underline{W})$ sei $\underline{F}((X,\underline{W})) = (X,\delta_{\underline{W}})$ und für jede gleichmäßig stetige Abbildung f zwischen total beschränkten uniformen Räumen sei $\underline{F}(f)$ die gemäß 10.3.5. zugehörige p-stetige Abbildung. Dann gelten:

a) $\underline{F}$ ist surjektiv auf Objekten: Es sei $(X,\delta) \in |\underline{P}|$. Nach 10.2.4. ist $(X,\underline{W}_\delta) \in |\underline{U}_{tb}|$ und es gilt $\underline{F}((X,\underline{W}_\delta)) = (X,\delta_{\underline{W}_\delta}) = (X,\delta)$.

b) $\underline{F}$ ist voll: Das ist eine unmittelbare Folge von 10.3.8.

c) $\underline{F}$ ist eine Einbettung: Gemäß 10.4.3. ist zu zeigen:

α) $\underline{F}$ ist injektiv auf Objekten: Es sei $\underline{F}((X,\underline{W})) = \underline{F}((X',\underline{W}'))$, d.h. $(X,\delta_{\underline{W}}) = (X',\delta_{\underline{W}'})$.

Dann gelten:

$$(1)\ X = X'$$

und $$(2)\ \delta_{\underline{W}} = \delta_{\underline{W}'}.$$

Aus (2) folgt wegen 10.2.6. ② $\underline{W} = \underline{W}'$ (denn $\underline{W}$ und $\underline{W}'$ sind total beschränkt und gehören zu $\Pi(\delta_{\underline{W}})$).

β) $\underline{F}$ ist treu: Trivial.

Aus a), b) und c) folgt nach 10.4.4., daß $\underline{F}$ ein Isomorphismus ist.

<u>10.4.6.</u> <u>Bemerkung</u>: Da der im Beweis zu 10.4.5. erklärte Funktor $\underline{F} : \underline{U}_{tb} \longrightarrow \underline{P}$ ein Isomorphismus ist, gibt es einen Funktor $\underline{H}' : \underline{P} \longrightarrow \underline{U}_{tb}$ derart, daß $\underline{F}\circ\underline{H}' = \underline{I}_{\underline{P}}$ und $\underline{H}'\circ\underline{F} = \underline{I}_{\underline{U}_{tb}}$ gilt. Nach 9.7.5. ① ist $\underline{U}_{tb}$ epireflektiv in $\underline{U}$. Die Epireflexion von $(X,\underline{W}')\in|\underline{U}|$ bez. $\underline{U}_{tb}$ ist gerade $1_X: (X,\underline{W}') \longrightarrow (X,\underline{W}_{\delta_{\underline{W}'}})$ (Wegen 10.2.5. ist $1_X: (X,\underline{W}') \longrightarrow (X,\underline{W}_{\delta_{\underline{W}'}})$ gleichmäßig stetig. Ist $(Y,\underline{S})$ total beschränkter uniformer Raum und $f : (X,\underline{W}') \rightarrow (Y,\underline{S})$ gleichmäßig stetig, dann ist f p-stetig bez. $\delta_{\underline{W}'}$ und $\delta_{\underline{S}}$ nach 10.3.5.. Da nach 10.2.4. $\delta_{\underline{W}'} = \delta_{\underline{W}_{\delta_{\underline{W}'}}}$ gilt, ist $f : (X,\underline{W}_{\delta_{\underline{W}'}}) \rightarrow (Y,\underline{S})$ nach 10.3.8. gleichmäßig stetig.).

Damit ist die Epireflexion sogar ein Bimorphismus. Der

Epi (Bi)-Reflektor $\underline{R} : \underline{U} \to \underline{U}_{tb}$ ist dann linksadjungiert zum Einbettungsfunktor $\underline{F}_e : \underline{U}_{tb} \to \underline{U}$. Sind dann $\underline{F}_1 : \underline{U} \to \underline{T}$, $\underline{F}_2 : \underline{U} \to \underline{P}$ und $\underline{F}_3 : \underline{P} \to \underline{T}$ Quasi-Vergiß-Funktoren [vgl. 9.2.7.,10.3.6. und 10.3.4.], so ist das folgende „Diagramm"

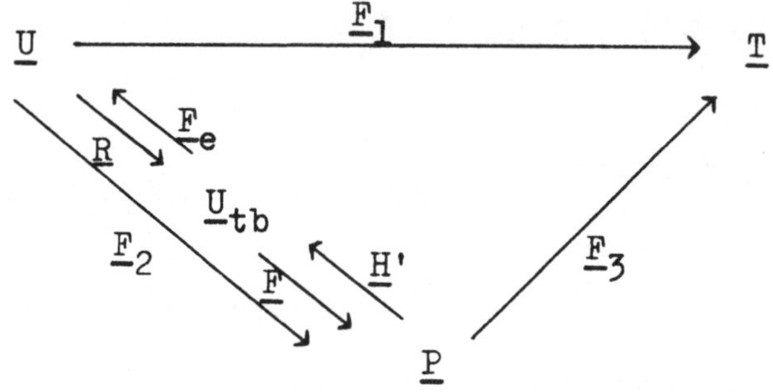

kommutativ und $\underline{H} = \underline{F}_e \circ \underline{H}'$ ist rechtsadjungiert zu $\underline{F}_2$, wie man leicht sieht.

Übersicht

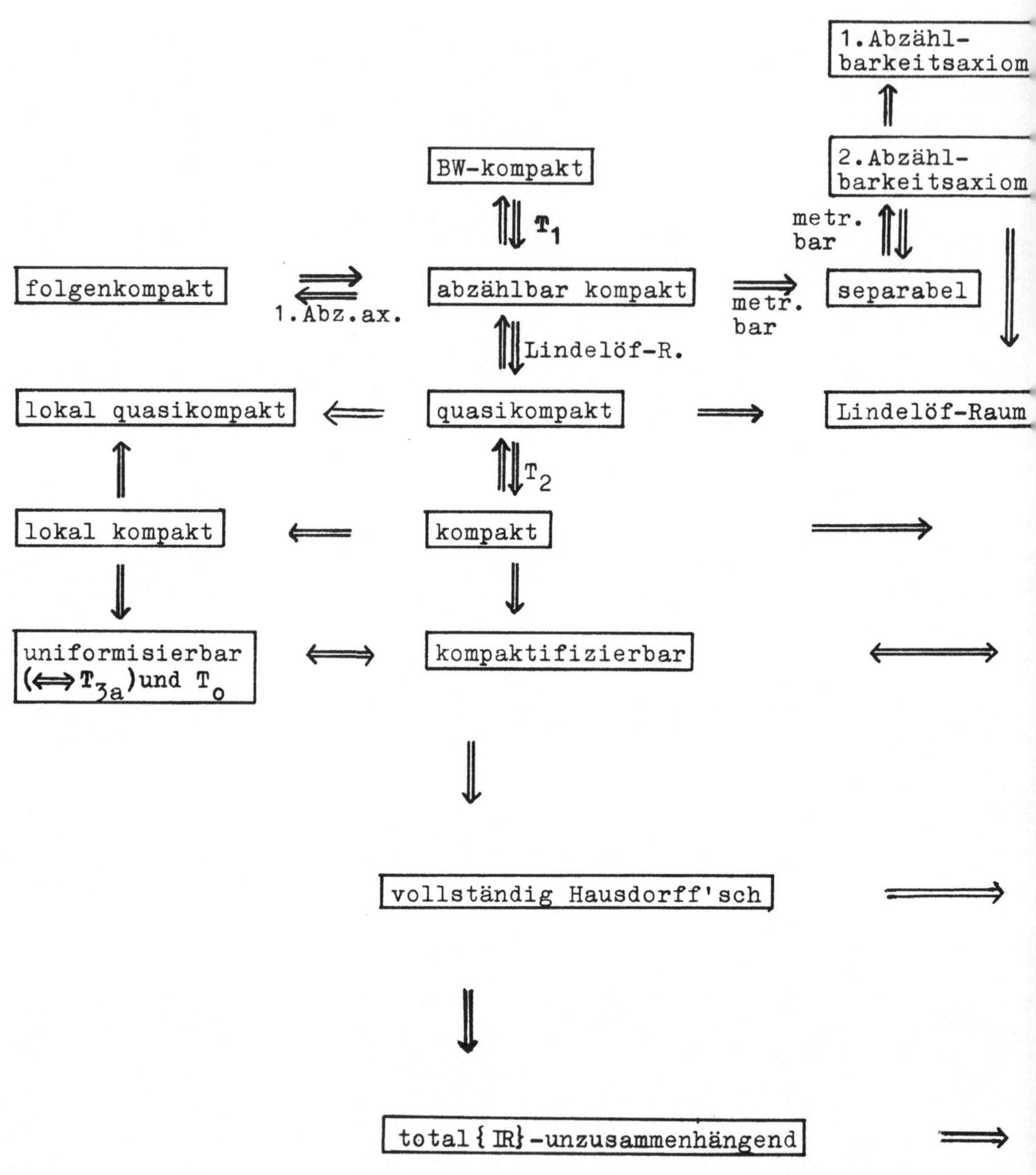
1.Abzählbarkeitsaxiom
2.Abzählbarkeitsaxiom
BW-kompakt
T_1
metr. bar
folgenkompakt
1.Abz.ax.
abzählbar kompakt
metr. bar
separabel
Lindelöf-R.
lokal quasikompakt
quasikompakt
Lindelöf-Raum
T_2
lokal kompakt
kompakt
uniformisierbar ($\Longleftrightarrow T_{3a}$)und T_o
kompaktifizierbar
vollständig Hausdorff'sch
total{ℝ}-unzusammenhängend

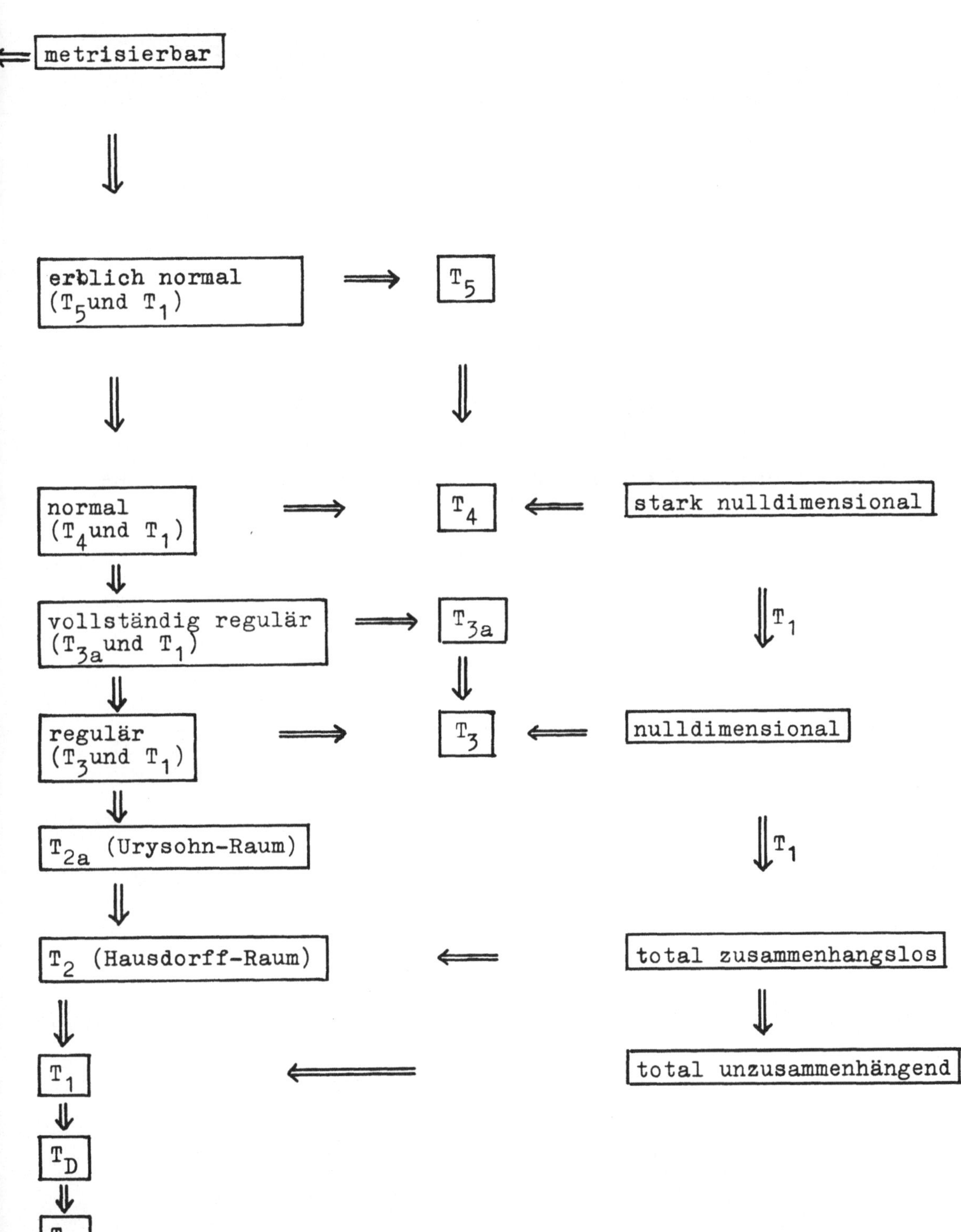

metrisierbar
erblich normal
(T5und T1)
T5
normal
(T4und T1)
T4
stark nulldimensional
vollständig regulär
(T3aund T1)
T3a
T1
regulär
(T3und T1)
T3
nulldimensional
T2a (Urysohn-Raum)
T1
T2 (Hausdorff-Raum)
total zusammenhangslos
T1
total unzusammenhängend
TD
To

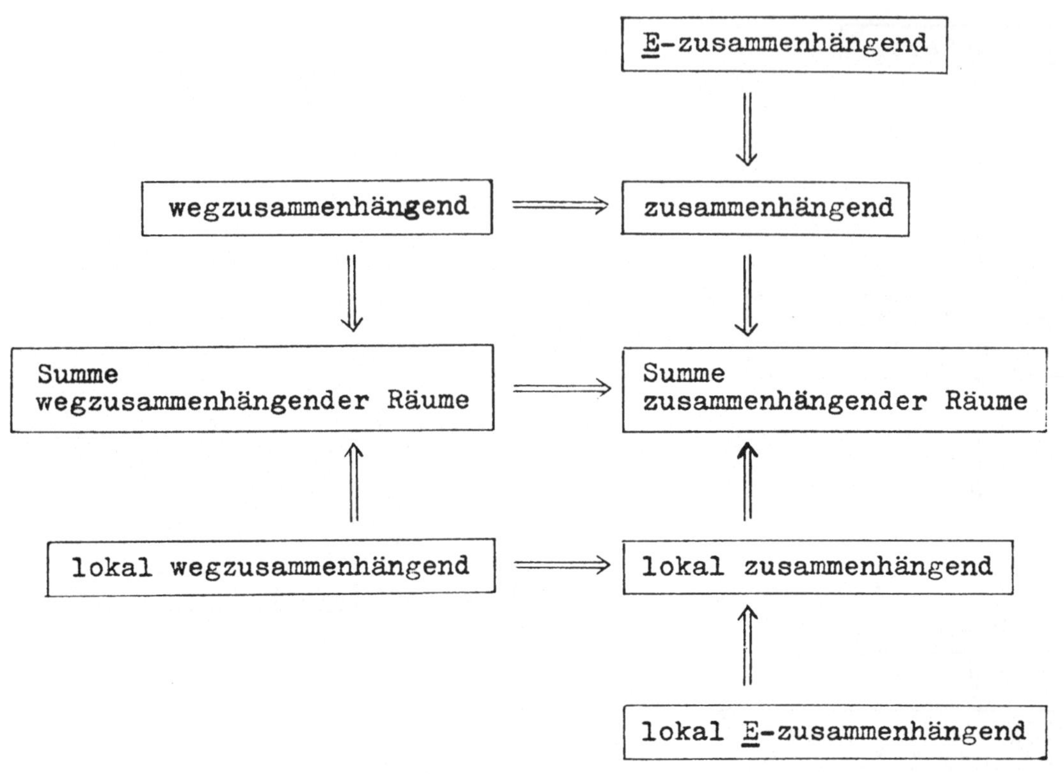

Beziehungen zwischen „Kompaktheit" und „Zusammenhang" :

$$\boxed{Z(K\underline{E}) = Z\underline{E}}$$ ($\underline{E}$:: Klasse von T_2-Räumen)

(vgl. 8.2.24.③)

Beziehungen zwischen „Trennung" und „Zusammenhang" :

$$\boxed{Z(\underline{N}_1\underline{E}) = Z(\underline{R}_1\underline{E}) = Z(Q\underline{E}) = Z(U\underline{E}) = Z\underline{E}}$$ ($\underline{E}$: Klasse von T_1-Räumen)

(vgl. 6.5.5.③)

Übungsaufgaben

Die im folgenden formulierten Aufgaben sind in Zusammenarbeit mit Herrn Dipl.-Math. Peter Faehling entstanden; sie entstammen den Übungen zu meiner Topologie-Vorlesung.

Aufgaben ab Kapitel 1

1) Es sind die Abbildungen $d_i : \mathbb{R}^n \times \mathbb{R}^n \to \mathbb{R}$ $(i=1,2,3)$ zu untersuchen, die durch

$$d_1(x,y) = \left(\sum_{i=1}^{n} (x_i - y_i)^2\right)^{\frac{1}{2}}$$

$$d_2(x,y) = \sum_{i=1}^{n} |x_i - y_i|$$

$$d_3(x,y) = \max \left\{ |x_i - y_i| \mid i = 1,2,\ldots n \right\}$$

für alle $x,y \in \mathbb{R}^n$ definiert sind.

Weisen Sie nach:

a) Diese Abbildungen sind Metriken.

b) Die drei Metriken induzieren dieselbe Topologie.

c) Machen Sie sich die geometrische Gestalt der ε-Umgebungen für den Fall $n = 3$ klar.

2) (X,d) sei ein metrischer Raum, wobei die Metrik $d : X \times X \to \mathbb{R}$ zusätzlich der Bedingung $d(x,z) \leq \max \{d(x,y),\ d(y,z)\}$ für $x,y,z \in X$ genügt (d heißt dann Ultrametrik).

Zeigen Sie die folgenden Eigenschaften der ε-Umgebungen:

a) $U_\varepsilon(x)$ ist offen und abgeschlossen.

b) Aus $y \in U_\varepsilon(x)$ folgt $U_\varepsilon(x) = U_\varepsilon(y)$.

Ein Beispiel für eine Ultrametrik erhält man auf folgende Art: p sei eine feste Primzahl, $x,y \in \mathbb{Z}$ *) und a sei der höchste Exponent von p in der Primfaktorzerlegung von $|x - y|$. Dann definieren wir $d_p(x,y) := 2^{-a}$ für $x \neq y$ und $d_p(x,y) := 0$ für $x = y$.

c) Zeigen Sie, daß $d_p : \mathbb{Z} \times \mathbb{Z} \longrightarrow \mathbb{R}$ eine Ultrametrik ist.

d) Setzen Sie d_p zu einer Ultrametrik $d_p' : \mathbb{Q} \times \mathbb{Q} \longrightarrow \mathbb{R}$ fort.

3) Untersuchen Sie alle Möglichkeiten zwei- und dreielementige Mengen zu topologisieren.

4) $\underline{M} = \{\underline{X}_i \mid i \in I\}$ sei eine Menge von Topologien auf einer festen Menge X.

a) Zeigen Sie, daß der Durchschnitt der $\underline{X}_i$ wieder eine Topologie ist und das Infimum der Menge $\underline{M}$ in der durch die Inklusion geordneten Menge aller Topologien auf X darstellt.

b) Geben Sie ein Beispiel für Topologien auf einer Menge an, deren Vereinigung keine Topologie ist.

c) Beweisen Sie die Existenz des Supremums von $\underline{M}$. Anleitung: Bilden Sie das Infimum der Menge der oberen Schranken von $\underline{M}$ und beachten Sie u.U.,

---

*) $\mathbb{Z}$ sei die Menge der ganzen Zahlen.

daß das Infimum (Supremum) einer leeren Menge von Topologien die diskrete (indiskrete) Topologie ist.

d) Konstruieren Sie das Supremum von $\underline{M}$.

e) Leiten Sie mit der Methode von 4 c) einen Satz über die Existenz von Suprema (Infima) in geordneten Mengen her.

5) I sei eine Menge, $(X,\underline{X})$ ein topologischer Raum. Weisen Sie die folgenden Formeln für eine Familie $(A_i)_{i \in I}$ von Teilmengen von X nach:

$$\bigcup_{i \in I} A_i^o \subset (\bigcup_{i \in I} A_i)^o, \qquad (\bigcap_{i \in I} A_i)^o \subset \bigcap_{i \in I} A_i^o$$

Geben Sie die entsprechenden Formeln für die abgeschlossenen Hüllen an und beweisen Sie diese. Geben Sie Beispiele an, in denen die auftretenden Inklusionen echt sind.

6) Beweisen Sie die folgenden Aussagen:

a) Eine Teilmenge eines topologischen Raumes ist genau dann abgeschlossen, wenn sie ihre Häufungspunkte enthält.

b) Eine abgeschlossene Teilmenge eines topologischen Raumes, deren offener Kern die leere Menge ist, kann als Rand einer anderen Menge dargestellt werden.

7) $(X,\underline{X})$ sei ein topologischer Raum, $A \subset X$; zeigen Sie die nachstehenden Aussagen:

a) A ist gleichzeitig offen und abgeschlossen genau dann, wenn $\partial A = \emptyset$ gilt.

b) $\partial A = C(A^o \cup (CA)^o)$

c) $(A \cap \partial A)^o = \emptyset$

8) Von der Menge $A = \{(x,y) \mid x,y \in \{\frac{1}{n} \mid n = 1,2,3,\cdots\}\} \subset \mathbb{R}^2$ soll $\overline{A}$, A^o, ∂A, A' und die Menge der isolierten Punkte bestimmt werden. $\mathbb{R}^2$ wird hier mit der natürlichen (von der euklidischen Metrik induzierten) Topologie versehen.

9) Für die Menge $X = \{\frac{1}{n} \mid n = 1,2,\ldots\} \cup \{\sigma, 2\}$ wird die folgende Abbildung $\underline{U} : X \longrightarrow \underline{P}(\underline{P}(X))$ betrachtet:

$$\underline{U}(\tfrac{1}{n}) = \{M \mid M \subset X \text{ und } \tfrac{1}{n} \in M\}$$

$$\underline{U}(\sigma) = \{M \mid M \subset X \text{ und } \sigma \in M \text{ und es gibt ein } k_M \in \mathbb{N}, \text{ so daß für alle } n \geqq k_M \text{ gilt: } \tfrac{1}{n} \in M\}$$

$$\underline{U}(2) = \{M \mid M \subset X \text{ und } 2 \in M \text{ und es gibt ein } k_M \in \mathbb{N}, \text{ so daß für alle } n \geqq k_M \text{ gilt: } \tfrac{1}{n} \in M\}$$

Zeigen Sie, daß $\underline{U}$ ein vollständiges Umgebungssystem auf X ist.

10) $(X,\leqq)$ sei eine vollständig geordnete Menge. Wir führen folgende Bezeichnungen ein, für $a,b,x \in X$:

$a < x \iff a \leq x$ und $x \neq a$

$]a,b[\; := \{x \mid a < x < b\}$

$]a, \longrightarrow] := \{x \mid a < x\}$

$[\longleftarrow, b[\; := \{x \mid x < b\}$

$\underline{V}' := \{\,]a,b[\mid a,b \in X\}$, $\underline{S} := \{\,]a, \longrightarrow] \mid a \in X\} \cup \{[\longleftarrow, b[\mid b \in X\}$

$\underline{V} := \underline{S} \cup \underline{V}'$

Beweisen Sie:

a) Es gibt genau eine Topologie $\underline{X}$ auf X, die $\underline{V}$ als Basis besitzt. $\underline{X}$ heißt dann die von $\leq$ erzeugte <u>Ordnungstopologie</u>.

b) $\underline{S}$ ist eine Subbasis der Ordnungstopologie.

c) Folgende Mengen sind in X abgeschlossen:

$\{x \mid a \leq x \leq b\}$, $\{x \mid a \leq x\}$, $\{x \mid x \leq a\}$.

d) Die natürliche Topologie auf $\mathbb{R}$ stimmt mit der Ordnungstopologie überein.

11) Zeigen Sie, daß die Eigenschaften

a) $(X,\underline{X})$ ist ein Lindelöf-Raum,

b) $(X,\underline{X})$ ist separabel,

c) $(X,\underline{X})$ erfüllt das 1.Abzählbarkeitsaxiom,

d) $(X,\underline{X})$ erfüllt das 2.Abzählbarkeitsaxiom

topologische Invarianten sind.

12) Weisen Sie nach, daß ein metrischer Raum genau dann separabel ist, wenn er das 2.Abzählbarkeitsaxiom erfüllt.

13) $(X,\underline{X})$ und $(Y,\underline{Y})$ seien topologische Räume, $f: X \longrightarrow Y$ eine surjektive, stetige Abbildung. Zu beweisen sind die folgenden Implikationen:

a) Ist $(X,\underline{X})$ ein Lindelöf-Raum, dann ist auch $(Y,\underline{Y})$ ein Lindelöf-Raum.

b) Ist $(X,\underline{X})$ ein separabler Raum, dann ist auch $(Y,\underline{Y})$ separabel.

c) Ist die Abbildung f zusätzlich offen, so erfüllt $(Y,\underline{Y})$ auch das 1.(2.) Abzählbarkeitsaxiom, wenn $(X,\underline{X})$ diese Eigenschaft hat.

14) Führen Sie die Beweise der folgenden Aussagen auf möglichst einfache Art (u.U. durch Dualisieren): $\underline{C}$ sei eine Kategorie, f,g seien $\underline{C}$-Morphismen; dann gilt: Ist $f \circ g$ ein Monomorphismus, dann ist g ein Monomorphismus; ist $f \circ g$ ein Epimorphismus, dann ist f ein Epimorphismus; sind f,g Monomorphismen, dann ist $f \circ g$ ein Monomorphismus*); sind f,g Epimorphismen, dann ist $f \circ g$ ein Epimorphismus*); ist f ein Isomorphismus, dann ist f ein Epi- und ein Monomorphismus.

15) a) Zeigen Sie, daß die geordneten Mengen zusammen mit den isotonen Abbildungen eine Kategorie bilden.

b) $(X,\leq)$ sei eine geordnete Menge. Für $x \in X$ definieren wir:

$[x, \longrightarrow [= \{y \mid y \in X, x \leq y\}$, $\underline{V} = \{[x, \longrightarrow [\mid x \in X\}$.

---

*) wenn das Kompositum erklärt ist.

Weisen Sie nach:

I) Es gibt genau eine Topologie $\underline{X}_R$ (die zu $\leqq$ gehörende Rechtstopologie) auf X, die $\underline{V}$ als Basis besitzt.

II) Der Durchschnitt beliebig vieler offener Mengen ist offen in $(X, \underline{X}_R)$.

III) $\overline{\{x\}} = \{a \mid a \in X,\ a \leqq x\}$

c) $(X, \leqq)$, $(Y, \prec)$ seien zwei geordnete Mengen, $\underline{X}_R$, $\underline{Y}_R$ die zugehörigen Rechtstopologien, $f : X \longrightarrow Y$ soll eine Abbildung bezeichnen; dann sind folgende Aussagen als äquivalent nachzuweisen:

I) f ist isotone Abbildung zwischen $(X, \leqq)$ und $(Y, \prec)$.

II) f ist stetige Abbildung zwischen $(X, \underline{X}_R)$ und $(Y, \underline{Y}_R)$.

d) Unter Verwendung der Ergebnisse von b) und c) konstruiere man einen Funktor zwischen der Kategorie der geordneten Mengen und der Kategorie der topologischen Räume.

16) $(X, \underline{X})$, $(Y, \underline{Y})$ seien zwei topologische Räume: $f : X \longrightarrow Y$ sei eine bijektive Abbildung. Zeigen Sie, daß dann gilt: f ist genau dann ein Homöomorphismus, wenn für alle $A \subset X$ die Gleichung $f[\overline{A}] = \overline{f[A]}$ erfüllt ist.

17) Geben Sie ein Beispiel einer offenen aber nicht abgeschlossenen und ein Beispiel einer abgeschlossenen aber nicht offenen stetigen Abbildung an.

18) Wir betrachten $\mathbb{R}$ versehen mit der natürlichen Topologie und $[0,2\pi]$, $[-1, +1]$ mit der Relativtopologie.
Die Behauptung lautet: $\sin:[0,2\pi] \longrightarrow [-1, +1]$ ist ein extremer Epimorphismus in der Kategorie der topologischen Räume.

19) $(X,\underline{X})$, $(Y,\underline{Y})$ seien topologische Räume, $A_1, A_2, \ldots, A_n$ seien abgeschlossene Mengen in $(X,\underline{X})$ mit $\bigcup_{\nu=1}^{n} A_\nu = X$
$(O_i)_{i \in I}$ sei eine Familie offener Mengen mit $\bigcup_{i \in I} O_i = X$, $f : X \longrightarrow Y$ sei eine Abbildung.
Beweisen Sie, daß dann gilt:
a) f ist genau dann stetig, wenn die $f|_{A_\nu} : A_\nu \longrightarrow Y$ für $\nu = 1,2,\ldots,n$ stetig sind.
b) f ist genau dann stetig, wenn alle $f|_{O_i} : O_i \longrightarrow Y$ für $i \in I$ stetig sind.

<u>Aufgaben ab Kapitel 2</u>

20) Man charakterisiere alle Filter auf einer endlichen Menge.

21) Geben Sie ein Beispiel für einen Filter an, der konvergiert und außerdem Häufungspunkte besitzt, gegen die der Filter nicht konvergiert.

22) $f : X \longrightarrow Y$ sei eine Abbildung zwischen zwei Mengen.

Zeigen Sie:

a) Ist f injektiv, so gilt für jeden Filter
$\underline{F}$ auf X $\underline{F} = f^{-1}(f(\underline{F}))$.

b) Ist f surjektiv, so gilt für jeden Filter
$\underline{G}$ auf Y $\underline{G} = f(f^{-1}(\underline{G}))$.

23) $\underline{M} = \{ \underline{F}_i \mid i \in I \} \neq \emptyset$ sei eine Menge von Filtern auf der Menge X. Wir definieren: $\underline{D} = \bigcap_{i \in I} \underline{F}_i$; es ist zu zeigen:

a) $\underline{D}$ ist ein Filter; $\underline{D}$ ist das Infimum von $\underline{M}$ in der durch „$\subset$" geordneten Menge aller Filter auf X.

b) $(X,\underline{X})$ sei ein topologischer Raum $x \in X$ und
$\underline{M} = \{ \underline{F} \mid \underline{F} \text{ Filter auf } X, \ \underline{F} \longrightarrow x \}$,
dann gilt: $\bigcap_{\underline{F} \in \underline{M}} \underline{F} = \underline{U}(x)$ ($\underline{U}(x)$ Umgebungsfilter).

24) $\underline{F}$ sei ein Filter auf einer Menge X, der von einer abzählbaren Basis erzeugt wird. Beweisen Sie, daß $\underline{F}$ dann der Durchschnitt aller Elementarfilter ist, die feiner als $\underline{F}$ sind.

25) Wir betrachten $\mathbb{R}$, versehen mit der natürlichen Topologie und eine Abbildung $f : \mathbb{R} \longrightarrow \mathbb{R}$. Die für Filter definierten Limesbeziehungen

$$\lim_{x \to x_0} f(x) = y, \quad \lim_{\substack{x \to x_0 \\ x \in A}} f(x) = y \text{ und } \lim_{\substack{x \to x_0 \\ x \neq x_0}} f(x) = y$$

sind so zu interpretieren, wie es in der Analysis üblich ist (mit ε und δ!) und ihre Äquivalenz zu den angegebenen Definitionen (2.3.11.②) ist zu zeigen.

Aufgaben ab Kapitel 3

26) $(X,\underline{X})$ sei ein topologischer Raum, $(A, \underline{X}_A)$ sei ein Unterraum. Zeigen Sie die folgenden Aussagen:

a) A ist offen genau dann, wenn jede in $(A, \underline{X}_A)$ offene Menge auch in $(X,\underline{X})$ offen ist.

b) Ist A offen und gilt $B \subset A$, dann ist B genau dann offen in $(A, \underline{X}_A)$, wenn B offen in $(X,\underline{X})$ ist.

c) $(Y,\underline{Y})$ sei ein weiterer topologischer Raum, $f : X \longrightarrow Y$ sei stetig; dann ist $f|_A$ stetige Abbildung von $(A, \underline{X}_A)$ in $(Y,\underline{Y})$.

27) $(X,\underline{X})$, $(Y,\underline{Y})$, $(Z,\underline{Z})$ seien topologische Räume, $f : X \longrightarrow Y$, $g : Y \longrightarrow Z$ surjektive, stetige Abbildungen, $\underline{Y}$ sei bezügl. f die finale Topologie; dann gilt:

$\underline{Z}$ ist bezüglich g final genau dann, wenn $\underline{Z}$ bezüglich $g \circ f$ final ist.

28) Es seien $f : (X,\underline{X}) \rightarrow (Y,\underline{Y})$ eine Quotientenabbildung, $B \subset Y$ offen oder abgeschlossen in $(Y,\underline{Y})$ und $A = f^{-1}[B]$. Dann ist $g : A \rightarrow B$ definiert durch $g(x)=f(x)$ für alle $x \in A$ Quotientenabbildung von $(A,\underline{X}_A)$ auf $(B,\underline{Y}_B)$.

29) $(X,\underline{X})$ sei ein topologischer Raum und $(A, \underline{X}_A)$ ein Unterraum; für $B \subset A$ gilt: Die abgeschlossene Hülle von B bezügl. $\underline{X}_A$ ist gleich der abgeschlossenen Hülle von B bezüglich $\underline{X}$, geschnitten mit A.
$(X_i, \underline{X}_i)_{i \in I}$ sei eine Familie topologischer Räume, $A_i \subset X_i$ für alle $i \in I$, dann gilt bez.der Produkttopologie von $\prod_{i \in I} X_i$:

$$\overline{\prod_{i \in I} A_i} = \prod_{i \in I} \overline{A}_i$$

30) Wir betrachten den $\mathbb{R}^3$ versehen mit der von der euklidischen Metrik induzierten Topologie.
Wir definieren:

$$K := \{ x \mid x \in \mathbb{R}^3,\ x = (x_1,x_2,x_3),\ x_1^2 + x_2^2 + (x_3-\tfrac{1}{2})^2 = \tfrac{1}{4} \}$$

$$K_p := K \setminus \{(0,0,1)\}$$

$$E := \{ (x_1,x_2,x_3) \mid \quad x_3 = 0, \quad x_1,x_2 \in \mathbb{R} \}$$

Es soll die Homöomorphie von E und K_p gezeigt werden.
Anleitung: Betrachten Sie die Abbildung $f : E \longrightarrow K_p$ mit

$$f(x_1,x_2,x_3) = \left(x_1/(1+x_1^2+x_2^2),\ x_2/(1+x_1^2+x_2^2),\ (x_1^2+x_2^2)/(1+x_1^2+x_2^2)\right)$$

(Stereographische Projektion).

31) I sei eine Menge mit Card (I) $> \aleph_0$
$(X_i, \underline{X}_i)_{i \in I}$ sei eine durch I indizierte Familie von topologischen Räumen, wobei $\underline{X}_i$ für alle i von der indiskreten Topologie verschieden ist; dann erfüllt $\prod_{i \in I} X_i$ nicht das 1.Abzählbarkeitsaxiom.

32) Zeigen Sie, daß die Produkttopologie im $\mathbb{R}^n$ gleich ist der von der euklidischen Metrik erzeugten Topologie.

Aufgaben ab Kapitel 4

33) Auf dem Raum $(X,\underline{X})$ ist die Relation π dadurch erklärt, daß $x \pi y$ genau dann gilt, wenn $\overline{\{x\}} = \overline{\{y\}}$ ist. Zeigen Sie:

a) π ist eine Äquivalenzrelation.

b) X/π versehen mit der Quotiententopologie ist ein T_0-Raum.

c) Zu jedem topologischen Raum $(X,\underline{X})$ gibt es einen T_0-Raum $(X_0, \underline{X}_0)$ und eine stetige Abbildung $g : X \longrightarrow X_0$, so daß gilt:
Zu jedem T_0-Raum $(Y,\underline{Y})$ und jeder stetigen Abbildung $f : X \longrightarrow Y$ gibt es genau eine stetige Abbildung $\tilde{f} : X_0 \longrightarrow Y$, so daß gilt: $\tilde{f} \circ g = f$.

d) $(X_0, \underline{X}_0)$ ist bis auf Homöomorphie eindeutig bestimmt.

34) $(X,\underline{X})$ sei ein T_0-Raum mit der Eigenschaft, daß jeder konvergente Filter auch gegen alle seine Häufungspunkte konvergiert; dann ist $(X,\underline{X})$ ein T_2-Raum.

35) Weisen Sie für einen T_3-Raum, der ein Lindelöf-Raum ist oder das zweite Abzählbarkeitsaxiom erfüllt die Gültigkeit des T_4-Axioms nach.

36) Zeigen Sie für einen topologischen Raum $(X,\underline{X})$ die Gültigkeit folgender Aussagen:

(1) $(X,\underline{X})$ ist T_3-Raum $\Longleftrightarrow$ Für jede abgeschlossene Teilmenge $A \subset X$ und jede quasikompakte Teilmenge $Q \subset X$ mit $A \cap Q = \emptyset$ existieren disjunkte offene Mengen O_A, O_Q mit $A \subset O_A$ und $Q \subset O_Q$.

(2) $(X,\underline{X})$ ist T_5-Raum $\Longleftrightarrow$ Je zwei separierte Mengen besitzen disjunkte offene Umgebungen.

37) Es sei $(X,\underline{X})$ ein topologischer Raum und R eine Äquivalenzrelation auf X. X/R trage die Quotiententopologie bez. der kanonischen Abbildung $\omega : X \longrightarrow X/R$. Zeigen Sie:

a) X/R ist ein T_1-Raum genau dann, wenn die durch R bestimmten Äquivalenzklassen abgeschlossen in X sind.

b) Ist X/R ein T_2-Raum, so ist R abgeschlossen in $X \times X$.

c) Ist $\omega : X \longrightarrow X/R$ offen und R abgeschlossen in $X \times X$, so ist X/R ein T_2-Raum.

Aufgaben ab Kapitel 5

38) A sei eine höchstens abzählbare Teilmenge des des $\mathbb{R}^n$ ($n \geqq 2$). Beweisen Sie, daß $\mathbb{R}^n \setminus A$ wegzusammenhängend ist.

39) Zeigen Sie, daß im $\mathbb{R}^2$ eine offene Menge O genau dann ein Gebiet ist, wenn sich je zwei Punkte durch einen ganz in O verlaufenden endlichen Streckenzug verbinden lassen.

40) Zeigen Sie die folgenden Aussagen für einen lokalen $\underline{K}$-Raum X:

Ist X ein Lindelöf-Raum, so besitzt X höchstens abzählbar viele Komponenten bezüglich $\underline{K}$.

Ist X separabel, dann besitzt X ebenfalls höchstens abzählbar viele Komponenten bezüglich $\underline{K}$.

41) $(X,\underline{X})$ sei ein topologischer Raum, π eine Äquivalenzrelation auf X. Beweisen Sie:

a) Ist $(X/\pi, \underline{X}_\pi)$ zusammenhängend ($\underline{E}$-zusammenhängend) und sind die Äquivalenzklassen bezüglich π zusammenhängend ($\underline{E}$-zusammenhängend), so ist auch $(X,\underline{X})$ zusammenhängend ($\underline{E}$-zusammenhängend).

b) Ist π die Äquivalenzrelation - $x \pi y$ genau dann, wenn x und y in einer ($\underline{E}$-) Zusammenhangskomponente liegen - so sind die ($\underline{E}$-) Zusammenhangskomponenten in $(X/\pi, \underline{X}_\pi)$ einpunktig.*)

---

*) $\underline{X}_\pi$ bezeichnet die Quotiententopologie.

42) Das Cantorsche Diskontinuum:

Das Intervall [0,1], wird in drei gleiche Teile geteilt, der mittlere , offene Teil herausgenommen. Die verbleibenden, abgeschlossenen Intervalle werden wieder gedrittelt und die jeweils mittleren, offenen Teile herausgenommen. Dieses Verfahren wird unendlich oft wiederholt (Induktion). Die Menge der verbleibenden Punkte wird mit W (Cantorsche "Wischmenge") bezeichnet.

Weiter definieren wir:

$$T := \left\{x \mid x = \sum_{i=1}^{\infty} \frac{x_i}{3^i} \text{ , } x_i = 0 \text{ oder } x_i = 2\right\}$$

Zu zeigen:

a) $T = W$ und für $x,y \in T$ gilt: $x = y$ genau dann, wenn $x_i = y_i$ für alle $i \in \mathbb{N} \setminus \{0\}$ erfüllt ist.

b) $D_2^{\mathbb{N}}$ und T (T versehen mit der Relativtopologie) erfüllen das erste Abzählbarkeitsaxiom.

c) Beweisen Sie, daß $D_2^{\mathbb{N}}$ und T homöomorph sind. (Benutzen Sie die Folgenstetigkeit.)

Aufgaben ab Kapitel 6

43) Zeigen Sie:

a) Für $\underline{E} = \{D_2\}$ stimmt das System der $\underline{E}$-offenen ($\underline{E}$-abgeschlossenen) Teilmengen eines topologischen Raumes $(X,\underline{X})$ überein mit dem der offen-abgeschlossenen Teilmengen.

b) Für $\underline{E} = \{\mathbb{R}\}$ stimmt das System der $\underline{E}$-abgeschlossenen Teilmengen eines topologischen Raumes überein mit dem der Nullstellenmengen (N ist Nullstellenmenge von $(X,\underline{X})$, wenn es eine stetige Abbildung $f : X \to \mathbb{R}$ gibt, so daß gilt: $f^{-1}(\mathcal{O}) = N$); weiter sind die $\underline{E}$-offenen Teilmengen diejenigen, deren Komplemente sich als Nullstellenmengen darstellen lassen.

44) a) Es sei $\underline{E}$ eine Klasse von T_1-Räumen und $(X,\underline{X})$ mit $X \neq \emptyset$ ein topologischer Raum. Zeigen Sie, daß dann die folgenden Aussagen äquivalent sind:

(1) $(X,\underline{X})$ ist $\underline{E}$-zusammenhängend.

(2) $(X,\underline{X})$ ist zwischen je zwei Punkten $\underline{E}$-zusammenhängend.

(3) $(X,\underline{X})$ ist zwischen jeder nicht leeren abgeschlossenen Teilmenge A von X und jedem Punkt $x \in X \setminus A$ $\underline{E}$-zusammenhängend.

(4) $(X,\underline{X})$ ist zwischen je zwei nicht leeren abgeschlossenen und disjunkten Teilmengen A und B von X $\underline{E}$-zusammenhängend.

b) Sind die Aussagen (1) - (4) auch äquivalent, wenn $\underline{E}$ keine Klasse von T_1-Räumen ist?

45) Beweisen Sie, daß die Menge der rationalen Punkte im Hilbert-Raum, versehen mit der Relativtopologie, total zusammenhangslos aber nicht nulldimensional ist.

46) Beweisen Sie die folgende Aussage:
Die Klasse $\underline{Z}_w$ der wegzusammenhängenden topologischen Räume ist genau dann eine Unterklasse der Klasse $Z\underline{E}$ der $\underline{E}$-zusammenhängenden topologischen Räume, wenn $\underline{E}$ eine Unterklasse der Klasse der total wegunzusammenhängenden Räume ist.

47) $(X,\underline{X})$ sei ein kompakter Raum. Zeigen Sie, daß dann die Quasikomponenten mit den Zusammenhangskomponenten übereinstimmen.

48) a) Zeigen Sie, daß der in Aufgabe 9) definierte Raum total unzusammenhängend und nicht T_2 ist.
b) Beweisen Sie, daß es kein $\underline{E}$ gibt, so daß gilt:
$U\underline{E} = \{T_2\text{-Räume}\}$

49) $(X,\underline{X})$ sei ein lokalwegzusammenhängender Raum. Beweisen Sie, daß unter dieser Voraussetzung die folgende Aussage richtig ist: In $(X,\underline{X})$ stimmen die Quasikomponenten mit den Wegkomponenten (und deshalb auch mit den Zusammenhangskomponenten) überein.

Aufgaben ab Kapitel 7

50) $(X,\underline{X})$ sei ein vollständig regulärer Raum und A eine offen-abgeschlossene Teilmenge von X.
$\beta_x : X \longrightarrow \beta(X)$ soll die Einbettung von X in die

Stone-Čech-Kompaktifizierung bezeichnen. Zeigen Sie, daß dann gilt: $\overline{\beta_x(A)}$ ist offen-abgeschlossen.

51) Zeigen Sie: Ein vollständig regulärer Raum $(X,\underline{X})$ ist genau dann extrem unzusammenhängend, wenn $\beta(X)$ extrem unzusammenhängend ist.

52) X_1, X_2 seien lokalkompakte Räume, die nicht kompakt sind; X_1^*, X_2^* seien deren Ein-Punkt-Kompaktifizierungen mit den Punkten ω_1 und ω_2, $f : X_1 \longrightarrow X_2$ sei eine stetige Abbildung und $i_1 : X_1 \longrightarrow X_1^*$, $i_2 : X_2 \longrightarrow X_2^*$ sollen die Einbettungen bezeichnen. Man zeige: Es gibt genau dann eine stetige Abbildung $f^*: X_1^* \longrightarrow X_2^*$ mit $f^*(\omega_1) = \omega_2$, die das Diagramm

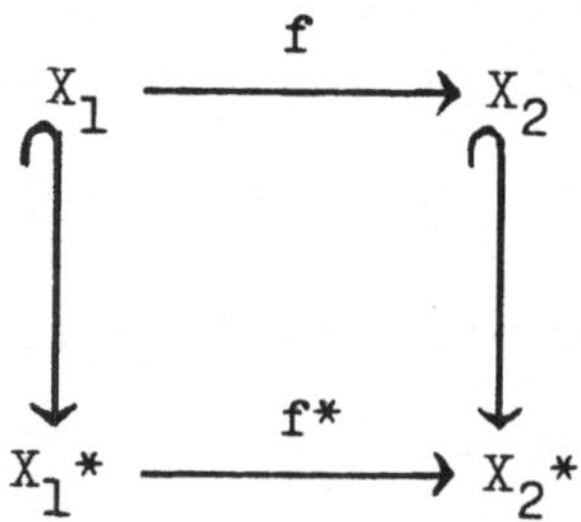

kommutativ macht, wenn für jede kompakte Teilmenge $K \subset X_2$ auch $f^{-1}[K]$ in X_1 kompakt ist.

53) Eine stetige Abbildung heißt <u>perfekt</u>, wenn sie abgeschlossen ist und die Urbilder der einpunktigen Mengen quasikompakt sind.

$(X,\underline{X})$ sei ein T_2-Raum, $(Y,\underline{Y})$ ein lokalkompakter

Raum und $f : X \longrightarrow Y$ eine stetige Abbildung. Zeigen Sie, daß dann gilt:

(a) f ist genau dann perfekt, wenn das Urbild unter f jeder kompakten Teilmenge von $(Y,\underline{Y})$ in $(X,\underline{X})$ kompakt ist.

(b) Ist f perfekt, dann ist $(X,\underline{X})$ lokalkompakt.

54) Man untersuche die Vereinigung und den Durchschnitt einer endlichen und einer beliebigen Familie einmal quasikompakter, dann kompakter Teilmengen eines beliebigen topologischen Raumes auf Quasikompaktheit bzw. Kompaktheit. Was ändert sich, wenn der Raum auf T_2 spezialisiert wird?

55) Auf $[-1, +1] \subset \mathbb{R}$ versehen mit der Relativtopologie sei die Äquivalenzrelation π durch

$$x \pi y \iff \begin{cases} x = -y \text{ oder } x = y \text{ für } x \neq \pm 1 \\ \text{oder} \\ x = y = -1 \\ x = y = +1 \end{cases}$$ definiert.

Zeigen Sie: Der Raum $X/_{\pi}$, versehen mit der Quotiententopologie ist nicht T_2, aber jeder Punkt besitzt eine kompakte Umgebung. $[-1]_{\pi}$ und $[+1]_{\pi}$ besitzen kompakte Umgebungen, die nicht abgeschlossen sind. Der Schnitt einer kompakten Umgebung von $[-1]_{\pi}$ mit einer kompakten Umgebung von $[+1]_{\pi}$ ist nicht quasikompakt, die Vereinigung nicht kompakt.

56) Eine Teilmenge A eines topologischen Raumes heißt relativ-quasikompakt, wenn es eine quasikompakte Teilmenge Q des Raumes gibt, so daß $A \subset Q$ gilt. Entsprechend wird relativ-kompakt definiert.

Zeigen Sie:

a) $(X,\underline{X})$ sei T_2-Raum, $A \subset X$, A ist relativ-kompakt genau dann, wenn $\overline{A}$ kompakt ist.

b) $(X,\underline{X})$ sei ein topologischer Raum, ist $A \subset X$ relativ-quasikompakt, dann hat jede Filterbasis auf A einen Häufungspunkt in X.

c) $(X_i,\underline{X}_i)_{i \in I}$ sei eine Familie topologischer Räume, $A \subset \prod X_i$ dann gilt: A ist relativ-quasikompakt genau dann, wenn für alle $i \in I$ $p_i[A]$ relativ-quasikompakt in X_i ist.

57) Ein topologischer Raum $(X,\underline{X})$ ist genau dann maximal quasikompakt (d.h. es gibt keine echt feinere Topologie zu $\underline{X}$, die quasikompakt ist), wenn die abgeschlossenen Teilmengen mit den quasikompakten übereinstimmen.

58) $(X,\underline{X})$ sei ein T_2-Raum mit unendlicher Trägermenge X.

Zeigen Sie:

a) $(X,\underline{X})$ enthält einen abzählbaren, unendlichen diskreten Unterraum, d.h. einen Unterraum, der zu den natürlichen Zahlen, aufgefaßt als Unterraum der reellen Zahlen, homöomorph ist.

b) Zeigen Sie unter Verwendung von a) oder direkt, daß ein kompakter Raum mit unendlicher Trägermenge einen Unterraum besitzt, der nicht kompakt ist.

59) Die folgenden Sätze über k-Räume sind zu beweisen:

a) Für einen T_2-Raum sind folgende Aussagen äquivalent:

(1) $(X,\underline{X})$ ist k-Raum.

(2) Für jede Teilmenge A von X gilt: A ist genau dann abgeschlossen, wenn der Schnitt von A mit jeder kompakten Teilmenge von X abgeschlossen ist.

(3) Für jede Teilmenge A von X gilt: A ist genau dann abgeschlossen, wenn der Schnitt von A mit jeder kompakten Teilmenge von X kompakt ist.

b) Ein T_2-Raum, der das 1.Abzählbarkeitsaxiom erfüllt, ist ein k-Raum.

c) $(X,\underline{X})$ sei ein k-Raum, $(Y,\underline{Y})$ beliebiger topologischer Raum, $f : X \longrightarrow Y$ eine Abbildung; dann gilt: f ist genau dann stetig, wenn $f|_K$ stetig ist, für jede kompakte Teilmenge K.

d) Ein T_2-Raum ist genau dann ein k-Raum, wenn er homöomorph zum Quotienten eines lokalkompakten Raumes ist.

60) X sei mindestens zweielementig, $(X,\leqq)$ bezeichne eine vollständig geordnete Menge, $\underline{X}_{\leqq}$ die davon induzierte Ordnungstopologie auf X.

Zeigen Sie:

a) Es sind folgende beiden Aussagen äquivalent:

(1) Jede nichtleere Teilmenge, die bez. $\leqq$ eine untere (obere) Schranke besitzt, hat auch ein

Infimum (Supremum).

(2) Jeder Ultrafilter, der ein abgeschlossenes Intervall enthält, konvergiert bezüglich $(X,\underline{\underline{X}}_{\leqq})$.

b) $(X,\underline{\underline{X}}_{\leqq})$ ist zusammenhängend genau dann, wenn $(X,\leqq)$ die Bedingung (1) von a) erfüllt und für $a < b$ gilt: $]a,b[\ \neq \emptyset$.

c) $(X,\underline{\underline{X}}_{\leqq})$ ist quasikompakt genau dann, wenn $(X,\leqq)$ ein kleinstes und ein größtes Element besitzt und (1) von a) erfüllt.

d) $(X,\leqq)$ sei wohlgeordnet, $(X,\underline{\underline{X}}_{\leqq})$ ist genau dann quasikompakt, wenn $(X,\leqq)$ ein größetes Element besitzt.

e) Anwendung von b) und c):
Die Menge $[0,1]\times[0,1]$ wird mit der folgenden Ordnung " < " versehen:

$$(a,b) < (c,d) \Longleftrightarrow [a < c \vee (a = c \ \wedge \ b < d)]$$

Zeigen Sie:
Geht man zur Ordnungstopologie über, so ist sie T_2, kompakt und zusammenhängend.

61) ω_1 bezeichne die erste nicht abzählbare Ordinalzahl. $X = W(\omega_1) = \{\sigma \mid 0 \leqq \sigma < \omega_1\}$ bezeichne die Menge aller Ordinalzahlen σ, für die gilt $\sigma < \omega_1$, wobei " < " die aus der Mengenlehre als bekannt vorausgesetzte übliche Ordnung zwischen Ordinalzahlen bezeichnet.

Aus der Mengenlehre setzen wir folgendes voraus:

(1) $(W(\omega_1), <)$ ist wohlgeordnet, d.h. insbesondere besitzt jede nichtleere Teilmenge ein kleinstes Element.

(2) Jede der Mengen $W(\alpha) = \{\sigma \mid 0 \leq \sigma < \alpha\}$ ist abzählbar für $\alpha < \omega_1$.

(3) Zu jeder Folge $(\alpha_i)_{i \in \mathbb{N}}$ von Elementen aus $W(\omega_1)$ gibt es ein Element $\alpha \in W(\omega_1)$ mit $\alpha_i < \alpha$ für alle $i \in \mathbb{N}$.

(4) Ist eine nichtleere Teilmenge von X nach oben beschränkt, dann besitzt sie ein Supremum in X.

(5) Zu jedem Element $a \in X$ gibt es einen unmittelbaren Nachfolger $\alpha+1$ d.h. $\{x \mid \alpha < x < \alpha+1\} = \emptyset$.

Zeigen Sie mit Hilfe der Eigenschaften (1) bis (5) die nachstehenden Eigenschaften der Menge X, versehen mit der Ordnungstopologie (vgl. Aufg. 10):

(a) 0 ist isolierter Punkt [mit (5)].

(b) Für $\alpha > 0$ bilden die offen-abgeschlossenen Mengen $[\sigma+1, \alpha] =]\sigma, \alpha+1[= \{x \mid \sigma < x < \alpha+1\}$ eine Umgebungsbasis für jeden Punkt [mit (5) und (1)].

(c) $(X, \underline{X})$ ist T_2 [mit (b), (1), (a)].

(d) $(X, \underline{X})$ erfüllt das 1. Abzählbarkeitsaxiom [mit (a), (b), (2)].

(e) X ist abzählbar kompakt [mit (3), (4)].

(f) $(X, \underline{X})$ ist nicht Lindelöf-Raum, insbesondere nicht kompakt.

Anleitung:

$\underline{U} = \{(0, \alpha] \mid 0 < \alpha < \omega_1\} \cup \{\{0\}\}$

ist eine Überdeckung, die keine abzählbare

Teilüberdeckung besitzt [mit (3)].

Aufgaben ab Kapitel 8

62) Es sei S der Sierpinski-Raum. Man definiere eine volle Unterkategorie $\underline{A}$ von $\underline{T}$ durch $|\underline{A}| = \{S\}$ und zeige, daß die Objektklasse $|C_{\underline{T}}\underline{A}|$ der monocoreflektiven Hülle von $\underline{A}$ in $\underline{T}$ aus genau allen topologischen Räumen besteht, in denen der Durchschnitt beliebig vieler offener Mengen offen ist.

63) Zeigen Sie für den Sierpinski-Raum S und $|\underline{A}| = \{S\}$: $|R_{\underline{T}}\underline{A}| = |Q_{\underline{T}}\underline{A}| = \{T_0\text{-Räume}\}$. Suchen Sie analoge Beispiele, in denen diese Bildungen übereinstimmen.

64) Definition: Ein topologischer Raum $(X,\underline{X})$ heißt folgenbestimmt, wenn gilt:
Eine Menge $O \subset X$ ist genau dann offen, wenn für jede Folge $(x_n)_{n\in \mathbb{N}}$, die gegen einen Punkt $x \in O$ konvergiert, ein $m \in \mathbb{N}$ existiert, so daß für alle $n \geqq m$ gilt: $x_n \in O$.

a) Beweisen Sie die Aussagen:
Jeder Quotientenraum eines folgenbestimmten Raumes ist folgenbestimmt.
Jedes Coprodukt folgenbestimmter Räume ist folgenbestimmt.

b) Zeigen Sie, daß sich jeder folgenbestimmte Raum $(X,\underline{X})$ als Quotientenraum des folgenden Raumes S („Summe konvergenter Folgen") auffassen läßt.
Zu jedem $x \in X$ und jeder gegen x konvergenten Folge

$s = (s_n)_{n\in \mathbb{N}}$ gibt man eine Metrik auf der Menge $S(\underline{s},x) := \{s_n \mid n\in \mathbb{N}\} \cup \{x\}$ an, so daß jeder Punkt von $S(\underline{s},x)$ in der von der Metrik induzierten Topologie offen-abgeschlossen ist und $(s_n)_{n\in \mathbb{N}}$ gegen x konvergiert. S soll dann der Summenraum aller $S(\underline{s},x)$ sein. Stellen Sie S wieder als metrischen Raum dar.

c) Zeigen Sie mit b), daß ein Raum genau dann folgenbestimmt ist, wenn er Quotientenraum eines metrisierbaren Raumes ist.

d) Beweisen Sie: Die monocoreflektive Hülle aller metrisierbaren Räume ist die Kategorie der folgenbestimmten Räume.

65) $\underline{K}$ sei eine Klasse topologischer T_2-Räume, die abgeschlossen ist gegenüber Produktbildung und Bildung abgeschlossener Unterräume. Weiter soll $\underline{K}$ alle diskreten Räume enthalten. Beweisen Sie, daß $\underline{K}$ unter diesen Voraussetzungen gegenüber Summenbildung abgeschlossen ist.

66) Beweisen Sie mit dem Einbettungslemma:
Jeder topologische Raum kann in ein Produkt aus I_2 und S eingebettet werden (S : **Sierpinski-Raum** ; I_2 : **zweipunktiger indiskreter Raum**).

67) $(X,\underline{X})$ sei ein topologischer Raum, π sei die folgende Äquivalenzrelation:
$x\,\pi\,y$ genau dann, wenn für alle $f\in C(X,\mathbb{R})$ gilt: $f(x)=f(y)$.

$X/_\pi$ bezeichne die Quotientenmenge und für jedes $f : X \to \mathbb{R}$ werde die nach dem Abbildungssatz *) für Mengen induzierte Abbildung mit $f' : X/_\pi \to \mathbb{R}$ bezeichnet. $X/_\pi$ wird mit der bezüglich aller f' initialen Topologie $\underline{X}'$ versehen.
Zeigen Sie, daß die Zuordnung $(X,\underline{X}) \longmapsto (X/_\pi, \underline{X}')$ eine Epireflexion für $(X,\underline{X}) \in |T|$ bez. der Kategorie der vollständig regulären Räume angibt.

Aufgaben ab Kapitel 9

68) Definition: $(X,\underline{U}_H)$, $(Y,\underline{W}_H)$ seien zwei halbuniforme Räume **) und $f: X \to Y$ eine Abbildung. f heißt gleichmäßig stetig, wenn für alle $W \in \underline{W}_H$ gilt:

$$(f \times f)^{-1}[W] \in \underline{U}_H.$$

Konvention: $(X,\underline{U}_H)$ sei ein halbuniformer Raum, dann wird die feinste Uniformität, die gröber ist als $\underline{U}_H$ mit $\underline{U}_U$ bezeichnet.

a) $(X,\underline{U}_H)$ sei ein halbuniformer Raum und
$\underline{M} := \{\underline{U} \mid \underline{U} \subset \underline{U}_H, \underline{U} \text{ ist Uniformität auf } X\}$,
$\underline{S} := \bigcup_{\underline{U} \in \underline{M}} \underline{U}$, zeigen Sie:

(1) $\underline{M} \neq \emptyset$

(2) $\underline{B} = \{\bigcap_{S' \in \underline{S}'} S' \mid \underline{S}' \subset \underline{S}, \underline{S}' \text{ endlich}\}$ ist Basis für $\underline{U}_U$.

b) Zwischen $\underline{U}_H$ und $\underline{U}_U$ besteht folgender Zusammenhang:

---

*) s. 0.2.5.⑤

**) d.h. $\underline{U}_H$ und $\underline{W}_H$ sind Halbuniformitäten.

$V \in \underline{U}_U$ gilt genau dann, wenn es eine Folge $(V_n)_{n\in\mathbb{N}}$ mit $V_n \in \underline{U}_H$ und $V_o \subset V$ so gibt, daß für alle $n\in\mathbb{N}$ die Inklusion $V_{n+1}^2 \subset V_n$ gilt.

c) $(X,\underline{U}_H)$, $(X,\underline{U}_U)$, $(Y,\underline{W}_H)$, $(Y,\underline{W}_U)$ seien gegeben und eine gleichmäßig stetige Abbildung $f : (X,\underline{U}_H) \longrightarrow (Y, \underline{W}_H)$.
Zu zeigen: Ist $W \in \underline{W}_U$, dann ist $(f\times f)^{-1}[W] \in \underline{U}_U$.

d) Weisen Sie die Covollständigkeit der Kategorie der uniformen Räume nach.

69) X sei eine Menge, $(Y,\underline{W})$ ein uniformer Raum und $f : X \longrightarrow Y$ sei eine Abbildung; A soll die Menge $A: = (f\times f)^{-1}[\bigcap_{W\in\underline{W}} W]$ bezeichnen.
Zeigen Sie: Ist $f\times f|_{(X\times X)\setminus A}$ injektiv, so ist $\{(f\times f)^{-1}[W] \mid W \in \underline{W}\}$ die bezüglich f initiale Uniformität auf X.

70) X sei eine Menge, $\underline{Z}$ die Menge aller Uniformitäten für X und $\underline{A}$ die Menge der Äquivalenzrelationen auf X. Zeigen Sie, daß es für endliches X eine bijektive Abbildung zwischen $\underline{Z}$ und $\underline{A}$ gibt.

71) Die Bedingungen $TG_1)$ und $TG_2)$ in 9.5.2. sind voneinander unabhängig. Betrachte $(\mathbb{R},+)$ als Gruppe, $\underline{B} \subset \underline{P}(\mathbb{R})$ definiert durch: $\underline{B} : = \{[a,b) \mid a,b \in \mathbb{R};\ a < b\}$.
Dann gilt:

a) $\underline{B}$ ist Basis einer Topologie auf $\mathbb{R}$.

b) Die Addition $(+ : \mathbb{R}\times\mathbb{R} \rightarrow \mathbb{R})$ ist stetig.

c) Die Inversenbildung $(-:\mathbb{R}\to\mathbb{R})$ ist nicht stetig.

72) Man zeige, daß die topologische Gruppe $\mathbb{R}/\mathbb{Z}$ (eindimensionale Torusgruppe), die in 9.5.5.④ definiert wurde, eine kompakte, lokal kompakte, zusammenhängende und lokal zusammenhängende topologische Gruppe ist.

73) Es sei $(G,\circ,\underline{G})$ eine topologische Gruppe, O sei eine offene Teilmenge von G, M sei eine beliebige Teilmenge von G. Dann gilt:

a) Die Komplexprodukte $O\circ M$ und $M\circ O$ sind offen.

b) Das Komplexprodukt zweier abgeschlossener Teilmengen von G braucht nicht wieder abgeschlossen zu sein.

(Anleitung: Betrachte $G = \mathbb{R}^2, \circ = +, \underline{G}$ = Produkttopologie. Dann sind die Mengen

$$A = \left\{(x,y)\in \mathbb{R}^2 \,\middle|\, x \geqq 0,\ 0 \leqq y \leqq \frac{x}{1+x}\right\},$$
$$B = \mathbb{R}\times\{0\}$$

abgeschlossen, aber A + B ist es nicht.)

74) Definition: $(X,\underline{W})$ sei ein uniformer Raum, $A\subset X$. A heißt <u>beschränkt</u>, wenn es zu jedem $W\in\underline{W}$ eine endliche Menge $E\subset X$ und ein $n\in\mathbb{N}$ so gibt, daß $A\subset W[E]$.

Zeigen Sie:

(1) Ist A als uniformer Unterraum total beschränkt, so ist A beschränkt. Die Vereinigung von je endlich vielen beschränkten Teilmengen ist beschränkt. Die abgeschlossene Hülle einer beschränkten Teil-

menge ist beschränkt.

(2) Das Bild einer beschränkten Teilmenge unter einer gleichmäßig stetigen Abbildung ist beschränkt.

(3) $(X_i,\underline{W}_i)_{i\in I}$ sei eine Familie nicht leerer uniformer Räume, P sei deren Produkt. Eine Teilmenge $A \subset P$ ist genau dann beschränkt, wenn alle $p_i[A]$ beschränkt sind.

75) $(X,\underline{V}),(Y,\underline{W})$ seien uniforme Räume, $f : X \longrightarrow Y$ eine surjektive gleichmäßig stetige Abbildung. Zeigen Sie, daß aus der Total-Beschränktheit von $(X,\underline{V})$ folgt, daß auch $(Y,\underline{W})$ total beschränkt ist.

76) Geben Sie ein Beispiel eines präkompakten uniformen Raumes an, der nicht kompakt ist.

Aufgaben ab Kapitel 10

77) Es seien $(X,\underline{W})$ ein uniformer Raum und A,B Teilmengen von X. Man zeige die Äquivalenz folgender Aussagen:

(1) $V[A]\cap V[B] \neq \emptyset$ für alle $V \in \underline{W}$;

(2) $V[A]\cap B \neq \emptyset$ für alle $V \in \underline{W}$;

(3) $A\cap V[B] \neq \emptyset$ für alle $V \in \underline{W}$;

(4) $(A\times B)\cap V \neq \emptyset$ für alle $V \in \underline{W}$.

78) Es sei X eine Menge und $\Subset$ eine Relation auf $\underline{P}(X)$, die den Bedingungen $pU_1)$ - $pU_6)$ aus 10.1.6. genügt. Definiert man eine Relation δ auf $\underline{P}(X)$ durch

$$A\,\delta\,B \quad\Longleftrightarrow\quad A \not\Subset (X\setminus B) ,$$

so weise man nach:

a) (X,δ) ist ein Proximitätsraum.

b) B ist eine p-Umgebung von A bez. δ genau dann, wenn $A \Subset B$ gilt.

c) Ist außerdem $pU_7)$ aus 10.1.6 erfüllt, so ist (X,δ) separiert.

79) Es seien (X,δ) ein Proximitätsraum und A,B Teilmengen von X. Bezüglich der p-Topologie $\underline{X}_\delta$ zeige man die Gültigkeit folgender Aussagen:

a) $A \Subset B$ impliziert $\overline{A} \Subset B$.

b) $A \Subset B$ impliziert $A \Subset B^o$.

80) Unter Ausnutzung der Isomorphie von $\underline{P}$ und $\underline{U}_{tb}$ zeige man, daß für jeden (separierten) Proximitätsraum (X,δ)

der zugehörige topologische Raum $(X,\underline{X}_\delta)$ ein T_{3a}-Raum (vollständig regulär) ist.

Literaturverzeichnis

Hier ist nur die vom Autor benutzte Literatur aufgeführt. Weitere Literaturhinweise sind den genannten Publikationen zu entnehmen.

[1] AULL, C.E. und W.J.THRON: Separation axioms between T_0 and T_1. Indag.Math. 24, 26-37 (1963).

[2] BARON, S.: Reflectors as compositions of epi-reflectors. Trans.Am.Math.Soc. 136, 499-508 (1969).

[3] BOURBAKI, N.: Topologie générale, chap. 1,2. Paris: Hermann 1961.

[4] BRINKMANN, H.-B. und D.PUPPE: Kategorien und Funktoren. Lecture Notes in Mathematics 18, Berlin-Heidelberg-New York: Springer 1966.

[5] BRÜMMER, G.C.L.: Initial quasi-uniformities. Indag.Math. 31, 403-409 (1969).

[6] ČECH, E.: Topological spaces. Revised edition by M.FROLIK and M.KATĚTOV. London-New York-Sydney: Interscience 1966.

[7] DUGUNDJI, J.: Topology. Boston: Allyn and Bacon 1966.

[8] ENGELKING, R.: Outline of general topology. Amsterdam: North Holland 1968.

[9] EST, W.T. van und H.FREUDENTHAL: Trennung durch stetige Funktionen in topologischen Räumen. Indag.Math. 13, 359-368 (1951).

[10] FRANKLIN, S.P.: Topics in categorical topology. Carnegie-Mellon University 1970.

[11] FRANZ, W.: Topologie I. Göschen Band 1181. Berlin: De Gruyter 1960.

[12] FREYD, P.: Abelian categories. New York: Harper and Row 1964.

[13] GLEASON, A.M.: Projective topological spaces. Illinois J.Math. 2, 482-489 (1958).

[14] GROTEMEYER, K.P.: Topologie. Mannheim-Wien-Zürich: Bibliographisches Institut 1969.

[15] HERMES, H.: Einführung in die Verbandstheorie. Berlin-Heidelberg-New York: Springer 1955.

[16] HERRLICH, H.: Topologische Reflexionen und Coreflexionen. Lecture Notes in Mathematics 78, Berlin-Heidelberg-New York: Springer 1968.

[17] HERRLICH, H.: Wann sind alle stetigen Abbildungen in Y konstant? Math.Z.90, 152-154 (1965).

[18] HEWITT,E.: On two problems of Urysohn. Ann.Math.47, 503-509 (1946).

[19] HEWITT, E.: und K.A.ROSS: Abstract Harmonic Analysis. Berlin-Heidelberg-New York: Springer 1963.

[20] HU, S.T.: Elements of General Topology. San Francisco-London-Amsterdam: Holden-Day 1964.

[21] HUREWICZ, W. und H.WALLMAN: Dimension Theory. Princeton, 1948.

[22] HUSAIN, T.: Introduction to Topological Groups. Philadelphia: Saunders 1966.

[23] ISBELL, J.R.: Uniform spaces. Am.Math.Soc., 1964.

[24] KAMKE, : Mengenlehre. Berlin: De Gruyter 1962.

[25] KELLEY, J.L.: General Topology. Princeton: van Nostrand 1955.

[26] KENNISON, J.F.: Full reflective subcategories and generalized covering spaces. Illinois J. Math.12, 353-365 (1968).

[27] KOWALSKY, H.-J.: Topologische Räume. Basel-Stuttgart: Birkhäuser 1961.

[28] MENGER, K.: Dimensionstheorie. Leipzig-Berlin: Teubner 1928.

[29] NAIMPALLY, S.A. und B.D.WARRACK: Proximity spaces. Cambridge, 1970.

[30] NOVÁK, J.: On the Cartesian product of two compact spaces. Fund.Math. 40, 106-112 (1953).

[31] PREUSS, G.: Eine Charakterisierung epireflektiver Unterkategorien einer Kategorie mit Inversionseigenschaft. manuscripta math. 1, 307-316 (1969).

[32] PREUSS, G.: Trennung und Zusammenhang. Monatsh.Math. 74, 70-87 (1970).

[33] PREUSS, G.: E-zusammenhängende Räume. manuscripta math. 3, 331-342 (1970).

[34] SCHMIDT, J.: Mengenlehre. Mannheim: Bibliographisches Institut 1966.

[35] SCHUBERT, H.: Topologie. Stuttgart: Teubner 1964.

[36] SCHUBERT, H.: Kategorien I, II. Heidelberger Taschenbücher. Berlin-Heidelberg-New York: Springer 1970.

[37] SIERPINSKI, W.: Sur les espaces connexes et non connexes. Fund.Math. 2, 81-95 (1921).

[38] SMYTHE, A. und C.A.WILKINS: Minimal Hausdorff and maximal compact spaces. J.Austral.Math. Soc.3, 167-171 (1963).

[39] THRON, W.J.: Topological Structures. New York-Chicago-San Francisco-Toronto-London: Holt, Rinehart and Winston 1966.

[40] WEIL, A.: Sur les espaces à structures uniformes et sur la topologie générale. Act.Sci.Ind.551, 1937.

[41] WELK, R.: Reflektive Unterkategorien in der Kategorie der uniformen Räume. Diplomarbeit. I.Math.Inst. der FU Berlin, 1970.

Sachregister

Graduate Texts in Mathematics

Editors: Gehring, Halmos (Managing Editor), Moore

Vol. 1 Takeuti/Zaring: Introduction to Axiomatic Set Theory. 1971. DM 38,–
Vol. 2 Oxtoby: Measure and Category. 1971. DM 28,–
Vol. 3 Schaefer: Topological Vector Spaces. 1971. DM 38,–
Vol. 4 Hilton/Stammbach: A Course in Homological Algebra. 1971. DM 48,–
Vol. 5 MacLane: Categories for the Working Mathematician. 1971. DM 38,–
Vol. 6 Hughes/Piper: Projective Planes. 1973. DM 39,–
Vol. 7 Serre: A Course in Arithmetic. 1973. DM 28,–
Vol. 8 Takeuti/Zaring: Axiomatic Set Theory. 1973. DM 44,–
Vol. 9 Humphreys: Introduction to Lie Algebas and Representation Theory. 1972. DM 38,–
Vol. 10 Cohen: A Course in Simple-Homotopy Theory. 1973. DM 28,–
Vol. 11 Conway: Functions of One Complex Variable. 1973. Cloth DM 44,–
Vol. 12 Beals: Advanced Mathematical Analysis. 1973. DM 28,–
Vol. 13 Anderson/Fuller: Rings and Categories of Modules. 1974. DM 38,–
Vol. 14 Golubitsky/Guillemin: Stable Mappings and Their Singularities. 1973. DM 28,–
Vol. 15 Berberian: Lectures in Functional Analysis and Operator Theory. 1974. Cloth DM 38,50
Vol. 16 Winter: The Structure of Fields. 1974. Cloth DM 33.30
Vol. 17 Rosenblatt: Random Processes. 2nd edition. 1974. Cloth DM 31,40.
(1st edition published by Oxford University Press, 1962).
Vol. 18 Halmos: Measure Theory. 1974. Cloth DM 28,– (Reprint of the edition published by Van Nostrand in 1950). Distribution rights for Japan and Korea: Toppan Company, Ltd, Tokyo
Vol. 19 Halmos: A Hilbert Space Problem Book. 1974. Cloth DM 34,–
(Reprint of the edition published by Van Nostrand in 1967)
Vol. 20 Huselmoller: Fibre Bundles. 2nd edition. 1975. Cloth DM 41,20
(1st edition published in 1966 by McGraw-Hill Book Company)
Vol. 21 Humphreys: Linear Algebraic Groups. 1975. Cloth DM 43,80
Vol. 22 Barnes/Mack: An Algebraic Introduction to Mathematical Logic. 1975. Cloth DM 26,50
Vol. 23 Greub: Linear Algebra. 4th edition. 1975. Cloth DM 43,80
Vol. 24 Holmes: Geometric Functional Analysis and Its Applications. 1975. Cloth DM 39,10
Vol. 25 Hewitt/Stromberg: Real and Abstract Analysis. 3rd printing. 1975. Cloth DM 39,10
Vol. 26 Manes: Algebraic Theories. 1975. In preparation
Vol. 27 Kelley: General Topology. 1975. Cloth DM 34,50 (Unchanged reprint of Van Nostrand edition)
Vol. 28 Zariski/Samuel: Commutative Algebra 1. Corrected reprint. 1975. Cloth DM 34,50.
(Orginally published in 1958 by Van Nostrand Publishing Company)
Vol. 31 Jacobson: Lectures in Abstract Algebra. Vol. 2: Linear Algebra. Reprint 1975. Cloth DM 34,50.
(Originally published by Van Nostrand Publishing Company)
Vol. 33 Hirsch: Differential Topology. In preparation
Vol. 34 Spitzer: Principles of Random Walk. 2nd edition. 1975. In preparation
(Orginally published by Van Nostrand Publishing Company)

Preisänderungen vorbehalten